EUROPEAN & AMERICAN
CLASSIC FURNITURE

吴天篪［TC吴］ 著

欧美经典家具大全

华中科技大学出版社
http://www.hustp.com
中国·武汉

目录 Contents

　　在我查阅的有关家具的中外书籍当中，大多数属于家具史一类，对于了解欧美家具的发展过程很有帮助，但是我们并不知道到底有多少种家具曾经被广泛使用，并且流传至今；不知道它们的起源历史或者发明人，以及分门别类的家具名下衍生出来的五花八门的经典式样。当我更深入地了解欧美家具的时候，有很多欧美家具的基本类型和经典式样是我们闻所未闻的，以至于当我们在设计室内空间的过程中只能选择市场提供的有限产品去完成；或者在欣赏国外室内设计作品的时候只能就画面效果来发出感性的赞叹而不认识里面所应用的家具式样。我发现我国室内设计行业亟须一本能够让大家看得懂产品和读得懂作品的参考书。

　　通过这本书，我们可以看到许多现代和当代欧美著名家具设计师的创作灵感很多来其源远流长与灿若繁星的经典家具式样，我们仅凭借其外表就能够清晰地联想到其创意的源头。万事皆有法，无论是古典的还是现代的欧美经典家具，均有着独特的应用方法与搭配技巧。对于设计者来说，家具的应用方法与搭配技巧的重要性就像烹饪大法对厨师一样，归纳与总结欧美自古以来的家具应用方法与搭配技巧是本书的另一大特色。

　　远古时期的人类祖先在疲惫时需要歇息一会，不经意间可能坐在一块石头或者一段倒地的树干上面，并且发现那样比直接坐在泥地上要舒服得多，用树木制作凳子的想法由此而诞生。如果倚靠在岩壁或者树干上感到更舒服，他们就会想到给凳子配上靠背并且铺上兽皮或者茅草。一部家具的发展史，正是人类不断追求舒适并且更舒适的家居生活的发展历程。一个房间可以没有任何装饰，但是不能家徒四壁，是家具使空荡荡的房间变成温暖而又舒适的家，也是家具使人们体会到生活的本质与意义。

本书以欧美七大经典家具类型——凳子、椅子、沙发、桌子、柜子、床具和杂项为主要分析与讲述对象，其每一种类型首先介绍起源背景，包括由此而衍生出来的各种式样与种类，指出其主要特征及相关知识，然后介绍一些基本的应用方法与搭配技巧，还有那些人们熟悉或者不熟悉的家具设计师们，以及由他们或她们所创作出来的闻名于世并且流芳百世的杰作。最后一章有助于人们了解欧美传统家具的相关工艺、式样和图案等。

作为一本关于欧美经典家具的百科类书籍，本书力求语言简练、深入浅出、图文并茂、结构清晰和通俗易懂。它适合用作高等院校相关专业的实用教材，相关家具产品设计、生产、销售与应用的从业人员和相关室内装饰设计师的参考工具书，以及业余家居爱好人士的普通读物。

1-1 凳子简史

考古学证实，凳子的存在早于人类手写的历史。在新石器时代的发掘遗址上，人们发现了条凳的原型。很多个世纪以来，凳子是大多数平民使用的标准坐具，常见于作坊或者工作间 (图 1-1-1)，因为在很久以前只有地位显赫之人物才有资格坐椅子。公元前的古埃及时期就已经创造出非常复杂的家具，人们从已经发现的壁画上看到了凳子，今天在博物馆里能看到复制品 (图 1-1-2)。

最初的凳子是由三条向外张开的木棍支撑一块木板而制成 (图 1-1-3)。后来凳子更像一张小搁板桌，它由两条稳定的边框与中间的坐面连接组成。中世纪的凳子将边框与坐面合二为一，形成一个优美的弧线形侧面。再后来，凳子发展成为标准的带四条腿的榫接凳子，不同之处在于凳腿是由横杆连接起来，看起来很像一张小桌子。榫接凳子盛行于 16-18 世纪 (图 1-1-4，图 1-1-5)，但在 18 世纪逐渐淡出历史的舞台。

过去凳子与椅子的制作者通常是同一个人，不过椅子是在凳子的基础上发展而来，因此凳子与椅子的基本结构是一致的，比如温莎椅、直腿凳与板型椅的基座结构都很相似。板凳与长条凳曾经是家庭生活当中非常重要的家具，深深影响了 18 世纪著名的温莎椅木匠埃比尼泽·特雷西（Ebenezer Tracy）。

我们可以从一些旧肖像画中看到女士踏脚凳，因为踏脚凳

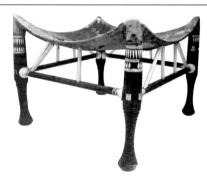

（图 1-1-2）公元前 1400- 公元前 1300 年古埃及底比斯凳子

（图 1-1-1）17 世纪绘画中平民使用的三脚凳与脚凳

（图 1-1-3）原始凳子

（图 1-1-4）16 世纪榫接凳子

已经普遍应用于中产阶级家庭。在那些描写低级酒馆的绘画当中，我们看到酒馆老板给那些收入低微的酒客们提供凳子作为最起码的坐具。

那些富裕家庭里的凳子通常用软垫装饰，而式样随着软垫面料的品质和木工活的复杂程度而有所变化。随着椅子的应用越来越普及（最开始的时候椅子被称作"带靠背的凳子"），"凳子"这个专用词越来越倾向于暗指脚凳。

比较低矮的脚凳主要用于富裕家庭，它的作用是使脚离开地面。这种脚凳往往采用昂贵的面料和软垫精心装饰，并配上复杂的雕刻来装饰木结构部分（图1-1-6，图1-1-7，图1-1-8）。由于制作凳子的木匠与制作椅子的木匠通常为同一人，所以凳子与椅子的基本结构是相同的。

后来发展出来的两种凳子常常令人混淆，其一称作"双凳"，实际上是装有软垫的条凳（图1-1-9，图1-1-10，图1-1-11）；其二称作"窗凳"，是指两端升起如躺椅般的凳子，它们都可以坐一人以上（图1-1-12，图1-1-13，图1-1-14）。

很快地，凳子作为代用坐具常用于那些座位不够用的餐桌或者吧台旁，成为酒吧高脚凳诞生的起源。20世纪五六十年代（图1-1-15，图1-1-16），美国的餐厅和酒吧开始普遍使用高脚凳；今天，很多办事处仍然在使用高脚凳。

（图1-1-6）英国饰珠脚凳

（图1-1-7）脚凳

（图1-1-5）18世纪绘画中出现的榫接凳子

（图1-1-8）19世纪的脚凳

（图 1-1-9）亚当式软垫条凳

（图 1-1-12）窗凳

（图 1-1-13）窗凳

（图 1-1-10）路易十六风格条凳

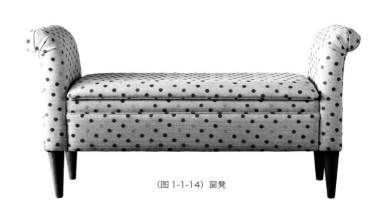

（图 1-1-14）窗凳

（图 1-1-11）铜质软垫条凳

（图 1-1-15）复古吧台凳

（图 1-1-16）复古吧台凳

　　今天的梳妆台凳和钢琴凳还能够让人们将之与前面谈到的凳子联系在一起，"凳子"这个词意味着仅可以坐一个人的无靠背三腿或者四腿的传统坐具。作为吧台凳，通常高于椅子，或者高度，正好可以搁腿休息。

　　凳子也许是家具家族当中最容易被忽略的一件家具，但是它伴随着人类家居生活的进步而发展、变化着，它仍然将为人类家居生活带来更长久的方便。

根据凳子的高度，它被划分为三大类：

1） 最矮的凳子称作"脚凳"或者"垫脚凳"，高度不高于 30 厘米；这一类凳子主要给儿童使用，或者给成年人搁脚。

2） 中等高的凳子高度在 30 至 51 厘米之间，这一类凳子基本是给年轻人或者成年人使用，它的名称包括"小姐凳"、"坐凳"和"桌凳"，大多数的凳子都属于这一类。

3） 最高的凳子高度高于 51 厘米，主要与书桌或者写字台等家具配合使用。

1-2 脚凳（Footstool）/ 矮凳（Low Stool）

古埃及人希望有一种能够帮助抬升椅子远离地面的方式，脚凳这种最古老的家具之一因此而诞生。自古以来，无论是粗糙的还是精致的脚凳，其主要功能均为使坐者的脚离开地面。

从 17 世纪到 19 世纪早期，脚凳（又称作"垫脚凳"）是日常生活当中的非必需品。当时拥挤狭窄的普通住房里，家具既消费不起也很占地方，脚凳绝对是一件奢侈品。当时一种被称作"矮木凳"的脚凳通常是为儿童而制作。

18 世纪流行过一种叫做"芬德凳"（Fender Stool）的脚凳，它是一种放置在壁炉前的长矮凳，专门用来暖脚，有时候还会在其内部安置锡镴或者瓷质热水瓶（图1-2-1）。

19 世纪早期英国摄政时期的脚凳常常镶嵌黄铜（图1-2-2）。维多利亚时代的客厅里，当客人们用完餐后，主人喜欢炫耀自家用流苏或者穗带装饰的脚凳（图1-2-3，图1-2-4）。

传统脚凳通常采用木头制作，式样从极其简单到繁琐华丽，有时也采用不同的材料组合而成。脚凳或者垫脚凳在当代已经成为古董家具商和装饰设计师的宠物，一件重新油漆过的脚凳在众多古董家具当中依然闪出自己的光芒。在一张挡风椅或者实木扶手椅的面前，可以增添不同寻常的色彩和趣味性。脚凳丰富多彩的式样，常常起到画龙点睛的作用。

脚凳作为一件兼具实用与舒适功能的家具，经过时间的考验，已经成为传统家具的组成部分。今天我们仍然能够在很多客厅、卧室和办公室里看到它们的踪影。

为了适应现代审美标准和生活方式，现代脚凳的面料、色彩、造型和式样均与时代背景与生活环境有关，不过现代脚凳已经更名为"矮凳"。人们在工作忙碌一天之后仍然需要通过抬高脚来放松和恢复。办公桌下的脚凳仍然能够使坐着面对电脑的人们感到更舒适。现代脚凳继续被赋予新的含义。那种带储物及坐具功能的软垫脚凳被称之为"软垫搁脚凳"（图1-2-5，图1-2-6）。

作为传统脚凳的继承者，今天矮凳的概念已经变得有些模糊。提到矮凳，有人会觉得它与儿童家具有关。此章节的凳子主要指今日那种用途广泛，造型千姿百态，材料与色彩丰富多样的矮凳，因为它们常常不被当作坐具来使用，有时候仅仅是作为室内空间的点缀物，或者当作边几来用。也许是因为矮凳的应用范围有限，现代矮凳的款式并不是很多。经典的现代矮

（图 1-2-1）18 世纪芬德凳

（图 1-2-4）维多利亚时期脚凳

（图 1-2-2）

（图 1-2-5）现代软垫搁脚凳

（图 1-2-3）维多利亚时期脚凳

（图 1-2-6）现代软垫搁脚凳

（图 1-2-7）巴塞罗那凳

（图 1-2-9）阿尔瓦·阿尔托凳 60 号

（图 1-2-11）牧羊人凳 524 号

包括但不限于：

1） 巴塞罗那凳（Barcelona Stool）- 由德国建筑师密斯·范·德罗（Mies van der Rohe）于 1929 年为巴塞罗那世博会德国馆设计，它是巴塞罗那系列家具之一。事实上，巴塞罗那凳是巴塞罗那休闲椅的配套家具，自从面世以

典之作 **（图 1-2-8）**。

3） 阿尔瓦·阿尔托凳 60 号（Alvar Aalto Stool 60）- 由芬兰建筑师阿尔瓦·阿尔托（Alvar Aalto）于 1933 年设计。60 号凳运用阿尔托最擅长的弯曲木技术，以及最直接的设计语言：一个圆形坐面和三根弯曲木椅腿，再次印证了阿尔托坚持"由心而发"的设计理念 **（图 1-2-9）**。

5） 牧 羊 人 凳 524 号（524 Tabouret Berger）- 由法国建筑师与设计师夏洛特·帕瑞安德（Charlotte Periand）于 1953 年设计。牧羊人凳的创作灵感来自早期牧羊人常用的一种小凳，最初在 1955 年的东京合成艺术展览上展出。这是夏洛特将传统文化用现代语言重新诠释的典范，证明真正的经典永不过时 **（图 1-2-11）**。

（图 1-2-8）LC8 凳

（图 1-2-10）扇腿凳

（图 1-2-12）蝴蝶凳

来，便成为现代家具的代表作 **（图 1-2-7）**。

2） LC8 凳（LC8 Stool）- 由法国建筑师勒·柯布西耶（Le Corbusier）与皮尔瑞·吉纳瑞特（Pierre Jeanneret）和夏洛特·帕瑞安德（Charlotte Periand）于 1928 年共同设计。这把可旋转的圆形凳子表现出柯布西耶标志性的镀铬钢管与黑色皮革组合，它包括室内和室外两个版本，是现代矮凳的经

4） 扇腿凳（Fan Leg Stool X602）- 由芬兰建筑师阿尔瓦·阿尔托于 1954 年设计的另一款矮凳。其特征在于坐面与凳腿之间的圆弧扇形连接件，结构合理，线条优雅，阿尔瓦将此特征也应用于其他家具之上。同样特征还应用在方形坐面的凳子或者边几上，扇腿凳根据坐面材料的不同而采取不同编号来命名，X602 是皮革坐面，而 X600 则为实木坐面 **（图 1-2-10）**。

6） 蝴蝶凳（Butterfly Stool）- 由日本设计师柳宗理（Sori Yanagi）于 1954 年设计。凳如其名，蝴蝶凳恰似一只展翅欲飞的蝴蝶，是一件现代家具当中的艺术品。它遵循了柳宗理一生追求美自天生的设计理念，给人们留下无尽的联想和启迪 **（图 1-2-12）**。

（图 1-2-13）大象凳

7） 大象凳（Elephant Stool）- 由日本设计师柳宗理于 1954 年设计的另一款凳子。如名所寓，大象凳的创作灵感来自大象，凳腿就像三条粗壮的象鼻，结实而有趣。它简单、实用，适用于室内、阳台和花园（图1-2-13）。

（图 1-2-15）沙里宁郁金香凳

9） 沙里宁郁金香凳（Saarinen Tulip Stool）- 由芬兰裔美国建筑师与设计师埃罗·沙里宁（Eero Saarinen）于 1957 年设计。郁金香凳是沙里宁设计的郁金香系列之一，其铸铝的独腿造型近似圣杯手柄，成为二战后主流设计的标志。其表面色泽有白色与黑色两种选择，其软垫坐面则有织物和皮革面料两种（图1-2-15）。

（图 1-2-17）帕拉纳凳

11） 帕拉纳凳（Platner Stool）- 由美国设计师瓦伦·帕拉纳（Warren Platner）于 1962 年设计。帕拉纳凳是帕拉纳设计的钢丝家具系列之一，具有高贵典雅的气质。它采用垂直钢丝与水平钢圈焊接形成基座，其坐面则由模压玻璃纤维与泡沫软垫构成，软垫面料包括织物与皮革二种（图1-2-17）。

（图 1-2-14）卡斯蒂格利奥尼·米萨德罗凳

8） 卡斯蒂格利奥尼·米萨德罗凳（Castiglioni Mezzadro Stool）- 由意大利设计师阿希尔和皮尔·贾科莫（Achille & Pier Giacomo）于 1957 年设计。这把矮凳因为打破矮凳的常规概念而显得与众不同。它采用钢材、木材和铝材组合而成，造型简洁，充满动感，像是某个行走器的局部，比如脚踏车（图1-2-14）。

（图 1-2-16）伊姆斯胡桃木象棋凳

10） 伊姆斯胡桃木象棋凳（Eames Walnut Stool）- 由美国设计师伊姆斯夫妇（Charles & Ray Eames）于 1960 年设计。这是一组三个像放大的象棋那样的凳子，采用纯胡桃木制作。优秀的矮凳特征包括实用而有趣，就像胡桃木象棋凳那样。它们既是凳子也是桌子，或者干脆就是艺术品，可以适用于任何空间（图1-2-16）。

（图 1-2-18）小马凳

12） 小马凳（Pony Chair）- 由芬兰设计师艾洛·阿尼奥（Eero Aarnio）于 1973 年设计。拥有一颗童心的阿尼奥希望家具可以更有想象力，玩具并非只给孩子带来快乐时光。显而易见，小马凳是一个充满童趣的矮凳，更像是一件放大的儿童玩具（图1-2-18）。

（图 1-2-19）啊哈王子凳

13） 啊哈王子凳（Prince Aha Stool）- 由法国设计师菲利浦·斯塔克（Philippe Starck）于 1996 年设计。其外观造型很像一只非洲部落手鼓，主材聚丙烯色彩丰富多样，适应不同色彩环境。这是一件十分简单而实用的矮凳，当作边几或者床头桌来用也不错（图 1-2-19）。

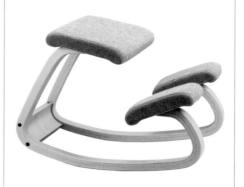

（图 1-2-21）可变平衡凳

15） 可变平衡凳（Variable Balans）- 由设计师彼得·欧普斯维克（Peter Opsvik）于 1979 年设计。这把独一无二的坐具是欧普斯维克为了改善人们的坐姿和增强腹、背部肌肉而设计的，具有治疗作用，自问世以来它帮助了无数人，特别是需要长时间伏案工作的人们。不过专家建议使用时最好有一个循序渐进的过程，毕竟人们从摆脱旧坐姿到习惯新坐姿需要一段适应期（图 1-2-21）。

（图 1-2-23）建筑 MMJ1 凳

17） 建筑 MMJ1 凳（Arkitecture MMJ1 Stool）- 由日本设计师森井本吉（Motomi Morii）于 1999 年设计。这把采用纯实木制作的小凳有着其独到之处：利用倾斜相互依靠的四根凳腿来支撑圆形坐面，其坐面材质包括实木板与羊毛软垫二种。其独特造型使任何空间都不会感到乏味（图 1-2-23）。

（图 1-2-20）布布凳

14） 布布凳（Bubu Stool）- 由法国设计师菲利浦·斯塔克设计的另一款凳子。这是一把多功能的四足凳子，既是凳子、收纳盒，也是茶几、床头柜。它采用塑料制作，因此色彩丰富多样，造型十分可爱（图 1-2-20）。

（图 1-2-22）E15 臼齿凳

16） E15 臼齿凳（E15 Backenzahn Stool）- 由德国设计师菲利浦·迈因策尔（Philipp Mainzer）于 1996 年设计。这是一件感觉像是天然生成的家具，而采用纯实木来制作的现代家具并不多见。因为清晰的结构和简练的造型，E15 臼齿凳经常被人用作边几或者床头柜（图 1-2-22）。

（图 1-2-24）软木家族凳

18） 软木家族凳（Cork Family）- 由英国设计师贾斯伯·莫里森（Jasper Morrison）于 2004 年设计。软木家族一共有三个，尺寸相同，式样略异，均采用天然软木车削而成。这是一组有趣而可爱的小矮凳，柔软、轻巧而耐用（图 1-2-24）。

（图 1-2-25）鼓凳

19）鼓凳（Drum Stool） - 由英国设计师汤姆·迪克森（Tom Dixon）于 2013 年设计。鼓凳顾名思义其创作灵感来自非洲手鼓，也有点悠悠球的感觉。它造型简单，颜色多样，能够轻松适应任何空间 (图 1-2-25)。

（图 1-2-27）堂堂凳

21）堂堂凳（Tam Tam Stool） - 由意大利建筑师与设计师马蒂奥·桑恩（Matteo Thun）于 2002 年设计。它采用旋转成型聚乙烯制作，色彩缤纷，鲜艳夺目。其造型活泼可爱，创作灵感来自非洲传统文化，适用于室外空间 (图 1-2-27)。

（图 1-2-29）贝蒂·埃克隆德扇凳

23）扇凳（Fan Stool） - 由芬兰设计师贝蒂·埃克隆德（Bette Eklund）于 2012 年设计。扇凳平面呈 1/4 圆形，由七根弯曲木条构成。其特征在于可连续组合拼接形成条凳或者矮桌，适用于小型公寓 (图 1-2-29)。

（图 1-2-26）汤姆·迪克森扇凳

20）扇凳（Fan Stool） - 由英国设计师汤姆·迪克森于 2013 年设计的另一款矮凳。其呈扇形排列的木杆让人联想起英国传统的温莎椅（windsor chair），同时也让人想到某种笼子。这件纯实木制作的凳子表面处理使用清漆和黑色，其座垫采用黑色皮革制作，给任何家居空间都能带来惊喜 (图 1-2-26)。

（图 1-2-28）瑟云纳凳

22）瑟云纳凳（Serener Stool） - 由荷兰设计师克里斯托夫·赛费特（Christoph Seyferth）于 2008 年发起的设计机构瑟云纳（Serener）于 2011 年设计。这把三腿凳采用阳极氧化铝制作，其造型让人想起现代边几或者传统钢琴凳，结构稳固可靠，并且轻质便于携带。其颜色有黑色、银色和金色可选 (图 1-2-28)。

（图 1-2-30）德克斯特凳

24）德克斯特凳（Dexter Stool） - 由瑞典设计师安德里亚斯·法尔卡斯（Andreas Farkas）于 2012 年设计。德克斯特凳造型像灯笼一样小巧玲珑，由一组弯曲成弧形的细钢丝与上下两块圆形钢板焊接而成。其表面采用粉末涂层处理，有多种颜色可供选择，室内外空间均适用 (图 1-2-30)。

（图 1-2-31）爆炸泡泡圈标准

25）爆炸泡泡圈标准（Plopp Standard）- 由波兰设计师奥斯卡·施塔（Oskar Zieta）于 2012 年设计。这把令人眼前一亮的矮凳赢得过众多荣誉和奖项，其造型就像玩具一般好玩，却又好用。它采用一种称作"FIDU"的金属充气法，将二维金属板转变为三维立体，使其看起来像充气纸袋一样轻盈，实则结实耐用（图 1-2-31）。

（图 1-2-33）史努比凳

27）史努比凳（Snoop Stool）- 由埃及裔美国设计师卡里姆·拉希德于 2011 年设计的另一款凳子。色彩缤纷的家具总是与孩子有关，史努比凳就是这样一张能够给孩子带来欢乐的凳子。它采用滚塑聚乙烯制作，可变身为矮桌或者小书架。这张可堆叠的凳子色彩鲜艳，适用于家里几乎任何房间（图 1-2-33）。

（图 1-2-32）玛吉诺凳

26）玛吉诺凳（Magino Stool）- 由埃及裔美国设计师卡里姆·拉希德（Karim Rashid）于 2006 年设计。这张采用亚克力制作的凳子包含了杂志架的功能，也可以作为一张边桌使用。它线条流畅，一气呵成，巧妙地将杂志储物空间与凳腿合二为一。玛吉诺凳有多种色彩以及透明色可供选择，是室内空间亮丽的色彩点缀（图 1-2-32）。

1-3 软垫搁脚凳（Ottoman）

软垫搁脚凳于 18 世纪晚期由土耳其传入欧洲，而"软垫搁脚凳"的名称便来自欧洲人对土耳其帝国人们特有的在沙发上斜躺的习俗留下的深刻印象。软垫搁脚凳使人们使用沙发或者椅子时的姿势从端坐改为斜躺（图 1-3-1）。

苏丹 - 穆斯林的皇帝或者国王坐在其宝座上时，需要一只豪华的软垫脚凳来搁放其尊贵的脚。曾经作为沙发使用的软垫搁脚凳被改造成为专门搁脚的软垫搁脚凳，并最终被 18 世纪的法国中产阶级所接纳（图 1-3-2）。

1798 年，拿破仑一世入侵在奥斯曼土耳其人统治下的埃及，软垫搁脚凳成为战利品之一被带回法国。欧洲人从此炫耀他们象征性地将脚踏在曾经是世界上最强大的帝国之上（Ottoman 意指奥斯曼土耳其人）（图 1-3-3）。

软垫搁脚凳是指一种用软垫装饰的脚凳或者坐凳，无扶手及靠背，形状包括圆形、长方形与正方形。其面料装饰方式包括缝制、钉扣和起拱。其基本结构为带四条木脚的箱子，尺寸大小不一，面料包括皮革与布艺。其软垫坐面可以拿开，内部箱子可以作为储物之用，软垫则作为坐具或者咖啡桌（图 1-3-4）。

软垫搁脚凳很少单独出现，它通常与椅子、长沙发或者双人沙发搭配使用。其主要功能是让坐在沙发或者椅子上的人在斜躺时搁脚。有的设计师喜欢把较大的软垫搁脚凳作为客厅的视觉焦点，并且安排其他的家具围绕它而设置，客人们可以随意地把脚搁在其上。人多之时，它可以作为坐具使用；人少之时，它又可以当作咖啡桌使用，把报刊、书籍或者托盘放在上面。

圆形软垫搁脚凳看起来更加柔软、舒适，它比方形或者长方形更适合于小空间，也更有吸引力。成对圆形软垫搁脚凳与弧线形的沙发搭配能够为房间营造当代氛围，并且能够软化过多的直角。很多带脚轮的软垫搁脚凳能够轻松移动（图 1-3-5，图 1-3-6）。

方形或者长方形的软垫搁脚凳通常在其装有铰链的坐面下暗藏有实用价值的储物空间，它们能够与已有的室内家具相协

（图 1-3-1）土耳其软垫搁脚凳

（图 1-3-4）维多利亚时期软垫搁脚凳

（图 1-3-2）18 世纪法国软垫搁脚凳

（图 1-3-3）拿破仑时期帝国风格软垫搁脚凳

（图 1-3-5）法式圆形软垫搁脚凳

（图 1-3-6）现代圆柱形软垫搁脚凳

调。两个立方形软垫搁脚凳并列，再放上木质托盘，就成了咖啡桌（图1-3-7，图1-3-8）。

　　长方形软垫搁脚凳具备充足的储物空间和较大的使用面积，它常常在客厅里代替传统咖啡桌。长方形软垫搁脚凳的尺寸通常比其他类型的软垫搁脚凳都要大，因此也比较适合于面积较大的客厅（图1-3-9，图1-3-10）。

　　布艺面料的软垫搁脚凳色彩丰富多样，淡雅的米黄色或者灰褐色适合于小面积房间。织物面料应该与沙发、沙发靠枕或者窗帘面料取得一致。你也可以根据不同的季节多准备几个不同花色的凳套（图1-3-11）。

皮革面料的软垫搁脚凳比较经久耐用，不易沾污，外观典雅、高贵，视觉效果与装饰效果均排第一。黑色皮革特别适合于大房间，尤其是当房间内其他色彩均比较柔和之际，黑色皮革能够制造强烈的视觉效果，其时尚感经久不衰（图1-3-12）。

　　藤编软垫搁脚凳给人以随意与放松的视觉效果，款式多样，重量较轻，能够与多种装饰风格搭配。有人给藤编软垫搁脚凳上色、油漆，凸显个性与定制的效果。也有人把它用于室外露台，不过应该避免让它直接暴露在阳光与雨雪之下（图1-3-13）。

　　用途广泛的软垫搁脚凳已经成为家居设计的重要元素之一。事实上，软垫搁脚凳可以被放在几乎任何需要它的房间，

（图1-3-7）维多利亚晚期方形软垫搁脚凳

（图1-3-10）现代长方形软垫搁脚凳

（图1-3-8）现代方形软垫搁脚凳

（图1-3-11）布艺软垫搁脚凳

（图1-3-9）维多利亚晚期长方形软垫搁脚凳

（图1-3-12）皮革软垫搁脚凳

尤其是那种带储物功能的软垫搁脚凳。其大小、形状、面料、图案和颜色均应该根据房间整体装饰风格的需要而定。如果原有软垫搁脚凳的面料与整体色调冲突，最快捷的方法之一就是用一块布料、盖毯、桌布或者桌巾盖在搁脚凳的上面，也可以用平头钉或者订书钉将布料固定在其底部。

跪垫（Hassock）最初用于教堂，人们双膝跪于其上祈祷。跪垫像软垫搁脚凳一样有织物覆盖其上，但不像软垫搁脚凳那样看得见凳腿或者框架，并且不像软垫搁脚凳那样通常带有储物空间，因此也就比软垫搁脚凳显得更小巧玲珑些，形式上比较接近墩（Tuffet/Hassock/Pouf/Pouffe）(图1-3-14)。

（图 1-3-13）藤编软垫搁脚凳

（图 1-4-1）墩

（图 1-3-14）跪凳

（图 1-4-2）墩

1-4 墩（Tuffet/Hassock/Pouf/Pouffe）

"Tuffet" 这个词来自从 1066 年诺曼人征服英国至中世纪期间流行于英国的法语（即诺曼底法语）"tuffete"，其中的 "tufe" 意为 "一簇" 或者 "一丛"。"Tuffet" 和 "hassock" 均来源于英语，均指 "小岗草地草丛"。"Tuffet" 一词最早于 1553 年出现。"Pouf" 或者 "pouffe" 原指 "厚垫子"，18 世纪时用于形容法国玛丽·安托瓦内特王后（Marie Antoinette）蓬松高耸的发型，19 世纪的法语中则指 "膨化的东西"。

墩因为一首著名的童谣《小玛菲特小姐》（Little Miss Muffet）而闻名天下。有人认为小玛菲特小姐意指苏格兰女王玛丽，因此，墩据称曾经象征着苏格兰的宝座。很多人并不十分清楚墩到底长什么样。墩看起来很像个蒲团或者软垫搁脚凳，是一种低矮的坐凳或者搁脚的装置 (图1-4-1，图1-4-2，图1-4-3)。与凳子不同的是，墩被软垫布艺整个包裹了起来，因此其骨架和凳脚统统消失。大坐垫（Pouffe）往往指的是更大一些的墩(图1-4-4)。

墩曾经是巴洛克时期、维多利亚时期，或者 19 世纪巴黎时尚的组成部分 (图1-4-5)。其款式非常丰富，那些软垫面料的复杂图案与花色往往代表着巴洛克、维多利亚，或者是 19 世纪的巴黎。今天的墩已经从室内走向室外，只是应用的材料更为结实耐用，不怕日晒雨淋 (图1-4-6，图1-4-7)。

（图 1-4-3）大号墩

（图1-4-4）大坐垫

（图1-4-6）

墩基本上是一个带木框架的硬垫脚凳，凳脚只是为了增强其稳定性。对于尺寸较大的墩坐面，常常安装铰链成为下面储物空间的盖子。其内部空间通常被用来储物，这时的墩就转变成了软垫搁脚凳。很多时候，墩也用于儿童房，提供舒适坐具的同时也增加了储物空间。小巧、可爱并带有储物功能的墩非常受儿童的喜爱（图1-4-8）。

墩通常与椅子搭配使用，为坐者提供舒适的搁脚方式。其坐面软垫面料的花色尽量与椅子坐面的面料取得一致；其软垫面料也可以别具一格，突出自己，为整体色彩组合当中增添醒目的笔触，可以极大地提升整体装饰效果。

虽然墩可以作为购买整体坐具的一部分来考虑，但是仍然可以通过加工一只小凳子来制作出充满个性的墩，或者为制造某种特殊视觉效果而专门设计制作，只需要一只凳子、软垫材料和面料，及一个钉书机就可以做到。

（图1-4-7）

（图1-4-5）

（图1-4-8）公主式墩

1-5 折叠凳（Folding Stool）

很久以前，折叠凳曾经被认为是家庭当中最重要的家具之一，并且也是身份与地位的象征。在古文明社会里，折叠凳不仅仅是用来坐，而且也用于正式的礼仪活动当中。用于正式礼仪活动当中的折叠凳分为二类：一类属于世俗生活用途，另一类属于宗教仪式用途。

在古埃及最有价值的家具当中，折叠凳就是其中之一（图1-5-1）。大约产生于公元前2000—公元前1500年，折叠凳作为军队当中指挥官的便携坐具，折叠凳在当时是权贵的象征（图1-5-2）。在其他的一些古文明记录当中，折叠凳同样是权力的标志。

在古希腊和古意大利的伊特鲁里亚文明当中，折叠凳成为罗马椅的原型；著名的"Sella Curulis"椅被专门用于古罗马共和时期的平民法庭（图1-5-3）。

折叠凳的另一个类型是将交叉腿置于正面而非侧面的'X'形结构，其目的是为了突出和强调权势的象征意义（图1-5-4）。

最为著名的'X'形折叠凳莫过于曾经统治中世纪早期德意志五大公国之一的弗兰克尼亚国王达戈贝尔一世的宝座（图1-5-5）。19世纪维多利亚时期流行的一种新文艺复兴式（renaissance revival）折叠凳做工精美，值得收藏，在当时也是一种身份的象征（图1-5-6）。

折叠凳随着时代的发展而细分出家居、露营、办公或者工业等几类用途；此外有一种吧台专用的高脚折叠凳，其坐面软垫可以根据需要来配置；还有一种类似于家用梯子的折叠踏凳，其1-3层踏面适合于攀登拿取高处物品（图1-5-7）。露营折叠凳通常采用轻质的铝质骨架，方便远途携带（图1-5-8）。

现代家具设计师们仍然不断地从古代经典家具当中获得灵感。这件由丹麦设计师延斯·奎斯特加特（Jens Quistgaard）于1985年设计的折叠凳，结合了现代与传统的精神，实用而又美观，可以作为普通凳子，或者边几，或

（图1-5-1）古埃及时期折叠凳复制品

（图1-5-2）古希腊时期折叠凳复制品

（图1-5-3）古罗马时期折叠凳

（图1-5-4）16-17世纪折叠凳

（图1-5-5）弗兰克尼亚国王
达戈贝尔一世的宝座

（图1-5-6）19世纪新文艺复兴式折叠凳

者脚凳（图1-5-9）。由美国设计师约翰·维西（John Vesey）设计的这把折叠凳采用抛光铝材制作框架，同时附带实木扶手，显得高贵典雅，与众不同（图1-5-10）。由全球公司（Global Views）出品的折叠凳采用金属骨架与棕色牛皮制作，气质不凡，简洁实用（图1-5-11）。

今天的折叠凳已经发展出了许多不同用途和不同种类的折叠凳，并且可以按照自己的意愿把它们置于室内，坐在其上，放置物品，或者用于室外。有大量为特殊用途而设计的折叠凳，它们包括折叠踏凳和折叠淋浴凳等。尽管折叠凳走过了漫长的历史岁月，但由于其轻便与实用，今天它们仍然广受家庭的喜爱。这些现代折叠凳式样包括：

（图1-5-7）折叠踏凳

（图1-5-8）露营折叠凳

（图1-5-9）延斯·奎斯特加特折叠凳

（图1-5-10）约翰·维西折叠凳

（图1-5-11）全球公司折叠凳

（图 1-5-12）折叠厨房凳

（图 1-5-13）折叠淋浴凳

1）折叠厨房凳（Folding Kitchen Stool）- 它具有丰富的高度、质量、材料与式样选择范围，较高的折叠厨房凳被称之为"折叠吧台凳"，其随意、小巧、方便与实用的特点使得它适合于临时需要的情况，不用时可以储藏起来不占地方 **(图 1-5-12)**。

2）折叠淋浴凳（Folding Shower Stool）- 它专为行动不方便的老年人而设计，使得洗浴者避免长时间的站立。其轻便的特性使得它的使用和收藏均很方便。凳脚还安装有橡胶防滑垫 **(图 1-5-13)**。

（图 1-5-14）折叠露营凳

（图 1-5-15）折叠踏凳

3）折叠露营凳（Folding Camp Stool）- 它专门针对喜欢户外露营的人们而设计，是一件非常实用的室外家具。它携带轻便，通常采用铝质骨架与帆布相结合 **(图 1-5-14)**。

4）折叠踏凳（Folding Step Stool）- 它是一件专为解决拿取高处物品的困难而设计的实用家具，可根据自己的需要来选择其高度。其踏步数通常为 1—4 步，凳脚与踏板均为防滑设计 **(图 1-5-15)**。

1-6 踏凳（Step Stool）

踏凳诞生于何年何月已经无从考证，不过它肯定源自传统凳子。床前踏凳是最早的踏凳形式之一，它是卧室整体装饰的组成元素，帮助人们上、下离地较高的传统床具，是一件十分实用的辅助家具（图1-6-1）。早期的踏凳采用实木制作，并且根据主人的喜好而定制（图1-6-2）。它既为成人卧室也为儿童房服务。一件制作精良，外观优雅的踏凳本身也是房间的亮点，不过踏凳式样及其表面处理均需要谨慎考虑与整体的协调。

踏凳是凳子的另一个种类，它也是一种最简便的梯子，家居生活中总是有换灯泡、修窗帘、拿取高处物品的时候，因此它是一件非常必要与实用的家具（图1-6-3）。踏凳的目的在于帮助人们可以站得更高或者走上一个高度，例如让图书管理员和借书者站在踏凳上拿取书架上层的书籍。

今天的踏凳主要为儿童使用，帮助儿童拿取桌子或者柜台上的东西，或者站在盥洗台前自己洗手与刷牙等；它有助于帮助儿童从小锻炼自己解决问题的能力。儿童房使用的踏凳应该选择带有储物功能的，至于色彩与式样则可以根据儿童性别来选择。当孩子长大以后，踏凳仍然可以用于厨房或者其他任何需要它的地方。对于儿童使用的踏凳，可以选择或者定制男孩踏凳、女孩踏凳、动物踏凳、彩绘踏凳或者储物踏凳（带有储物功能的踏凳）等，可以成为儿童的最佳伴侣和礼物（图1-6-4，图1-6-5）。

选择踏凳需要考虑的因素包括尺寸——由使用的目的与位置而定；牢固——现场测试最可靠；舒适——踏步的表面对于没穿鞋的光脚丫是否舒服。此外踏凳还有很多用途、色彩与式样等。对于成年人来说，踏凳常用于厨房与卧室；对于儿童来说，踏凳主要用于儿童浴室或者儿童房；对于老年人来说，卧室里的踏凳是一份表达体贴爱心的安全措施。

（图1-6-1）床边踏凳

（图1-6-2）踏凳

（图1-6-3）现代踏凳

（图1-6-4）带储物功能的踏凳

（图1-6-5）儿童踏凳

1-7 条凳（Bench）

条凳专指无靠背的长条形木质凳子。在椅子仍然专属于权贵的年代里，条凳成为普通人生活当中的主要坐具。早期的条凳只是一块由两端用斜撑与横档连接的竖向木板所支撑的横向木板（图1-7-1）。条凳后来发展出与榫接凳子相似的构造（图1-7-2）；再后来条凳的凳腿向上延伸并形成了扶手与靠背。这种新形式，曾经是为那些买不起高背长靠椅的人们而设计的。

条凳的支撑通常为竖向木板支撑与张开凳腿支撑二种，独立凳腿截面包括方形、倒角和车削。值得注意的是钢琴条凳往往是带软垫坐面的。

人们通常认为只有公园、花园或者室外活动时才需要条凳，其实只要充分发挥一点想象力，条凳也可以用于室内制造意想不到的装饰效果。除了可以增加更多的坐具之外，条凳还给家庭带来特征与个性。一张条凳可以作为椅边桌使用，其高度特别适合于摆放咖啡杯或者茶杯。

条凳可以用于以下几个家居空间当中：

1） 厨房、早餐区与餐厅。靠窗摆放的条凳非常实用，也节省开支。如果添加软垫和靠枕，它将带来独有的舒适度。它也可以代替餐椅坐更多的人，使得餐厅设计更为随意、灵活。

2） 门厅、寄存室与入口。因为每个人进出家门都可能需要换鞋或者更衣，有一张条凳放在此处将会大大方便家人和客人。为了使人们进门后有一个良好的印象，也可以增添软垫和靠枕，充分表达主人的热情好客与个性特点。

3） 卧室与浴室。通常人们会把条凳放在床尾，使软垫的面料与床品保持一致。把条凳放在窗下坐着晒晒太阳或者看看书都很惬意。把条凳放在浴缸旁会对老年人非常方便。

4） 阳光房与遮蔽门廊。此处可以尝试用条凳代替沙发，它会给你带来如英式农舍般的随意与舒适。这时软垫面料可以采用花卉图案，或者如长春花和淡绿色那样清淡柔和的色彩，配上花卉条纹图案的靠枕。由于是在半室外空间，建议采用白色油漆的铸铁条凳或者柚木条凳，这样会使条凳更加经久耐用，同时与几张小椅子和边几组成一个完整的休闲空间。

条凳被广泛应用于室内外，其材料包括木材、石材、金属和树脂等。皮质条凳因其中性色调而适应任何装饰风格，其与生俱来的高贵品质使它特别适合于客厅。布艺软垫条凳则是客厅、卧室和门厅的常客。条凳的常见式样包括：

（图 1-7-1）哥特时期条凳复制品

（图 1-7-3）英式花园条凳

（图 1-7-2）条凳

1） 英式花园条凳（English Garden Bench）- 传统的英式花园条凳采用实木制作，其坐面板条紧密，而其靠背板条稀疏，两端安装扶手。有些英式花园条凳为了配合某种花园主题而被油漆或者擦色处理（图1-7-3）。

（图 1-7-4）无靠背室外条凳

2）无靠背室外条凳（Backless Outdoor Bench）- 这种既无靠背也无扶手的条凳也被称作"甲板凳"，因为它常出现在平台或者门廊。大多数无靠背室外条凳的坐面为木板条，不过也有些无靠背室外条凳的坐面采用全实木或者石材，并由椅腿或者骨架支撑（图 1-7-4）。

3）门厅条凳（Hall Tree Bench）- 它专用于门厅，为人们进出家门时提供便利。它可以储存帽子、外套、提包、钥匙和雨伞等。其坐面下还设计了储存鞋子的储物箱（图 1-7-5）。

（图 1-7-5）门厅条凳

（图 1-7-6）储物条凳

4）储物条凳（Storage Bench）- 它既可能无靠背，也可能有靠背与扶手。大多数储物条凳带铰链或者拿开坐面就是下面储物箱的盖板。室内储物条凳多为木材与软垫，室外储物条凳则通常为树脂、塑料或者防腐木。它是保持家庭整洁的好帮手（图 1-7-6）。

（图 1-7-7）卧室条凳

5）卧室条凳（Bedroom Bench）- 这是一种无靠背，带软垫，可以具有储物功能的条凳，一般被置于床尾，既提供了额外的坐具，又因为软垫面料而成为卧室整体装饰的一部分，同时还能够提升卧室的个人品位（图 1-7-7）。

（图 1-7-8）乡村石条凳

6）乡村石条凳（Rustic Stone Bench）- 它是由一对石墩支撑上面的木板条或者石板而组成，专用于花园（图 1-7-8）。

（图 1-7-9）水泥条凳

7）水泥条凳（Concrete Bench）- 它是专属于公共室外空间的实用型坐具，带有一点装饰或者全无，经常与实木结合制作。它维护简便，结实耐用（图 1-7-9）。

乡村条凳是所有条凳种类当中最具特色的条凳之一。对于那些喜爱乡村装饰风格的人来说，有多种乡村条凳的式样可供选择。乡村条凳的经典式样包括：

（图1-7-10）法式乡村条凳

1）法式乡村条凳（French Country Rustic Bench）- 它充满乡村情调并且十分优雅，采用仿旧深色木材或者浅白色粉刷后做旧，经常饰以铁艺装饰或者锻铁侧板（图1-7-10）。

（图1-7-11）托斯卡纳乡村条凳

2）托斯卡纳乡村条凳（Tuscan Rustic Bench）- 它浑身散发出舒适与放松的气质，采用仿旧木材，并且饰以锻铁椅腿或者铁艺装饰，也有些托斯卡纳乡村条凳采用深色木材，并且油漆和镶嵌葡萄图案等（图1-7-11）。

（图1-7-12）地中海或者西班牙现代乡村条凳

3）地中海或者西班牙现代乡村条凳（Mediterranean or Spanish Modern Rustic Bench）- 它既实用又正式，采用深色木材与华丽的手工车削椅腿。偏乡村但正式的条凳应用抛光五金件，偏乡村但实用的条凳则应用锻铁铁艺与仿旧木材的组合（图1-7-12）。

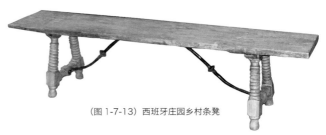

（图1-7-13）西班牙庄园乡村条凳

4）西班牙庄园乡村条凳（Spanish Hacienda Rustic Bench）- 它是铁艺、仿旧木材或者手工雕刻硬木的混合体，采用铜、铁或者瓷片镶嵌，表现出西班牙人随意的生活方式，或者为了制造更华丽的感觉（图1-7-13）。

（图1-7-14）原木屋乡村条凳

5）原木屋乡村条凳（Log Cabin Rustic Bench）- 原木屋乡村家具通常由松木、枫木或者山杨木的树枝与树干制作而成。原木屋乡村条凳常常是鹿角或者锻铁椅腿和椅背与仿旧木材的综合体，给家庭带来大草原的气息（图1-7-14）。

（图1-7-15）西部乡村条凳

6）西部乡村条凳（Western Rustic Bench）- 它是粗绳、车削木、铸铁椅腿、马车轱辘或者鹿角等的混合体，给家庭带来乡村的有机绿色（图1-7-15）。

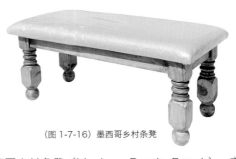

（图1-7-16）墨西哥乡村条凳

7）墨西哥乡村条凳（Mexican Rustic Bench）- 它饱含真情与特质，运用墨西哥本土盛产的牧豆树、柏树、松树和雪松，雕刻粗糙。采用松木制作的条凳通常在其靠背和两侧饰以彩绘；采用牧豆树制作的条凳结实耐用，抗虫蚀，适合于室外长期使用（图1-7-16）。

现代家居空间当中，条凳经常用于餐厅，与不配套的餐椅一道围绕餐桌来布置，会使餐厅显得更加随意、活泼。现代条凳的应用范围远不止于此，无论是卧室还是阳台都有其用武之地。市场上条凳的选择五花八门，有一些现代条凳值得我们关注，经典的现代条凳包括但不限于：

（图 1-7-17）阿姆斯特丹条凳

1） 阿姆斯特丹条凳（Amsterdam Bench）- 由美国家具品牌玛德拉夫特（Modloft）出品，具体设计者与年份不详。它采用水泥和玻璃纤维混凝土铸造凳面，凳腿及框架则采用粉末涂层钢板制作，是一件适用于室内外空间的条凳（图 1-7-17）。

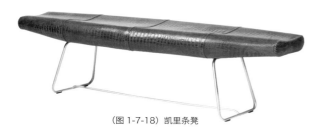

（图 1-7-18）凯里条凳

2） 凯里条凳（Carey Bench）- 由巴西设计师马塞洛·利吉尔（Marcelo Ligieri）设计。凯里条凳的凳面采用鳄鱼皮、牛皮或者人造织物，其造型看起来就像一艘用碳钢框架支撑的独木舟。它浑身散发出一种高贵的艺术，确实是一件条凳中的艺术品（图 1-7-18）。

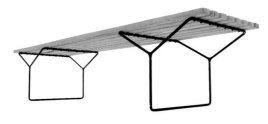

（图 1-7-19）伯托埃条凳

3） 伯托埃条凳（Bertoia Bench）- 由美国设计师哈里·伯托埃（Harry Bertoia）于 1952 年设计。伯托埃是一个擅长于用金属棒造型的艺术家，这张条凳的特点依然是其金属棒弯曲的优美凳腿，充满了创意与巧思，似乎让条凳的重量感消失（图 1-7-19）。

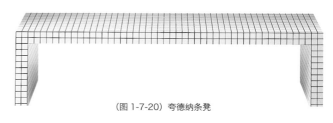

（图 1-7-20）夸德纳条凳

4） 夸德纳条凳（Quaderna Bench）- 由意大利超级工作室（Superstudio）于 1970 年设计。夸德纳条凳的外表看似是极其简单的板型设计，甚至可能让人怀疑其牢固性，但是它采用塑料层压板和蜂窝芯结构，解决了可能存在的结构隐患。这是一张多功能、多尺寸的条凳（或者条桌），适用于任何空间（图 1-7-20）。

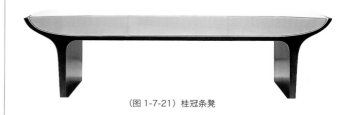

（图 1-7-21）桂冠条凳

5） 桂冠条凳（Laurel Bench）- 由美国设计师马克·戈茨（Mark Goetz）设计。桂冠条凳的设计灵感来自中国古典家具，其特征在于可选择色彩与材质的三块软坐垫与实木框架，以及线条流畅而优雅的造型（图 1-7-21）。

（图 1-7-22）水边条凳

6） 水边条凳（Waterside Bench）- 由意大利设计师克劳迪奥·西尔维斯特林（Claudio Silvestrin）于 2001 年设计。洗练的线条和精巧的构思，使得水边条凳具有令人安静的优雅气质，安静得就像美术馆内一件现代艺术品（图 1-7-22）。

（图 1-7-23）雪橇条凳

7）雪橇条凳（Toboggan Bench）- 由美国安泰纳设计公司（Antenna Design）于 2015 年设计。雪橇条凳采用粉末涂层钢材与模塑胶合板制作。它是一件多功能又可爱的家具，不仅是条凳，也可以当作茶几或者咖啡桌等（图1-7-23）。

（图 1-7-24）燕尾服博物馆条凳

8）燕尾服博物馆条凳（Tuxedo Museum Bench）- 由美国家具品牌巴萨姆伙伴（BassamFellows）于 2013 年设计。这件优雅、轻盈的条凳由四条纤细的金属凳腿以及三块软垫构成。燕尾服博物馆条凳的多功能特性使得它适用于公共、办公和私人空间（图1-7-24）。

（图 1-7-25）肩并肩条凳

9）肩并肩条凳（SIDEbySIDE）- 由瑞典设计师菲利普·斯文松（Filip Svensson）于 2010 年设计。它利用实木烧烤后的深木色与原木色的交替变换，产生极富特色的线条图案，以及如波浪起伏的凳面轮廓线，使得肩并肩条凳在任何空间均能引人注目。其凳腿有实木与金属两个选择（图1-7-25）。

（图 1-7-26）地平线条凳

10）地平线条凳（Orizzonte Bench）- 由意大利设计师卢卡·斯卡凯迪（Luca Scacchetti）设计。地平线条凳的凳腿采用卢卡标志性的弯折金属框架，确保稳定无误。简洁的直线造型，使其能够与任何其他式样的家具融为一体（图1-7-26）。

（图 1-7-27）米尼姆条凳

11）米尼姆条凳（Minium Bench）- 由荷兰设计师克里斯·斯拉特（Chris Slutter）设计，在 2012 年的荷兰设计周上首秀。这件看似瘦弱的条凳实则结实牢固，体现在其结构合理的金属凳腿和实木凳面（图1-7-27）。它另外还有与之配套的米尼姆桌（Minium Table）。

（图 1-7-28）小岛 O8O 条凳

12）小岛 O8O 条凳（Small Island O8O Bench）- 由日本设计师松冈知行（Tomoyuki Matsuoka）设计。这是一个可以自由组合的可折叠条凳，其镀铬金属框架可折叠，配合皮革或者织物面料的软垫，能给任何空间带来轻松愉快的氛围（图1-7-28）。松冈知行的岛家具系列包括了小岛、大岛和长岛。

（图 1-7-29）木叶条凳

13） 木叶条凳（Konoha Bench）- 由日本建筑师伊东丰雄（Toyo Ito）设计。从双螺旋的演算，到自然树叶的形状，伊东丰雄从中获得了灵感。木叶条凳像一片树叶的剪影，将多张木叶条凳组合起来，带给人们不同的景观想象（图 1-7-29）。

（图 1-7-30）纸牌条凳

14） 纸牌条凳（Carta Bench）- 由日本建筑师坂茂（Shigeru Ban）设计。坂茂作为当代世界著名的"纸管"建筑师，采用其标志性的回收纸管制作这把轻盈的条凳，与其设计的建筑和桥梁相比，这把小小的条凳对于坂茂来说可能太简单了。这既是一件造型优美的条凳，也是一个传递环保理念的榜样（图 1-7-30）。

（图 1-7-31）切换条凳

15） 切换条凳（Switch Bench）- 由比利时设计师兰迪·费斯（Randy Feys）于 2012 年设计。切换条凳如其名所寓，可以任意切换、选择和改变其色彩和形状。它有许多不同形状和颜色的构件供人们选择，就像乐高玩具那样可以自由拼装组合，充满游戏乐趣。此拼装系列还包括桌子（图 1-7-31）。

（图 1-7-32）派条凳

16） 派条凳（Pi Bench）- 由比利时设计师兰迪·费斯于 2014 年设计的另一款带有储物功能的条凳。不起眼的储藏箱藏在坐凳面板之下，可以为杂物和杂志提供一个不小的空间，其造型和色彩十分活泼可爱（图 1-7-32）。

（图 1-7-33）回转条凳

17） 回转条凳（Return Bench）- 由加拿大家具品牌格斯现代（Gus Modern）设计并出品。这是一件简约而不简单的作品，木梁看上去像是悬浮在两个不锈钢口形凳腿之间，带给人们某种期待和惊喜（图 1-7-33）。

（图 1-7-34）五边形组模系统

18） 五边形组模系统（Pent Modular System）- 由西班牙品牌迪塞尼奥（Dsignio）设计。它采用中密度纤维板与水曲柳饰面板制作，同时在各转角安装夹角接（Mitre Joint）。这是通过五边形模块的自由组合变化而形成无穷尽形状的模块条凳，无组合时则是单个矮凳（图 1-7-34）。

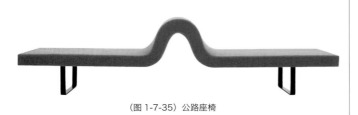

（图 1-7-35）公路座椅

（图 1-7-38）K36 条凳

19) 公路座椅（Highway Seating）- 由意大利设计公司巴尔托利设计（Bartoli Design）设计。这也是一种奇思妙想的模块条凳，公路座椅软垫椅面的造型如同公路地面的变化：水平与起伏。通过组合公路座椅可产生条凳、沙发和桌子等，专为公共空间而设计（图1-7-35）。

22)（K36 Bench）- 由德国建筑师与设计师安德烈·威瑟特（Andree Weissert）于 2014 年设计。这把采用实木板制作的条凳结构清晰合理，其表面色彩可以根据需要进行选择。这是一件拼装组合式家具，方便包装运输，适用于任何家居空间（图1-7-38）。

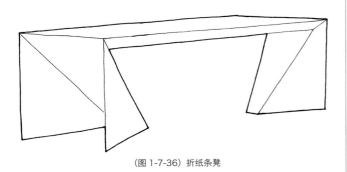

（图 1-7-36）折纸条凳

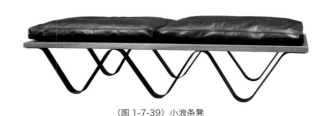

（图 1-7-39）小浪条凳

20) 折纸条凳（Origami Bench）- 由德国设计师马提亚·迪马克（Matthias Demacker）设计。其设计灵感来自日本的折纸艺术，选用铝材制作，造型轻盈而优美。另有一款尺寸宽大、造型一致的折纸桌（图1-7-36）。

23) 小浪条凳（Petite Vague）- 由西班牙设计师福阿德·埃尔·哈耶克（Fouad El Hayek）与黎巴嫩设计师凯伦·切克德吉昂（Karen Chekerdjian）于 2010 年设计。小浪条凳如其名所寓，凳腿由两条平行的波浪形黑色不锈钢条组成，凳面则采用实木框与藤编构成，上面是一块皮革软垫。其造型融合了男性的刚劲有力与女性的婀娜多姿，放在任何空间都令人无法忽视（图1-7-39）。

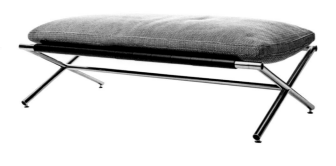

（图 1-7-37）自我条凳

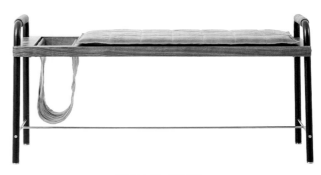

（图 1-7-40）服侍坐凳

21) 自我条凳（Self Bench）- 由意大利设计师鲁道夫·多多尼（Rodolfo Dordoni）于 2006 年设计。这是一款灵感来自古老折叠椅的现代条凳，采用一个镀铬钢管交叉形框架与皮革或者织物座带制作，上面的软垫可以自由拿取。其造型简洁典雅，是现代条凳当中的精品（图1-7-37）。

24) 服侍坐凳（Valet Seated Bench）- 由美国建筑师与设计师大卫·罗克威尔（David Rockwell）于 2016 年设计。服侍坐凳是钢管家具的当代版，采用粉末涂层钢管、层压板和皮革软垫制作，模仿家具经历岁月的成熟感。其特色在于板凳一端切口的皮革吊袋，用于存放杂志或者杂物。其两端包皮革的手柄方便移动，适用于任何室内空间（图1-7-40）。

1-8 条形软座（Banquette）

条形软座起源于法国，后来逐步流行于欧美普通家庭（图1-8-1）。条形软座可以供多人同时坐，并且常被放置于厨房或者餐厅（图1-8-2）。如果你希望有一个实用、高效的坐具，条形软座是一个不错的选择。条形软座作为非正式餐厅的常用坐具，过去专用于厨房，后来成为早餐台的原型，为设计师提供了更广阔而丰富的创作空间，使得家居空间比以前更为开放和自由。

现代条形软座于 20 世纪三四十年代流行开来，它方便、实用、随意、舒适，别有一番情调（图1-8-3）。有些条形软座带软垫靠背，并且在其坐面下还有储物空间，尺寸大小可以随空间的大小调整，适应任何装饰风格（图1-8-4）。

你可以将软座餐厅打扮成 20 世纪中叶的复古风格，镀铬或者人造革面料的家具是复古风格的标志，还可以用一些那个年代的黑胶唱片或者唱片封套来烘托气氛。如果希望更正式的软座餐厅，可以选用易于清洁的软垫面料，采用更为复杂、庄重的古典窗帘式样（图1-8-5）。如果条形软座靠窗，暖洋洋的阳光照射在软绵绵的靠枕上，自然形成家庭早餐和游戏的温馨空间。

条形软座可以单独摆在卧室或者客厅，作为休息或者阅读之用。这种软座的靠背通常不高，虽然不一定采用软垫靠背，但是可以用靠枕装饰。注意其式样、颜色、图案和面料与整体装饰风格的统一协调（图1-8-6）。

对于放在阳光房的条形软座，应该选用防晒软垫面料，并且选择坐面下带有储物空间的，可以放一些园艺工具、游戏和书籍等。

条形软座的三种基本类型包括：

1） 嵌入式软座（Built-in Banquette Seating）- 它是一种最常见的条形软座，常用于比较狭小的空间，因为能使有限的空间坐下更多的人（图1-8-7）。

2） 独立式软座（Freestanding Banquette Seating）- 它一般用于较为正式的餐厅，既是一种条凳，也可以升级为软垫条凳；既可以靠墙摆放，也可以靠餐桌使用（图1-8-8）。

3） 餐厅式软座（Restaurant Banquette Seat）- 它常见于餐厅，也称作"车厢式软座"（restaurant booth seating），由一对等长软垫条凳面对面隔着长方形餐桌放置，形成一个相对独立的小空间，也经常用于家庭（图1-8-9）。

条形软座的坐面离地通常为 48 厘米，其坐面的深度为 38~50 厘米。如果软座还有软垫靠背，那么坐面深度应该再加上靠背软垫的厚度。餐桌的高度为 74~79 厘米。嵌入式软座和独立式软座均不会像正式餐桌椅那样占用太多的空间，因为正式餐桌椅需要拉出，还需要坐下的最小间隔。软座坐面与餐桌面的垂直距离约为 25 厘米（图1-8-10）。

转角软座是最为常见的一种条形软座，因为它可以很好地利用一些无用或者不好用的角落。嵌入式软座和独立式软座比较适合于转角软座，条形软座与方形餐桌搭配可以形成一个完整的用餐空间，与圆形餐桌搭配则可以营造一种乡村的折中情调，再添加两把椅子或者条凳在桌子的外端，形成一个完整

（图 1-8-1）法式条形软座

（图 1-8-2）条形软座与餐桌

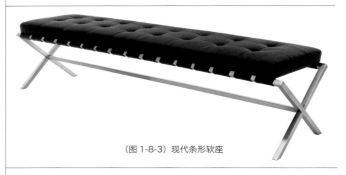

（图 1-8-3）现代条形软座

（图 1-8-4）现代条形软座带靠背

（图 1-8-5）软垫条凳 22

的餐桌布置。

　　这种利用角落的转角软座餐厅可以成为正式餐厅之外另一个休息、闲谈，以及享用饭后或者餐前甜点和饮料的地方。除此以外，软座还适用于空间面积较小的客厅，代替沙发；或者置于门厅，提供另一种换鞋和储藏雨伞之类物品的方式。

　　有些人非常喜欢用教堂座位改造而成的软座，不过这种式样与现代装饰风格不太搭调，同时因为教堂软座的坐面下一般架空，所以不能利用来储物。

　　条形软座的坐面下可以被用来储物，把一些备用的餐具、桌布、日用织品、餐巾、盖毯、靠枕或者炊具等放在里面。安

全起见，注意别在里面储存化学制品。

　　此外，方形或者长方形餐桌的桌角如果是直角应该改造成圆角，以免不小心撞到桌角造成伤害。条形软座既可以靠墙，也可以与之垂直；既适应于方正的空间，也适合于弯曲的空间。如果空间面积比较宽裕，可以定制一个圆形软座，并配上圆形餐桌。

　　对于那种拥有弧形窗的房屋，选用圆弧形的软座再合适不过了。圆弧形软座以 1/2 和 3/4 圆弧比较常见。1/2 圆弧形软座通常与圆形或者半圆形餐桌搭配。这种圆弧形软座也被应用于家庭影院。

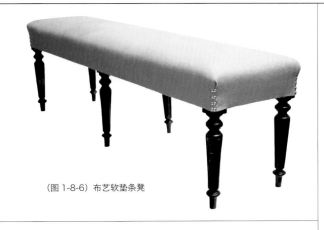

（图 1-8-6）布艺软垫条凳

（图 1-8-7）嵌入式软座

（图 1-8-8）独立式软座

（图 1-8-9）餐厅式软座

（图 1-8-10）嵌入式软座

1-9 高背长靠椅（Settle）/ 安置凳（Settle Bench）/ 僧侣凳（Monks Bench）

哥特时期安置凳就已经广为流行，17 世纪高背长靠椅也已经普遍出现于大多数家庭里 (图 1-9-1)，18 世纪期间僧侣凳也开始在民间普遍使用 (图 1-9-2)。不过它们均在 18—19 世纪逐渐退出历史舞台，被日益普及的双人沙发所取代。安置凳和僧侣凳均非常适合于当时住宅中常见的多用途大空间，家具大多符合一物多用的原则。

高背长靠椅采用类似于墙面折布式镶板的框 - 板结构，除了扶手与靠背，也无软垫，与条凳一样都是独立坐具。在椅子还未普及之前，条凳与高背长靠椅都被认为是兼具储物与坐具功能的箱子的延伸。无论是板式还是框板式箱子都可以通过简单地延长箱子的某端或者几条腿而变成高背长靠椅 (图 1-9-3)。

高背长靠椅又称"安置凳"，其坐感并不舒适，外观朴拙，基本由一个长条形的木条凳、扶手和高耸的实木靠背组成。其靠背既有复杂雕刻的处理，也有平板朴实的处理。其底部往往是一个可以储物的封闭空间，扶手升起形成曲线形的侧翼在冬季起到遮挡寒风的作用，有的安置凳还有木质顶篷。

安置凳曾经在起居室靠近壁炉的位置放置。它采用全实木制作，所以非常笨重，但是经久耐用，适合于两人坐。那种带储物箱的安置凳被称之为"僧侣凳"，是坐凳、储物箱和桌子的综合体 (图 1-9-4，图 1-9-5)。

僧侣凳的背板凸缘下半部有一条长切口，与扶手后内侧的销钉配合滑动。背板被拉起并往前拖直至切口内的销钉到位，放低后就成为桌面；当桌子不用之时，桌面竖起成为僧侣凳的靠背；至于僧侣凳名称的来历据说跟僧侣使用的条凳有关 (图 1-9-6，图 1-9-7)。僧侣凳也被称为"柜桌"（Hutch Table）或者叫"椅桌"（Chair Table），这是 17—18 世纪流行于英国的一种将桌子、柜子和坐凳结合在一起的家具，将桌面向后翻转，就变成一张带扶手的凳子，其桌面形状包括圆形、方形和八角形等 (图 1-9-8)。

今天的安置凳和僧侣凳常被当作鞋帽凳使用，广泛应用于门厅或者过道空间，方便于人们进出大门时换鞋、帽和衣物等时使用 (图 1-9-9，图 1-9-10)。不过现在设计的长靠椅不再使用传统名称，而是统一划到条凳（Bench）的名下，因为它们就是带靠背的条凳。为了与无靠背的条凳区分开来，我们将其称为"长靠椅"并举例于此。经典的现代长靠椅包括但不限于：

（图 1-9-1）17 世纪高背长靠椅

（图 1-9-2）18 世纪僧侣凳

（图 1-9-3）16 世纪高背长靠椅

（图 1-9-4）僧侣凳

（图 1-9-5）僧侣凳

（图 1-9-6）僧侣凳

(图1-9-7) 维多利亚晚期僧侣凳

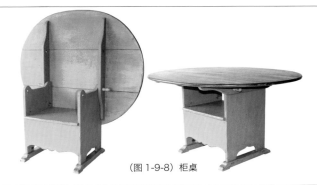

(图1-9-8) 柜桌

(图1-9-9) 源自安置凳和僧侣凳的鞋帽凳

(图1-9-10) 源自安置凳和僧侣凳的鞋帽凳

(图1-9-11) D51 长靠椅

1） D51 长靠椅（D51 Bench）- 由德国建筑师沃尔特·格罗皮乌斯（Walter Gropius）设计。1972 年阿克塞尔与沃纳·布若克哈瑟（Axel and Werner Bruchhauser）在参观 1911 年由格罗皮乌斯设计的法古斯工厂的时候发现一堆长靠椅，经过搜寻其来源并获得格罗皮乌斯夫人的同意之后，D51 长靠椅重见天日。极简的直线条造型，使得 D51 长靠椅成为现代主义的象征 **(图1-9-11)。**

(图1-9-12) 拉赛长靠椅

2） 拉赛长靠椅（Lasai Bench）- 由德国设计师布克哈德·沃克瑟（Burkhard Vogtherr）于 2008 年设计。这把采用不锈钢椅腿与胶合板制作的长靠椅再次证明：简洁的设计来自强大的技术支持，才能解决设计中可能面临的问题。拉赛长靠椅造型优雅、轻巧并且舒适，是现代长靠椅当中的典范 **(图1-9-12)。**

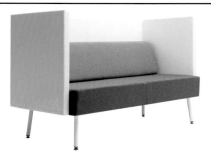

（图 1-9-13）阁楼 2.0 座椅系列

（图 1-9-16）珀美索长靠椅

3） 阁楼 2.0 座椅系列（Loft 2.0 Seating Collection）- 由意大利设计师米尔科·昆蒂（Mirko Quinti）设计的沙发系列之一。昆蒂人性化的设计充分考虑了长靠椅的背面与侧面，营造出一个温馨、私密和舒适的小环境。这是一把非常适用于等候区的长靠椅，还能够根据实际使用需要来重新自由组合（图 1-9-13）。

6） 珀美索长靠椅（Permesso Bench）- 由瑞士设计师库尔特·穆勒（Kurt Muller）于 2002 年设计。珀美索长靠椅采用镀铬或者镀镍方形或者圆形钢管框架，把软垫的皮革或者织物面料与闪亮金属进行对比。其造型以冷静的直线条为主，运用最少的线条来满足功能的要求（图 1-9-16）。

（图 1-9-14）林长靠椅

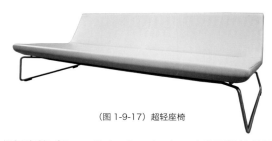

（图 1-9-17）超轻座椅

4） 林长靠椅（Lin Bench）- 由日本设计公司利夫设计园（Leif. Designpark）设计。软垫坐面结合靠背的修长轮廓和实木椅腿的优美线条，让人一眼就能识别这是日本人设计的作品，因为日本设计总是在追求更少和更细的方面做到极致（图 1-9-14）。

7） 超轻座椅（Superlight Seating）- 由英国设计公司巴伯与奥斯格比（Barber & Osgerby）设计。超轻座椅采用不锈钢与模塑聚氨酯泡沫填充的软垫制作，面料可以选择皮革或者织物。其外观特征正如其名所寓：轻盈，同时也非常舒适（图 1-9-17）。

（图 1-9-15）提提喀喀长靠椅

（图 1-9-18）朴茨茅斯长靠椅

5） 提提喀喀长靠椅（Titikaka Bench）- 由日本设计师深泽直人（Naoto Fukasawa）设计。也许是水波激发了深泽直人的灵感，让人能从自然弧形的木条上感受到涌动的力量。它采用铝材框架与柚木板条，把自然曲线与人体工程学完美地结合起来，是一件长靠椅当中的艺术品（图 1-9-15）。

8） 朴茨茅斯长靠椅（Portsmouth Bench）- 由英国设计公司巴伯与奥斯格比为朴茨茅斯圣托马斯大教堂而设计。朴茨茅斯长靠椅的结构清晰合理，采用纯橡木制作，是一把造型简洁、实用的轻质长靠椅，适用于任何空间（图 1-9-18）。

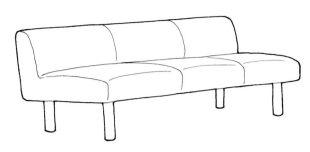

（图1-9-19）弗洛斯长靠椅与坐垫

9） 弗洛斯长靠椅与坐垫（Flos Bench and Pouf）- 由英国设计师贾斯帕·莫里森（Jasper Morrison）设计。其造型十分简洁但也十分实用，像是简化了的无扶手沙发，采用皮革与实木制作。这是一套适合交谈聚会场所的长靠椅与坐垫的组合（图1-9-19）。

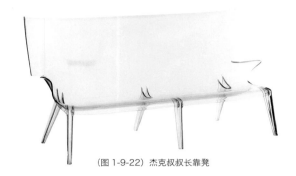

（图1-9-22）杰克叔叔长靠凳

12） 杰克叔叔长靠椅（Uncle Jack Bench）- 由法国设计师菲利普·斯塔克（Philippe Starck）于2014年设计。它采用斯塔克惯用的透明或者染色的聚碳酸酯制作，适用于室内外空间。斯塔克希望今天的家具仍然能够感受到传统家庭的温馨，因此这把长靠椅的造型亦古亦今（图1-9-22）。

（图1-9-20）Fs2100长靠椅

10） Fs2100长靠椅（Fs2100 Bench）- 由德国设计公司超级灰（Supergrau）设计与出品。Fs2100长靠椅连成一体的坐面与靠背悬臂在弯曲的不锈钢管之上，结果会给使用者带来轻微的上下摇动，这样会比固定不动的坐感带给人们更多的期待。为了增加舒适度，其靠背还设计了头枕。其应用范围很广，简直就是一个小沙发（图1-9-20）。

（图1-9-23）共同长靠凳

13） 共同长靠凳（Together Bench）- 由奥地利设计公司伊奥斯（Eoos）于2004年设计。这是伊奥斯设计的共同系列之一，此系列由多款不同尺寸和颜色的长靠凳组成，为角落空间提供新的解决方案。其造型呈横平竖直特征，结构清晰明了。共同长靠凳可以根据需要进行组合搭配，适用于商业、公共和私人空间（图1-9-23）。

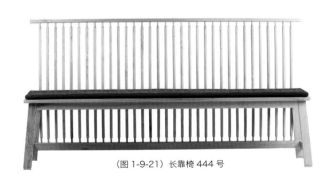

（图1-9-21）长靠椅444号

11） 长靠椅444号（Bench With Back 444）- 由英国设计公司斯丢迪奥斯（Studioilse）设计，其创作灵感来自传统温莎椅（Windsor Chair），并因此创造出一个现代温莎椅系列。这是一把做工精细的实木家具，它给家居空间带来温暖与舒适（图1-9-21）。

（图1-9-24）阿埃塔斯长靠凳

14） 阿埃塔斯长靠凳（AETAS Bench）- 由德国设计公司GG设计艺术（GG designart）于2014年设计。其创作灵感来自传统长靠凳，是对传统长靠凳的新诠释。它采用纯实木制作，结构上椅腿倾斜变化，造型更加朴实简洁。为保留实木的原貌而采用草药油做表面处理，突出实木家具的质朴美（图1-9-24）。

（图 1-9-25）REW 长靠凳

15) REW 长靠凳（REW）- 由西班牙设计师拉法·加西亚（Rafa Garcia）于 2014 年设计。这是加西亚的 REW 座椅系统的组成部分，此系统为休息、用餐和工作提供了不同的解决方案。其造型更接近于小型的双人沙发，包裹软垫的靠背与扶手等高，与软垫坐面形成简单的开口方盒形状。其椅腿有金属与实木两种材质可选，适用于任何现代空间（图 1-9-25）。

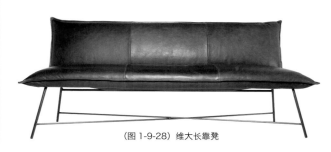

（图 1-9-28）维大长靠凳

18) 维大长靠凳（Vidar）- 由荷兰设计品牌杰斯设计（Jess Design）出品，具体设计者与年份不详。这是杰斯设计的皮革世家成员，它们包括了沙发、长靠凳、扶手椅和边椅。采用钢材与皮革制作的皮革世家，舒适是其特色，高贵是其标签皮革世家适用于任何现代室内空间（图 1-9-28）。

（图 1-9-26）张力台座带靠背

16) 张力台座带靠背（Tension Bank mit Ruchenlehne）- 由德国设计师比吉特·霍夫曼（Birgit Hoffmann）、克里斯托夫·卡雷斯（Christoph Kahleyss）和彼得·马里（Peter Maly）于 2010 年联合设计。正如其名所寓，这张充满张力与活力的长靠凳粗看似乎让人怀疑其稳定性，但实际上稳健舒适。它采用纯柚木制造，表面处理可根据需要来进行选择。张力台座还包括有靠背和无靠背的条凳版本（图 1-9-26）。

（图 1-9-29）礼拜堂 03 型长靠凳

19) 礼拜堂 03 型长靠凳（Chapter House Bench model 03 ch）- 由德国设计师伊冯娜·菲尔灵（Yvonne Fehling）和詹尼·佩兹（Jennie Peiz）于 2012 年联合设计，最初为美国马萨诸塞州的伍斯特艺术博物馆的 12 世纪礼拜堂而设计。根据当年礼拜堂允许僧侣进行交谈的传统，以相互交错反向的座位安排为其特色。这是一张再次鼓励人们对话与沉思的长靠凳，采用纯实木制作，造型富有感性与诗意，适用于任何公共与私人空间（图 1-9-29）。

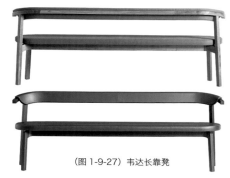

（图 1-9-27）韦达长靠凳

17) 韦达长靠凳（Weda）- 由瑞士设计师丹尼尔·威尔利（Daniel Wehrli）于 2016 年设计。韦达长靠凳采用纯实木制作框架，坐垫和靠背软垫柔化了刚性的轮廓，其面料有织物和皮革可选。其造型简洁、优雅，特别是靠背两端的圆弧形结束，非常结实耐用，适用于办公与私人空间（图 1-9-27）。

（图 1-9-30）倾斜长靠凳

20) 倾斜长靠凳（Inclinare Bench）- 由美国设计师布兰登·戈尔（Brandon Gore）于 2012 年设计。致力于体现精湛工艺的戈尔希望人们通过回顾过去来看未来，就像倾斜长靠凳表现出的 20 世纪中叶的线条特征。它采用高度工程化的混凝土制作牢固的坐凳外壳，而喷漆钢杆基座框架则相对纤细，制造出强烈的视觉反差，是一件极具时代感的杰作（图 1-9-30）。

1-10 吧台凳（Bar Stool）/ 柜台凳（Counter Stool）/ 绘图凳（Drafting Stool）/ 工业凳（Industrial Stool）

吧台凳源自古老的凳子（图1-10-1）。大约是在 20 世纪初，吧台凳与商业酒吧几乎同时诞生（图1-10-2）。吧台凳产生的目的是为了在拥挤的酒吧里提供更多方便的座位，因为吧台凳比普通餐椅更窄更高，并且带有搁脚的金属横杠。20 世纪的五六十年代，吧台凳开始在家居生活空间当中广为流行。

吧台凳基本分为三大类型：其一为带扶手和靠背的吧台凳，其二为仅带靠背而无扶手的吧台凳，其三为无扶手无靠背的吧台凳（图1-10-3）。通常商用吧台凳比民用吧台凳更为结实耐用，所以有人认为酒吧用过的二手吧台凳也比崭新的民用吧台凳质量更好。旋转吧台凳方便转身与身边人交谈。

吧台凳一般采用金属、木材或者塑料制作。它的靠背与坐面往往采用布料、皮革或者塑料作为软垫面料。经典的吧台凳式样包括：

（图 1-10-4）皮质吧台凳

1）皮质吧台凳（Leather Bar Stool）- 皮质吧台凳包括全纹革、真皮、再生革、聚氨酯革和人造革等，其中全纹革最牢固耐用，价格也最高，具有独特的气味，用的时间越久越好看；人造革应用范围最为广泛，价格也最低，外观近似真皮，比较经久耐用（图1-10-4）。

（图 1-10-1）老式吧台凳

（图 1-10-2）20 世纪初吧台凳

（图 1-10-5）复古吧台凳

（图 1-10-3）吧台凳三大类型

2）复古吧台凳（Retro Bar Stool）- 复古吧台凳代表着 20 世纪 20-50 年代的酒吧文化，外观特征表现为闪亮的镀铬金属骨架，色彩艳丽的乙烯基人造革圆形软垫面料，常见红与黑或者白、黄与蓝的色彩组合（图1-10-5）。

吧台凳的设计目的不尽相同，有的为了舒适，也有的为了美观，还有的为了耐用，所以根据自己的需要进行最合适的选择。最舒适的吧台凳包括：

（图 1-10-6）酒桶吧台凳

1） 酒桶吧台凳（Bucket Bar Stool）- 它也称作"桶形吧台凳"，以舒适性作为第一设计考量。其背部支撑宽敞的圆弧形靠背与扶手自成一体，大多配备有软垫，美观大方（图 1-10-6）。

（图 1-10-7）可调式吧台凳

2） 可调式吧台凳（Adjustable Bar Stool）- 它由坐面下的调节杆调整高度，有些甚至还可以调整倾斜度。其款式多样，可以配置软垫和背部支撑（图 1-10-7）。

（图 1-10-8）皮质吧台凳

3） 皮质吧台凳（Leather Bar Stool）- 它不仅仅外观典雅，而且十分舒适，手感柔软，冬暖夏凉。其款式丰富，软垫可增加其舒适度（图 1-10-8）。

（图 1-10-9）旋转吧台凳

4） 旋转吧台凳（Swivel Bar Stool）- 它的坐面可以作 360 度旋转，避免人们需要扭转身体时造成不舒适感（图 1-10-9）。

（图 1-10-10）木质吧台凳

5） 木质吧台凳（Wooden Bar Stool）- 它由四条方形或者圆形截面的椅腿支撑坐面组成，软垫根据不同的式样而决定。它特别适合于田园或者传统的装饰风格（图 1-10-10）。

围绕吧台、厨房岛柜或者高腿桌的吧台凳能够营造出一种轻松、随意的生活氛围，不过在选择吧台凳的时候应该考虑它与整体装饰风格的协调。吧台凳不仅仅提供舒适的坐凳，而且还是完美家庭装饰的组成部分。如果运用得当，吧台凳还会成为激发整体空间能量的动力。

首先需要确定这个空间的装饰主题，这个主题包括某种特定的文化、艺术种类、建筑风格、历史片段或者地理风貌。比如特定文化包括东方、南美或者印度；艺术种类包括装饰艺术或者现代主义；历史片段包括维多利亚、旧西部或者 20 世纪50 年代复古风；建筑风格包括乡村农舍或者哥特教堂；地理风貌包括沙漠荒野或者热带雨林等。

吧台凳应该与所选择的装饰主题保持一致。比如带闪亮乙烯基塑料软垫和镀铬金属腿的吧台凳适合 20 世纪 50 年代复古风；带温莎椅背的吧台凳适合维多利亚风格；光滑简洁的吧台凳适合现代简约风格；绘有花卉边饰的实木吧台凳则适合乡村农舍风格，诸如此类。

现代吧台凳象征着时尚生活方式，因此家具设计师们愿意为此付出极大的热情与创意。经典的现代吧台凳包括但不限于：

（图 1-10-13）高椅 64 号　　　　（图 1-10-14）高椅 K65 号

2） 高椅 64 号（High Chair 64）和 高 椅 K65 号（High Chair K65）- 由芬兰建筑师阿尔瓦·阿尔托（Alvar Aalto）于 1935 年设计的两把吧台凳。它们均采用弯曲多层实木制作，造型朴实典雅，坐面可以选择实木、织物和皮革材质，是早期现代吧台凳当中的代表，至今仍然在生产和应用（图 1-10-13，图 1-10-14）。

（图 1-10-11）吧台凳 1 号　　　　（图 1-10-12）吧台凳 2 号

1） 吧台凳 1 号（Bar Stool No.1）和吧台凳 2 号（Bar Stool No.2）- 由爱尔兰设计师艾琳·格瑞（Eileen Gray）于 1927 年和 1928 年设计。吧台凳 1 号由圆形铸铝基座、镀铬钢立柱和皮革面料软垫组成，其高度可调整，造型极简（图 1-10-11）。吧台凳 2 号的造型很像一件乐器，由圆形钢基座连接两根钢丝和一根钢条支撑皮革座垫，其高度固定，造型优雅（图 1-10-12）。这两把吧台凳展现出艾琳多才多艺的天赋。

（图 1-10-15）四季吧台凳

3） 四季吧台凳（Four Seasons Stool）- 由德国建筑师密斯·范·德罗（Mies van der Rohe）于 1958 年设计。当年密斯专为菲利普·约翰逊（Philip Johnson）设计的纽约四季餐馆而设计。这是一款结构简单明了，造型永恒典雅的吧台凳，由镀铬方钢条框架与软垫组合而成，是现代吧台凳当中的典范（图 1-10-15）。

(图 1-10-16) 钻石钢网吧台凳

4) 钻石钢网吧台凳（Bertoia Barstool）- 由意裔美国设计师哈里·伯托埃（Harry Bertoia）于 1952 年设计。伯托埃设计的家具无一例外地展现出其标志性的现代雕塑感，同时也兼顾了功能和舒适度。它还有孪生的钻石钢网餐椅版本 (图 1-10-16)。

(图 1-10-18) 夏洛特·帕瑞安德吧台凳

6) 夏洛特·帕瑞安德吧台凳（Charlotte Periand Bar Stool）- 由法国建筑师与设计师夏洛特·帕瑞安德（Charlotte Periand）于 1960 年为滑雪胜地莱萨尔克（Les Arcs）设计。这把优美的吧台凳有着清晰明了的结构与舒适稳定的坐感。它由镀铬管状框架与天然皮革坐面组合而成，具有永不过时的美感，适用任何现代空间 (图 1-10-18)。

(图 1-10-20) W.W. 吧台凳

8) W.W. 吧台凳（W.W. Stool）- 是法国设计师菲利普·斯塔克于 1990 年应德国电影导演维姆·文德斯（Wim Wenders）的要求而定做的家具。W.W. 吧台凳采用沙模铝塑制作，表面涂漆处理。其造型呈自然形态生长，又宛如某个异类生物的躯干，是一件惊世骇俗而又充满神秘感的艺术品 (图 1-10-20)。

(图 1-10-17) 黑种草吧台凳

5) 黑种草吧台凳（Nigella Barstool）-由美国家具品牌威尔金森家具(Wilkinson Furniture) 出品，具体设计者与年份不详。这把诞生于 20 世纪中叶的吧台凳透着复古风的优雅，皮质软坐垫与靠背可以升降也可以旋转，镀铬立柱经久耐用，靠背支撑使坐感更舒适。历经岁月洗礼，依然魅力不减 (图 1-10-17)。

(图 1-10-19) 查尔斯幽灵吧台凳

7) 查尔斯幽灵吧台凳（Charles Ghost Stool）- 由法国设计师菲利普·斯塔克（Philippe Starck）于 2005 年设计。尽管其造型明显受到 19 世纪家具风格的影响，但是因为通体采用透明的染色聚碳酸酯，斯塔克赋予了幽灵吧台凳新的生命。这是一款圆形坐面并且无靠背的高脚凳，深受当代时尚人士的欢迎 (图 1-10-19)。

(图 1-10-21) 一号凳

9) 一号凳（Stool One）- 由德国设计师康斯坦丁·葛切奇（Konstantin Grcic）于 2006 年设计。一号凳再一次证明康斯坦丁令人难忘的工业美学修养。通过清晰的轮廓与硬朗的框架，人们似乎难以将其冷峻的外观与舒适的坐感联系起来，但是结果却出乎意料的好。一号凳采用铝材制作，表面经过阳极氧化的特殊处理，适用于室内外空间 (图 1-10-21)。

（图 1-10-22）穆拉吧台凳

10） 缪拉吧台凳（Miura Barstool）- 是德国设计师康斯坦丁·葛切奇于 2005 年设计的另一款著名的吧台凳，因其造型宛如鲨鱼嘴也被人称为"鲨鱼嘴吧台凳"。这是一款百搭的现代吧台凳（图 1-10-22）。

（图 1-10-24）邦波吧台凳

12） 邦波吧台凳（Bombo Stool）- 由意大利设计师斯蒂凡诺·乔凡诺尼（Stefano Giovannoni）于 1997 年设计的吧台凳，因为在影视剧《星际迷航》和《迷失太空》当中出现而传遍世界。其特征包括可调高度和可 360 度旋转椅面，以及鲜艳夺目的色彩，使其几乎无人不晓（图 1-10-24）。

（图 1-10-26）哈尔吧台凳

14） 哈尔吧台凳（Hal Stool）- 由英国设计师贾斯珀·莫里森（Jasper Morrison）于 2010 年设计。这是一款简单、实用并且牢固的吧台凳，是对家具设计原理的全新注解。低调的造型和舒适的坐感，使得哈尔吧台凳能够应用于公共和私人空间（图 1-10-26）。

（图 1-10-23）猫和老鼠吧台凳

11） 猫和老鼠吧台凳（Tom & Jerry Stool）- 是德国设计师康斯坦丁·葛切奇于 2012 年设计的又一款吧台凳，从名称就能够感受其幽默感。这是一件对传统家具车间凳的再设计，只是材料换成了聚丙烯和实木。与传统不同，聚丙烯的颜色可以丰富多样。它能够适用于公共和私人空间，也可以当作设计师和技术员的工作凳，或者放在任何需要休息的地方（图 1-10-23）。

（图 1-10-25）登月舱活塞凳

13） 登月舱活塞凳（LEM Piston Stool）- 由日本设计师安住淳夫妇（Shin & Tomoko Azumi）于 2000 年为意大利家具品牌拉帕玛（Lapalma）设计。此款活塞凳重新揭示了坐具的形式与功能之间关系。其简洁流畅的线条使其成为世界各地最常见的吧台凳之一（图 1-10-25）。

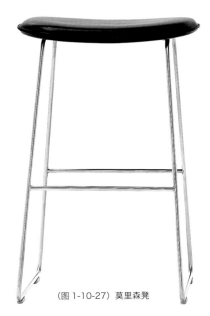

（图 1-10-27）莫里森凳

15） 莫里森凳（Morrison Stool）- 由英国设计师贾斯珀·莫里森于 2013 年设计的另一款吧台凳，这是莫里森凳系列之一。它采用不锈钢制作基座框架，固定坐面的材质包括织物和皮革。其结构简单而稳固，适用于办公和私人空间（图 1-10-27）。

（图 1-10-28）巴巴独立吧台凳

16）巴巴独立吧台凳（Babar Free standing Stool）- 由英国设计师西蒙·彭杰利（Simon Pengelly）于2006年设计。彭杰利擅长于运用简单的设计来满足复杂的功能需要，就像巴巴吧台凳极简的线条，有着精致的镀铬椅腿和聚氨酯坐面，被广泛应用于公共和私人空间（图1-10-28）。

（图 1-10-29）森林吧台凳

17）森林吧台凳（Forest Stool）- 由法国设计师阿里克·李维（Arik Levy）设计。李维以他对材料的认知和热情，赋予其新的生命，这就是森林吧台凳简洁的外表下所蕴藏的魅力。李维根据不同性别和年龄层的平均身高来确定多个脚踏杆的最佳高度，其坐面有实木和软垫两种材料可选（图1-10-29）。

（图 1-10-30）蒙蒂斯吉姆吧台凳

18）蒙蒂斯吉姆吧台凳（Montis Jim Stool）- 由荷兰设计师吉杰斯·帕帕沃尼（Gijs Papavoine）于1999年设计。这款吧台凳体现了吉杰斯的设计特点：简洁、精致和清晰的线条。除了稳定的结构和优雅的外观，这款吧台凳还十分注重人体工程学，从而保证了使用者的最佳坐感（图1-10-30）。

（图 1-10-31）拖拉机凳

19）拖拉机凳（Tractor Stool）- 由美国巴萨姆伙伴公司（BassamFellows）于2001年设计，并且于2003年在米兰家具展上首秀，从此成为现代吧台凳的标志。其创作灵感来自瑞士拖拉机手的座位，结合精致的实木手工，造就这把融合传统工艺与现代美学的精品吧台凳。无论是在五星级酒店还是阁楼公寓里，拖拉机凳都散发着永恒的时代魅力。拖拉机凳另有矮脚的矮凳版本（图1-10-31）。

（图 1-10-32）变形吧台凳

20）变形吧台凳（Morph Stool）- 由丹麦设计公司弗门斯特尔（Formstelle）于2009年设计。变形吧台凳有着修长的倒锥形凳腿和舒适的踏脚杆，其波浪形的坐面成为其标志。其外表看似简单，然而非常实用，适合长时间使用（图1-10-32）。

（图 1-10-33）帕皮伦高凳

21）帕皮伦高凳（Papillon High Stool）- 由黎巴嫩设计师凯伦·切克德吉昂（Karen Chekerdjian）于2012年设计。其创作灵感来自日本庙宇屋顶轮廓线，这能够从坐面两端的微翘特征看出。帕皮伦高凳由黑色磨砂钢板凳腿框架与胶合板坐面和靠背组合而成，它造型优雅，结构牢固，色彩稳重，适用于商业和私人空间（图1-10-33）。

（图1-10-34）木板吧台凳

22） 木板吧台凳（Slab Bar Stool）- 由英国设计师汤姆·迪克森（Tom Dixon）于2008年设计。它采用实木板制作框架和凳面，铸铁制作踏脚杆，结构清晰明了，造型简洁优雅，适用于各类室内空间。迪克森的木板系列（Slab collection）包括吧台凳、椅子、条凳和餐桌（图1-10-34）。

（图1-10-36）九吧台凳

24） 九吧台凳（Nine Bar Stool）- 由被誉为巴西家具之父的巴西设计师塞尔吉奥·罗德里格斯（Sergio Rodrigues）于2000年设计。九吧台凳融合了阳刚与阴柔之特征，充满着激情与活力。其结构合理牢固，采用纯实木手工制作，是现代吧台凳当中最具个性的代表（图1-10-36）。

（图1-10-38）新古董吧台凳

26） 新古董吧台凳（New Antiques Barstool）- 由荷兰设计师马塞尔·万德斯（Marcel Wanders）于2013年设计。这把看上去有点像老式铸铁消防柱的吧台凳正如其名所寓，是传统与现代的结合。它采用聚乙烯制作，有多种色彩可供选择，给办公和私人空间带来某种怀旧的感觉（图1-10-38）。

（图1-10-35）茶吧台凳

23） 茶吧台凳（Tea Stool）- 由西班牙设计公司艾斯图蒂哈克（Estudihac）于2014年设计。稳固的实木与金属框架结构，柔软的聚氨酯软垫凳面与靠背，精心设计的弯曲椅背，这些特征令人毫不怀疑这是一把注重人体工程学的吧台凳（图1-10-35）。

（图1-10-37）S123PH 吧台凳

25） S123PH 吧台凳（S 123 PH）- 由英国设计师詹姆斯·欧文（James Irvine）于2009年设计。这把吧台凳基本采用镀铬钢材制作，圆柱形立柱内的气压弹簧可调整高度，圆形或者椭圆形软垫坐面材质有皮革和织物两种。其造型高雅、精致，功能实用、舒适，是办公与私人空间的理想坐具（图1-10-37）。

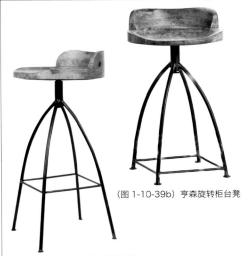

（图1-10-39b）亨森旋转柜台凳

（图1-10-39a）欣克利吧台凳

27） 欣克利吧台凳（Hinkley Bar Stool）- 由美国家居品牌阿提尔里尔斯家居（Arteriors Home）出品，具体设计者与年份不详。它采用做旧或者粗糙的实木与黑色铁件制作，浑身散发出一股浓浓的工业气息（图1-10-39a）。它另外还有一款造型相同但是高度较低的柜台凳，叫"亨森旋转柜台凳"（Henson Swivel Counter Stool，图1-10-39b）。

（图1-10-40b）露西椅

（图1-10-40a）露西吧台凳

28) 露西吧台凳（Lucy Bar Stool）- 由美国设计师高拉夫·南达（Gaurav Nanda）设计。这把采用金属网格制作而成的吧台凳视觉效果通透而轻巧，同时由粉末涂层的表面提供多种色彩选择。尽管其高度无法调整也不能旋转，但是结构会更稳定和牢固，因此它也被称为"露西柜台凳"（Lucy Counter Stool, 图1-10-40a）。它能够适应不同色调的空间，是追求极简生活的人群的最佳选择。它另外还有餐椅版本，"叫露西椅"（Lucy Chair, 图1-10-40b）。

（图1-10-41）蒂克尔吧台凳

29) 蒂克尔吧台凳（Tickle Barstool）- 由美国家具品牌佐现代（Zuo Modern）出品，具体设计者与年份不详。它采用镀铬金属制作支柱与基座，座垫则采用色泽鲜艳的 ABS 塑料制作。其特征包括鲜艳的颜色和低矮的靠背，紧凑的立柱造型能够让空间显得更宽松。其可调节高度的座位则能够适应任何高度的吧台（图1-10-41）。

（图1-10-42）索菲亚旋转吧台凳

30) 索菲亚旋转吧台凳（Sophia Swivel Bar Stool）- 由挪威设计师扬·萨布罗（Jan Sabro）设计并由瑞典家具品牌欧陆风（EuroStyle）出品。其立柱和基座采用镀铬金属制作，其靠背采用木材制作并镂空，而座垫则由人造革包裹海绵制作而成。其造型以刚劲有力的直线和弯折线为主，充满阳刚之气。它既可调整高度也可旋转，在任何空间里都能让人耳目一新（图1-10-42）。

柜台凳常常容易与吧台凳混为一谈，实际上它们在尺寸与应用等方面不尽相同。柜台凳是专为 86 厘米以上的柜台而设计，而吧台凳是为 101 厘米高的吧台而设计。因此，柜台凳高度通常为 61~68 厘米，而吧台凳的高度则为 74~76 厘米。注意柜台凳坐面与柜台底部的净距离应该保持在 30 厘米左右。

柜台凳的材质包括金属与木材等，不锈钢柜台凳最为结实，木质柜台凳款式最多，藤编柜台凳最适合于热带风情。

柜台凳适用于厨房柜台、柜台高吧台与厨房岛柜，或者厨房里与柜台等高的早餐桌。有人喜欢把柜台凳放在洗衣房，使家务变得更加轻松愉快一点，或者是工作室和游戏室；也有人把柜台凳作为客厅或者其他房间里的装饰元素，成为坐具的组成部分。

绘图凳大量产生于 19 世纪晚期至 20 世纪早期，因为它主要应用于当时工厂车间的绘图室，因此也被称之为"工业绘图凳"，工业绘图凳有着类似于吧台凳的高度是因为绘图桌通常高于普通桌子。今日生产的工业凳（Industrial Stool）或称工业风吧台凳即由当时的工业绘图凳演化而来，事实上绘图凳也衍生出了今天的办公椅。

工业风吧台凳并无固定式样。它们主要分为带靠背和无靠背两大类，由焊接金属凳脚与实木或者金属椅面结合而成（图1-10-43, 图1-10-44）。有些工业风吧台凳还有金属滚轮，适用于任

（图1-10-43）工业风吧台凳

（图1-10-44）工业风吧台凳

（图1-10-45）托莱多吧台凳

（图1-10-46）托莱多工业绘图凳

何场合。工业风吧台凳后来被广泛应用于学校，再后来因其功能接近于吧台凳而风靡家庭厨房、时尚餐厅和酒吧。

创立于 1897 年的美国托莱多金属家具公司（Toledo Metal Furniture Co.）出品的大量学校和办公家具成为今日工业风吧台凳的原型，其中大多数具有可调座位和靠背高度，并且可旋转底座。其钢材和实木材质保证能承受重量和频繁使用（图 1-10-45，图 1-10-46）。

由法国金属工人泽维尔·博洽德（Xavier Pauchard）于 1927 年创立的托利克斯（Tolix）在 1934 年设计并生产，工业美体现在其自然的金属表面，是工业风家具当中的典范，被广泛应用于时尚家居与商业空间当中，其中以马雷 30 型吧台凳（Marais Stool 30）最为著名（图 1-10-47）。

在 20 世纪 50—70 年代，一种采用人造皮革坐面的复古风格吧台凳（Retro Barstool/Counter Stool）就是工业风吧台凳的延续（图 1-10-48）。另外还有一种模仿拖拉机驾驶座位的驾驶座吧台凳（Tractor Seat Barstool），也是工业风吧台凳的延伸（图 1-10-49）。

今天流行于世界各地的工业风吧台凳有很多种类，也有不少家具公司专门生产工业风吧台凳。比较著名的工业风吧台凳包括但不限于：1）井架吧台凳（Derrick Barstool）（图 1-10-50）；2）火石柜台凳（Flint Counter Stool）（图 1-10-51）；3）路易斯顿可调旋转吧台凳（Lewiston Adjustable Swivel Barstool）（图 1-10-52）；4）透纳吧台凳（Turner Barstool）（图 1-10-53）；5）西榆工业凳（West Elm Industrial Stool）（图 1-10-54）；6）翠斯特旋转凳（Twist Swivel Stool）（图 1-10-55）；7）里昂工业凳（Lyon Industrial Stool）（图 1-10-56）。

（图 1-10-47）马雷 30 型吧台凳

（图 1-10-48）复古风格吧台凳

（图 1-10-52）路易斯顿可调旋转吧台凳

（图 1-10-53）透纳吧台凳

（图 1-10-49）驾驶座吧台凳

（图 1-10-50）井架吧台凳

（图 1-10-54）西榆工业凳

（图 1-10-55）翠斯特旋转凳

（图 1-10-51）火石柜台凳

（图 1-10-56）里昂工业凳

2-1 椅子简史

如果你只能选择一样家具来改变家的面貌，那么椅子是首选。源自人类古文明社会的椅子在今天依然与我们的生活息息相关，无论是在庄严肃穆的场合还是世俗喧嚣的生活当中，这个带靠背的凳子——椅子，其绚丽多彩的发展史可与复杂多变的世界史相媲美。

从古埃及法老时期到古典时期，椅子是国王、君主或者主教的特权象征，普通人只配使用无靠背的木箱、条凳或者凳子（图2-1-1，图2-1-2）。

"椅子"这个名词源自拉丁文，意为主教的座位。因此主教的宝座成为大教堂的镇堂之宝，是至高无上的象征。无论是用于宗教还是世俗的中世纪椅子，其结构均庞大繁琐，通常带有罩篷或者华盖，并且会安放在一个台基之上，目的是为了凸显坐椅之人的身份与地位（图2-1-3）。

古罗马时期的权贵们专用的X形椅子类似于今天的折叠椅（图2-1-4）。大约在16—17世纪期间，一种叫做"车削椅"（Turned Chair）的式样开始出现并且传播开来（图2-1-5，图2-1-6）。部分原因在于一些商业行会限制了的特殊家具制作技术流传到独立的木匠手中，如车工和细木工技术。

（图2-1-1）古埃及椅子复制品

（图2-1-2）古埃及椅子复制品

（图2-1-3）中世纪时期主教宝座

（图2-1-4）古罗马时期X形椅

（图2-1-5）车削椅

（图2-1-6）车削椅

中世纪时期的椅子依然专属于权贵。哥特时期的家具特征表现为深重的阴影和花边状的复杂细节。哥特式的椅子多半采用沉重的橡木制作，常见于许多国王加冕典礼之上。这种加冕椅的背板宽且高，底座装饰有雄狮（图2-1-7）。

文艺复兴时期的椅子经历了剧烈的变化，椅子也从高高在上的地位跌落进入寻常百姓的家中。人们开始尝试采用皮革、天鹅绒或者丝绸来给椅子装上软垫，同时也尝试应用其他的木料来制作更轻便的椅子。路易十三是第一位拥有这种椅子的君主，并且使新式椅子因此在宫廷中流行开来（图2-1-8）。

复杂的雕工和表面上色的椅子过去只为权贵服务。直至17世纪中叶，椅子的应用越来越普及，软垫开始流行，式样越来越轻巧。17—18世纪早期的椅子显示出开敞的结构，应用多种支架构造，同时也融入了大量车削和轮廓雕刻技术（图2-1-9，图2-1-10）。

法国人被公认是第一个将椅子变得轻巧和舒适的民族。从此以后，诞生出了新一代的软垫椅，它们包括了卧椅、扶手椅、挡风椅、矮椅和躺椅等。

18世纪是家具木匠们充分展现其才华的黄金时期，托马斯·齐朋德尔（Thomas Chippendale）是其中的佼佼者，他留下的许多传世的椅子以优美的椅背、和谐的比例与经典的卡布里弯腿而闻名于世（图2-1-11）。

当家具还未进入工业化批量生产之前，18世纪椅子的椅腿和椅背比之前出现更多的曲线，因此也需要耗费更多的整块木料去切割并雕刻出来。椅子从以前的车削腿到后来的卡布里弯腿（Cabriole）或者克里斯姆斯腿（Klismos），均无支撑架，而是靠膝块、转角块，或者主框架内的宽榫来稳定结构。这些都是19世纪家具复兴式样发展过程中的必然结果（图2-1-12，图2-1-13）。

在所有的家具家族当中，椅子在构造创新方面一直起领头羊的作用，因此也造就出千变万化的椅子式样。诞生于19世纪下半叶的工艺美术运动时期，可调节椅背的莫里斯椅（Morris Chair）成为其中的佼佼者（图2-1-14）。

当代椅子不仅仅是为了满足使用功能需求，还是设计者个性的表达。其创作灵感往往来自新艺术运动、装饰艺术运动、立体派和超现实主义等等。椅子从诞生开始就在不断地发展与变化中，可以肯定它的未来和它的过去一样精彩。

（图2-1-7）中世纪君王宝座

（图2-1-8）路易十三时期扶手椅

（图2-1-9）路易十四时期扶手椅

（图2-1-10）路易十五时期扶手椅

（图2-1-11）托马斯·齐朋德尔式扶手椅

（图2-1-12）路易十五时期
卡布里弯腿边椅

（图2-1-13）拿破仑时期
克里斯姆斯腿边椅

（图2-1-14）莫里斯椅

2-2 餐椅（Dining Chair/Side Chair）

古典餐椅与古典餐桌都是家居当中最重要的家具之一。16世纪以前，只有最重要的人物才有资格坐椅子，其余人则一律只能坐条凳或者凳子。17世纪的餐椅开始采用软垫来增加舒适度，并且变得更大众化，餐椅从此为用餐与社会活动服务。自18世纪中叶以来，家具工匠们开始设计并制造属于他们个人风格的餐椅，其中以英国家具工匠托马斯·齐朋德尔（Thomas Chippendale）、乔治·赫伯怀特（George Hepplewhite）和托马斯·谢拉顿（Thomas Sheraton）为领军人物。

餐椅曾经以12把为一套来制作，但是随着家庭成员的分裂与重组，餐椅最后发展成为今天以6把为一套的标准。

带扶手餐椅放在餐桌首尾的习俗源自古埃及文明，它们象征着一家之男女主人的座位，其余人则应该坐在无扶手餐椅上。

经典的传统餐椅式样包括：

（图 2-2-1）17-18 世纪板型椅

1）板型椅（Wainscot Chair） - 传说中最古老的一种椅子，其历史大约可以追溯到 1550 年。其特征包括平直、僵硬、厚重、中高和深雕椅背等；其两条前椅腿通常采用车削，而两条后椅腿则直立；椅背的雕刻内容通常显示其出身及身份。为了增加其舒适度，人们常常为板型椅配上薄薄的软垫 (图 2-2-1)。

（图 2-2-2）詹姆士一世复兴式餐椅

2）詹姆士一世复兴式餐椅（Jacobean） - 人们常称整个 17 世纪的英国家具为旧英式、文艺复兴式、詹姆士一世或者都铎复兴式。其最大特征之一是采用黑栎木制作，餐椅表面无油漆保护处理。这个时期的餐椅特征表现为深雕椅背和球形椅脚。它运用了镶嵌技术，整体呈几何造型，有时候也会采用皮革、锦缎或者天鹅绒作软垫面料。詹姆士一世复兴式餐椅适合非常正规的餐厅，并且给暖色调的餐厅增添对比色。通常一套完整的詹姆士一世复兴式餐椅至少包括两张带扶手餐椅和两张无扶手餐椅，被安排在餐桌的头、尾部 (图 2-2-2)。

（图 2-2-3）安妮女王式餐椅

3）安妮女王式餐椅（Queen Anne） - 诞生于 18 世纪早期的英国安妮女王餐椅，处处体现出柔美的女性曲线。由于部分受到法国洛可可风格的影响，其显著特征为卡布里弯腿，餐椅坐面呈典型的马蹄铁形，椅背中嵌板常常出现类似提琴形或者花瓶形，椅背式样有模仿自中式椅子的方直形和近似卡布里弯腿的曲线形两种，其椅背顶部与卡布里弯腿膝部均有涡卷和贝壳图案的雕刻 (图 2-2-3)。

（图 2-2-4）齐朋德尔式餐椅

4）齐朋德尔式餐椅（Chippendale） - 由 18 世纪中期英国著名家具师托马斯·齐朋德尔创造，是英国第一个用创造者的名字命名的家具式样，反映了 18 世纪末英国的家具潮流。齐朋德尔把主要的创造力都用在了餐椅椅背的设计之上，他模仿中式家具的网格图案和官帽椅的形体特征，继承了卡布里弯腿，呈现出丰富而又精细的高贵与典雅。较之前的安妮女王餐椅，齐朋德尔餐椅更为精雕细琢，椅背充满穿透与雕刻，这种正式餐椅常常采用兽爪球形椅脚 (图 2-2-4)。

（图 2-2-5）赫伯怀特式餐椅

5) 赫伯怀特式餐椅（Hepplewhite）- 由 18 世纪英国晚期家具师乔治·赫伯怀特创造，其式样在他去世之后广为流传和模仿，并且对美国联邦风格家具影响颇深。赫伯怀特椅的标志性特征为其盾形、心形或者椭圆形椅背，其雕刻大量吸收了新古典图案如壶形、垂花饰和穗带，其椅腿呈直线型和锥形，横档也是直线型，整体表现出优雅的简洁造型（图 2-2-5）。

（图 2-2-6）谢拉顿式餐椅

6) 谢拉顿式餐椅（Sheraton）- 由 18 世纪晚期至 19 世纪早期的英国天才家具师托马斯·谢拉顿创造，他是英国最后一位，也是最重要的一位家具师，与齐朋德尔齐名。谢拉顿椅造型简洁，具有女性化的倾向，其椅背几乎呈正方形，充满着各种精美雕刻的横、竖和斜杠，直线型的椅腿通常带有凹槽或者车削细节，或者采用锥形椅腿。其扶手纤细而优雅，坐面完全应用软垫装饰（图 2-2-6）。

（图 2-2-7）英国摄政式餐椅

7) 英国摄政式餐椅（English Regency）- 产生于 1800 年至 1830 年期间的英国摄政风格家具是一种优雅的古典椅子，称其古典椅子是因为其设计灵感来自古埃及、古希腊、古罗马和中国。摄政椅造型朴实，线条简练，其椅背比安妮女王椅的椅背稍短些，主要特征包括靠背两根支撑柱之间的两根横板。其两条前腿呈马刀形向外弯曲，而两条后腿也向外弯曲，只是弯曲弧度比前腿稍小，其椅腿上的雕刻图案常常出现兽腿、罗马神和狮身鹫首兽（图 2-2-7）。1835 年以后的摄政椅变得更为繁复与精细。

（图 2-2-8）邓肯·法伊夫式餐椅

8) 邓肯·法伊夫式餐椅（Duncan Phyfe）- 由 19 世纪早期美国家具师邓肯·法伊夫创造，深受英国摄政风格和法国帝国风格的影响，它也被称作"摄政风格餐椅"或者"帝国风格餐椅"。邓肯·法伊夫餐椅的特征为卷曲形的椅背，椅背顶部呈方形，椅背通透，其中间只有一条横杠，以及马刀形椅腿，使人联想起古埃及时期的家具式样（图 2-2-8）。

（图2-2-9a）袋形椅背温莎扶手椅

（图2-2-9b）梳形椅背温莎扶手椅

（图2-2-9c）扇形椅背温莎餐椅

9) 温莎餐椅（Windsor）- 其名称来自英国一个叫"温莎"的乡村小镇，因此人们将它归类于古老的乡村椅。温莎椅起源于17世纪晚期，在社会较低层的民间，靠近森林地区的人们开始制作和使用这种椅子，其设计初衷是为了室外使用。

其特征包括从坐面伸出的椅腿与靠背杆，靠背杆呈箍状或者梳子状。椅背顶部拱起呈圆弧形的温莎椅称作"袋形椅背温莎扶手椅"（图2-2-9a），椅背顶部有一块横板状如长方形梳子的温莎椅称作"梳形椅背温莎扶手椅"（图2-2-9b），椅背顶部有一块横板呈长方形无扶手的温莎椅称作"杆形椅背温莎餐椅"或者"扇形椅背"温莎餐椅（图2-2-9c）。

18世纪中叶随移民潮在美国发扬光大，并融入了美国的文化特色。温莎椅在19世纪晚期才开始盛行起来。温莎餐椅的结构一目了然，无任何软垫装饰，今天它仍然被广泛应用于现代家庭里。

（图2-2-10）模印餐椅

10) 模印餐椅（Pressback）- 17世纪新英格兰殖民时期的"向日葵"衣柜展示了当时车工、木匠和雕刻师的技艺，但是这件朴实的衣柜对于大部分人来说仍然是一件奢侈品。虽然这不是一件完全的流水线产品，但是它是家具工业化生产的雏形，反映出人们对于家具表面装饰的追求从未间断。18世纪到19世纪初，装配式家具生产线开始出现，工人们在流水线上重复执行相同的工作，他们运用模具在无数的椅背顶板上印出丰饶角图案。直至19世纪与20世纪之交，美国南北战争之后，社会发生巨变，人口与财富双双增长；富有阶层愿意付出更多钱来购买更丰富的装饰。19世纪末在椅子上已经出现一种低成本但是效果很好的装饰技艺，那就是采用蚀刻图案的钢质模具，在预先切割和热压弯曲成型的椅背顶板上再次高压而成。其三维立体效果可与传统手工雕刻媲美，因此成就了一个"模印餐椅"的伟大时代。经过简单模具压印而成的浅"浮雕"效果的餐椅顶板组装到接近完成的餐椅上，使得一件漂亮的"浮雕"餐椅让更多的人消费得起（图2-2-10）。

（图2-2-11）路易十六式餐椅

（图 2-2-12）路易幽灵椅

（图 2-2-13）维多利亚幽灵椅

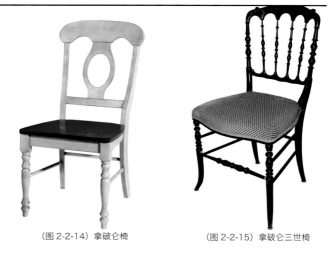

（图 2-2-14）拿破仑椅　　　　　（图 2-2-15）拿破仑三世椅

12) 拿破仑椅与拿破仑三世椅（Napoleon Chair & Napoleon III Chair）- 拿破仑椅独特的椅背由一个镂空椭圆形图案与弯曲顶部组成，造型优雅而亲切（图 2-2-14）。拿破仑三世餐椅诞生于拿破仑一世的侄子拿破仑三世于 1852—1870 年期间建立的法兰西第二帝国期间（图 2-2-15）。

（图 2-2-16）基亚瓦里餐椅　　　　　（图 2-2-17）婚礼上的基亚瓦里椅

11) 路易十六式餐椅（Louis XVI）- 路易十六登基之前的 18 世纪 60 年代晚期，巴黎已经开始流行法国新古典主义椅子。它看起来没有之前的路易椅子舒适，但是它在式样与装饰方面更为丰富多样，深受当时建筑式样的影响。

路易十六餐椅的外观特征表现为直线型倒圆锥形并带有凹槽的椅腿与坐面通过饰以玫瑰花结的小方块连接，整体由每一个明确独立的构件组合而成。其源自古典元素的装饰图案浮于表面，椅背形状通常为垂直或者稍微倾斜的椭圆形与长方形（有时近似于正方形），方形椅背的顶部常常如花篮般拱起（图 2-2-11）。

路易十六餐椅因其简练而又优雅的造型深深吸引住每个人的眼球，能够与任何装饰风格融为一体。与之搭配的餐桌同样需要挑选简洁而又典雅的式样。

菲利普·斯塔克（Philippe Starck）于 2002 年以路易十六餐椅为原型设计了著名的路易幽灵椅（Louis Ghost Chair，图 2-2-12），他采用聚碳酸酯材料铸浇模具而成，因其完全透明而被称为"幽灵椅"。2005 年，斯塔克又以维多利亚餐椅为原型推出了维多利亚幽灵椅（Victorian Ghost Chair，图 2-2-13）。

斯塔克的透明幽灵椅能够最大限度地扩大空间感，是时尚与品位的完美结合，当之无愧成为现代室内设计的符号之一。它可以作为餐椅、摆设椅，或者放在卧室梳妆台前，既能够与周围环境协调，又彰显出强烈的个性。

13) 基亚瓦里餐椅（Chiavari）- 源自法国，并于 1807 年由裘塞佩·加埃塔诺·迪斯卡重新设计，餐椅名称来自设计者居住的意大利小镇基亚瓦里，它也被称为"基亚瓦里纳"（Chiavarina）、"蒂芬尼椅"（Tiffany Chair）或者"卡美洛椅"（Camelot Chair）。这是一款专用于高档宴会、婚礼等特殊重要活动的餐椅。其特征为细杆框架结构及类似于梯形椅背的设计，特别是椅背靠近顶部的一排短竖杆，以及加固椅腿的双排横档（图 2-2-16）。

金色的基亚瓦里餐椅为婚庆或者宴会增添优雅的热情，银色基亚瓦里餐椅则浑身散发着冷静与现代感。通常用于婚礼或者宴会的基亚瓦里餐椅会用椅套装饰椅背，并且饰以腰带和花结等装饰物（图 2-2-17）。

（图 2-2-18）帕森斯餐椅

14）帕森斯餐椅（Parsons）- 其名源自其诞生地帕森斯设计学校，然而它是由法国设计师创造于 20 世纪 30 年代。帕森斯椅受现代主义、工艺美术运动、新艺术运动和装饰艺术风格的影响，其造型简洁，无任何装饰，直线型椅腿，椅背向后稍微倾斜。其椅背通常用软垫装饰，软垫坐面遮掩椅子结构，仅有四条锥形椅腿露出。那种带有裙摆、曲背、侧翼、驼背、钉扣饰边或者椅套的帕森斯椅外观更为传统 **（图 2-2-18）**。

餐椅的式样随着时代的发展而演变，但是餐椅仍然是今日家居空间中不可或缺的一件家具。世界上大多数家具设计师都会为餐椅绞尽脑汁。经典的现代餐椅包括但不限于：

（图 2-2-19）希尔豪斯椅

1）希尔豪斯椅（Hillhouse Chair）- 由苏格兰建筑师、设计师和艺术家查尔斯·雷尼·麦金托什（Charles Rennie Mackintosh）于 1902 年设计。这是一件具有里程碑意义的标志性作品，其精心的线条构图与严谨的几何形态开创了 20 世纪的先锋，为后来的现代家具设计树立了榜样，其创新意识至今仍然让人赞叹不已 **（图 2-2-19）**。

（图 2-2-20）西斯卡椅

2）西斯卡椅（Cesca Chair）- 由匈牙利设计师马歇·布鲁尔（Marcel Breuer）于 1928 年设计。这是一款最早出现的钢管家具，对后来很多钢管家具影响深远。它是传统工艺、工业技术与现代材料的完美结晶，共有扶手款与无扶手款两个版本 **（图 2-2-20）**。

（图 2-2-21）LC7 椅

3）LC7 椅（LC7 Chair）- 由法国建筑师勒·柯布西耶（Le Corbusier）与皮尔瑞·吉纳瑞特（Pierre Jeanneret）和夏洛特·帕瑞安德（Charlotte Periand）于 1928 年共同设计。LC7 椅采用钢管与软垫组合而成，构造简单，坐感舒适。这是一件现代主义运动的代表作，在现代设计进化过程当中具有里程碑的意义 **（图 2-2-21）**。

（图 2-2-22a）标准椅　　（图 2-2-22b）安东尼椅

4）标准椅（Standard Chair）- 由法国设计师让·普鲁威（Jean Prouve）于 1934 年设计，此款椅子容易让人联想到学校，但是经常被人用在家里。其设计巧妙地把钢管与空心钢板结合起来，既满足了功能又照顾到美观 **（图 2-2-22a）**。普鲁威于 1950 年设计的另一款著名椅子叫"安东尼椅"（Antony Chair），它采用钢管与胶合板制作，其特征为巧妙、合理的结构与轻巧、优雅的造型 **（图 2-2-22b）**。

（图 2-2-23）66 号椅

5) 66 号椅（Chair 66）- 由芬兰建筑师阿尔瓦·阿尔托（Alvar Aalto）于 1935 年设计，其特征体现在弯曲木椅腿和简洁的线条。原作保留了桦木的自然纹理，现在的版本则提供了更多的色彩选择（图 2-2-23）。

（图 2-2-25）第 108 号餐椅

7) 第 108 号餐椅（The 108 Dining Chair）- 由丹麦设计师芬·居尔（Finn Juhl）于 1946 年设计。这把小巧的餐椅坐感也十分舒适，采用实木框架与织物或者皮革包裹的软垫制作。第 108 号餐椅结构合理，造型优雅；其木质表面处理可任意选择，适用于公共与私人空间（图 2-2-25）。

（图 2-2-27a）埃菲尔边椅

（图 2-2-24）闪电椅

6) 闪电椅（Zig Zag Chair）- 由荷兰建筑师与设计师格里特·里特维尔德（Gerrit Rietveld）于 1934 年设计。闪电椅采用全实木制作，其名称来自其快如闪电的 Z 字形线条。这一线条打破了之前所有关于椅子的概念。传统椅腿消失了，这一概念至今仍对许多设计师影响深远（图 2-2-24）。

（图 2-2-26）伊姆斯模压胶合板餐椅

8) 伊姆斯模压胶合板餐椅（Eames Molded Plywood Dining Chair）- 由美国设计师伊姆斯夫妇（Charles & Ray Eames）于 1946 年设计的一款经典餐椅，是伊姆斯夫妇试验木成型艺术的典范，对于现代家具设计影响深远。它采用模压胶合板与金属制作，造型轻巧而优雅。这把被认为是 20 世纪最佳设计之一的餐椅提供有镀铬钢和木质椅腿两种选择，适用于任何休息室或者餐厅（图 2-2-26）。

（图 2-2-27b）金属丝网埃菲尔边椅

9) 埃菲尔边椅（Eiffel Side Chair）- 由美国设计师伊姆斯夫妇于 1950 年设计并成为现代家具的传奇，其身影遍布世界各地。这是一件结合了玻璃纤维、不锈钢和木材的餐椅，适用于餐厅、休息室、办公室和卧室等空间（图 2-2-27a）。它还有一个金属丝网版本（Wire Chair DKR，图 2-2-27b）。

（图 2-2-28b）
伊姆斯 RAW 椅

（图 2-2-28a）
伊姆斯 DAR 椅

（图 2-2-28c）伊姆斯 RAR 椅

10） 伊姆斯 DAR 椅（Eames DAR Chair）- 由美国设计师伊姆斯夫妇于 1950 年设计的另一款经典的餐椅，比伊姆斯边椅多了两侧扶手（图 2-2-28a）。此款椅子还衍生出了木腿版本（DAW，图 2-2-28b）和摇椅版本（RAR，图 2-2-28c）等，无论哪一个版本在世界各个角落都无所不在。

（图 2-2-29）3103 号椅

11） 3103 号椅（3103 Chair）- 由丹麦设计师阿纳·雅各布森（Arne Jacobsen）于 1957 年设计的餐椅，其光滑的胡桃木饰面使其与复古风格的餐厅或者厨房能够完美搭配，赋予丰富与简练的气质（图 2-2-29）。

（图 2-2-30）3107 号椅

12） 3107 号椅（3107 Chair）- 又称 7 系列餐椅，是由丹麦设计师阿纳·雅各布森于 1955 年设计的另一款经典餐椅。它使用了新的三维弯曲木技术，大大提升了使用的舒适度（图 2-2-30）。其极度简约的设计深受人们的喜爱，一经问世就被复制无数。

（图 2-2-31）雅各布森蚂蚁椅

13） 雅各布森蚂蚁椅（Jacobsen Ant Chair）- 由丹麦设计师阿纳·雅各布森于 1952 年设计并由丹麦弗里茨·汉森（Fritz Hansen）公司出品的蚂蚁椅，因其形状看似蚂蚁而得名；因为存在安全隐患，将最初的三条椅腿改成了现在的四条腿（图 2-2-31）。

（图 2-2-32）大奖椅

14） 大奖椅（Grand Prix Chair）- 由丹麦设计师阿纳·雅各布森于 1957 年为弗里茨·汉森公司（Fritz Hansen）设计，并且首次在同年举办的丹麦哥本哈根的设计师春季展会上亮相。今天看起来与其当年初次露面时一样令人惊艳，其造型流畅，能够被轻易地叠放（图 2-2-32）。

（图 2-2-33）柚木办公椅

15） 柚木办公椅（Teak Desk Chair）- 由丹麦设计师埃里克·基尔克高（Erik Kirkegaard）于 1956 年设计，其名称并无特指或者限定，也可能采用任何其他木种制作。这是一把外观优雅而使用舒适的座椅，其结构清晰合理，造型简洁大方，既适用于办公室也适用于餐厅（图 2-2-33）。

（图 2-2-34a）沙里宁边椅

（图 2-2-34b）沙里宁扶手椅

（图 2-2-35）彻纳边椅

17） 彻纳边椅（Cherner Side Chair）- 由美国设计师诺曼·彻纳（Norman Cherner）于 1958 年设计的边椅。彻纳边椅采用模塑胶合板技术，造型别致典雅，是一把放在现代极简餐厅里面绝对不会被忽略的胡桃木饰面的餐椅（图 2-2-35）。

（图 2-2-37）夏洛特·帕瑞安德椅

19） 夏洛特·帕瑞安德椅（Charlotte Periand Chair）- 由法国建筑师与设计师夏洛特·帕瑞安德（Charlotte Periand）于 1960 年为滑雪胜地莱萨尔克（Les Arcs）设计。这把简洁而优美的边椅采用镀铬管制作框架，配上皮革椅面与靠背。历经半个世纪，这把边椅仍然让人不得不赞叹设计师才华横溢（图 2-2-37）。

（图 2-2-34c）沙里宁郁金香边椅

16） 沙里宁边椅(Saarinen Side Chair) - 由芬兰裔美国建筑师与设计师埃罗·沙里宁（Eero Saarinen）于 1957 年设计。这是一把有着流畅线条如雕塑般优美的餐椅，也是沙里宁第一个采用玻璃纤维制作外壳的椅子（图 2-2-34a）。沙里宁边椅包括木腿与金属椅腿，以及软垫与塑料靠背等不同版本。沙里宁采用相同的结构和造型特征还设计了沙里宁扶手椅（Saarinen Arm Chair，图 2-2-34b）。沙里宁还设计了一把举世闻名的椅子叫"沙里宁郁金香边椅"（Saarinen Tulip Side Chair，图 2-2-34c）。

（图 2-2-36）厄科蝴蝶椅

18） 厄科蝴蝶椅（Ercol Butterfly Chair）- 由意大利设计师卢西恩·厄科拉尼（Lucian Ercolani）于 1920 年创办的英国家具公司厄科（Ercol）于 1958 年推出市场，因其蝴蝶形状的椅背而得名。其特征为优美的弯曲面与人体曲线的高度贴切。虽然历经半个多世纪，其魅力依然不减（图 2-2-36）。

（图 2-2-38）诺米拉椅

20） 诺米拉椅（Nordmyra Chair）- 由瑞典家居品牌宜家家居（IKEA）推出的一款经久不衰的餐椅，它再次证明了品位与金钱无关，而且优秀的设计与材料的优劣无关。适合于手头不够宽裕，但是仍然追求高品位的家庭（图 2-2-38）。

（图 2-2-39）瑞达椅

21）瑞达椅（Reidar Chair）- 由瑞典家居品牌宜家家居出品的另一款长盛不衰的餐椅。这把小巧玲珑的餐椅采用全铝制作，表面有多种颜色可供选择。其造型简洁，坐感舒适，充满时代感，适用于现代都市的室内外空间（图 2-2-39）。

（图 2-2-41）空气椅

23）空气椅（Air Chair）- 由英国设计师贾斯伯·莫里森于 1999 年为 Magis 公司设计的另一款可叠放的小餐椅，与都市椅为姐妹篇。它体现出莫里森"为设计而设计"的设计理念，突出使用功能，剔除任何多余的设计（图 2-2-41）。

（图 2-2-43）普里马边椅

25）普里马边椅（Prima Side Chair）- 由瑞士建筑师马里奥·博塔（Mario Botta）于 1982 年设计。它看上去很像建筑师画出的几何线条变成立体，因此很有建筑味道（图 2-2-43）。普里马边椅是博塔坐具设计系列当中的餐椅，它还有扶手和高背等版本。

（图 2-2-40）都市椅

22）都市椅（Urban Chair）- 由英国设计师贾斯伯·莫里森（Jasper Morrison）于 1999 年为意大利 Magis 公司设计。它采用增强聚丙烯塑料制造，使用感觉舒适，造型小巧可爱，可叠放，适用于小空间（图 2-2-40）。

（图 2-2-42）巴塞尔椅

24）巴塞尔椅（Basel Chair）- 由英国设计师贾斯伯·莫里森于 2008 年设计的又一款餐椅。它采用实木框架和工程塑料 ASA 来制作背板与坐面，结构简洁，造型优雅，坐感舒适，是莫里森又一件为都市生活而精心设计的现代餐椅（图 2-2-42）。

（图 2-2-44）潘顿椅

26）潘顿椅（Panton Chair）- 由丹麦设计师维纳尔·潘顿（Verner Panton）于 1960 年设计。它是世界上第一款压模成型的玻璃钢椅，其充满创造力的造型总能够唤起人们无尽的想象。潘顿椅以其充满想象力的流畅线条创造出现代家具史上的又一件艺术品（图 2-2-44）。

（图 2-2-45a）蛋筒椅

（图 2-2-46）海军椅 111 号椅

28） 海军椅 111 号椅（The 111 Navy Chair）- 由美国家具品牌依梅柯公司（Emeco）出品，它源自可口可乐公司于 2006 年找依梅柯公司设计一把利用废弃塑料瓶为材料而制作的椅子（图 2-2-46）。之所以叫"海军椅"，是因为最初的海军椅 1006 号是海军椅 111 号的前身，由依梅柯公司创始人美国设计师威尔顿·卡莱尔·丁杰斯（Wilton Carlyle Dinges）于 1944 年为美国海军潜艇和驱逐舰而量身定制的一把金属椅子。

（图 2-2-48）皱褶椅

30） 皱褶椅（Wiggle Chair）- 由美国建筑师弗兰克·盖里（Frank Gehry）于 1972 年设计。其主体创新地采用纸板制作，再用纤维板饰边。这是一件突破传统设计思维，让人眼前一亮的家具艺术品（图 2-2-48）。

（图 2-2-45b）心形椅

27） 蛋筒椅（Cone Chair）- 由丹麦设计师维纳尔·潘顿于 1958 年设计。蛋筒椅挑战地球引力的造型，刚出世时让人们瞠目结舌，在纽约橱窗展示时曾经引起交通堵塞；但是一经使用便让人爱不释手，至今仍然长盛不衰（图 2-2-45a）。它还有一个孪生姐妹叫"心形椅"（Heart Cone Chair，图 2-2-45b）。

（图 2-2-47）手椅

29） 手椅（Hand Chair）- 由墨西哥艺术家与设计师佩德罗·弗里德伯格（Pedro Friedeberg）于 1971 年设计，其创作灵感来自达达主义绘画。佩德罗的最初作品采用纯实木雕刻而成，其造型模仿一只手掌托举的姿态，放在任何空间都像是一件艺术品，能够与任何风格的家具和睦相处（图 2-2-47）。手椅分左手椅和右手椅两个版本。

（图 2-2-49）高粘椅

31） 高粘椅（High Sticking Chair）- 由美国建筑师弗兰克·盖里于 1992 年设计。这是盖里在探索材料、结构和功能方面的另一件杰作，其设计灵感来自盖里小时候玩过的苹果包装箱。通过交错编织并牢固胶粘的枫木条，高粘椅超越了所有传统餐椅的形式和概念（图 2-2-49）。

（图 2-2-50a）特立尼达椅

（图 2-2-51）贝壳椅

（图 2-2-53）依莫柯·刚椅

33） 贝壳椅（Tom Vac Chair）- 由以色列裔英国艺术家与设计师罗恩·阿拉德（Ron Arad）于 1999 年设计。其特征在于采用聚丙烯制作的椅背、坐面和扶手浑然一体的设计。优美的贝壳椅是一把多功能椅子，能够适应任何环境要求（图 2-2-51）。

35） 伊莫柯·刚椅（Emeco Kong Chair）- 由法国设计师菲利普·斯塔克（Philippe Starck）设计的椅子，是一把吸引眼球的银色餐椅，灵感来自凡尔赛宫路易王朝时期的伊莫柯·刚餐椅，浑身散发着奢华的气质，是一把传承给未来的椅子（图 2-2-53）。

（图 2-2-50b）特立尼达扶手椅

（图 2-2-50c）特立尼达吧台凳

（图 2-2-52）PLC 椅

（图 2-2-54）大师堆叠椅

32） 特立尼达椅（Trinidad Chair）- 由丹麦设计师娜娜·迪泽（Nanna Ditzel）于 1993 年设计。这是一把充满灵动与活力的椅子，特别是其椅背与坐面呈扇形张开的镂空木曲面，与镀铬金属椅腿的完美结合，造就了这件经久不衰的杰作（图 2-2-50a）。除了餐椅版本，它还有扶手版本（图 2-2-50b）和酒吧凳版本（图 2-2-50c）。

34） PLC 椅（PLC Chair）- 由英国设计师卢克·皮尔森与汤姆·劳埃德于 1997 年创立的设计工作室皮尔森丨劳埃德（Pearson Lloyd）于 2010 年设计。PLC 椅采用实木制作，表面有多种亚光喷漆色彩可供选择。PLC 椅造型简洁，结构合理，坐感舒适（图 2-2-52）。它另有扶手椅版本，都适用于居家与办公空间。

36） 大师堆叠椅（Masters Stacking Chair）- 由法国设计师菲利普·斯塔克与西班牙设计师欧金尼·奎勒特（Eugeni Quitllet）于 2010 年共同设计。其特征在于椅背通透的自由曲线，重新诠释了由太空时代的代表人物如雅各布森、沙里宁和伊姆斯夫妇所树立的餐椅标准（图 2-2-54）。

（图 2-2-55）不可能先生椅

37） 不可能先生椅（Mr. Impossible Chair）- 由法国设计师菲利普·斯塔克与欧金尼·奎勒特于 2007 年设计。它采用透明的聚碳酸酯整体塑造而成，造型简洁，坐感舒适。不可能先生椅运用最新材料和技术让创意变成可能，是当代坐具设计的标志（图 2-2-55）。

（图 2-2-54）大师堆叠椅

38） 间隙边椅（Gap Side Chair）- 由伊朗裔荷兰设计师科迪·菲兹（Khodi Feiz）于 2007 年设计，因椅背与坐面之间的间隙而得名。这是一件由镀铬或者粉末喷涂金属椅腿与软垫结合的舒适边椅，其椅背、坐面和扶手也设计成一体。间隙边椅适用于公共与私人空间（图 2-2-56）。

（图 2-2-57）树叶边椅

39） 树叶边椅（Leaf Side Chair）- 由西班牙利沃尔 - 艾尔瑟 - 莫利纳设计工作室 LAM（Lievore Altherr Molina）于 2005 年出品，因其创作灵感来自树叶茎脉纹理而得名。它采用粉末喷涂钢杆制作，轻巧方便，造型简洁，清新舒适。这是 LAM 工作室的系列作品之一，适用于室内外空间（图 2-2-57）。运用同样的设计理念，树叶边椅还有可堆叠椅、休闲椅和躺椅版本。

（图 2-2-58）橡木 N1 椅

40） 橡木 N1 椅（Oak N1 Chair）- 由新加坡设计师杨国胜（Nathan Yong）设计。这把餐椅造型独特惹人好奇，它结构合理，尺寸宽敞，坐感舒适。其众多的直线条为这把餐椅提供了牢固的保障，适用的氛围不仅限于餐厅（图 2-2-58）。橡木 N 椅系列还包括了吧台椅、矮凳和休闲椅。

（图 2-2-59）火星椅

41） 火星椅（Mars Chair）- 由德国设计师康斯坦丁·格里克（Konstantin Grcic）于 2003 年设计。这把前卫的餐椅主体采用聚氨酯制作，表面覆盖色彩丰富的织物或者皮革。这是一把少见的如火星岩石般雕刻出来的餐椅，每一个角度和切面均经过精心设计，从而使其坐感非常舒适（图 2-2-59）。

（图 2-2-60b）一号椅

42） 一号椅（Chair One）- 由德国设计师康斯坦丁·格里克应意大利 Magis 公司要求设计的另一款边椅。它采用铝灌模技术制造，表面经过粉末涂层处理，适应于室外空间。其看似硬朗的三角格状结构却带给人们意想不到的舒适感，是一件充满未来感的现代餐椅（图 2-2-60a）。一号椅另有一款水泥基座的版本（图 2-2-60b）。

（图 2-2-61）DC09 餐椅

43） DC09 餐椅（DC09 Chair）- 由意大利设计公司伊诺达与斯维奇（Inoda & Sveje）于 2010 年设计。这把餐椅有着流畅简洁的实木框架，有机的线条遵循了人体工程学，同时保证了良好的稳定性。由于伊诺达与思维奇的日本与丹麦背景，DC09 餐椅是日本与北欧简约美学与精致工艺的完美结晶 **(图 2-2-61)**。

（图 2-2-63）哥伦布餐椅

45） 哥伦布餐椅（Colombo Dining Armchair）- 由英国设计师马修·希尔顿设计的另一款带扶手的实木餐椅。这把雕塑般的餐椅采用高档木材和复合细木工精心制作。其造型简洁巧妙，比例匀称贴身，完美体现了人体工程学，能够给餐厅或者任何空间增光添彩 **(图 2-2-63)**。

（图 2-2-65）农夫椅

47） 农夫椅（Farmer Chair）- 由德国设计师尼克·贝克（Nik Back）和亚历山大·斯坦明格（Alexander Stamminger）于 2012 年设计，其设计灵感来自数百年来农夫生活中常见的板型座椅。这是一把突出传统手工木作技艺的现代餐椅，特别是其椅背的造型让人仿佛穿越时间，其模仿的岁月痕迹与真实的美丽木纹能感染今天的人们 **(图 2-2-65)**。

（图 2-2-62）苦行餐椅

44） 苦行餐椅（Tapas Dining Chair）- 由英国设计师马修·希尔顿（Matthew Hilton）设计。这是一把轻巧而紧凑的高背餐椅，其特征为三条腿支撑椅面的独特外形以及微翘的椅面，如此能提高使用者的舒适度。它采用实木与饰面板结合制作，造型简洁优雅，适用于任何现代餐厅 **(图 2-2-62)**。

（图 2-2-64）平板椅

46） 平板椅（Slab Chair）- 由英国设计师汤姆·迪克森（Tom Dixon）于 2008 年设计。其设计理念基于需要一个节省空间的椅子，因此这把带扶手餐椅的线条极其简练，省略掉一切多余的部分，同时又保证了功能与舒适。它采用实木制作，为了展现木纹的肌理，表面经过了深度处理 **(图 2-2-64)**。平板系列包括了吧台凳、椅子、条凳和餐桌，适用于任何现代生活空间。

（图 2-2-66）温德拉椅

48） 温德拉椅（Wendela Chair）- 由荷兰设计师克里斯托夫·赛费特（Christoph Seyferth）于 2008 年发起的设计机构瑟云纳（Serener）设计。这把优雅的餐椅采用实木制作坐面与靠背，用粉末涂层或者阳极电镀铝制作椅腿。其特征在于宛如汤勺般的木质座位，做工精细，坐感舒适，加上牢固的四条椅腿用交叉横杆连接成一体，是传统文化与现代技术的结晶 **(图 2-2-66)**。

（图 2-2-67）之间椅

49） 之间椅 SK1（In Between Chair SK1）- 由芬兰裔瑞典设计师萨米·卡利奥（Sami Kallio）于 2013 年设计，其设计灵感来自正空间与负空间之间的相互作用。之间椅将传统木工工艺进行了创新，运用最新技术实现了更轻薄和更牢固的愿望。之间椅采用实木和压制成型的薄木皮制作，造型轻巧而典雅。很多现代家具一直都在寻求在当代与传统之间找到平衡点，之间椅 SK1 做到了（图 2-2-67）。

（图 2-2-69）壳餐椅

51） 壳餐椅（Shell Dining Chair）- 由美国设计师迈克尔·德利本（Michael Dreeben）于 2011 年设计，其设计灵感来自印度北部的传统马鞍手工艺；壳餐椅试图通过在餐椅上运用这种传统工艺来达到传承的目的。它采用实木制作框架，其座壳采用皮革成型并缝合。其简洁的造型在向 20 世纪中叶的北欧设计致敬，它就像是一件精美的艺术品那样可以不断传承下去（图 2-2-69）。

（图 2-2-71）威廉与玛丽边椅

53） 威廉与玛丽边椅（William and Mary Side Chair）- 由美国设计师摩尔夫妇（Bryce and Kerry Moore）于 2005 年设计，其设计灵感来自三百多年前的威廉与玛丽时期的家具。它采用分层胶合板制作框架，并且在侧面、椅背和坐面部分饰以深色木质的薄木皮。其造型如同截取自 17 世纪的一段经典的剪影，将"古董"引入到现代生活当中（图 2-2-71）。

（图 2-2-68）Y5 椅

50） Y5 椅（Y5 Chair）- 由芬兰裔瑞典设计师萨米·卡利奥于 2013 年设计，其名称来自其由五把倒立的 Y 字构成的椅背。这是一把灵巧、舒适而有趣的座椅，它采用实木制作框架，应用五金件将靠背与坐垫连接起来。其表面处理有原木、黑色和白色可选，其椅腿也有带横杆、无横杆和金属杆件三种选择。Y5椅有着丰富多彩的色泽选择，适用于办公室、餐厅、卧室或者起居空间（图 2-2-68）。

（图 2-2-70）魅力椅

52） 魅力椅（Charme Chair）- 由意大利设计师克劳迪奥·当多利（Claudio Dondoli）和马可·波奇（Marco Pocci）于 1983 年创立的设计公司阿齐尔沃托（Archirivolto）于 2007 年设计。这把造型独特的餐椅采用铝材和皮革制作而成，有黑、白和红色表面色彩可选。其超凡脱俗的造型令人惊艳，其冷艳玲珑的曲线让人浮想联翩（图 2-2-70）。

（图 2-2-72）海伦边椅

54） 海伦边椅（Helen Side Chair）- 由瑞典家具品牌欧陆风（EuroStyle）出品，具体设计者与年份不详。这张采用全铝制作的边椅被广泛应用于室内外空间，其有机的造型比例协调，线条简洁，坐感舒适。同时，因为铝管表面经过粉末涂层处理的光泽，而充满工业美。海伦边椅结实的构造与轻巧的重量，使其适用于商业与家居空间（图 2-2-72）。

（图 2-2-73）花园椅

55）花园椅（Garden Chair）- 由瑞士设计师西蒙尼·薇奥拉（Simone Viola）于 2015 年设计，是一件向 20 世纪家具设计大师汉斯·维格纳致敬的作品。花园椅采用聚丙烯制作框架，仅在坐面饰以色彩丰富的并且可拆卸的织物座套。虽然其造型有着明显的维格纳许愿骨椅的特征，但是其椅背处理更为简洁、巧妙和灵动，这也成为花园椅的主要特色（图 2-2-73）。

（图 2-2-75）星餐椅

57）星餐椅（Star Dining Chair）- 由意大利设计师阿德里亚诺·巴卢托（Adriano Balutto）设计。其特征为活泼有趣的弧形线条贯穿整个餐椅，包括圆润的椅背和弯曲的椅腿。星餐椅采用纯实木制作，造型线条流畅，一气呵成，同时又保证了舒适的坐感。这是一把令人耳目一新的餐椅，能够打破某些直线空间的僵硬（图 2-2-75）。

（图 2-2-74）烟熏餐椅

56）烟熏餐椅（Smoke Dining Chair）- 由德裔荷兰设计师马丁·巴斯（Maarten Baas）于 2002 年设计，其设计灵感来自遭受火灾后残存下来的餐椅。这把餐椅采用实木制作，经过特殊的火烧处理，因此带有轻微的受损痕迹，给使用者带来奇特的应用体验。其外表呈现出全黑的视觉效果，令人产生某种遐想（图 2-2-74）。

（图 2-2-76）朗延边椅

58）朗延边椅（Langham Side Chair）- 由巴西设计师马塞洛·利吉尔里（Marcelo Ligieri）设计。这把精巧细腻的餐椅有着复古气质的完美曲线，散发出一股神秘的未来感。它采用玻璃钢、涂漆钢腿、巴西天然木皮和面料制作，其软垫采用粘胶将织物牢固在座椅上。朗延餐椅线条简洁而流畅，有多种色彩可选，是当代家居空间的理想伴侣（图 2-2-76）。

2-3 梯背椅（Ladderback Chair）

　　梯背椅是椅子普及过程当中最流行的种类之一，产生于中世纪的梯背椅，在 17 世纪期间传遍欧洲各地的农场和乡村。18 世纪的梯背椅开始变得更为精致和轻巧，随着新大陆的移民浪潮而传播得更远、更广（图 2-3-1，图 2-3-2）。

　　梯背椅得名于其独特的梯形椅背，其水平向均匀布置的横档通过阴阳榫与从后椅腿升起的立柱连接起来，顶部的横档往往更宽，并且饰以雕刻或者图案镂空。梯背椅也称作"板条椅"，并且在美国发展出板条摇椅（图 2-3-3）。

　　传统梯背椅的坐面通常采用藤条或者灯芯草编织而成，而采用全实木的坐面会更加牢固。

　　经典的传统梯背椅式样包括：

（图 2-3-4）谢克尔式梯背椅

1） 谢克尔式梯背椅（Shaker Style Ladderback）- 殖民早期由教友会教徒和震颤派教徒自己制作的谢克尔式梯背椅轻便而又牢固，其设计朴实无华，甚至没有车削尖顶饰，也没有车圆或者任何造型的板条，表面仅作清漆处理（图 2-3-4）。

（图 2-3-1）梯背椅

（图 2-3-2）梯背椅

（图 2-3-3）板条摇椅

（图 2-3-5）乡村梯背椅

2） 乡村梯背椅（Country Ladderback）- 指 1700 至 1939 年期间在英国生产的梯背椅，与大多数梯背椅的基本构造类似，区别仅仅体现于车削木或者尖顶饰的式样。20 世纪的乡村梯背椅变得比较复杂，坐面材料与椅子材料相同，没有采用藤条或者灯芯草编织（图 2-3-5）。

(图 2-3-6) 荷式梯背椅

3) 荷式梯背椅（Holland Ladderback）- 起源于 17 世纪的荷兰，其特点是椅背横档通常为 4-7 条，并且横档呈波浪形，与人体背部弧度一致，比较舒适。其车削前椅腿和装饰性的前横档与其朴实无华的边横档与后横档形成对比（图 2-3-6）。

(图 2-3-8) 法式梯背椅

5) 法式梯背椅（French Ladderback Chair）- 是最著名的法国乡村椅式样之一，坐面有时候采用藤编，其拱形横档的间距较宽（图 2-3-8）。

(图 2-3-7) 琴背椅

4) 琴背椅（Fiddleback Chair）- 流行于 18 世纪中叶的英国，其特征表现为椅背顶部横档比较大而且穿孔。后来的穿孔变得越来越具装饰性，最后与小提琴的音孔相似（图 2-3-7）。

2-4 酒馆椅（Bistro Chair）

　　法国的咖啡馆或者酒吧常以近现代酒馆桌、椅为主角家具，总给人一种时尚、随意、放松并充满活力的空间感，因此那些常用于咖啡馆和酒馆的家具也经常会被应用于现代风格的公寓。酒吧椅因此也被人称为咖啡椅（图2-4-1，图2-4-2）。

　　那些制造于19世纪末至20世纪初的一系列充满工业美的坐具特别适合于营造现代氛围。它是一种多功能椅，常见于餐馆、酒馆、酒吧和家庭，适应于任何装饰风格，也适合室内外空间。岁月的痕迹使它更显出其成熟、温和与高雅的魅力（图2-4-3）。

　　经典的酒馆椅式样包括：

（图2-4-5）索尼特酒馆椅

（图2-4-1）法式酒馆椅

（图2-4-4）索尼特酒馆椅

（图2-4-6）索尼特酒馆椅构件　　　　（图2-4-7）索尼特十四号酒馆椅

1）索尼特酒馆椅（Thonet Chair） - 奥地利木匠迈克尔·索尼特（Michael Thonet）于1836年制作出第一把胶合木椅，成为索尼特酒馆椅的雏形。1849年，索尼特与其五个儿子共同开发出了弯曲木家具，此后他们推出的一号椅至十四号椅，令其名声大噪（图2-4-4，图2-4-5）。

　　索尼特酒馆椅仅用6块木质构件和10颗螺丝加2颗螺母就能拼装完成（图2-4-6）。它适应于公共与私人空间，兼具简单、实用、典雅的特征。

　　索尼特酒馆椅诞生于1859年，以其优雅、耐用和舒适而闻名于世，并且荣获1867年巴黎世界博览会金奖。索尼特酒馆椅也称"维也纳咖啡馆椅"（Vienna Café Chair）或者"十四号椅"（No.14 Chair，图2-4-7），被誉为"椅中之王"，曾被著名现代主义建筑师勒·柯布西耶（Le Corbusier）推崇备至。它出现于无数艺术家的作品当中。

（图2-4-2）法式酒馆椅

（图2-4-3）工业风酒馆椅

（图 2-4-8）马雷 A 型边椅

（图 2-4-10）法式折叠酒馆椅

3） 法式折叠酒馆椅（French Bistro Folding Chair）- 由法国厂商于 1889 年获得专利权，产品由此传遍欧洲。法式折叠酒馆椅是一款非常实用而灵活的折叠式餐椅，其材料为经过防锈处理的钢质框架，坐面由 5 块山毛榉木板条组成，椅背仅有 2 块山毛榉木横档，适合室内外使用。其造型轻便，经久耐用，维护简单，朴实而又典雅 **(图 2-4-10)**。

（图 2-4-9）马雷 A56 型扶手椅

2） 工业酒馆椅（Industrial Café Chair）- 由法国金属工人泽维尔·博洽德（Xavier Pauchard）于 1927 年创立的托利克斯（Tolix）在 1934 年设计并生产。从那以后，托利克斯椅（Tolix Chair）便成为法国设计的象征；这把采用金属板材制造的托利克斯 A 型椅也成为工业美的象征。托利克斯椅共有两种样式：无扶手的被称为"马雷 A 型边椅"（Marais Model A Side Chair，图 2-4-8），有扶手的被称为"马雷 A56 型扶手椅"（Marais Model A56 Armchair，图 2-4-9）。这把传奇酒馆椅，十分可靠，轻巧无比，维护简便。它们适用于室内外，常见于咖啡馆和餐厅空间，亦常用于阁楼空间，或者是具工业风的室内空间。

2-5 折叠椅（Folding Chair）

　　折叠椅的出现刚好是在文艺复兴之前。人们发现在 16 世纪出现了一种源自公元 751 年成立的法兰克王国第二个王朝 - 加洛林王朝的剪刀椅（图 2-5-1），由此它发展出了二种主要类型："萨伏纳罗拉椅"（Savonarola Chair，图 2-5-2）与"当提斯卡椅"（Dantesca Chair，图 2-5-3）；之后又出现了"彼特拉克椅"（Petrarch Chair 图 2-5-4）与"钳椅"，这两种代表着把交叉腿又放回到了侧面的折叠椅。

　　整个巴洛克时期，那种带交叉腿的椅子并非都可以折叠，特别是路易十四至路易十六时期的交叉腿更是尊严与高贵的象征。拿破仑一世时期的郊外椅称作"浮特尔椅"（fauteuil，图 2-5-5）。浮特尔椅曾经随着拿破仑征战南北，体现了军队用品对功能的高度要求，还保持了折叠椅有史以来所蕴藏着的高贵含义；"浮特尔"也是现代导演椅的前身。

　　在 19 世纪之前，随着折叠椅的使用越来越普遍，折叠椅的种类和技术也得到了空前的发展。折叠椅逐渐退去了其顶上曾经高贵的光环，逐步演变成最普通的家具之一，并在各个领域都衍生出了更多新的式样和使用目的。

　　作为非常方便又实用的一种坐具，几乎每个家庭都需要几把折叠椅以备不时之需。对于当代家居空间来说，常见的折叠椅种类包括：

（图 2-5-6）金属折叠椅

1）金属折叠椅（Metal Folding Chair）- 最常见的一种折叠椅，它们常见于毕业典礼、研讨会或者婚礼上。其外观平淡又普通，看起来大同小异，并且易于储存，同时不怕白蚁和恶劣天气，但是要注意防锈（图 2-5-6）。为了增加舒适度，很多金属折叠椅配置有软坐垫，另一些则包括软坐垫和软靠垫。成立于 1953 年的新秀丽家具有限公司（Samsonite Furniture Co.），经过多年努力成为金属折叠椅市场的领军者。

（图 2-5-1）16 世纪剪刀椅

（图 2-5-2）萨伏纳罗拉椅

（图 2-5-4）彼特拉克椅

（图 2-5-3）当提斯卡椅

（图 2-5-5）浮特尔椅

（图 2-5-7）木质折叠椅

2）木质折叠椅（Wooden Folding Chair）- 最受欢迎的一种折叠椅，特别适合家居空间（图 2-5-7）。木质折叠椅适用于任何空间，无论是室内还是室外，总能给空间增添一份感受。与金属折叠椅相反，木质折叠椅不会生锈，但是惧怕白蚁和恶劣天气。

1936 年，意大利人路易吉·博齐科（Luigi Bolzicco）创立了一家家具公司叫"椅子"（La Sedia），椅子公司在制造木制折叠椅方面有着悠久的传统和良好的声誉。在现代折叠椅的设计与制造领域，椅子公司树立了功能与人体工程学的标杆。

世界上关于新式折叠椅的专利成千上万，无数的设计师、发明者和工匠们倾注了大量的精力和智慧试图在灵活性、适应性和机动性等方面进行改进。不过产品的生产力并不总是与优雅挂钩，其中的机动性一直是关注的焦点。如何使折叠椅更小巧、更轻便，并且还要适应任何气候条件，是家具设计师们不断探索的方向。经典的现代折叠椅包括但不限于：

（图 2-5-8）传统船长椅　　　　（图 2-5-9）现代船长椅

1）船长椅（Captain's Chair） - 过去船长椅是指 19 世纪一种结构上类似于温莎椅（Windsor Chair）的扶手椅，但是其椅背低矮，与扶手连成一体，靠背栏杆呈车削纺锤形，椅背中央部分稍微升起，有的在此挖一个把手孔（图 2-5-8）。不过今天的船长椅通常指一种广泛流行的轻便休闲折叠椅，让使用者深感放松，适用于出行旅游或者居家休闲（图 2-5-9）。它采用粉末涂层钢架与旦涤纶织物制作，并且由此衍生出一个休闲折叠椅系列，例如无扶手、单扶手、双扶手、带边桌和带杯托等等。

（图 2-5-10）导演椅

2）导演椅（Director's Chair） - 是一把在 1892 年芝加哥世博会上获得休闲家具金奖的椅子，因此"金奖"（Gold Medal）成为导演椅的另一个名称。从此以后，人们无论是在海滨或者花园，还是在片场或者战场，都能够看到导演椅的身影，它成为休闲生活方式的永恒代表（图 2-5-10）。传奇导演椅采用实木框架与帆布制作，它还有一个升高的吧台导演椅版本。

（图 2-5-11）穆根斯·库奇折叠椅

3）穆根斯·库奇折叠椅（Mogens Koch Folding Chair） - 由丹麦设计师穆根斯·库奇（Mogens Koch）于 1932 年设计。这把为教堂而设计的折叠椅在诞生的时候曾因被认为过于激进而束之高阁，直至 1960 年才投入生产。折叠椅采用实木、帆布或者皮革制作，造型简练而优雅，折叠轻松而平整，是一把理想的用餐和休闲用椅（图 2-5-11）。

（图 2-5-12）蝴蝶椅

4）蝴蝶椅（Butterfly Chair） - 由阿根廷建筑师安东尼奥·博内特（Antonio Bonet）、胡安·科根（Juan Kurchan）与霍尔赫·费拉里·哈多伊（Jorge Ferrari Hardoy）于 1938 年设计，它又称作"BKF 椅"，取自于三位建筑师姓名的首字母。它是一个由可折叠的金属杆架与一张吊挂在折叠架最高点而形成的蝴蝶状帆布或者皮革组成的折叠躺椅。蝴蝶椅自面世以来便在全世界广受欢迎，被广泛应用于室内外空间，既可以作为客厅的点缀，又可以作为花园露台上的休息椅，随意而又充满现代感（图 2-5-12）。

(图 2-5-13) CT29T 餐椅

5) CT29T 餐椅（CH29T Dining Chair）- 由丹麦设计师汉斯·维格纳（Hans Wegner）于 1952 年设计，也因其椅腿模仿传统木工使用的锯木架而被称为"锯木架椅"（The Sawbuck Chair）。这是一把结构简单、造型独特而又坐感舒适的折叠椅 **(图 2-5-13)**。

(图 2-5-15) 丹妮拉·加弗里折叠椅

7) 丹妮拉·加弗里折叠椅（Daniela Gaffuri Folding Chair）- 由意大利设计师丹妮拉·加弗里于 1957 年设计。这把折叠椅构思巧妙，结构稳定，使用方便。它采用胶合板制作，工艺简单，是现代公寓家居的理想坐具 **(图 2-5-15)**。

(图 2-5-17) 空气折叠椅

9) 空气折叠椅（Folding Air Chair）- 由英国设计师贾斯伯·莫里森（Jasper Morrison）于 2003 设计。椅子全部采用聚丙烯模塑而成，有多种色彩可选。材料决定其重量十分轻盈，但却依然坚固，因而取名"空气椅"。空气折叠椅是功能与形式的完美结晶 **(图 2-5-17)**。

(图 2-5-14) SE18 号折叠椅

6) SE18 号折叠椅（SE 18 Folding Chair）- 由德国建筑师与设计师埃贡·艾尔曼（Egon Eiermann）于 1952 年设计。这把经典的折叠椅被纽约现代艺术博物馆收藏，它采用实木制作框架，饰面板制作坐面与靠背，结构牢固可靠，坐感舒适，是一把难得一见的实用型折叠椅 **(图 2-5-14)**。

(图 2-5-16) 贝克椅

8) 贝克椅（Bek Chair）- 由意大利设计师朱利奥·意亚凯迪（Giulio Iacchetti）于 2007 年设计。其结构采用涂漆金属制作，而坐面与靠背采用加强聚丙烯制作。贝克椅结构稳固而轻巧，造型优雅而柔和，适用于公共与私人空间 **(图 2-5-16)**。

(图 2-5-18) 蜂巢折叠椅

10) 蜂巢折叠椅（Honeycomb Folding Chair）- 由意大利设计师阿尔伯特·梅达（Alberto Meda）于 2007 年设计。这把折叠椅线条简洁，造型优雅。其特征在于坐面与靠背采用类似于蜂巢的六角形模块构造，从而保证了折叠椅的牢固与轻质 **(图 2-5-18)**。

（图 2-5-19）斯基普折叠椅

11） 斯基普折叠椅（Skip Folding Chair）- 由意大利家具品牌卡利加里斯（Calligaris）出品。其设计是极简主义的典范，充满与时俱进的时尚感。斯基普折叠椅采用前腿实木与后腿铝材结合而成，是小空间的最佳搭档 (图2-5-19)。

（图 2-5-21）阿维娃折叠椅

13） 阿维娃折叠椅（Aviva Folding Chair）- 由法国建筑师与设计师马克·贝尔提耶（Marc Berthier）于 1979 年设计。这是一把极简主义的家具，线条干净简练，没有任何装饰。它在不牺牲舒适性的前提下保障了结构的稳定性。阿维娃折叠椅折叠后几乎不占任何空间，因此特别适合小空间 (图2-5-21)。意大利设计公司马吉斯（Magis）于 2010 年重新改版了阿维娃折叠椅，出品了不同的色彩选择以及带扶手版本。

（图 2-5-23）广岛折叠椅

15） 广岛折叠椅（Hiroshima Folding Chair）- 由日本设计师深泽直人（Naoto Fukasawa）于 2013 年设计。延续无印良品一贯追求的化繁复为简单的设计理念，广岛折叠椅的外观十分简单，造型无比简练。顺着椅背抚摸到扶手，人们能够感受到其平缓的曲线带来的感染力。它很好地诠释了美往往来自简的道理，适用于任何需要它的地方 (图2-5-23)。

（图 2-5-20）望远镜折叠椅

12） 望远镜折叠椅（Telescope Folding Chair）- 由美国家具品牌勒克斯玛德（LexMod）出品，具体设计者与年份不详。它采用丙烯酸坐面和靠背，镀铬金属骨架组合而成，浑身闪烁着迷人的光泽。这是一把结合方便与舒适的杰作，是充满魅力的现代简约设计 (图2-5-20)。

（图 2-5-22）奥里折叠椅

14） 奥里折叠椅（Ori Folding Chair）- 由日本设计师喜多俊之（Toshiyuki Kita）设计。这是一把十分轻便的铝质折叠椅，其结构非常简单合理，造型小巧可爱，适用于家庭里的任何空间 (图2-5-22)。

（图 2-5-24）帕坦椅

16） 帕坦椅（Patan Chair）- 由日本设计师安积朋子（Tomoko Azumi）于 2011 年设计。帕坦椅打破通常视折叠椅为临时性家具的常规，强调舒适性以及折叠的附加值。这是一把为了收拾的便利而可以折叠的家具，轻巧的体量能最大限度减少对环境的冲击力。帕坦椅造型简洁，坐感舒适，适用于任何室内空间 (图2-5-24)。

（图 2-5-25）酒桶折叠椅

17） 酒桶折叠椅（Wine Barrel Folding Chair）- 由美国设计师惠特·麦克劳德（Whit Mcleod）设计。这是一件被誉为"最聪明的折叠椅"的家具，造型简洁、优美，折叠之后仍然保持优美的弧形。它利用废弃的红酒桶制作，每张椅子的底部印有酒桶来源的酒庄名字，是废物利用环保理念的典范（图2-5-25）。

（图 2-5-27）现代铝质折叠椅

现代铝质轻便折叠椅主要用于露营、在沙滩上休息、看球赛等。它能满足任何爱好、需要和要求（图2-5-27）。今天的折叠椅还经常用于中学生集会、剧院或者剧场的翻板椅，其终极目标都是为了在短暂的时间内提供一个相对舒适的坐具，并且还要节约空间，容易折叠。今天的折叠椅已经成为室外家具的重要组成部分。

（图 2-5-26）野餐躺椅

18） 野餐躺椅（Picnic Deckchair）- 由西班牙设计师何塞·甘迪亚·布拉斯科（Jose A. Gandia-Blasco）设计。这是一把全天候室外折叠躺椅，其简洁的框架材料包括铝质和实木，面料与框架材质相对应来选择塑料织物或者帆布。野餐躺椅是现代人在海滨或者后院休闲时的最佳选择之一（图2-5-26）。

2-6 摇椅（Rocking Chair）

摇椅的摇摆动作能够有效促进血液循环和减轻压力。自从其诞生以来，无论年龄的大小，人们均愿意享受摇椅带来的摇摆感觉，它一直都是人们喜爱的家具之一。

早在 15 世纪的欧洲，人们就知道在牢固椅子的底部安装一个弯曲的摇臂来制作摇椅。但是直到 18 世纪中叶，人们才开始把摇椅作为一种单独的家具进行设计与制造 (图 2-6-1)。

常见的古典摇椅式样包括：

（图 2-6-3a）温莎摇椅

（图 2-6-3b）美式温莎摇椅

2） 温莎摇椅（Windsor Rocker）- 源自英国温莎镇的温莎摇椅于 18 世纪早期诞生，最初用于室外花园。其特点为弓形细杆木箍椅背及其外张的椅腿 (图 2-6-3a)。温莎摇椅于 1750 年传入美国，并被重新诠释，最终成为美国传统文化的一部分。美式温莎摇椅的主要特征为细杆长方形椅背 (图 2-6-3b)。

（图 2-6-1）18 世纪摇椅

（图 2-6-2）冈斯托摇椅

（图 2-6-4）波士顿摇椅

1） 冈斯托摇椅（Gungstol Rocker）- 冈斯托在瑞典语中是"摇椅"的意思，大约产生于 1740 年，最初有六条椅腿，每边各有三条。由于其延长的椅腿和弧形摇杆，冈斯托摇椅的摇摆弧度可以比较大，并且可以避免倾覆的危险。更为流行的冈斯托摇椅由六条椅腿减少为四条 (图 2-6-2)。

3） 波士顿摇椅（Boston Rocker）- 波士顿摇椅是第一款于 1825 年推向大众并大量生产的摇椅。其特征为弓形细杆木箍高椅背，靠背顶部为一块重点装饰的横档，扶手弯曲坐面宽阔，坐面前端向下弯曲，而后端向上弯曲，扶手与坐面造型一致。波士顿摇椅被认为是第一款美国原创摇椅 (图 2-6-4)。

（图 2-6-5）林肯摇椅

4) 林肯摇椅（Lincoln Rocker）- 林肯摇椅原名"希腊摇椅"，据记载，因当年林肯遇刺时就是坐在这种摇椅上，从而得名。其特征表现为软垫包裹坐面和扶手，同时也具有一些帝国风格家具的装饰特点，如刻凹槽的扶手和车削椅腿。从19世纪早期开始，经销商开始采用"林肯摇椅"来称呼这种正式摇椅（图 2-6-5）。

（图 2-6-7）谢克尔式摇椅

6) 谢克尔式摇椅（Shaker Rocker）- 谢克尔式家具源自18世纪成立于英国的震颤派（Shakers）宗教团体，他们崇尚"实用既优美"，遵循"功能第一"原则，追求简约和纯净的生活本质。谢克尔式摇椅具有谢克尔式家具一贯的简洁与实用的特征。最早的谢克尔式摇椅出现于19世纪早期，外观特点为其典型的梯形椅背以及灯芯草或者麦秆编织而成的座垫，其特点直至今天从未改变（图 2-6-7）。

（图 2-6-9）传教士摇椅

8) 传教士摇椅（Mission Rocker）- 也称作"工匠风格摇椅"，受20世纪早期英国工艺美术运动和西班牙传教士家具的影响，传教士摇椅特征为全橡木材质和直椅背，与其同期的维多利亚奢靡装饰风潮背道而驰，赢得了人们广泛而持久的喜爱（图 2-6-9）。

（图 2-6-6）肯尼迪摇椅

5) 肯尼迪摇椅（Kennedy Rocker）- 肯尼迪摇椅原名"卡罗来纳摇椅"（Carolina Rocker），当年美国总统肯尼迪因有背疾而常坐它，从而得名。其特征为藤编高而直的椅背和坐面（图2-6-6）。

（图 2-6-8）弯曲木摇椅

7) 弯曲木摇椅（Bentwood Rocker）- 弯曲木摇椅的特征为深且低矮的坐面，最初由特罗恩兄弟（Throne Brothers）制造厂生产于奥地利维也纳。它于19世纪中叶被北美椅子制造商大量模仿。19世纪早期，奥地利人索奈特兄弟（Thonet Brothers）首先应用了蒸木弯曲木材的技术。直至1869年，索奈特兄弟弯曲木材的专利期满，才使得更多其他人应用此技术在设计与制作弯曲木摇椅上（图2-6-8）。

（图 2-6-10）希区柯克摇椅

9) 希区柯克摇椅（Hitchcock Rocker）- 美国人兰伯特·希区柯克（Lambert Hitchcock）于1825年制作了希区柯克摇椅。尽管他制作了几款不同的摇椅，但是其共同特征为弧形椅背顶横档，宽敞且略带弧度的背杆，前宽后窄并且圆角的坐面（图2-6-10）。

摇椅发展到今天，人们对它的喜爱似乎淡泊了一些，家具市场上看到的大多属于传统摇椅。不过仍然有不少设计师愿意继续设计现代摇椅，他们创造的一些现代摇椅值得我们关注，经典的现代摇椅包括但不限于：

（图 2-6-11）贝壳摇椅

1） 贝壳摇椅（Shell Rocking Chair）- 由美国设计师伊姆斯夫妇（Charles & Ray Eames）于 1948 年设计。查尔斯·伊姆斯有句名言："谁说愉悦是无用的呢？"贝壳摇椅就是这句名言的最佳代表，它也是现代摇椅的代表（图 2-6-11）。

（图 2-6-12）企鹅摇椅

2） 企鹅摇椅（Penguin Rocking Chair）- 由丹麦设计师伊布·科弗德·拉森（Ib Kofod Larsen）于 1956 年设计，这是在其企鹅休闲椅的基础上衍生而来，底部增加了一对弧形实木摇杆（图 2-6-12）。

（图 2-6-13）伊布·科弗德·拉森摇椅

3） 伊布·科弗德·拉森摇椅（Ib Kofod Larsen Rocking Chair）- 由丹麦设计师伊布·科弗德·拉森于 20 世纪中叶设计的一系列摇椅和扶手椅。尽管没有耀眼的光环，甚至没有作品的专属名称，但是拉森的家具始终保持其一贯的高水准，当时均为美国市场而量身定制，是 20 世纪中叶家具的经典作品（图 2-6-13）。

（图 2-6-14）J16 摇椅

4） J16 摇椅（J16 Rocking Chair）- 由丹麦设计师汉斯·维格纳（Hans Wegner）于 1943 年设计。这是维格纳系列摇椅作品当中较早设计的一款，造型保留较为明显的传统摇椅特征，但是线条更为简洁，坐感也更为舒适（图 2-6-14）。

（图 2-6-15a）肯尼迪摇椅

（图 2-6-15b）肯尼迪椅

5） 肯尼迪摇椅（Kennedy Rocking Chair）- 由美国家具品牌斯莱弗（Thrive Furniture）于 20 世纪 50 年代出品，具体设计者与年份不详。它与上面介绍的另一把著名的肯尼迪摇椅重名但并无关联。这是一把具有 20 世纪中叶复古风的现代摇椅，选用精致的纯实木手工打造。特别是呈锐角相交的扶手与斜撑充满动感，是一件经久耐看并值得收藏的家具精品（图 2-6-15a）。肯尼迪椅还有扶手椅版的（Kennedy Chair，图 2-6-15b）。

(图 2-6-16a) 法国小姐摇椅

(图 2-6-16b) 法国小姐休闲椅

6) 法国小姐摇椅（Mademoiselle Rocking Chair）- 由芬兰设计师伊马利·塔皮奥瓦拉（Ilmari Tapiovaara）于 1956 年设计。这把优雅的摇椅小巧玲珑，其高靠背和细长的摇杆使其不仅坐感舒适，而且造型美观。它全部采用实木精心制作，历经半个多世纪依然风采迷人（图 2-6-16a）。法国小姐摇椅还有一个孪生姐妹——法国小姐休闲椅（Mademoiselle Lounge Chair，图 2-6-16b）。它拥有相同的结构特征，同样优雅动人，惹人怜爱。

(图 2-6-17) 糖果椅

7) 糖果椅（Pastil Chair）- 由芬兰设计师艾洛·阿尼奥（Eero Aarnio）于 1967 年设计。这个看似放大了的一颗"糖果"，无论从任何角度看都是那么诱人，并且永不过时。色彩鲜艳的玻璃纤维使它牢固可靠，挖去的形状符合人体工程学，因此坐感非常舒适。这颗圆滚滚的大"糖果"放在任何空间都能成为视觉焦点（图 2-6-17）。

(图 2-6-18) 瑞阿特摇椅

8) 瑞阿特摇椅（Riart Rocker）- 西班牙设计师卡洛斯·瑞阿特（Carlos Riart）于 1982 年应诺尔公司（Knoll）为纪念巴塞罗那馆五十周年庆的邀请而设计，诺尔要求作品必须与标志性的密斯椅相匹配。瑞阿特摇椅被视为后现代工艺的家具作品，简洁的线条透露出一股传统摇椅的气质：典雅、生动而稳固（图 2-6-18）。

(图 2-6-19) GT 摇椅

9) GT 摇椅（GT Rocker）- 由加拿大格斯现代设计团队（Gus Modern）出品，具体设计者与年份不详。遵循其"形式简单与材料朴实"的设计理念，GT 摇椅采用粉末涂层的钢质框架与三块软垫，使其成为工业与优雅完美结合的典范（图 2-6-19）。

(图 2-6-20) 珀恩摇椅

10) 珀恩摇椅（Poang Rocking Chair）- 由瑞典家居品牌宜家（IKEA）出品。这是一件宜家标志性的弯曲木家具，也是并不多见的弯曲木现代摇椅。因其出众的安全性与舒适性，珀恩摇椅非常受哺乳妈妈的欢迎（图 2-6-20）。

（图 2-6-21）山姆·马鲁夫摇椅

11）山姆·马鲁夫摇椅（Sam Maloof Rocker）- 由美国设计师和木工山姆·马鲁夫（Sam Maloof）于 1982 年设计，这是一把三位美国总统都收藏有山姆签名的摇椅，也是家具制作工艺的黄金标杆。山姆摇椅采用纯实木制作，它自然起伏的曲线简约而优雅，唤醒了人们重新去认识传统工艺的价值与本质（图 2-6-21）。

（图 2-6-23）卡诺摇椅

13）卡诺摇椅（Canoo Rocking Chair）- 由美国家具品牌勒克斯玛德（LexMod）出品，具体设计者与年份不详。卡诺摇椅由一气呵成的流畅曲线构成，巧妙地将扶手与摇杆连成一体。它采用抛光不锈钢框架与柔软舒适的填充乙烯基软垫制作，极简的线条代表超越时代（图 2-6-23）

（图 2-6-25）里索姆摇椅

15）里索姆摇椅（Risom Rocker）- 由丹麦裔美国设计师延斯·里索姆（Jens Risom）于 2009 年设计。这是一件集传统与现代于一体的高背摇椅，线条简洁，坐感舒适。里索姆摇椅充分展现出丹麦现代美学，适用于公共与私人空间（图 2-6-25）。

（图 2-6-24a）跪坐摇椅

（图 2-6-24b）重力平衡椅

14）跪坐摇椅（Rocking Kneeling Chair）- 由挪威设计师彼得·奥普斯维克（Peter Opsvik）设计，其创作灵感来自 A.C. 曼达尔博士（Dr A. C. Mandal）与汉斯·克里斯汀·孟肖尔（Hans Christian Mengschoel）于 1979 年发明的一种全新的坐椅方式：通过改变大腿与身体的角度来减轻脊柱压力（图 2-6-24a）。跪坐摇椅自问世以来广受欢迎，不过它并非解决脊柱问题的最佳方案。跪坐摇椅另有一种底座稳定的跪坐椅版本。奥普斯维克还设计有另一款休闲椅叫作"重力平衡椅"（Gravity Balans Chair, 图 2-6-24b），它试图让人坐上时能摆脱重力的影响，从而达到完全的放松。

（图 2-6-22）盖沃塔摇椅

12）盖沃塔摇椅（Gaivota Rocking Chair）- 由巴西设计师雷诺·邦宗（Reno Bonzon）于 1988 年设计。盖沃塔摇椅完美的曲线与比例，使其成为巴西现代家具的代表，并为邦宗赢得无数荣誉。其流畅、优美的曲线既是摇椅运动的轨迹，也是人体工程学的体现（图 2-6-22）。

（图 2-6-26）克拉拉摇椅

16）克拉拉摇椅（Klara Rocking Chair）- 由西班牙设计师帕萃莎·乌古拉（Patricia Urquiola）于 2010 年设计。这是乌古拉为意大利品牌莫罗索（Moroso）设计的克拉拉系列桌椅之一，它选用实木框架、藤编椅背和皮革座垫组合而成，造型新颖令人耳目一新。克拉拉摇椅另外还有代替藤编椅背的软垫椅背版本，它为传统工艺与现代工业之间的密切合作树立了一个榜样（图 2-6-26）。

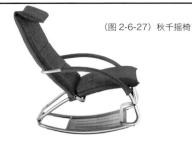

（图 2-6-27）秋千摇椅

17) 秋千摇椅（Swing Rocking Chair）- 由德国设计师约亨·霍夫曼（Jochen Hoffmann）为意大利制造商柏纳尔多（Bonaldo）设计。这是一件将躺椅与摇椅融为一体的作品，采用镀铬或者涂漆钢框架与织物或者皮革软垫制作而成（图2-6-27）。秋千摇椅另有一款底座稳定的躺椅版本。

（图 2-6-28）凯奴摇椅

18) 凯奴摇椅（Keinu Rocking Chair）- 由芬兰设计师艾洛·阿尼奥（Eero Aarnio）于 2003 年设计，Keinu 在芬兰语里是"摇椅"的意思。阿尼奥希望设计一款能够适应现代与传统空间的摇椅，它必须既美观又实用，还要坐感舒适。凯奴摇椅不仅实现了阿尼奥的愿望，而且还是一件现代家具中的艺术品（图2-6-28）。

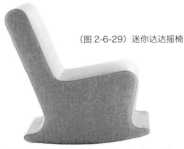

（图 2-6-29）迷你达达摇椅

19) 迷你达达摇椅（Mini-Dada Rocking Chair）- 由瑞士设计师克劳迪奥·克鲁奇（Claudio Colucci）于 2009 年设计。这是一件专为小个子或者儿童设计的摇椅，因此带有一点童趣和幽默。它采用实木框架表面裹以泡沫和色彩鲜艳的织物，从而保证使用安全（图2-6-29）。

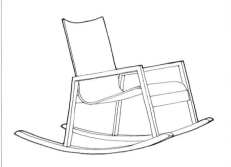

（图 2-6-30）当多罗摇椅

20) 当多罗摇椅（Dondolo）- 由意大利设计师马里奥·珀兰迪纳（Mario Prandina）设计，dondolo 在意大利语中本身就是"摇椅"的意思。这把摇椅看似普通，其精妙之处在于椅面与椅背连贯的曲线完美体现了人体工程学，让背部肌肉完全放松，所以你能够找到最舒服的姿势阅读。其纯实木框架做工精细，结构牢固可靠，是现代摇椅当中的精品（图2-6-30）。

（图 2-6-31）沃伊都摇椅

21) 沃伊都摇椅（Voido Rocking Chair）- 由以色列裔英国艺术家与设计师罗恩·阿拉德（Ron Arad）于 2006 年设计。这是一件惊世骇俗的家具作品，侧面有点像面具或者遮眼罩。所以人们认为与其说这是一件摇椅，不如说这是一件有实用价值的艺术品。它全部采用聚乙烯制作，适合室外空间使用（图2-6-31）。

（图 2-6-32）再混音摇椅

22) 再混音摇椅（Remix Rocking Chair）- 由韩国导演与设计师金亨骏（Jonathan Kim）于 2013 年设计。顾名思义，这是一把将传统摇椅式样融入现代审美标准的混合式摇椅，同时集功能、休闲与舒适于一体，适用于居家与办公环境（图2-6-32）。

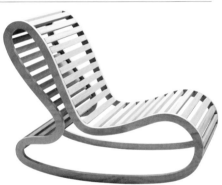

（图 2-6-33）露丝摇椅

23) 露丝摇椅（Ruth Rocker）- 由英裔新西兰设计师大卫·特鲁布里奇（David Trubridge）于 2004 年设计。如同大卫的其他作品一样，露丝摇椅体现出可持续性再生的创造力，其创作灵感均来自大自然，呈现出自然弯曲的曲线。采用纯实木的露丝摇椅造型轻盈，令人心情轻松舒畅，带给人们持久难忘的愉悦经历（图2-6-33）。

事实上，许多现代经典的餐椅、扶手椅和休闲椅设计师都另外设计了摇椅版本，这里就不一一重复介绍了。摇椅作为传统坐具的一种，过去需要，现在需要，将来也需要，因此我们仍然能在市场上看到其不同的身影。

2-7 挡风椅（Wing Chair/Wingback Chair）/ 圆顶挡风椅（Dome Chair/Canopy Chair）

很少有椅子像挡风椅那样集美丽与优雅于一身，并且充满吸引力。挡风椅本身有很多不同的种类，因而产生不同的视觉效果。所有挡风椅的共同点在于它们除椅腿以外全部用软垫包裹起来，因此而带来的舒适与温馨举世闻名。

诞生于 17 世纪晚期英国贵族庄园的挡风椅最初主要是为了遮挡寒风的侵袭或者壁炉过高的热气（图 2-7-1）。从 18 世纪早期到 21 世纪，作为最古老的扶手椅之一，挡风椅因其优美的曲线，以及两边的翼状侧翼，能够与任何装饰风格融为一体，并且成为客厅、卧室和书房最具魅力的坐具。

挡风椅的软垫面料包括布艺与皮革两种，其中布艺品种选择范围极广，从条纹到图案，从单色到人造革，不一而足，椅背经常饰以卷束和钉扣。皮革面料的挡风椅高贵而典雅，式样从安妮女王、齐朋德尔到现代风格，大多饰以卷束和钉扣，并配以软垫搁脚凳。

四大典型的挡风椅式样包括：

（图 2-7-1）17 世纪挡风椅

1) 安妮女王式挡风椅（Queen Anne Style）- 大约产生于 1720 至 1750 年期间的安妮女王式挡风椅特点包括了装饰性的木雕与卡布里弯腿，它反映了之前法式家具的特征。安妮女王式挡风椅具有独特的马蹄铁形坐面，带凹槽的侧翼把坐者的头部和肩部很好地保护起来。虽然安妮女王式挡风椅比法国大革

（图 2-7-3）齐朋德尔式挡风椅

命后的波旁王朝时期的挡风椅装饰要少很多，但是安妮女王式挡风椅会增添诸如锁绳边或者在软垫上刺绣这样的细节（图 2-7-2）。紧跟其后的齐朋德尔式挡风椅出现于 1750 至 1760 年期间，其显著特征为直线型的椅腿，其余地方与安妮女王挡风椅相差无几（图 2-7-3）。

（图 2-7-2）安妮女王式挡风椅

（图 2-7-4）美式挡风椅

2) 美式挡风椅（American Wingbacks）- 美式挡风椅出现于 18 世纪末，它基本上源自安妮女王挡风椅，只存在几个明显的差别，比如相对缓和的软垫坐面，卡布里弯腿变成了直腿，应用朴素无华的软垫面料，并以中性色为主，由此也与齐朋德尔式挡风椅相近（图 2-7-4）。

（图 2-7-5）图书室挡风椅

3）图书室挡风椅（Library Chairs）- 图书室挡风椅与安妮女王挡风椅几乎同时传至美国。图书室挡风椅的侧翼比较简单，通常选用皮革而非丝绒或者棉布作为软垫面料，皮革采用纽扣装饰，并且带绳锁边和装饰性椅腿（图2-7-5）。

（图 2-7-6）当代挡风椅

4）当代挡风椅（Contemporary Designs）- 当代挡风椅的设计灵感来自传统挡风椅，但是增加了现代元素，如面料、色彩和造型等，充满了魅力与未来感。当代挡风椅一改传统挡风椅复杂的椅腿和细节，代之以简洁的线条、直腿和精致的缝合。有的当代挡风椅除了侧翼之外，还采用醒目的弓形椅背。另外一些当代挡风椅则采用意想不到的炫目色彩，如桔白色的缎子，或者黑白色的麻布（图2-7-6）。

挡风椅是一个经久不衰的传统家具种类，它带给人们的温暖和舒适是许多其他类型的坐具所无法比拟的。也许因为挡风椅特别能体现人性化设计，近百年来家具设计师们对其所付出的脑力有目共睹。经典的现代挡风椅包括但不限于：

（图 2-7-7）弗里茨·汉宁森挡风椅

1）弗里茨·汉宁森挡风椅（Frits Henningsen Wingback Chair）- 由丹麦设计师弗里茨·汉宁森（Frits Henningsen）于1935年设计。这是一件有着女性优美曲线的挡风椅，贴身的皮革包裹着坐在椅子里的人。汉宁森挡风椅是传统与时代的综合体，是现代家具中一件独树一帜的艺术品（图2-7-7）。

（图 2-7-8）阿尔代亚扶手椅

2）阿尔代亚扶手椅（Ardea Armchair）- 由意大利建筑师与设计师卡洛·莫里诺（Carlo Mollino）于1944年设计。这是现代挡风椅当中不可忽略的一件艺术品，它再次展现出莫里诺超凡的想象力与卓越的创造力。阿尔代亚扶手椅拥有优美的曲线条与完美的舒适度，就像莫里诺镜头下的人体像（图2-7-8）。

（图 2-7-9）邓巴挡风休闲椅

3）邓巴挡风休闲椅（Dunbar Wingback Lounge Chair）- 由美国设计师爱德华·沃姆利（Edward Wormley）于1950年设计。所有的现代家具都在寻求创新，因为无人喜欢一成不变。半个多世纪前，邓巴椅为现代家居生活提供了一个更舒适和更美观的选择，为后面的设计师树立了一个很好的榜样（图2-7-9）。

（图 2-7-10）R160 轮廓休闲椅

4）R160 轮廓休闲椅（R160 Contour Lounge Chair）- 由澳大利亚设计师格兰特·费瑟斯顿（Grant Featherston）于1951年设计。这是一件契合人体工程学的杰作，椅子的轮廓极其贴身，因此十分舒适。作为澳大利亚工业设计奠基人之一的费瑟斯顿，他设计的轮廓椅已经成为澳大利亚现代家具设计的标志之一（图2-7-10）。

(图 2-7-11) 伊布·科弗德·拉森挡风休闲椅

5) 伊布·科弗德·拉森挡风休闲椅（Ib Kofod-Larsen Wingback Lounge Chair）- 由丹麦设计师伊布·科弗德·拉森（Ib Kofod Larsen）于 1954 年设计。这把挡风椅造型典雅，坐感舒适。其框架采用红木制作，靠背及座垫软垫面料则为黑色皮革。它是丹麦现代挡风椅当中的杰作 (图 2-7-11)。

(图 2-7-12) 艾鲁姆·维克尔索挡风椅

6) 艾鲁姆·维克尔索挡风椅（Illum Wikkelso Wing Chair）- 由丹麦设计师艾鲁姆·维克尔索（Illum Wikkelso）于 1950 年设计，其创作灵感来自丹麦大自然迷人的地貌。其造型展现出生机勃勃的有机形态，同时也兼顾到功能。其皮革面料让饱满的软垫突显出健壮肌肉般的力量美，与红木制作的轻巧椅腿形成强烈的对比。这是丹麦现代挡风椅当中的经典之作，适用于任何现代室内空间 (图 2-7-12)。

(图 2-7-13) LYX 挡风椅

7) LYX 挡风椅（Lyx Wing Chair）- 由瑞典设计师迈克尔·马姆伯格（Michael Malmborg）设计，这把挡风椅是一件向 20 世纪中叶现代运动致敬的作品，是第一把也是唯一一把受到美国航空航天局（NASA）的航天基金会认证的挡风椅，也是应用一整块弯曲木来制作椅子的挡风椅。其软垫采用开孔粘弹性记忆泡沫制作，此泡沫由美国宇航局开发用于所有航天器，它可以最大限度适应人的身形与体温。LYX 挡风椅是一把为未来而创作的椅子，就像蚕茧一样把人包裹住，据说坐在上面可以体验到最接近失重状态的感受 (图 2-7-13)。

(图 2-7-14) 菲利克斯休闲椅

8) 菲利克斯休闲椅（Felix Lounge Chair）- 由荷兰设计师吉杰斯·帕帕沃因（Gijs Papavoine）于 2013 年设计。菲利克斯旋转休闲椅运用现代设计语言来重新诠释了传统挡风椅，同时让作品带有一丝幽默以及丰富的软垫细节。其自然流畅的线条简洁而优雅，采用聚氨酯高回弹模塑泡沫的软垫使坐感无可挑剔，将挡风椅的特点发挥到极致 (图 2-7-14)。

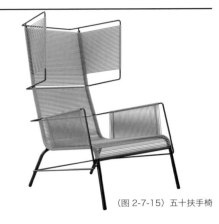

(图 2-7-15) 五十扶手椅

9) 五十扶手椅（Fifty Armchair）- 由丹麦的多格与阿恩韦德设计工作室（Dogg & Arnved Design Studio）于 2012 年为创立于 1860 年的法国家具品牌莱因·罗塞（Ligne Roset）所设计，其创作灵感来自丹麦设计师汉斯·维格纳（Hans Wegner）于 1950 年设计的信号旗绳椅（Flag Halyard Chair）。这是一张适用于室内外空间的通透挡风椅，造型简洁大方，具有与生俱来的休闲气质。它采用黑色烤漆钢管制作骨架，靠背和坐面则采用抗 UV 的 PP 绳缠绕骨架编织而成 (图 2-7-15)。五十扶手椅另外还有短靠背无扶手款（Fifty Chair）。

(图 2-7-16) RSAW 层 5 扶手椅

10) RSAW 层 5 扶手椅（Level 5 Armchair）- 由荷兰设计公司 RSAW 于 2012 年为荷兰家具品牌红色缝线（Red Stitch）设计。它是 RSAW 层扶手椅系列之一，此系列至少包括有四个变体：从低靠背休闲椅（Level 1）到高靠背挡风椅（Level 5）。它采用木框与聚氨酯泡沫制作，涤纶的软垫面料让每种变体都可以根据喜好来自由组合不同颜色，适用于私人或者休闲空间 (图 2-7-16)。

(图 2-7-17) 汤姆·迪克森挡风椅

11) 汤姆·迪克森挡风椅（Tom Dixon Wingback Chair）- 由英国设计师汤姆·迪克森（Tom Dixon）于 2007 年设计。这款挡风椅的设计灵感来自 17 世纪的原型挡风椅和 18 世纪的球背椅，迪克森巧妙地将其融为一体，赋予了它新的生命 (图 2-7-17)。

(图 2-7-18) 麦卡特尼椅

12) 麦卡特尼椅（McCartney Chair）- 由美国约翰·查尔斯设计公司（John Charles Designs）出品的这款挡风椅以直线条为主，但是并未因此削弱其舒适性，而是通过柔软的布艺面料来柔化其坚硬的线条。这是一款百搭的坐具，能适应任何现代装饰风格 (图 2-7-18)。

(图 2-7-19) 高背藤编椅

13) 高背藤编椅（High Wingback Rattan Chair）- 由意大利建筑师和设计师吉奥·庞蒂（Gio Ponti）于 20 世纪 40 年代晚期为意大利的康特比安卡马诺（Conte Biancamano）豪华游轮而设计。这是一款集传统与现代于一身的藤编挡风椅，造型优雅，充满异域情调。它因诞生于游轮而传遍天下，常见于世界各地的度假胜地，也非常适合家用 (图 2-7-19)。

(图 2-7-20) 帕帕熊椅

14) 帕帕熊椅（Papa Bear Chair）- 由丹麦设计师汉斯·维格纳（Hans Wegner）于 1950 年设计的一款充满童趣的扶手椅，特别是其伸出的扶手仿如熊爪一般将人拥抱。帕帕熊椅是一款带有挡风椅侧翼特征的扶手椅，配备有搁脚凳，因此令人感觉格外温暖和舒适 (图 2-7-20)。

(图 2-7-21) 翼椅

15) 翼椅（Wing Chair）- 是丹麦设计师汉斯·维格纳于 1960 年设计的另一款非常著名的扶手椅，还设计了配套的搁脚凳。翼椅也是一款具有挡风椅侧翼特征的扶手椅，因深受喜爱而被全世界无数人模仿 (图 2-7-21)。

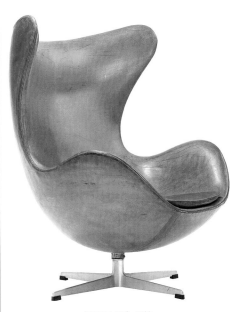

(图 2-7-22) 蛋椅

16) 蛋椅（Egg Chair）- 由丹麦建筑师阿纳·雅各布森（Arne Jacobsen）于 1958 年为哥本哈根皇家酒店而设计的一款带侧翼的扶手椅，因其形状如蛋壳而得名。蛋椅与天鹅椅既是雅各布森的标志，也是北欧现代家具的标志 (图 2-7-22)。

(图 2-7-23) 2204 号挡风椅

17) 2204 号挡风椅（2204 Wingback Chair）- 由丹麦设计师布吉·莫根森（Borge Mogensen）于 1963 年设计。它整体造型典雅大方，适用于任何风格的空间；从诞生至今历经半个世纪仍然经久不衰，是一件能够让一个普通房间蓬荜生辉的家具 (图 2-7-23)。

(图 2-7-25) 丹吉尔挡风椅

19) 丹吉尔挡风椅（Tangier Wing Chair）- 这款挡风椅的设计师资料无从查询，不过其硬朗而不失高贵的特征让它在挡风椅家族中鹤立鸡群。事实上它是一把挡风椅式样的高靠背餐椅，经常用于豪华的正式餐厅 (图 2-7-25)。

(图 2-7-27) 斯佳蒙挡风椅

21) 斯佳蒙挡风椅（Strandmon Wing Chair）- 由瑞典家居品牌宜家（IKEA）于 20 世纪 50 年代初推出的一款非常经典的挡风椅 MK 椅（MKChair）演化而来。它融合了传统的舒适感与不变的时代感，自从推出便一直长盛不衰 (图 2-7-27)。

(图 2-7-24) 冷飞镖扶手椅

18) 冷飞镖扶手椅（Boomerang Chill Armchair）- 由西班牙设计师奎姆·拉雷亚（Quim Larrea）和其团队于 2006 年共同设计。这是一件集挡风椅和扶手椅特征于一体的坐具，同时配置有搁脚凳。它浑身散发着北欧美学的简约与纯净 (图 2-7-24)。

(图 2-7-26) 哈瓦那挡风椅

20) 哈瓦那挡风椅 (Havana Wing Chair) - 由丹麦设计团队布斯克和赫佐格（Busk + Hertzog）于 2013 年设计并推出市场。其特征表现在简洁的造型和永恒的优雅，是一把代表着舒适与温馨的挡风椅。和许多挡风椅一样，哈瓦那挡风椅也配置了一个搁脚凳 (图 2-7-26)。

(图 2-7-28) 保罗·布法扶手椅

22) 保罗·布法扶手椅（Paolo Buffa Bergere）- 由意大利设计师保罗·布法于 1950 年设计。其设计灵感部分来自 ART DECO 风格家具。这是一款虽没有惊世骇俗的外表却经久耐看的家具，因为它综合了传统、现代和未来这三大元素，对后来的很多家具设计师影响深远 (图 2-7-28)。

(图 2-7-29) 詹姆斯 UK 挡风椅

23) 詹姆斯 UK 挡风椅 (James UK Wingback Chair) - 由英国设计师詹姆斯·哈里森和詹姆斯·金蒙德 (James Harrison and James Kinmond) 设计。这是一款让人放松但又端庄的挡风椅，能让人感受到一种英国绅士的风度，使传统家具重新焕发出时代的气息 (图 2-7-29)。

(图 2-7-31) 一条线散步扶手椅

25) 一条线散步扶手椅 (Take A Line For A Walk Armchair with Footrest) - 由阿根廷裔瑞士设计师阿尔弗雷多·哈博利 (Alfredo Haberli) 于 2003 年设计。这款名称较长的扶手椅也是挡风椅。其特征在于一根细钢管既是椅腿也延长成为脚踏，构思巧妙，造型优雅，坐感舒适 (图 2-7-31)。

(图 2-7-33) 猛犸象椅

27) 猛犸象椅 (Mammoth Chair) - 由挪威设计师克努特·班迪克·哈勒维克和丹麦设计师鲁内·克鲁伽德 (Knut Bendik Humlevik & Rune Krojgaard) 设计并由品牌公司诺尔 11 (Norr11) 出品的一款极具北欧色彩的现代挡风椅。其设计灵感显然来自猛犸象，但是处处体现出北欧的简约与灵性 (图 2-7-33)。

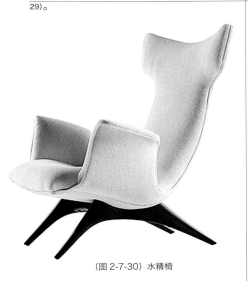

(图 2-7-30) 水精椅

24) 水精椅 (Ondine Chair) - 由美国设计师弗拉迪米尔·卡根 (Vladimir Kagan) 于 1958 年设计。水精椅有着高昂的椅背和翼状的扶手，让它有一种展翅欲飞的感觉。除了优雅的软垫包裹的座壳，其纯胡桃木雕刻而成的椅腿也极富动感，整个作品犹如一件现代艺术品，是一件兼具实用性与艺术性的杰作 (图 2-7-30)。

(图 2-7-32) 进化休闲椅

26) 进化休闲椅 (Evolution Lounge Chair) - 由法国设计师欧诺·依图 (Ora Ito) 于 2007 年为意大利扎纳塔品牌 (Zanotta) 而设计。这款充满未来感的扶手椅主体聚氨酯颜色非白即黑，而且正如其名称所寓意：进化扶手椅，一反传统地采用可旋转独腿结构 (图 2-7-32)。

(图 2-7-34) 索尼特休闲扶手椅 808

28) 索尼特休闲扶手椅 808 (Thonet Lounge-Sessel 808) - 由德国设计工作室弗门斯特勒 (Formstelle) 于 2015 年为索尼特公司 (Thonet) 设计。它打破了传统挡风椅的一般的形状概念，同时又保证了挡风椅的功能与舒适，是一件为当代生活而设计的家具 (图 2-7-34)。

（图 2-7-35）躲躲猫挡风椅

29） 躲躲猫挡风椅（Peekaboo Wing Chair）- 由斯蒂芬·博斯留斯（Stefan Borselius）于 2005 年设计。这是一款活泼可爱，充满童趣的挡风椅，这也能够从其名字上感觉得到。其底部很像钢管椅的悬臂结构，但是高靠背增加了侧翼。它还有一个独腿版本，更有趣的是它那个圆顶挡风椅的孪生姐妹（图 2-7-35）。躲躲猫挡风椅是一件百搭的苗条坐具，无论是在公共空间还是私人空间里，均无违和感。

（图 2-7-37）宁静休闲椅

31） 宁静休闲椅（Ro Lounge Chair）- 由西班牙设计师亚米·海因（Jaime Hayon）于 2013 年设计，其名称来自丹麦语。与海因一贯的设计理念一致，宁静休闲椅表现出绝对的舒适与优雅，是一把令人完全放松的现代挡风椅，也是一块在探索从现在到未来坐具道路上的里程碑（图 2-7-37）。

（图 2-7-39）帕克休闲椅

33） 帕克休闲椅（Park Lounge Chair）- 由丹麦裔加拿大设计师尼尔斯·本特森（Niels Bendtsen）设计。这是一款配有搁脚凳的挡风椅，比例趋近完美，结构一目了然，坐感无与伦比。得益于其简洁的造型，帕克休闲椅适用于任何空间（图 2-7-39）。

（图 2-7-36）皮可拉凤蝶椅

30） 皮可拉凤蝶椅（Piccola Papilio Chair）- 其设计灵感来自一只展翅的蝴蝶，因此它也被称为"大凤蝶"（Grande Papilio），由无印良品的深泽直人（Naoto Fukasawa）设计。这是一款无论在设计上还是商业上均十分成功的杰作，适用于任何空间（图 2-7-36）。其外观很像一件"大又软的玩具"，再次印证了深泽直人的设计理念："好的设计灵魂在于符合生活常规"。

（图 2-7-38）法式扶手椅

32） 法式扶手椅（Bergere Armchair）- 由土耳其设计师塞伊汗·奥兹德米尔和西佛·卡戈勒（Seyhan Ozdemir & Sefer Caglar）设计的一款现代挡风扶手椅，其创作灵感来自 18 世纪法式扶手椅。法式扶手椅造型简洁而刚劲有力的箱形主体采用纯实木板制作，内部饰以软垫。（图 2-7-38）。法式扶手椅拥有十分舒适的坐感，与其造型和结构相同的系列作品还有法式沙发（Bergere Sofa）。

（图 2-7-40）赛车扶手椅

34） 赛车扶手椅（Racing Armchair）- 由法国设计师劳伦·敏格特（Laurent Minguet）于 2012 年设计。赛车扶手椅的坐面与靠背采用铝板制作，其钢制基座与标准座椅颜色提供黑、白、灰三色；而其侧翼靠背上部则有多色可供选择，并且可以根据需要取下。其造型由多个几何块面组合构成，具有强烈的时代感，适用于任何现代室内外空间（图 2-7-40）。

（图 2-7-41）克利奥休闲椅

（图 2-7-43）低语挡风椅

（图 2-7-45）阿尔莫拉扶手椅

35) 克利奥休闲椅（Cleo Lounge High）- 由意大利设计师克劳迪奥·当多里（Claudio Dondoli）与马尔科·珀奇（Marco Pocci）于 1983 年创立的 Archirivolto 于 2014 年设计。这把挡风椅的软垫外壳令人感到十分放松和亲切，其宽大的侧翼突破了传统挡风椅的固有形式，为使用者提供了更好的保护。克利奥休闲椅的线条圆润流畅，适用于任何现代空间（图 2-7-41）。

37) 低语挡风椅（Whisper Wingback Chair）- 由英国设计师菲尔·凯特（Phil Cater）于 2010 年设计。这把面料色彩鲜艳的挡风椅造型以斜线为主，充满活力与动感。它充分考虑了当代人工作与生活的特征，同时又保留了挡风椅舒适与隐私的传统特色。其镀铬钢椅腿的悬挑结构既轻巧又时尚，适用于现代私人与办公空间（图 2-7-43）。

39) 阿尔莫拉扶手椅（Almora Armchair）- 由英国设计师乔纳森·莱维恩（Jonathan Levien）与尼帕·多希（Nipa Doshi）成立的工作室多希·莱维恩（Doshi Levien）于 2014 年设计。这把挡风扶手椅诠释了设计者希望家具能够体现人类对于温暖、保护和庇护的原始需求，同时还要与环境配合。它采用皮革、玻璃纤维和铝合金制作，造型呈蛋筒般圆锥形，是一把能让人舒服地蜷缩在里面的理想的扶手椅（图 2-7-45）。

（图 2-7-42）隐匿休闲椅

（图 2-7-44a）雪橇腿安静椅

（图 2-7-44b）四木腿与独腿安静椅

（图 2-7-46）库珀椅

36) 隐匿休闲椅（Hideout Lounge Chair）- 由瑞典设计团队弗龙（Front）于 2015 年设计。这是一把强调隐私的挡风椅，其宽大的侧翼采用藤条编织而成，恰如两扇屏风将使用者与周遭隔开，但是又通过编织空洞与外面取得联系。其宽敞的坐面与靠背软垫将使用者舒服地拥抱，形成一个私密的小空间，是一把将传统文化与现代审美完美结合的杰作（图 2-7-42）。

38) 雪橇腿安静椅（Hush Chair Sled Base）- 由英国家具品牌纳通（Naughtone）于 2009 年出品，具体设计者不详。安静椅的名称表明了设计者的创作意图：为使用者提供一个舒适而又安静的休息座椅。它采用成型胶合板、镀铬钢材与阻燃泡沫制作，造型简洁，线条柔和，适用于私人、办公与公共空间（图 2-7-44a）。安静椅另外还有四木腿和独腿两个版本（图 2-7-44b）。

40) 库珀椅（Cooper Chair）- 由美国设计师克里斯蒂娜·勒米厄（Christiane Lemieux）于 2000 年创办的家居用品公司居住工作室（Dwell Studio）设计。这是一把别具一格的矮背挡风椅，其造型低调、朴实、简洁、可爱，同时透着一股让人不可小觑的内在力量。其软垫面料包括皮革与织物，适用于现代都市公寓空间（图 2-7-46）。

（图 2-7-47）大里珀斯休闲椅

41） 大里珀斯休闲椅（Grand Repos Lounge Chair）- 由意大利设计师安东尼奥·奇特里奥（Antonio Citterio）于 2011 年设计。这是一把独腿支撑的现代挡风椅，将传统挡风椅的概念提升到了一个新的高度。它采用聚氨酯、压铸铝和软垫制作，设计兼顾造型与功能，舒适与优雅，能够适应使用者的任何坐姿变化，适用于所有现代室内空间（图 2-7-47）。

（图 2-7-48）完整

42） 完整（Wholeness）- 由美国设计师丽贝卡·雅菲（Rebecca Yaffe）与劳拉·梅思（Laaura Mays）于 2005 年创立的雅菲 - 梅思公司（Yaffe Mays）设计并制作。作品取名为"完整"，表达了创作者寄予这把挡风椅作为探索人格起始空间的寓意，因为大多数椅子占据空间，但是挡风椅创造空间。这是一把特别体现传统木工技艺的现代挡风椅，采用纯实木手工制作。其造型朴实、典雅，给人一种亦古亦今的感觉（图 2-7-48）。

（图 2-7-49）丹佛斯椅

43） 丹 佛 斯 椅（Danforth Chair）- 由加拿大格斯现代设计团队（Gus Modern）设计。丹佛斯椅具有剖臂式轮廓和连续的不锈钢钢管底座的特征，造型简洁，坐感舒适。其织物面料提供黑、灰与红三色选择，是对传统挡风椅的全新诠释（图 2-7-49）。

配有软垫搁脚凳的挡风椅是提供安静休息的舒适坐具，适合安排在离开窗户的角落里。软垫搁脚凳的面料最好与挡风椅的面料一致，使它们看起来像一个整体。挡风椅的旁边可以放一张小摆设桌，为了视觉上的平衡，桌子的颜色最好与挡风椅的颜色相反，比如挡风椅的颜色较深，那么桌子的颜色就应该选浅色的，反之亦然。如果挡风椅的侧翼遮挡了桌上的台灯光线，可以考虑选用悬挑式的落地灯。

18 世纪 80 年代的路易十六执政时期，法国出现一种名叫"牧羊女椅"（Shepherdess Chair）的挡风椅（图 2-7-50），它是从 17 世纪晚期的"方便椅"（Chaise de commodité）演化而来，为了遮挡寒风和热气而带有软垫侧翼。带平直而倾斜椅背的法式高背扶手椅（bergère）称作"女王"（La reine）；带内凹形椅背并与扶手连成一体的法式高背扶手椅则称作"侯爵夫人"（Marquise），其式样从法国摄政时期（1715—1723 年）的曲线型（图 2-7-51）逐步演变成路易十六至拿破仑一世帝国时期的直线型（图 2-7-52，图 2-7-53）。

（图 2-7-50）路易十六时期法式挡风椅

（图 2-7-51）路易十五时期挡风椅

（图 2-7-52）路易十六时期挡风椅

（图 2-7-53）拿破仑一世帝国时期挡风椅

在挡风椅家族当中有一款令人印象深刻的椅子叫做"圆顶挡风椅"（Dome Chair/Canopy Chair），它也被称作"阳伞椅"、"国王椅"、"王后椅"、"兜帽椅"、"气球椅"和"泡泡椅"等。传说中世纪的英国和18世纪的法国城堡门卫处常常摆放类似于圆顶挡风椅的椅子供拜访者等候验明身份时使用，冬天也是给门卫挡风御寒的掩蔽处，因此也被称作"门卫椅"（Porter's Chair）。圆顶挡风椅揉合了门卫椅和路易十五时期椅子的特点，表现出典型的洛可可雕刻和装饰特征，以及洛可可优雅的曲线造型，其引人注目的圆顶和深侧翼均可挡风（图2-7-54）。

相对于法式挡风椅，英式挡风椅的式样比较简单朴实（图2-7-55），特别是具有明显齐朋德尔风格的方形椅腿圆顶挡风椅（图2-7-56）。另外，还有一把具体设计者和年份不详的方顶挡风椅也十分有特色（图2-7-57）。

当代世界上有些家具设计师从传统圆顶挡风椅身上获得新的创作灵感，设计出了一些现代圆顶挡风椅，包括双人座版和时尚版等。独特气质与特殊尺寸，使圆顶挡风椅在实际应用方面受到一定的限制，所以现代圆顶挡风椅在数量上相对于其他种类的现代家具要少很多。圆顶挡风椅常见于名人家居和比华利山庄的豪宅中，还有佛罗里达、巴黎和米兰的高档酒店和时尚精品店当中。

经典的现代圆顶挡风椅包括但不限于：

（图2-7-55）英式圆顶挡风椅

（图2-7-56）齐朋德尔式圆顶挡风椅

（图2-7-57）方顶挡风椅

（图2-7-54）圆顶挡风椅

（图2-7-58）巴塞罗那秀场圆顶挡风椅

1） 巴塞罗那秀场圆顶挡风椅（Barcelona Showtime Hooded Armchair）- 由西班牙设计师亚米·海因（Jaime Hayon）于2006年设计。这是一件结合了古典与现代的家具艺术品，其造型简洁大气，颜色可根据客户需要选择。它采用玻璃纤维与皮革或者织物软垫面料制作，是海因的秀场系列（Showtime Collection）作品之一（图2-7-58）。

（图2-7-59）迪瓦圆顶挡风椅

2） 迪瓦圆顶挡风椅（Diva Canopy Chair）- 由美国设计师辛迪·洛克（Cindy Rocker）设计。这把采用黑色天鹅绒面料的圆顶挡风椅是辛迪设计的系列作品之一，其簇绒靠背与闪亮的镀铬钉头使其充满了华丽高贵的气质，特别是其漆成黑色的四方形椅腿与横杆，更加显示其出身非凡（图2-7-59）。

（图 2-7-60）鸟巢休闲椅 244 号

3） 鸟巢休闲椅 244 号（Nest Lounge Chair 244）- 由土耳其设计师塞伊汗·奥兹德米尔和西佛·卡戈勒（Seyhan Ozdemir & Sefer Caglar）于 2009 年设计。这是一款独特的现代圆顶挡风椅作品，其创作灵感来自东方鸟笼。奥兹德米尔与卡戈勒的作品一如既往地善于从传统文化当中吸取创作灵感，为现代人带来惊喜。鸟巢休闲椅 244 号因为通透的靠背、侧翼与圆顶而消除了传统圆顶挡风椅的封闭感，具有鲜明的特征（图 2-7-60）。

（图 2-7-61）亚里士多德圆顶挡风椅

4） 亚里士多德圆顶挡风椅（Aristotle Dome Chair）- 它也被称作"旅行扶手椅"（Journey Armchair），由美国设计品牌布拉布（BRABBU）于 2011 年设计。这把挡风椅带有现在不多见的圆顶，造型稳重而严谨，为使用者营造了一个舒适和安全的氛围，也提供了一种让人冷静和自省的方式。它采用天鹅绒面料的软垫包裹椅子全身，并且饰以镀铬钉头，显得高贵而典雅。旅行扶手椅希望给忙碌的人生旅途制造一个短暂放松的时刻（图 2-7-61）。

（图 2-7-62）别致圆顶挡风椅

5） 别致圆顶挡风椅（Chic Canopy Chair）- 这是一把无法查证设计者与年份的现代圆顶挡风椅，只知道它诞生于 20 世纪 60 年代。其特征在于几近方形的顶盖以及向外微张的椅腿，造型干净利落，置于任何空间均令人印象深刻（图 2-7-62）。

圆顶挡风椅能够挡住一些噪音，让坐者可以静心地读书，因此它也是一款不错的阅读椅。圆顶挡风椅能够给任何房间注入古老的迷人魅力和戏剧般的效果，同时还是今天时尚领域的宠儿。

2-8 角椅（Corner Chair）

　　尽管在 16—17 世纪时期就流行一种平面呈三角形的车削椅 (图 2-8-1)，不过真正意义上的角椅诞生于 18 世纪，是一种专用于房间角落的椅子，也适合放在书桌前。角椅的独特式样使其扶手不会妨碍坐者的手臂，同时坐者的双腿是置于椅子的两侧，而非椅子的两条前腿之间。

　　古典角椅全部采用实木制作，仅在座面和扶手部位装饰有软垫。由美国细木工匠金贝尔与卡巴斯（Kimbel and Cabus）于 1880 年制作的哥特式角椅是豪华角椅中的精品，现存于纽约布鲁克林博物馆 (图 2-8-2)。常见的古典角椅包括安妮女王式角椅 (图 2-8-3) 和齐朋德尔式角椅 (图 2-8-4a，图 2-8-4b)，以及维多利亚时期流行的文艺复兴式角椅 (图 2-8-5)。

　　角椅坐面具有两条边和一个菱形的软垫。有些角椅用软垫

全部包裹，表面饰以棉布或者皮革，也有的角椅只是裸露的木材或者柳编，后者往往为坐面搭配一个软垫。为了适应 90 度的墙角，角椅本身基本呈方盒形 (图 2-8-6)。

　　对于现代用于室外露台或者平台的角椅，通常采用柳编或者藤编制作，并且做防水处理 (图 2-8-7)。

　　现代室内角椅作为组合沙发的一部分，往往置于双人沙发与长沙发之间的转角位置。虽然角椅专用于墙角，但是如果有两张角椅中间夹一张方形桌子，则几乎可以放在房间的任何位置，并且因其独特的造型而平添许多趣味性 (图 2-8-8)。

　　有一种转角写字椅，适合于大型书桌。这种角椅符合人体工程学，或者至少对身体和背部有很好的支撑。不过注意其呈 90 度角度的椅背。

（图 2-8-1）三角形车削椅

（图 2-8-5）19 世纪晚期文艺复兴式角椅

（图 2-8-6）方盒型角椅

（图 2-8-2）金贝尔与卡巴斯角椅

（图 2-8-3）17 世纪安妮女王式角椅

（图 2-8-7）室外角椅

（图 2-8-4b）18 世纪齐朋德尔式角椅

（图 2-8-4a）18 世纪齐朋德尔式角椅

（图 2-8-8）现代角椅

2-9 扶手椅（Armchair/Elbowchair）/ 俱乐部椅（Club Chair）/ 休闲椅（Lounge Chair）

文艺复兴以前，扶手椅是权贵的专用品。文艺复兴期间，扶手椅开始在民间普及开来（图 2-9-1，图 2-9-2）。在 19 世纪之前，椅子并没有普遍采用软垫装饰。维多利亚时期，一种更舒适的采用全部软垫包裹的扶手椅开始流行（图 2-9-3），最后演变成了以深坐面、包软垫、低靠背为特点的俱乐部椅。当时它采用深色的猪皮做面料，并且用钉扣装饰（图 2-9-4）。

俱乐部椅最初是 19 世纪英国绅士俱乐部的专用椅，绅士们坐着它读书、看报、抽烟和会客等。这是一种宽大而柔软的皮革面料扶手椅，常常与软垫搁脚凳搭配在一起。其基本特征表现为高扶手、直靠背（图 2-9-5）。20 世纪，不少著名设计师设计了一系列广为人知的现代俱乐部椅（图 2-9-6）。

今天的俱乐部椅面料不再局限于皮革，而是大量采用了其他五颜六色的布料、天鹅绒或者灯芯绒，可以适应任何室内空间环境。这种可以放在客厅、卧室和家庭厅的扶手椅常常被称为"休闲椅"。

扶手椅仅为单人坐而设计。很多现代扶手椅坐着如同沙发一般舒适、自如，因此有些人把比较宽大柔软的扶手椅或者俱乐部椅称作"单人沙发"。一套餐桌、椅当中至少包括一张扶手椅，并且放在餐桌首位，象征着这是一家之主的座位。

扶手椅的式样包括俱乐部椅、挡风椅和躺椅等，只是有的

称呼因时代背景的不同而有所改变，比如现在人们多用"休闲椅"而少用"俱乐部椅"一词。另外，对于比较轻便的休闲椅也常用"安乐椅"（Easy Chair）一词来称呼，它们常见于北欧风格的家具设计当中（图 2-9-7）。

休闲椅是一种轻质、方便搬动的椅子，常常成对或者单独摆放，不过一个房间里应该避免摆放两张以上的休闲椅。休闲椅的最大特征在于其轻便，其靠背式样包括直线、曲线、软垫和无软垫等，骨架材料包括实木、金属和塑料等。

休闲椅是家庭值得拥有的一件家具，它不仅仅是补充的坐具，其本身也是一件装饰品。它舒适、小巧，非常适合于待客与阅读，也适合于任何装饰风格、主题和色调。形式追随功能的原则，使它成为整体的配角，而非主角，这意味着它应该静静地待在一旁，作为房间里其他家具的补充，而非简单的复制。

如同休闲桌一样，休闲椅也是在偶尔需要的时候才用得上。最适合休闲椅待的地方是入口通道，在空间足够大的前提下，可以在那里放置两把休闲椅，并且在其身后墙面上挂一面漂亮的镜子。

儿童房也非常适合于放置休闲椅，因为它们高度恰当，安全又舒适。此外，适合放置休闲椅的空间还包括门厅和客房。

经典的传统扶手椅式样包括：

（图 2-9-1）文艺复兴时期
西班牙式扶手椅

（图 2-9-2）文艺复兴时期
法式扶手椅

（图 2-9-3）维多利亚时期
俱乐部椅

（图 2-9-4）绅士俱乐部椅

（图 2-9-5）切斯特菲尔德式俱乐部椅

（图 2-9-6）20 世纪初俱乐部椅

（图 2-9-7）北欧安乐椅

（图 2-9-8）维多利亚匙背扶手椅

1）维多利亚匙背扶手椅（Victorian Spoon-back Armchair） - 盛行于维多利亚时期，其名称来自其独特的汤匙形椅背，其特征为上宽下窄，中间收腰，线条流畅，与呈喇叭状向外展开的扶手相接。其椅背顶部通常饰以雕刻，弹簧软坐垫呈穹状隆起（图2-9-8）。

（图 2-9-10）路易十四时期安乐椅

3）安乐椅（Fauteuil） - 源自 17 世纪初的法国，是一种开放式的扶手椅。安乐椅通常配备软垫座垫、软垫靠背和靠手垫（Manchette）；充满浮雕的木质框架外露，并且常常镀金或者涂漆（图 2-9-10）。

（图 2-9-12）法式漆扶手椅

5）法式漆扶手椅（French Painted Armchair） - 有着宝座般的华丽外观，椅背与坐面均饰以软垫，椅腿与扶手则裸露并且饰以复杂的雕刻。之所以被称为法式漆扶手椅，在于其裸露的部分均用油漆粉刷（图 2-9-12）。

（图 2-9-9）英国摄政式交叉框架扶手椅

2）交叉框架扶手椅（X-frame Armchair） - 流行于 19 世纪晚期，其名源自其独特的 X 形框架。其扶手是 X 形框架的起始，然后交叉支撑坐面，最后在底部结束，交叉框架被安排在椅子的正前方与正后方。有的交叉框架扶手椅在椅背、扶手和坐面均用软垫装饰，也有的仅在坐面饰以软垫（图 2-9-9）。

（图 2-9-11）路易十六时期高背扶手椅

4）高背扶手椅（Bergère） - 源自 18 世纪的法国，历经路易十六和拿破仑一世时期，是一种封闭式的扶手椅，比安乐椅（Fauteuil）更宽更深。高背扶手椅采用软垫包裹座垫、靠背和扶手，甚至外侧面。暴露的木质框架采用模塑或者雕刻，表面镀金或者涂漆（图 2-9-11）。

（图 2-9-13）瑞典扶手椅

6）瑞典扶手椅（Swedish Armchair） - 诞生于 20 世纪 20 年代的瑞典扶手椅模仿自现代椅子，其椅背呈方形，弹簧软座垫呈穹状隆起，扶手与椅腿朴实无华，扶手从椅背的半腰处向前延伸并向坐面弯折下去形成椅腿（图 2-9-13）。

（图 2-9-14）绅士扶手椅

7）绅士扶手椅（Gentleman's Armchair） - 可能是第一款为舒适而设计的扶手椅。其造型简洁，与 19 世纪晚期同时期的其他椅子相比，没有多余的雕刻装饰，整体外观如同一个方盒子被软垫严严实实地包裹起来。其偶尔裸露的木结构仅为几厘米的椅腿，它后来发展成为躺椅（图 2-9-14）。

（图 2-9-15）挡风扶手椅

8）挡风扶手椅（Wingback Armchair） - 挡风扶手椅非常普及，它是一款宽敞并且由扶手和挡风侧翼环抱的椅子，扶手、坐面和靠背均饰以软垫，只有椅腿裸露或者也用布艺遮掩（图 2-9-15）。

扶手椅是现代家具设计师最喜欢设计的家具种类之一，并且在这个领域争奇斗艳从未停止。经典的现代扶手椅包括但不限于：

（图 2-9-16）莫里斯椅

1）莫里斯椅（Morris Chair） - 由最早英国设计师威廉·莫里斯（William Morris）于 1866 年出品的躺椅改造而来。莫里斯椅的线条严谨，结构稳固，坐感舒适。自从莫里斯椅传入美国之后被广泛复制和改造，其中由美国工匠古斯塔夫·斯蒂克利（Gustav Stickley）制作的莫里斯椅被称作"工匠"（Craftsman）莫里斯椅，也被称为"传教士"（Mission）莫里斯椅。这是一件工艺美术运动时期的代表作，是传统与现代家具之间的桥梁，虽然式样老旧，但是今天依然广受欢迎（图 2-9-16）。

（图 2-9-17a）懒人椅

2）懒人椅（Lazy Chair） - 据说它源自古老的印尼爪哇岛，具体设计者与年份不详，与英国摄政式交叉框架扶手椅有着某种相近的外观特征。尽管叫懒人椅的椅子有不少，但是这把懒人椅在全

（图 2-9-17b）车削腿懒人椅

世界广为流行。这把扶手椅采用纯实木制作框架，坐面与靠背提供皮革与藤编两种选择。它拥有与生俱来的英国殖民风格，具有独特的人体工程学设计，因而散发出无法抗拒的慵懒气质。其流畅的曲线贯穿整体，提供了近乎完美的舒适度，特别适用于休闲娱乐空间（图 2-9-17a）。它另外还有车削腿版本和加长版的懒人躺椅版本（图 2-9-17b）。

（图 2-9-18）坐的机器扶手椅

3）坐的机器扶手椅（Sitzmaschine） - 由德国建筑师与设计师约瑟夫·霍夫曼（Josef Hoffmann）于 1908 年设计。作为早期现代主义家具设计的开创者，霍夫曼在家具机械化生产与现代家具设计方面做出了巨大的贡献。坐的机器扶手椅是霍夫曼为普克斯多特疗养院而设计，他赋予这把可调椅背的扶手椅以崭新的时代精神，充满早期的机械美学。它采用木材与金属制作，其几何造型犹如一架适合坐的机器，其结构特征与莫里斯椅近似，是现代家具设计史上的里程碑（图 2-9-18）。

（图 2-9-19）库布斯椅

4）库布斯椅（Kubus Chair）- 由德国建筑师与设计师约瑟夫·霍夫曼于1910年设计并且在阿根廷一个国际展览会上首次亮相，也称库布斯扶手椅（Kubus Armchair）。库布斯椅以其严谨的几何形和完美的功能性特征而流传至今（图 2-9-19）。

（图 2-9-21）LC7 扶手椅

6）LC7 扶手椅（LC7 Armchair）- 由法国建筑师勒·柯布西耶于1929年设计的另一把扶手椅。与 LC3 扶手椅的全直线造型不同，LC7 扶手椅几乎全部由圆形、圆弧形和直线构成，形成完美的比例和舒适的坐感，同时还可以旋转（图 2-9-21）。

（图 2-9-23）帕伊米奥椅

8）帕伊米奥椅（Paimio Chair）- 芬兰建筑师阿尔瓦·阿尔托（Alvar Aalto）于1929年参加帕伊米奥结核病疗养院设计竞赛的中标作品，并于1933年制作完成。这是一把专为结核病人量身定制的扶手椅，最终成为弯曲木扶手椅举世闻名的典范（图 2-9-23）。

（图 2-9-20）LC3 扶手椅

5）LC3 扶手椅（LC3 Armchair）- 由法国建筑师勒·柯布西耶（Le Corbusier）于1928年设计，因其方正的外形也称"勒·柯布西耶方盒扶手椅"（Le Corbusier Cube Armchair）。其主体结构由金属框架与皮革软垫组成，是柯布西耶设计的家具代表作品之一（图 2-9-20）。

（图 2-9-22）红 - 蓝椅

7）红 - 蓝椅（Red-Blue Chair）- 由荷兰建筑师与设计师格里特·里特维尔德（Gerrit Rietveld）于1917年设计。作为里特维尔德最著名的家具作品，延续着其建筑设计的理念，红 - 蓝椅由简洁的直线与平面的组合构成，它从最初的单色到1923年的红黄蓝三色加黑色，最终成为里特维尔德的标志，也是现代主义的标志（图 2-9-22）。

（图 2-9-24）瓦西里椅

9）瓦西里椅（Wassily Chair）- 由匈牙利设计师马歇·布鲁尔（Marcel Breuer）于1925年设计的世界上第一把钢管皮革椅。因为布劳耶送了一把椅子给其老师——抽象画鼻祖瓦西里·康定斯基，并获得老师的喜爱，因而得名"瓦西里椅"，从此名扬天下（图 2-9-24）。

（图 2-9-25）必比登扶手椅

10） 必比登扶手椅（Bibendum）-由爱尔兰设计师艾琳·格瑞（Eileen Gray）于 1926 年设计，其创作灵感据说来自品牌形象"米其林轮胎先生"。格瑞用自己独立的创意，抛弃了所有与传统扶手椅有关的历史先例，使必比登扶手椅历经时间的考验依然魅力如初，使其成为现代家具当中无可比拟的经典之作（图 2-9-25）。

（图 2-9-26）布尔诺椅

11） 布尔诺椅（Brno Flat Chair）-由德国建筑师密斯·范·德·罗（Mies van der Rohe）于 1930 年为捷克的布鲁诺市的图根哈特公馆专门设计的椅子。它采用镀铬扁钢与软垫制作，将材料用量降至最低。因其简洁实用，充满时代感，而成为 20 世纪家具设计的标志（图 2-9-26）。

（图 2-9-27）乌得勒支扶手椅

12） 乌得勒支扶手椅（Utrecht Armchair）- 由荷兰建筑师与设计师格里特·里特维尔德于 1935 年设计的另一款经典扶手椅作品，同样也是一款令人震惊的作品，时隔 70 多年的它依然看起来那么时尚。尽管全部采用软垫包裹，但是丝毫没有减轻其份量。无论出现在任何空间，它都是现代扶手椅的标志。乌得勒支扶手椅另外还有 2-3 人的沙发版本（图 2-9-27）。

（图 2-9-28）游猎椅

13） 游猎椅（Safari Chair）- 由丹麦建筑师与设计师凯尔·柯林特（Kaare Klint）于 1933 年设计，其创作灵感来自柯林特在非洲之旅时所见的一个英国军官的座椅。柯林特曾经将原型卖给他的一些同行朋友，因此人们在世界各地能看到大同小异、不同版本的游猎椅。柯林特游猎椅可以让任何人不用工具也能轻易组装和拆卸，是世界上第一件"自己动手制作"的家具之一。其柔性结构意味着它可以适应不同环境与使用条件；如果椅子损坏，其部件还可以用于其他同类椅子上面。作为丹麦早期现代设计的代表作，游猎椅对于丹麦乃至北欧的现代家具设计影响深远（图 2-9-28）。

（图 2-9-29）殖民椅

14） 殖民椅（Colonial Chair）- 由丹麦建筑师与设计师奥勒·旺丘尔（Ole Wanscher）于 1949 年设计，其名称来自奥勒最着迷的 18 世纪英式家具。殖民椅精致的制作、完美的比例、舒适的坐感与优雅的造型，特别是修长的扶手，使其具有与生俱来的尊贵气质。其框架采用实木制作，而坐面则为手工编织藤，软垫面料可以选择织物或者皮革（图 2-9-29）。

（图 2-9-30）酋长椅

15） 酋长椅（Chieftains Chair）- 由丹麦设计师芬·居尔（Finn Juhl）于 1949 年设计。酋长椅的创作灵感来自异域部落武器和文化的符号，采用柚木、胡桃木和皮革精心制作，是北欧现代家具当中的标志，有着不可忽略的气势和魅力（图 2-9-30）。

（图 2-9-31）郁金香椅

16） 郁金香椅（Tulip Chair）- 由芬兰裔美国建筑师与设计师埃罗·沙里宁（Eero Saarinen）于 1955 至 1956 年期间为纽约的诺尔公司（Knoll）设计。最初的设计目的是为了与其设计的郁金香桌配套，最终与郁金香桌一起成为现代工业设计的典范。它被视为"太空时代"的标志，常见于一些科幻电影或者电视当中 **(图 2-9-31)**。

（图 2-9-33）许愿骨椅

18） 许愿骨椅（Wishbone Chair）- 由丹麦设计师汉斯·维格纳于 1949 年设计的另一款举世闻名的扶手椅，编号 CH24，因其椅背的形状如许愿骨而得名。这把椅子的创作灵感来自中国明式圈椅的众多椅子当中最有名的一把，因而常常被室内设计师们用于中式风格的室内设计当中 **(图 2-9-33)**。

（图 2-9-35）女士椅

20） 女士椅（Lady Chair）- 由意大利建筑师与设计师马克·赞努索（Marco Zanuso）于 1951 年受倍耐力（Pirelli）轮胎公司的委托而设计，座位材料要求采用倍耐力的泡沫橡胶，同年在第 9 届米兰三年展中获得金奖。其主体结构采用钢框架，内部填充聚氨酯海绵和喷胶棉，表面选择皮革或者织物面料。720 号女士扶手椅充分展现出女性柔美的曲线，线条自然而流畅，为现代扶手椅树立了一根新标杆 **(图 2-9-35)**。

（图 2-9-32）肯尼迪椅

17） 肯尼迪椅（Kennedy Chair）- 它是丹麦设计师汉斯·维格纳（Hans Wegner）所设计椅子当中的经典传奇代表。其出名是因为它出现在 1960 年美国时任总统尼克松与竞争对手肯尼迪之间的一场由 CBS 安排的电视辩论上，肯尼迪因为背疾而坐在 CBS 专备的这把椅子上。它也被称为"总统椅"，常作为政要的座椅 **(图 2-9-32)**。

（图 2-9-34）孔雀椅

19） 孔雀椅（Peacock Chair）- 由丹麦设计师汉斯·维格纳于 1947 年设计的又一款闻名天下的扶手椅，编号 CH24，因其椅背的形状好似孔雀开屏而得名。孔雀椅的创作灵感来自传统的温莎椅，但是更加符合现代审美趣味和人体工程学，是一件北欧现代家具当中的典范 **(图 2-9-34)**。

（图 2-9-36）天鹅椅

21） 天鹅椅（Swan Chair）- 由丹麦建筑师阿纳·雅各布森（Arne Jacobsen）于 1958 年为丹麦哥本哈根皇家酒店专门设计的椅子。整张椅子因形状像一只展翅欲飞的天鹅而得名 **(图 2-9-36)**。

（图 2-9-37）彻纳扶手椅

22）彻纳扶手椅（Cherner Armchair） - 由美国设计师诺曼·彻纳（Norman Cherner）于 20 世纪 50 年代设计，其有机的优雅造型在设计领域一直令人保持兴奋，因为它带来的视觉冲击力从面世至今似乎从未减弱（图 2-9-37）。

（图 2-9-39）佛罗伦斯椅

24）佛罗伦斯椅（Florence Chair） - 由美国建筑师与设计师佛罗伦斯·诺尔（Florence Knoll）于 1954 年设计，也称作"佛罗伦斯·诺尔休闲椅"（Florence Knoll Lounge Chair）。如同诺尔的每一件突破性的作品，都成为行业的黄金标准，佛罗伦斯也进入现代经典家具的殿堂。因极简的几何造型与完美的使用功能，佛罗伦斯椅为现代扶手椅树立了一个典范（图 2-9-39）。完整的佛罗伦斯椅系列包括了休闲椅、双人沙发与三人沙发。

（图 2-9-41）卡路赛利躺椅

26）卡路赛利躺椅（Karuselli Lounge Chair） - 由芬兰设计师约里奥·库卡波罗（Yrjo Kukkapuro）于 1964 年设计，它也被称作卡路赛利扶手椅（Karuselli Armchair），据说其创作灵感来自库卡波罗有一次坐在雪堆里的感觉。它采用镀铬金属、皮革和玻璃纤维制作，造型完全符合人体工程学，是一把具有里程碑意义的现代家具，为人们带来无尽的遐想（图 2-9-41）。

（图 2-9-38）阿第伦达克椅

23）阿第伦达克椅（Adirondack Chair） - 美国人汤姆斯·李（Thomas Lee）于 1903 年在纽约度假时设计了第一把扶手椅原型，后来经过不断修改完善并提供给其朋友哈里·邦内尔（Harry Bunnell），但是被后者抢注专利。阿第伦达克椅后来出现很多不同的版本，它也被称为"熊椅"（Bear Chair）或者"穆斯科卡椅"（Muskoka Chair）。这是一件由非专业设计师设计但是知名度和传播度均颇高的室外扶手椅（图 2-9-38）。

（图 2-9-40）雕刻办公椅

25）雕刻办公椅（Sculptural Desk Chair） - 由丹麦设计师埃里克·基尔克高（Erik Kirkegaard）于 1960 年设计，其结构特征与埃里克设计的另一款柚木办公椅有着异曲同工之妙，但是雕刻办公椅的尺度更加接近扶手椅。它采用实木与软垫制作，造型典雅，坐感舒适，适用于办公或者居住空间（图 2-9-40）。

（图 2-9-42）普鲁斯特椅

27）普鲁斯特椅（Proust Chair） - 由意大利设计师亚历山德罗·门迪尼（Alessandro Mendini）于 1978 年设计的扶手椅，其设计灵感显然来自巴洛克艺术，是意大利后现代主义的代表作之一。这是一款惊世骇俗而又有点眼花缭乱的扶手椅，采用木材、面垫、聚氨酯泡沫和塑料制作。人们从看到它的第一眼，就会感到强烈的视觉效果（图 2-9-42）。

（图 2-9-43）泡泡俱乐部扶手椅

28）泡泡俱乐部扶手椅（Bubble Club Armchair）- 由法国设计师菲利普·斯塔克（Philippe Starck）采用染色聚乙烯设计的系列泡泡家具之一。其设计灵感源自传统俱乐部椅，但是五彩缤纷的色彩充满时代感，适用于室内外空间（图 2-9-43）。

（图 2-9-45）循环扶手椅

30）循环扶手椅（Zyklus Armchair）- 由德国设计师彼得·马累（Peter Maly）于 1980 至 1989 年间设计，其创作灵感来自彼得女儿的玩偶家具。这把独一无二的椅子经历了一波三折，从一开始的无法接受，到 1984 年被德国政府评为年度家具，然后修改、调整、再修改、再调整，最终一炮而红，成为现代家具的典范（图 2-9-45）。

（图 2-9-47）尼科旋转椅

32）尼科旋转椅（Nico Swivel Chair）- 由美国品牌米切尔·戈尔德与鲍勃·威廉姆斯（Mitchell Gold + Bob Williams）出品的这款可旋转扶手椅，采用造型独特的立方体造型，扶手与靠背连体并悬臂，是一个现代扶手椅当中的异类（图 2-9-47）。

（图 2-9-44）月亮扶手椅

29）月亮扶手椅（How High The Moon Armchair）- 日本设计师仓俣史郎（Shiro Kuramata）于 1986 年设计的这把扶手椅采用金属网面材料，表面散发出如月光般漂浮的银光。仓俣史郎善于以最简洁的设计给人留下最深刻的印象，将日本传统艺术与西方当代文化融为一体（图 2-9-44）。

（图 2-9-46）中岛乔治单边扶手椅

31）中岛乔治单边扶手椅（George Nakashima Free Edge Armchair）- 由日裔美籍设计师中岛乔治（George Nakashima）于 1945 年设计的一款仅有单边扶手的扶手椅。这是木质家具当中的一款经典作品，中岛将其工艺哲学深深地融入进木头，让人深感钦佩，爱不释手（图 2-9-46）。

（图 2-9-48）戈弗雷夫人旋转椅

33）戈弗雷夫人旋转椅（Mrs. Godfrey Swivel Chair）- 由美国设计师乔纳森·阿德勒（Jonathan Adler）设计。其娇小的身躯正如其名，并带有 20 世纪中叶的复古风范。它是小空间的最佳搭档，造型典雅而又经久耐看（图 2-9-48）。

（图 2-9-49）高背旋转椅

34）高背旋转椅（High Back Swivel Chair）- 由美国设计师阿德里安·皮尔索尔（Adrian Pearsall）设计的扶手椅是 20 世纪中叶复古风家具当中的典范。它同时透露出一丝 ART DECO 的味道，是一款充满女性魅力的扶手椅（图 2-9-49）。

（图 2-9-50）小郁金香椅

35）小郁金香椅（Little Tulip Chair）- 由法国设计师皮埃尔·珀林（Pierre Paulin）于 1965 年设计。这是一款小巧玲珑、精致优雅的扶手椅、餐椅、边椅或者休闲椅，因其向外伸展的扶手如同一朵盛开的郁金香而得名，散发出一种娇媚迷人的魅力。适用于现代或者传统气质的空间（图 2-9-50）。

（图 2-9-51）好脾气椅

36）好脾气椅（Well Tempered Chair）- 由以色列裔英国艺术家与设计师罗恩·阿拉德（Ron Arad）于 1986 年设计。这是阿拉德另一件惊世骇俗的家具作品，它让经过特殊处理的不锈钢板表现出如同纸张般的柔韧性，让扶手椅呈现出一种全新的面貌。好脾气椅犹如一件现代艺术品，给任何空间均能带来强烈的视觉冲击力（图 2-9-51）。

（图 2-9-52）冰霜椅

37）冰霜椅（Frost Chair）- 由丹麦设计师博·斯特让奇与莫腾·凯尔·斯塔夫伽德于 2006 年创立的弗尼德设计工作室（FurnID Design Studio）于 2011 年设计，其创作灵感来自风吹落雪形成的有机形态。其坐面、椅背与扶手采用铸塑泡沫制作并覆盖以皮革或者织物，其椅腿则用实木制作，是古典与未来的完美结合。这把扶手椅的特色在于椅背与扶手连成一体形成的优雅曲面，诠释了弗尼德坚持设计源于艺术的设计理念，是一件现代扶手椅当中的艺术品。冰霜椅能够吸引任何人的目光，适用于商业与私人空间（图 2-9-52）。

（图 2-9-53）库布里克扶手椅

38）库布里克扶手椅(Kubrick Armchair) - 由意大利设计师马克·萨德勒（Marc Sadler）设计的扶手椅，表现出一股 20 世纪中叶的复古气质。这是一款简洁而又舒适的坐具，它集中了扶手椅和挡风椅的优点，适应任何空间（图 2-9-53）。

（图 2-9-54）裂痕扶手椅

39）裂痕扶手椅（Rift Armchair）- 由西班牙裔意大利设计师帕翠西娅·奥奇拉（Patricia Urquiola）于 2009 年设计，因其外围造型如同层叠岩石裂缝而得名。其造型与众不同，就像用一块岩石雕刻而成。多层板块的碰撞和重叠造成一种令人期待的动感，适用于公共和私人空间（图 2-9-54）。

(图 2-9-55) 孔雀椅

(图 2-9-57) 密友扶手椅

(图 2-9-59) 卢阅读扶手椅

40） 孔雀椅（Peacock Chair）- 由意大利设计师卓·伯斯特里特（Dror Bershetrit）于 2009 年设计，是另一把以"孔雀"来命名的扶手椅，因其椅背状如孔雀开屏时绚丽夺目而名副其实。其四根金属椅腿采用黑褐色粉末涂层，其座壳则由蓝色或者绿色的羊毛和粘胶毛毡折皱而成。这是一把放在任何室内空间都能成为主角的扶手椅（图 2-9-55）。

42） 密友扶手椅（Confident Armchair）- 由意大利设计师皮埃尔·里梭尼（Piero Lissoni）于 2011 年设计。这是一把没有任何多余线条，造型类似于传统桶形椅（tub chair）的圆形扶手椅。其扶手与靠背等高，通体采用织物或者皮革包裹，是追求高品位与简洁美学人士的理想选择（图 2-9-57）。

44） 卢阅读扶手椅（Lou Read Armchair）- 由西班牙设计师欧金尼·奎勒特和法国设计师菲利普·斯塔克于 2010 年联合设计的另一把扶手椅。这是他们专门为世茂皇家蒙索莱佛士巴黎酒店而设计的挡风扶手椅，采用皮革直接包裹玻璃纤维骨架。其造型呈有机自然生长的形体，因完美体现人体工程学，而有着意想不到的舒适性（图 2-9-59）。

(图 2-9-56) 王子扶手椅

(图 2-9-58) 魔洞扶手椅

41） 王子扶手椅（Prince Armchair）- 由意大利设计师鲁道夫·多多尼（Rodolfo Dordoni）于 2012 年设计。这把看似 20 世纪 50 年代的扶手椅，实则采用了当今最新的技术和材料，包括压铸铝框架和不断变化的线条与厚度，最终如同一件雕塑。其造型简洁而优雅，比例和谐，坐感舒适，可以根据需要任意选择软垫面料，因此能够适应任何现代空间（图 2-9-56）。

43） 魔洞扶手椅（Magic Hole Armchair）- 由法国设计师菲利普·斯塔克（Philippe Starck）和西班牙设计师欧金尼·奎勒特（Eugeni Quitllet）联合设计。魔洞扶手椅全部采用染色聚乙烯制作，通体黑色，而扶手橘色凹槽带点神秘感。其造型简洁大方，坐感舒适实用，适用于室内外空间（图 2-9-58）。

现代休闲椅通常指不带扶手或者扶手很低矮的椅子，尺寸长短大小各异；较长的休闲椅则源自古典贵妃椅或者躺椅，所以纵向尺寸比一般的椅子更长。经典的现代休闲椅包括但不限于：

（图 2-9-61）剪刀椅

2） 剪刀椅（Scissor Chair）- 由瑞士建筑师皮尔瑞·吉纳瑞特（Pierre Jeanneret）于 1950 年设计。作为著名建筑师勒·柯布西耶（Le Corbusier）的表弟，他们在建筑、规划与家具设计领域长期合作；吉纳瑞特在现代主义运动的开拓者当中同样卓越超群。剪刀椅是吉纳瑞特众多家具作品当中的代表，结构精巧，功能明确且坐感舒适，是现代家具设计不可多得的精品（图 2-9-61）。

（图 2-9-63）子宫椅

4） 子宫椅（Womb Chair）- 由芬兰裔美国建筑师与设计师埃罗·沙里宁（Eero Saarinen）应诺尔公司（Knoll）的要求于 1946 年设计的一把真正具备有机设计理念的休闲椅。因为人们坐在其中能够感受到如同母亲子宫般温暖、舒适和安全而得名（图 2-9-63）。

（图 2-9-60）企鹅休闲椅

1） 企鹅休闲椅（Penguin Lounge Chair）- 由丹麦设计师伊布·科弗德·拉森（Ib Kofod Larsen）于1950年设计，它也被称为 IL-10 休闲椅（IL-10 Easy Chair）。很多人知道天鹅椅和蚂蚁椅是丹麦坐具的经典代表，但其实企鹅椅也是不可忽略的代表之一。与其他丹麦家具一样，拉森的企鹅椅是舒适与造型的完美结合；与其丹麦同行不同，拉森的作品更多地在世界范围广受欢迎。早期企鹅椅的背板为胶合板，现在企鹅椅的背板饰以织物或者皮革；早期的企鹅椅采用金属框架，现在的企鹅椅多改为实木框架。永恒的美感与杰出的功能使得企鹅椅适用于商业、办公或者私人空间（图 2-9-60）。

（图 2-9-62）钻石椅

3） 钻石椅（Diamond Chair）- 由美国设计师哈里·伯托埃（Harry Bertoia）于 1952 年设计。其主体结构好似一张金属网，更像是一件现代雕塑，是现代家具当中不可多得的一件艺术品（图 2-9-62）。

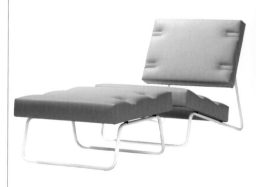

（图 2-9-64）赫伯特·希尔歇休闲椅

5） 赫伯特·希尔歇休闲椅（Herbert Hirche Lounge Chair）- 由德国建筑师与设计师赫伯特·希尔歇（Herbert Hirche）于 1953 年设计，它也被称为"躺椅希尔歇"（Lounge Chair Hirche）。这是希尔歇在斯图加特学院任教期间设计，不过直至 2000 年才被正式推向市场。这把休闲椅由镀铬或者漆面钢管与软垫组合而成的，与之配套的软垫搁脚凳能够使它变成非常舒适的躺椅（图 2-9-64）。

（图 2-9-65）巴塞罗那椅

（图 2-9-67）伊姆斯胶合板休闲椅

（图 2-9-69）椰壳休闲椅

6）巴塞罗那椅（Barcelona Chair）- 由德国建筑师密斯·凡·德·罗（Mies van der Rohe）于 1929 年为西班牙巴塞罗那国际博览会中的德国馆而设计；巴塞罗那椅本身既是展馆的主要展品之一，也是密斯为迎接西班牙国王夫妇而设计。这是一把结合了古典折叠椅的现代休闲椅，其流线型的外观，皮革加镀铬金属，使它赢得了全世界的追捧（图 2-9-65）。

8）伊姆斯胶合板休闲椅（Eames Plywood Lounge Chair）- 这是伊姆斯夫妇另一件举世闻名的休闲椅作品，又称"伊姆斯 LCW"（Eames Lounge Chair Wood）。LCW 最初是伊姆斯和其建筑师朋友埃罗·沙里宁于 1940 年共同设计的参赛作品，后来由伊姆斯夫妇修改完善并成为其胶合板系列家具作品之一。LCW 采用模塑胶合板技术成型组合而成，是伊姆斯的代表作品之一（图 2-9-67）。

10）椰壳休闲椅（Coconut Lounge Chair）- 由美国设计师乔治·尼尔森（George Nelson）于 1955 年设计的休闲椅，因其外形看似一片椰壳而得名。这是一件 20 世纪与伊姆斯作品并驾齐驱的经典作品，是美国现代主义家具的标志之一（图 2-9-69）。

（图 2-9-66）伊姆斯休闲椅

（图 2-9-68）GJ 椅

（图 2-9-70）帕拉纳休闲椅

7）伊姆斯休闲椅（Eames Lounge Chair）- 由美国设计师伊姆斯夫妇于 1956 年专门为其朋友——著名电影导演比利·怀尔德（Billy Wilder）而设计的礼物。据说伊姆斯为了让导演拥有一个让他能够完全放松的休闲椅，而采用手感十分舒适的细木板和皮革软垫，同时还配置了一个搁脚凳。最终让它成为 20 世纪中最具代表性的家具之一（图 2-9-66）。

9）GJ 椅（GJ Chair）- 由丹麦设计师格蕾特·加尔克（Grete Jalk）于 1963 年设计。GJ 椅被誉为丹麦家具的代表作，也是弯曲胶合板家具当中的艺术品。它由两片形状近似的弯曲胶合板组合而成，工艺要求比较高（图 2-9-68）。

11）帕拉纳休闲椅（Platner Lounge Chair）- 由美国设计师瓦伦·帕拉纳（Warren Platner）于 1966 年设计。其特征在于细密钢丝构成的基座，配合模塑玻璃纤维座壳和泡沫软垫，造型高贵稳重。这是一件 20 世纪中叶家具当中的代表作，特别适合现代起居空间（图 2-9-70）。

（图 2-9-71）圣保罗椅

12）圣保罗椅（Paulistano Lounge Chair）- 由巴西建筑师保罗·门德斯·达·洛查（Paulo Mendes da Rocha）于 1957 年设计，以其简约的造型和朴实的材料造就了一个经久不衰的家具典范（图 2-9-71）。

（图 2-9-73）PK22 安乐椅

14）PK22 安乐椅（PK22 Easy Chair）- 由丹麦设计师保罗·克耶霍尔姆（Poul Kjaerholm）于 1960 年设计的轻巧休闲椅。秉持着保罗一贯的设计风格，这款安乐椅的造型十分轻便灵巧，而且线条优美，成为北欧风格家具当中的佼佼者（图 2-9-73）。

（图 2-9-75）阿莫布高背椅

16）阿莫布高背椅（Amoebe Highback Chair）- 由丹麦设计师维尔纳·潘顿（Verner Panton）于 1970 年设计的一件模糊空间概念的艺术品。它突破了一般坐具的常规结构，如同潘顿设计的其他坐具一样，整体宛如一个机器冲压而成的塑料制品，但却是一件不容忽视的杰作（图 2-9-75）。

（图 2-9-72）鹈鹕椅

13）鹈鹕椅（Pelican Chair）- 由丹麦设计师芬·居尔（Finn Juhl）于 1940 年设计。这是一件灵感源自现代雕塑和所谓仿生学设计的代表作，因整体造型如同一只展翅欲飞的鹈鹕而得名。虽在其祖国不受待见，但从诞生至今鹈鹕椅仍然保持着其充满现代感的吸引力（图 2-9-72）。

（图 2-9-74）帕帕森椅

15）帕帕森椅（Papasan Chair）- 也称碗椅（Bowl Chair），是一款源自东南亚地区的传统家具，后被美国士兵在二战结束后带回国。改进后的帕帕森椅出现于 20 世纪 50 年代，并且盛行于 70 年代。这款圆形休闲椅通常采用竹木或者藤编框架搭配软垫，躺和坐感均十分舒适。在 20 世纪 50 年代还有一款加宽双人版的帕帕森椅，叫玛玛森椅（Mamasan Chair）。这是一款适合不同阶层家庭的实用型家具，充满家庭的温馨感（图 2-9-74）。

（图 2-9-76）1-2-3 系统标准休闲椅

17）1-2-3 系统标准休闲椅（System 1-2-3 Standard Lounge Chair）- 由丹麦设计师维尔纳·潘顿于 1973 年设计的另一款休闲椅。这可能是现代休闲椅当中最富有诗意的休闲椅，一如潘顿其他的作品那样没有椅腿。它挥洒自如的曲线仿佛从地上自然生长出来，浑然天成。此款休闲椅根据不同尺寸和面料衍生出来一系列不同版本（图 2-9-76）。

（图 2-9-77）波拿巴休闲椅

（图 2-9-79）延斯·里索姆休闲椅

（图 2-9-81）信号旗绳椅

18) 波拿巴休闲椅（Bonaparte Lounge Chair）- 由爱尔兰设计师艾琳·格瑞（Eileen Gray）于 1935 年设计。这是一款将舒适度通过钢管和软垫完美相结合来实现的杰作。其造型轻巧简便，连续钢管线条流畅、一气呵成，摆在任何空间都是一件吸引眼球的家具（图 2-9-77）。

20) 延斯·里索姆休闲椅（Jens Risom Lounge Chair）- 由丹麦设计师延斯·里索姆（Jens Risom）于 1941 年设计。这是一款完美体现北欧设计理念的代表，简洁而舒适。原型采用简单的木材与编织棉织带制作而成，现在则用新兴织物编织，而且有更多的颜色可供选择（图 2-9-79）。

22) 信号旗绳椅（Flag Halyard Chair）- 由丹麦设计师汉斯·维格纳于 1950 年设计的另一款休闲椅，编号 PP225。与维格纳的其他作品不同，这是维格纳设计的所有作品当中最有影响力的一件杰作，其创作灵感来自维格纳的一次海滨之旅。它采用不锈钢、旗绳与长绒羊皮制作，造型简洁有力。维格纳希望椅子遵循从任何角度观看都应该完美无缺的设计原则，时隔半个多世纪，至今仍然充满未来感，是休闲椅当中不可多得的精品（图 2-9-81）。

（图 2-9-78）球椅

（图 2-9-80）CH25 号休闲椅

（图 2-9-82）公牛椅

19) 球椅（Ball Chair）- 由芬兰设计师艾洛·阿尼奥（Eero Aarnio）于 1963 年设计。球椅，顾名思义，造型就像一只球削除一部分，然后中间挖一个洞，再安装一个独腿支撑，最后成就一个打破传统坐具概念的杰作。球椅的最大特征在于其创造出"空间中的空间"概念，保护使用者隐私，隔离周围的噪音（图 2-9-78）。

21) CH25 号休闲椅（CH25 Lounge Chair）- 由丹麦设计师汉斯·维格纳（Hans Wegner）于 1949 年设计。它给人感觉非常随意轻松，采用编织绳构成坐面与靠背。其巧妙之处在于前腿的设计，在承接了人体大部分重量的同时又支撑了扶手；另外后腿与坐面横档连成一体。它是人性化设计的典范（图 2-9-80）。

23) 公牛椅（Ox Chair）- 由丹麦设计师汉斯·维格纳于 1960 年设计的又一款休闲椅，编号 EJ100。它是维格纳认为椅子每个角度都应该美观的设计理念的最佳诠释。诚如其名字所称，公牛椅不仅如公牛般结实有力，而且充满扣人心弦的动感。自问世半个多世纪以来公牛椅依然魅力不减（图 2-9-82）。

（图 2-9-83）圆圈椅

24） 圆圈椅（Circle Chair）- 由丹麦设计师汉斯·维格纳于 1949 年设计的又一款休闲椅，编号 PP130，直至 1986 年才由丹麦细木作工房莫波勒公司（PP Mobler）批量生产，它也被人称为"环椅"（Hoop Chair）。它采用纯实木制作框架，椅背用绳子连接而成再配上软坐垫，椅背则用金属夹连接绳子构成。这把休闲椅造型如同画了一个大圆圈，构思精巧，经久耐看，是现代家具当中的艺术品 (图 2-9-83)。

（图 2-9-85）"岩石"休闲椅

26） "岩石"休闲椅（"The Rock" Lounge Chair）- 由荷兰设计师杰拉德·范登伯格（Gerard van den Berg）于 1970 年设计。它采用非常厚实的黑褐色水牛皮制作，造型如石材自然形成，取得如"岩石"一般厚重、坚实的视觉效果。这是一把十分独特的无腿休闲椅，坐感柔软舒适，轻松随意，是喜欢自由生活人群的理想家具 (图 2-9-85)。

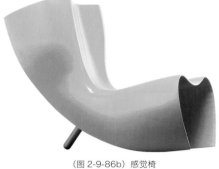

（图 2-9-86b）感觉椅

（图 2-9-86c）胚胎椅

的现代坐具杰作 (图 2-9-86b)。纽森还有一件于 1988 年设计的休闲椅叫"胚胎椅"（Embryo Chair），同样耐人寻味，它采用镀铬钢材与模塑聚氨酯泡沫制作，表面覆以双弹织物。其活泼的色彩与模仿胎儿的造型代表着活力与生命 (图 2-9-86c)。

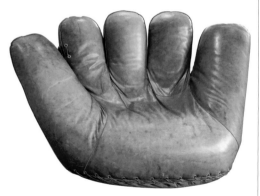

（图 2-9-84）乔休闲椅

25） 乔休闲椅（Joe Lounge Chair）- 由意大利帕斯·乌日比诺·洛马齐工作室（Studio De Pas, D' Urbino, Lomazzi）于 1966 年设计。这是一款绝对让人过目不忘的奇特作品：一只放大的棒球手套，早期采用皮革制作。几乎与此同时，他们还设计了另一款著名的"吹"椅（"Blow" Chair），都是家具史上少有的充满童趣的家具 (图 2-9-84)。

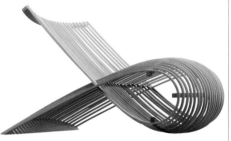

（图 2-9-86a）木椅

27） 木椅（Wooden Chair）- 由澳大利亚设计师马克·纽森（Marc Newson）于 1992 年设计。与其说这是一件家具，木椅则更像是一件木制艺术品，优美的弯曲木的流畅线条将人们带入到自然世界，久久无法忘怀 (图 2-9-86a)。纽森的另一件于 1993 年设计的如艺术品一般的休闲椅叫"感觉椅"（Felt Chair），它采用玻璃钢和铝材制作，是一件非比寻常

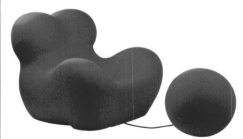

（图 2-9-87）Up5 椅

28） Up5 椅（Up5 Chair）- 由意大利设计师卡塔罗·贝歇（Gaetano Pesce）于 1969 年设计。与之配套的软垫搁脚凳像个绒线球，它叫"Up6 Ottoman"。这是一件最非同凡响的家具作品，也是一件最有童趣的家具作品之一，就像是几个放大的玩具绒线球。其坐感非常舒适，在任何空间里都能够成为视觉焦点 (图 2-9-87)。

（图 2-9-88）EJ5 科罗娜椅

29） EJ5 科罗娜椅 (EJ5 Corona Chair) - 由丹麦设计师波尔·沃尔赛尔（Poul Volther）于 1964 年设计。科罗娜椅一经面世便赢得举世瞩目，一片赞叹，并且出现在无数电影、时装秀和音乐短片当中。其特征在于轻盈的骨架与创新的椅面，除了奇异的造型之外，科罗娜椅成功的一半要归功于其人体工程学研究（图 2-9-88）。

（图 2-9-90）雨果高背安乐椅

31） 雨果高背安乐椅 (Hugo High Back Easy Chair) - 由英国设计师西蒙·彭杰利（Simon Pengelly）于 2007 年设计。雨果安乐椅的造型十分苗条而优雅，它采用铸铝合金可旋转底座与软垫坐面和靠背组合而成。因其多用途和高品质的特点，它能够适用于任何环境（图 2-9-90）。

（图 2-9-92）佩洛椅

33） 佩洛椅 (Pello Chair) - 由瑞典家居品牌宜家（Ikea）出品，具体设计者与年份不详。这是一个代表北欧现代休闲椅的典范，自从问世以来经久不衰。它采用实木包裹钢框架的仿弯曲木技术制作，低矮扶手与弯曲椅腿线条连贯、流畅，适用于任何现代室内空间（图 2-9-92）。

（图 2-9-89）边缘休闲椅

30） 边缘休闲椅 (Edge Lounge Chair) - 由美国设计师贾斯汀·珀坎诺（Justin Porcano）设计。这是一款看似非常简单，实则构思十分巧妙的佳作。它造型干净利索，坐感轻松舒适，代表了贾斯汀的设计风格（图 2-9-89）。

（图 2-9-91）美第奇椅

32） 美第奇椅 (Medici Chair) - 由德国设计师康斯坦丁·格里克(Konstantin Grcic) 于 2012 年设计。这是一件实木家具中的艺术品，也是一件对材料充满感情的作品。无论是天马行空的构思还是轻松舒适的坐感，都会让人对它爱不释手（图 2-9-91）。

（图 2-9-93）懒休闲椅

34） 懒休闲椅 (Lazy Easy Chair) - 由瑞典设计师布鲁尔·博伊杰（Bror Boije）设计。这是一把完美体现北欧现代美学的代表，采用层压板制作座壳与实木制作椅腿。它线条简洁干净，比例适度协调，坐感舒适轻松，适用于所有现代家居空间（图 2-9-93）。博伊杰的懒座系列 (Lazy Seating Collection) 还包括了沙发、高背、低背和搁脚凳。

（图 2-9-94）波罗椅

35） 波罗椅（Bollo Chair）- 由挪威设计师安德里亚斯·恩格斯维克（Andreas Engesvik）设计，其名称来自安德里亚斯最喜爱的食物名称。波罗椅采用超细的金属杆制作底座，其软垫则采用鲜艳柔和的面料并呈现出饱满的球根形状，形成一种有趣的对比效果（图2-9-94）。

（图 2-9-95）海德薇格椅

36） 海德薇格椅（Hedwig Chair）- 由瑞典设计师大卫·爱立信（David Ericsson）设计，这是一件设计师向其爱妻表达温馨爱心的家具，而海德薇格的名称则来自其爱妻小时候喜欢的称呼。海德薇格椅采用实木制作框架，以及拉伸皮革制作靠背与坐面，同时还贴心地在扶手端头设计了一个放置杯子的小圆杯托。其造型融合了瑞典装饰艺术和早期现代主义的设计特点，结构稳固，坐感舒适，是瑞典现代家具当中的代表作（图2-9-95）。

（图 2-9-96）功能沙发

37） 功能沙发 - 一种可斜躺扶手椅或者沙发（Recliner Armchair or Sofa，图 2-9-96），源自 1850 年左右流行于法国的躺椅行军床，是一种便携式钢架与扶手软垫的综合体。美国人纳布什和休梅克（Knabush and Shoemaker）两堂兄弟于 1928 年制作了第一把现代木质躺椅，取得专利后直接创立了著名的拉兹男孩（LA-Z-BOY）。1930 年，他们又申请了带机械调节功能的软垫模型专利。丹尼尔·F·凯德迈（Daniel F. Caldemeyer）被誉为现代躺椅之父，其发明运用动力学的原理，他的火箭躺椅在大众家庭的普及，并且被应用于美国宇航局（NASA）的航天项目。

现代功能沙发的特征包括可调式头枕、腰部支撑和一个独立的脚凳，它们可以随着使用者的体貌来调整，从而达到最佳舒适度。额外的功能还包括加热、按摩和振动等，还有些带可移动的脚轮。功能沙发无可比拟的舒适性让它成为卧室和娱乐空间的最爱。

2-10 无扶手矮椅（Slipper Chair）

无扶手矮椅最初是一种闺房专用椅，后来发展到家里几乎随处可见，实现了从深藏不露到时尚流行的华丽转身（图 2-10-1、图 2-10-2）。最早的无扶手矮椅出现于 18 世纪上半叶的安妮女王时期，其显著特征为软垫包裹的坐面与靠背，以及卡布里弯腿。19 世纪椅子的进化将矮椅带入维多利亚时期，期间分别发展出了哥特复兴式、洛可可、文艺复兴式和希腊 - 埃及复兴式等（图 2-10-3、图 2-10-4）。

当时的无扶手矮椅主要为帮助女士穿衣而设计。较低的坐面方便女士弯腰穿鞋袜。无扶手矮椅线条简洁、优雅，无扶手，高靠背，其低矮而宽敞的坐面也十分适合休息（通常离地约 38 厘米）。其式样从装饰华丽的古典式样到简洁实用的现代式样，无所不包（图 2-10-5、图 2-10-6）。

有的无扶手矮椅仅仅在坐面饰以软垫，还有的坐面与靠背均饰以软垫，其软垫比沙发或者扶手椅更加紧绷。无扶手矮椅通常采用的软垫面料包括皮革和织物。传统的无扶手矮椅通常为实木骨架，而现代版的无扶手矮椅骨架则多用金属或者塑料材质（图 2-10-7）。

今天的无扶手矮椅不再局限于闺房，它常见于客厅、家庭厅或者书房。因其尺寸小巧而特别适合面积狭小的空间。无扶手矮椅常常被置于墙角或者窗前，并且可以随意变换位置；也有人把它置于门厅或者更衣室，方便人们换鞋。由于它无扶手和低坐面，无扶手矮椅不适合长时间坐，也不能够代替餐椅或者写字椅。

（图 2-10-1）19 世纪法式无扶手矮椅

（图 2-10-2）19 世纪英式无扶手矮椅

（图 2-10-3）维多利亚时期无扶手矮椅

（图 2-10-4）维多利亚时期
无扶手矮椅

（图 2-10-5）古典无扶手矮椅

（图 2-10-6）现代无扶手矮椅

（图 2-10-7）现代无扶手矮椅

2-11 桶形椅（Tub Chair）/ 桶背椅（Barrel Chair/Barrel-back Chair）

桶形椅最早产生于路易十五时期，它充分体现了法国人追求时尚与舒适的个性（图2-11-1）。19世纪，拿破仑一世为其皇后约瑟芬定制的天鹅椅（Josephines Swan Chair）是一把扶手雕刻有天鹅形象的桶形椅，它成为法兰西第一帝国的象征，从此风靡整个欧洲（图2-11-2）。18世纪晚期，桶形椅传至美国，并且发展出一系列新式桶形椅，并且赢得了"桶形椅"或者"桶背椅"的称呼（图2-11-3，图2-11-4）。

新式桶形椅所采用的材料包括布料、皮革和柳编。有的桶形椅显露出木扶手，也有的桶形椅应用软垫全部包裹起来。桶形椅出现于从宫殿到酒吧，从家庭厅到客厅，甚至包括公司行号等地方。桶形椅的款式丰富多样，使它能够像变色龙那样适应任何不同的装饰风格（图2-11-5，图2-11-6）。

桶形椅属于扶手椅的一种，其外观小巧轻便，低矮舒适，弧形椅背。与椅背等高或者从椅背自然下降的扶手，是靠背的一部分，且高于一般椅子的扶手（图2-11-7，图2-11-8）。虽然坐具的种类和式样越来越丰富多样，现代桶形椅的式样选择并不太多，经典的现代桶形椅包括但不限于：

（图2-11-1）路易十五时期桶形椅

（图2-11-2）约瑟芬天鹅椅

（图2-11-3）维多利亚时期桶形椅

（图2-11-4）维多利亚时期桶形椅

（图2-11-5）现代桶形椅

（图2-11-6）现代桶形椅

（图2-11-7）现代桶形椅

（图2-11-8）现代桶形椅

（图 2-11-9）弗兰克·劳埃德·赖特桶形椅

1）弗兰克·劳埃德·赖特桶形椅（Miniature Barrel Chair）- 由美国建筑师弗兰克·劳埃德·赖特（Frank Lloyd Wright）于 1904 年设计，最初是为达尔文·马丁住宅（Darwin Martin House）而设计，之后经过数次修改。作为赖特的标志性家具设计作品，这把桶形椅线条简洁严谨，展现出赖特高超的设计技巧。其原型采用纯橡木制作，后来也用到胶合板。它被应用于赖特设计的流水别墅（Fallingwater）以及赖特的自家住宅当中（图 2-11-9）。

（图 2-11-10）301 号桶形椅

2）301 号桶形椅（#301 Tub Chair）- 由丹麦设计师埃温·约翰逊（Ejvind Johansson）于 1950 年设计。这桶形椅虽然已有半个多世纪，今天看见仍然魅力依旧，丝毫不输给今天任何设计。301 号桶形椅表达出约翰逊追求纯粹的形式与功能的设计理念，采用最普通常见的材料，寥寥数笔便勾勒出一把传世的杰作（图 2-11-10）。

（图 2-11-11）雄猫飞行家椅

3）雄猫飞行家椅（Aviator Tomcat Chair）- 由英国家具商提莫西·奥尔顿（Timothy Oulton）出品，其创作灵感来自 20 世纪中叶英国皇家空军的喷火式战斗机，它也被人称作火箭椅（Rocket Chair）。其线条以曲线为主，弧形扶手向后弯曲与椅背相接，充满展翅欲飞的动感。它采用皮革包裹软垫，外表面材料包括皮革、毛皮与金属，能够给任何室内空间带来强有力的时代音符（图 2-11-11）。

（图 2-11-12）勺桶形椅

4）勺桶形椅（Paletta Tub Chair）- 由美国设计师肖恩·迪克斯（Sean Dix）设计，"paletta"在意大利语当中指勺子，其创作灵感来自老式的冰淇淋勺。勺桶形椅造型简洁，形态优雅，桶形软垫座壳十分合身。它采用成型胶合板制作桶形壳体，实木制作椅腿，适用于办公、餐饮与居住空间（图 2-11-12）。

（图 2-11-13）关于椅子 AAC23 桶形椅

5）关于椅子 AAC23 桶形椅（About A Chair AAC23 Tub Chair）- 由丹麦设计师希·威林（Hee Welling）于 2010 年设计，是关于椅子系列（About A Chair Collection）之一，它们根据不同材质与造型来编号。此系列所有设计均简单朴实，但是能满足功能与组合需要，符合当代美学标准。它采用聚丙烯制作桶形壳体，木、钢或者铝制作椅腿，适用于现代居住、餐饮或者办公空间（图 2-11-13）。

（图 2-11-14）野牛桶形椅

6）野牛桶形椅（Bison Tub Chair）- 由英国设计师西蒙·彭杰利（Simon Pengelly）设计。这是一把非常紧凑而又舒适的桶形椅，特别是其微妙弯曲的靠背与扶手和软座垫共同完成卓越的表现。它采用模塑泡沫制作，有多种颜色可供选择，适用于办公、居住、休闲与接待空间（图 2-11-14）。

（图 2-11-15）凯茜椅

7）凯茜椅（Kacey Chair） - 由美国家具品牌 AC 太平洋（AC Pacific）出品，具体设计者与年份不详。凯茜椅采用镀铬金属制作椅腿，玻璃纤维制作椅杯，以及用皮革作为软垫面料。其造型就像一只放大的酒杯，使其拥有无形的吸引力，适用于任何现代室内空间（图 2-11-15）。

黑色皮革加镀铬椅腿的桶形椅为客厅带来高雅与时髦；印花棉布加褶皱裙边的桶形椅为客厅增添甜蜜与温馨。多张桶形椅摆放在一起，形成交流的氛围，单独的桶形椅不仅仅是一张额外的坐具，其本身也是一个醒目的视觉焦点。

常见的桶形椅面料包括黑色、棕色或者米色的皮革或者人造革。黑色皮革桶形椅源自工艺美术运动和装饰艺术运动时期，它拥有一体化的扶手与靠背，四条细直腿，或者是上部扶手与椅背延伸触地。

桶形椅可以被随意放置在任意角落，营造一个能够休息、放松的读书看报或者只是静思默想的空间。有人将两张肩并肩的黑色桶形椅与一张米白色或者浅灰色沙发面对面组合，也可以正儿八经地在咖啡桌的两端对称布置。

如果希望桶形椅成为空间的视觉焦点，可以选择那种色彩鲜艳或者图案突出的面料；如果希望桶形椅成为整体的一部分，则应该选择与周围一致的面料。

2-12 藤椅（Rattan Chair/Wicker Chair）

很多人容易混淆 "rattan" 与 "wicker" 的概念，rattan/cane 是一种用于编织藤编（wicker）家具的自然藤科植物，"rattan" 与 "cane" 都被用于描述同一种材料。实际上，cane 是藤蔓（rattan）去除带刺的外表之后的表层，它经过蒸煮处理之后用于编织藤编家具和其他家用品。藤蔓盛产于南太平洋地区，并在印度尼西亚获得栽培。藤蔓足够坚韧能够支撑桌子、椅子，甚至沙发的重量。藤皮的表层不易上色或者染色，但是其藤芯可以上色和染色，然后再刷保护漆。

藤编家具分为藤皮家具与藤芯家具两大类。由于藤皮的柔韧性，它常用于编织椅子坐面、任何曲面和藤编家具的连接处，也作为局部装饰效果而在藤芯编织的表面进行再编织，或者用来编织阳光房和露台家具。

柳编家具早在公元前 3000 年的古埃及时期就已出现，这得益于尼罗河畔盛产的柳条。古埃及人发现柳条干燥后的强度增强，并利用它制作了篮筐、衣箱、桌椅和床具等（图 2-12-1，图 2-12-2）。古罗马人的柳编技术源自中东地区，并且应用于编织他们喜爱的秋千和屏风。与喜欢色彩斑斓的古埃及人不同，古罗马人偏爱米白或者纯白的柳条。早期的开拓者把柳编技术带入美国，并体现在其衣箱和储藏箱之上。直至维多利亚时期，传承柳编技术的藤编家具才正式广为流传并盛行（图 2-12-3）。

19 世纪 50 年代，美国人赛勒斯·韦克菲尔德（Cyrus Wakefield）创立了藤编家具品牌韦克菲尔德公司（Wakefield's Company），后来与海伍德椅子制造公司（Heywood Chair Manufacturing Company）合并为海伍德·韦克菲尔德藤编家具制造公司（Heywood Wakefield），成为美国最古老和最知名的藤编家具制造商之一（图 2-12-4，图 2-12-5）。

平台摇椅（Platform Rocker）出现于 19 世纪 80 年代。它具有固定弹簧摇摆技术而非典型的曲线形木摇杆。其特征为椅背顶部的环簧设计，蛇形扶手与两侧，芦苇席坐面，装饰复杂的编织靠背与浑身充满卷曲线条，是维多利亚风格藤编家具当中的代表（图 2-12-6）。

著名的维多利亚式藤编椅还包括：

（图 2-12-1）古埃及藤凳复制品

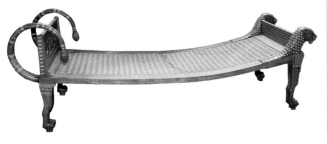

（图 2-12-2）古埃及藤躺椅复制品

（图 2-12-3）维多利亚时期藤椅

（图 2-12-4）海伍德·韦克菲尔德藤编椅

（图 2-12-5）海伍德·韦克菲尔德藤编椅

（图 2-12-6）平台摇椅

（图 2-12-7）古典藤摇椅

（图 2-12-8）绅士藤摇椅

（图 2-12-9）高背式藤椅

1） 古典藤摇椅（Classic Style）充满卷曲线条和网络图案，扶手前端呈螺旋玫瑰花结图案 (图 2-12-7)。

2） 绅士摇椅（Gentleman's Rocker）是一种较大的藤扶手椅，其特征为纵横交错的编织及编织的藤椅坐面 (图 2-12-8)。

3） 高背式藤椅（High Back）的特征为藤条包裹的两只前椅腿，由车削木球作为椅脚结束 (图 2-12-9)。

（图 2-12-10）劳埃德藤织椅

（图 2-12-11）劳埃德藤织椅

（图 2-12-12）热带风格藤椅

（图 2-12-13）热带风格藤椅

（图 2-12-14）孔雀椅或者风扇椅

到了 20 世纪初，藤编家具热开始降温。美国人马歇尔·B·劳埃德（Marshal B. Lloyd）开始使用合成材料来代替自然材料并且采用更简单的编织图案，人们对于藤编家具的看法又都改变了。这种新材料的应用大大降低了生产成本，从而降低了藤编家具的价格。这种藤编家具被称作藤织家具（Loom Wicker），成为今天藤编家具的前身（图 2-12-10，图 2-12-11）。

进入 20 世纪八九十年代，随着以佛罗里达州为背景的电影如《迈阿密风云》和《黄金女郎》的上映，一种以热带藤为特色的休闲风格藤编家具风靡全国，因为它们能让人产生一种在度假中的错觉（图 2-12-12，图 2-12-13）。在《黄金女郎》中出现的一把藤编椅叫"孔雀椅"又称"风扇椅"（Fan Chair），它起源于东亚地区，曾经是皇家专用家具。19 世纪它漂洋过海来到英国和美国，成为游园会的常客，后来又成为明星大腕的宠儿。今天它又重新焕发青春，受到室内设计界的追捧（图 2-12-14）。

市场上的休闲藤椅基本上分为传统与现代两大类，它们多半由一些室外家具制造公司出品。因为不是某设计师的版权注册作品，很多款式被不止一家公司出品，所以即使同款藤椅也可能不同名称。经典的现代休闲藤椅包括但不限于：

（图 2-12-15）巴尔港休闲藤椅

1）巴尔港休闲藤椅（Bar Harbor Lounge Chair） - 它诞生于 20 世纪 30 年代，造型稳重而典雅。其特色为藤条坐面与舒适坐垫，坐面与靠背的间距理想。其框架采用粗壮的藤芯制作，适用于家居和商业空间（图 2-12-15）。

（图 2-12-16a）博拉博拉休闲藤椅

（图 2-12-16b）埃克苏马休闲藤椅

2）博拉博拉岛休闲藤椅（Bora Bora Lounge Chair） - 这是一把主要采用藤杆来制作的藤椅，其造型简洁干净，坐感舒适放松。它给室内空间带来一股清新的热带气息，适用于任何随意、休闲的空间（图 2-12-16a）。另有一款造型与博拉博拉休闲藤椅相似的休闲藤椅叫"埃克苏马休闲藤椅"（Exuma Lounge Chair，图 2-12-16b）。

（图 2-12-17）德尔雷海滩休闲藤椅

3）德尔雷海滩休闲藤椅（Delray Lounge Chair） - 德尔雷海滩藤椅以直线为主，造型方正、简约、沉稳。它采用南海藤制作，有多款靠垫面料可供选择，适用于现代简约室内空间（图 2-12-17）。

（图 2-12-18）阿凯迪亚休闲藤椅

4）阿凯迪亚休闲藤椅（Arcadia Lounge Chair） - 阿凯迪亚藤椅的南海藤表面经过特殊处理后呈现出一种浮木般泛白，给人一种沙滩上偶遇的感觉。其框架采用粉末喷涂铝合金制作，经久耐用。其造型简洁，坐感舒适，是现代家居空间的理想家具（图 2-12-18）。

（图 2-12-19）圣特罗佩斯休闲藤椅

5）圣特罗佩斯休闲藤椅（St Tropez Lounge Chair） - 这也是一款采用粉末喷涂铝合金框架与南海藤制作的休闲藤椅，表面透出一种深咖啡色泽。圣特罗佩斯藤椅造型简洁、典雅而大方，是后院或者阳台的理想家具（图 2-12-19）。

藤椅为不同的使用空间而产生出不同的种类，这些空间包括厨房、餐厅和办公室等，其式样包括了斜躺、摇摆和旋转等。创建于 1949 年的美国家居品牌陶瓷谷仓（Pottery Barn）在室外家具的设计与制造方面享誉全球。其出品的藤编家具也许不能让人眼前一亮，但是更加经久耐看，深受大众的喜爱。创立于 2001 年的英国家居品牌考克斯与考克斯（Cox & Cox）致力于室外家具多年，成为国际上响当当的藤编家具的佼佼者。它们于近年推出的藤编座椅系列包括吧台凳、餐椅、扶手椅和挡风椅等，其创作灵感部分来自 20 世纪 50 年代的设计思想。

传统藤编家具是用藤皮围绕由木材、藤芯或者竹子组成的框架编织完成。由于藤编家具的编织特点，使得藤椅相对于软垫椅或者实木椅具有得天独厚的透气性，特别适用于炎热的夏天。注意避免让藤椅放在室外日晒雨淋。为了适应室外环境，现代藤编家具的框架大多采用铝材或者人造树脂等；而且今天的藤编家具通常采用耐风化的人造树脂而非自然藤皮或者藤芯。

现代藤椅常常将传统文化与现代工艺进行完美的结合，其造型简洁，结构合理，坐感舒适，适用于任何现代家居空间。人们通常认为藤编家具适用于室外空间，不过因为藤编家具与生俱来的随意和轻松的气质，同样适用于室内空间，特别是那些需要令人放松的休闲空间如阳光房、娱乐室或者家庭厅等。

藤编家具能够给家庭带来热带风情，而且能够与许多装饰风格和整体色调和睦相处。通常需要为藤椅准备软垫，通过软垫外套与整体装饰协调，例如应用棕榈树图案或者明媚的黄色和鲜艳的珊瑚色来强调热带风情。虽然藤椅常用于室外空间，但是置于室内的藤椅能够制造随意的室外氛围。

2-13 铁艺椅（Iron Chair）/ 工业椅（Industrial Chair）

锻铁家具的历史可以追溯到古罗马时期，不过室外锻铁椅子与桌子则流行于 18 世纪，但直至 19 世纪的维多利亚时期才被广泛接受。

铁艺家具基本分为锻铁与铸铁两大类工艺，锻铁家具是将熟铁用手工弯曲成预期的形状，然后焊接而成；铸铁家具是将熔化的生铁注入模具后，冷却形成构件后组合而成。锻铁家具的装饰性比铸铁家具更好，并能凭借铁匠的手艺而锻造出活灵活现的花卉图案；铸铁家具则只能根据模具铸造出既定的花卉图案。

铁艺家具不仅仅结实耐用，而且格调高雅，这是它能够历经数千年而不衰的原因。那些曾经专属于达官贵人的铁艺家具，如今已经走入千家万户，并且延伸出室内外系列产品，种类涵盖了椅子、桌子和床具等。

铁艺家具的多功能性也是其广受欢迎的原因之一，那些应用于室外花园的铁艺桌、椅也同样可以应用于室内厨房或者餐厅，在视觉上如同在室内感受到室外空间的气息。人们通常把铁艺椅与其他木质家具混合使用，它们能够与几乎任何装饰风格和睦相处。

铁艺椅的经典式样包括：

（图 2-13-1）铁艺餐椅

（图 2-13-2）铁艺盘簧椅

（图 2-13-3）铁艺扶手椅

1） 铁艺餐椅（Side Chair）- 其椅腿、坐面和靠背均为锻铁制成，大多数的铁艺餐椅是由一些成型的铁构件焊接而成。酒吧椅是一种带软垫的铁艺餐椅，其造型包括简洁的线条和复杂的涡卷曲线，一对酒吧椅与一张铁艺酒吧桌是欧洲许多酒吧和咖啡馆的象征，也常见于平台或者阳台（图 2-13-1）。

2） 铁艺盘簧椅（Coiled Spring Chair）- 它是摇椅的再创造，只是没有底部的弧形摇杆。它通过安装于坐面下的盘簧来实现椅子上部的摇摆。铁艺盘簧椅适用于草坪、阳光房和门廊，同样也适用于客厅或者卧室，为这些空间带去旧日的回味。人们常常为它配置靠枕或者系上软坐垫（图 2-13-2）。

3） 铁艺扶手椅（Arm Chair）- 它是增加了扶手的餐椅，因为通常被置于餐桌首位而被视作首席。它运用弯曲的锻铁来制作椅背与坐面，常常与盘簧椅结合在一起（图 2-13-3）。

（图 2-13-4）铁艺英国玫瑰椅

4） 铁艺英国玫瑰椅（English Rose）-它是华丽、曲线与纤细的综合体。它通常饰以玫瑰或者格子图案，靠背低矮，并以涡状形和曲线收边。其椅腿呈弯曲状，并且以涡状形和涡卷形结束。这是一款让人联想起乡村农舍或者庄园的老式铁艺椅 **(图 2-13-4)**。

（图 2-13-6）蒙特卡洛铁艺椅

6） 蒙特卡洛铁艺椅（Monte Carlo）- 它比托斯卡纳铁艺椅更加厚重与粗大，造型更为方正，几乎无曲线和弧线，比其他式样都缺乏装饰。椅背的直线杆条与粗圆环大概是蒙特卡洛铁艺椅的唯一特征，短而粗的椅腿给人粗犷而又坚硬的印象，使它看起来更加都市化，而非乡村化 **(图 2-13-6)**。

（图 2-13-8）格子铁艺椅

8） 格子铁艺椅（Lattice）- 它是一种常见的铁艺椅，适应于任何装饰风格。其标志性特征为靠背与坐面的简单框线内布满交叉铁条，朴实的直椅腿表达出率直与力量 **(图 2-13-8)**。

（图 2-13-5）托斯卡纳铁艺椅

5） 托斯卡纳铁艺椅（Tuscany）- 它是地中海铁艺家具的代表之一，象征着旧时代的魅力，厚重、粗大而方正，常饰以同样粗犷的涡状线、圆弧形和涡卷形。其外观大多简单、朴实，靠背呈涡状形、圆弧形或者矩形；其椅腿一般呈直线或者微曲 **(图 2-13-5)**。

（图 2-13-7）米兰铁艺椅

7） 米兰铁艺椅（Milano）- 它与蒙特卡洛铁艺椅近似，但是在细节处理上更加细微，转角部位更为细腻，边沿线更圆润和纤细。其椅背只是一个内有 1~2 根线条的框框，椅腿微曲，散发出谦卑与放松的气质 **(图 2-13-7)**。

需要注意铁艺椅的日常维护与清洁，及时修复锈迹，不能任其发展。室外的铁艺椅在不用它们的时候最好将其遮盖起来或者储藏起来。车蜡是保护铁艺家具常用的护肤品。

大多数老式绘图凳生产于 20 世纪上半叶的机器时代，它们是今日所有办公用椅的鼻祖 **(图 2-13-9)**。今日的工业椅源自早期普遍应用于工厂车间、仓库和

（图 2-13-9）老式绘图凳

实验室的绘图椅。绘图椅是专门为绘图桌配套使用而设计的一种可调整高度并可 360 度旋转的坐具。简单的无扶手、无靠背绘图椅一般只有圆形或者方形金属坐面而成为绘图凳，更复杂的绘图椅则包括了可调式靠背和坐面以及扶手和踏脚杆。

诞生于 1897 年的托莱多金属家具公司 (Toledo Metal Furniture Co.) 是位于宾夕法尼亚州斯托德伯格的班纳金属有限公司 (Banner Metal, Inc.) 的一个分公司；托莱多金属家具公司于 20 世纪 20 年代制造了一系列专为学校和公司使用的托莱多工业绘图椅，其特征为可调节高度的坐面与靠背以及可旋转的底座。其材料为钢与木的结合，十分适合高频率使用与重压 (图2-13-10)。同年，托莱多金属家具公司还专为打字员设计了一款可调节并能滚动的工作用椅 (图2-13-11)。

因工业椅充满早期工业时代的机械美，很多人喜欢把它应用于混搭风的家居空间，别有一番粗犷的机械原动力趣味。工业椅也能轻松地融入从乡村到现代的不同风格空间当中。

（图 2-13-10）托莱多工业绘图椅

（图 2-13-11）托莱多工作用椅

2-14 办公椅（Office Chair）

办公椅也称为"书桌椅"（Desk Chair），专用于办公室的办公桌前；它通常可调节高度和角度，并且带有一组滚轮。办公椅发展于 19 世纪中叶，当时，越来越多的工人需要在轮值期间坐在桌前，这导致椅子上出现了一些前所未有的特点。最初办公椅的高度固定并且不方便移动，但是大多数的工作需要经常移动，而且大部分工人的身高体重基本接近，让办公椅的可调性成为可能。随着打字机、早期听写机和电话机的诞生，上班族开始在书桌前花费更长的时间，促使了办公桌和可移动式办公椅的诞生。

最初的两种移动方式是靠车轮或者脚轮，这样椅子可以围绕工作区移动；而中心支撑柱则容许工人自由地旋转。随着电脑在办公室出现，办公椅的可调性有了更高的要求——调整座椅的高度。早期座椅的高度调节通过中心支撑柱上的梯形螺纹来完成；后来发明的气举解决了那些因不断旋转而造成椅子越来越矮的窘境。现在只需要触摸一个按钮就可以轻松调整座椅高度，不用再担心因旋转而改变座椅高度的问题。

人们越来越关注办公桌、椅对于使用者身体健康的影响，由此产生了符合人体工程学的研究和发展。这要求办公椅需要提供适当的腰部支撑，而可调式高度和扶手变得不那么重要。工作椅 (Task Chair, 图2-14-1) 属于基本的办公椅，通常用于普通办公空间。最著名的工作椅是由丹麦建筑师阿纳·雅各布森 (Arne Jacobsen) 于 1963 年设计的牛津高背椅 (Oxford High Back Chair, 图2-14-2)。

（图 2-14-1）工作椅

（图 2-14-2）牛津高背椅

（图 2-14-3）行政椅

（图 2-14-4）伊姆斯行政椅

与工作椅相似，行政椅（Executive Chair，图2-14-3）是另一项选择，不过其坐垫更为厚实和舒适，因此价格也更贵。有些行政椅甚至可以放倒斜躺，此外，豪华版的行政椅还包括大班椅、主管椅和老板椅等。最著名的行政椅是由美国设计师伊姆斯夫妇（Charles & Ray Eames）于1958年设计的伊姆斯铝组行政椅（Eames Aluminum Group Executive Chair，图2-14-4）。尽管办公椅的品牌层出不穷，但是只有世楷家具（Steelcase）与赫曼米勒（Herman Miller）两大巨头的产品独占鳌头。

世界十大著名的办公椅包括：

（图2-14-6）米拉椅

2）米拉椅（The Mirra Chair） - 由赫曼米勒出品。其背部机械装置采用有效的固体胶，能最大限度满足使用者的要求，弯曲框架和带孔胶背让人感觉非常符合人体工程学原理（图2-14-6）。

（图2-14-8）艾伦椅

4）艾伦椅（The Aeron Chair） - 由赫曼米勒出品。其网眼椅背成为现代椅子的标签，其弹簧垫设计让它一直保有"舒适办公椅"的称号（图2-14-8）。

（图2-14-5）思考椅

1）思考椅（The Think Chair） - 由世楷家具出品的中档办公椅。它造型简洁，线条流畅，构件精简，使用舒适，自动调节，适应性强。特别是其背部支撑既符合人体工程学原理，又容许背部移动自由。靠在椅背上时，其张力机械装置能提供一个愉快的升降运动。扶手高度和宽度均可调节（图2-14-5）。

（图2-14-7）飞跃椅

3）飞跃椅（The Leap Chair） - 由世楷家具出品的高档办公椅，被公认为世上最好的人体工程学办公椅。它构造复杂，使用简单，感受舒适。其最大特征为背部机械装置和斜倚功能，容许腰椎离开椅背独立运动，让脊椎自由弯曲，保持润滑运动，避免紧张和疼痛；斜倚功能则是当背部斜倚时，座椅向前滑动，手臂保持不动（图2-14-7）。

（图2-14-9）欢乐椅

5）欢乐椅（The Please Chair） - 由世楷家具出品。它拥有最好的背部机械装置，同时具有独立的运动并可调节腰椎。它能围绕支撑柱左右移动，从而为脊椎提供最大的活动范围（图2-14-9）。

(图 2-14-10) 自由椅

6) 自由椅（The Freedom Chair）-由人体尺度（Humanscale）出品。它造型简洁、优雅，并以最少的旋钮和杠杆达到最舒适的效果，同时符合人体工程学原理。它首次运用杠杆原理来利用使用者的重量并产生平衡的自由浮动"预调"机械装置，结果成就了这把不同寻常的"瞬间"舒适的办公椅(图2-14-10)。

(图 2-14-12) 表达椅

8) 表达椅（The Embody Chair）-由赫曼米勒出品的最佳人体工程学办公椅。它造型略微花哨，橙色的椅面和裸露的骨骼让其看起来视觉效果胜于实际功能，适合时髦的媒体公司 (图 2-14-12)。

(图 2-14-14) 佐迪椅 89 舒适椅

10) 佐迪椅 /89 舒适椅（The Zody/Comforto 89 Chair）- 由霍沃思（Haworth）出品。尽管它在各方面的表现并不十分突出，比如网状椅背，可调节腰椎支撑高度、座椅深度、扶手宽度、张力和斜度等，但是它漂亮的外观和均衡的表现为它赢得了市场(图2-14-14)。

(图 2-14-11) 68 系列椅

7) 6/8 系列椅（The 6/8 Series Chair）- 由金纳普斯（Kinnarps）出品，是一把顶级人体工程学办公椅。根据使用者的喜好，它设计有 6 系列和 8 系列。6系列的座位和靠背移动完全独立，制造出一种自由浮动的感觉；而 8 系列则将这种移动控制在可预测的范围。6 和 8系列的座位均向前倾斜并锁定在任何位置，让使用者仿佛坐在一个实心球上，使背部保持挺直 (图 2-14-11)。

(图 2-14-13) 生命椅

9) 生命椅（The Life Chair）- 由诺尔公司（Knoll）出品。它造型美观，椅背呈非常简单的网状。其最大的特点是利用使用者的重量来自动调节平衡 (图2-14-13)。

CHAPTER 3 沙发

3-1 沙发简史

沙发的雏形最早可以追溯到公元前 2000 年，源自阿拉伯语的"沙发"意指一块升起的地面或者平台，在其上铺上地毯和垫子之后，只有议会长老或者德高望重的人士方能在此就坐（图 3-1-1，图 3-1-2）。古罗马社会里的富人们斜倚在一种卧榻上休息或者用餐，而女人们则只能坐在普通椅子上面。沙发舒适与品位的概念从此诞生，并且因此成为身份与地位的象征（图 3-1-3）。

真正意义上的沙发迟至 16 世纪晚期或者 17 世纪早期才在欧洲出现（图 3-1-4，图 3-1-5)，而且直至 19 世纪末工业化鼎盛时期，才走入中低阶层家庭，曾经专属于上层家庭由沙发所带来的舒适感才因此为普罗大众服务。

在弹簧得到广泛应用的 1828 年之前，由德国人制作的沙发曾经用粗麻布袋作为内胆，以羽毛、马鬃、干燥的苔藓虫或者麦秆作为填充物使用，表面饰以天鹅绒、羊毛或者丝绸等面料，造价十分昂贵，非权贵不能拥有。这个时期的沙发早已不再与用餐联系在一起，而是出现于卧室。

直至 19 世纪工业革命早期，沙发的成本极大地降低，才使得沙发广泛出现于不断增多的中产阶级家庭中。1904 年，采用弹簧与木质框架制作的沙发开始面世。海绵橡胶软垫则出现于 20 世纪 20 年代。

今天的沙发由于电视文化的发展而与电视娱乐以及社交聚会等活动紧密地联系在了一起。沙发是专门用来供多人同时坐的一种坐具，可以放在几乎任何房间，如阳光房、书房、客厅或者卧室，较大的门厅或者主人浴室也能找到适合它的位置。

（图 3-1-1）阿拉伯议会坐垫

（图 3-1-2）阿拉伯原型沙发

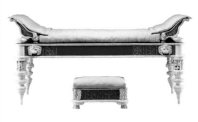

（图 3-1-3）古罗马时期卧榻复制品

（图 3-1-4）16 世纪文艺复兴时期沙发

（图 3-1-5）17-18 世纪路易十四时期沙发

3-2 双人沙发（Settee/Loveseat）

双人沙发最早出现于 16 世纪晚期或者 17 世纪早期，当时的双人沙发坐面并无软垫装饰，有些是实木板，另一些仅仅是用藤编织而成（图 3-2-1，图 3-2-2）。它看起来就像是两张合并在一起的椅子，人们很快就为其扶手和靠背配上了软垫，所以有点像软垫扶手椅的加长版。真正的软垫双人沙发迟至 18 世纪才开始出现，但是当时的双人沙发与三人沙发并没有明显的区别（图 3-2-3，图 3-2-4）。

英文中 "loveseat" 比 "settee" 的意思更狭窄和紧凑，使两人坐着更靠近。起源于 17 世纪的高背长靠椅盛行于 18—19 世纪，其特征表现为高靠背带扶手的双人座椅，其材料可能采用实木或者金属制作，常见于书房或者阳光房（图 3-2-5，图 3-2-6）。

它们也可能全部采用软垫包裹，主要用于图书室或者客厅，不过皮质沙发更受人们喜爱。

双人沙发是由软垫扶手椅发展而来。17 世纪以前并没有沙发这种家具。沙发曾经只是大臣们坐的台子，与躺椅或者沙发床这种既可坐又可斜躺的坐具有着千丝万缕的关系。

对于应用于室外花园的铁艺双人沙发，需要配置采用防风雨面料的软垫。20 世纪人们对于双人沙发的热情曾经冷淡下去，直至 21 世纪才又回暖。有趣的是，双人沙发最初并非为双人坐而设计，而是为身着长裙的单个女士而设计，为了避免裙子内衬被折坏而加宽椅子。直至女士们的服装变得越来越简化之后，双人沙发才让更多的人同时使用。

（图 3-2-1）17 世纪英国双人沙发

（图 3-2-3）18 世纪英国安妮女王式双人沙发

（图 3-2-4）18 世纪法国路易十五式双人沙发

（图 3-2-5）19 世纪英国维多利亚式双人沙发

（图 3-2-2）17 世纪意大利双人沙发

（图 3-2-6）19 世纪法国拿破仑三世式双人沙发

双人沙发是暴露框架或者椅腿的老式家具，常常被置于门厅。后来采用带扶手或者无扶手的全软垫装饰的双人沙发被安置在壁炉的两侧，并且与长沙发搭配使用。双人沙发由此而产生以下几个种类：

（图 3-2-7）框架暴露双人沙发

1）框架暴露（Exposed Frame）- 法式双人沙发充满迷人的优美曲线，它既可以与其他家具和睦相处，也可以孤芳自赏，通常被置于窗前或者门厅（图 3-2-7）。

（图 3-2-8）基座暴露双人沙发

2）基座暴露（Exposed Base）- 属于 18 世纪由齐朋德尔（Chippendale）制作的驼背沙发式样，其坐面饰以软垫，只有框架的基座部分暴露，适合比较正规的房间（图 3-2-8）。

（图 3-2-9）扶手软垫双人沙发

3）扶手软垫（Upholstered with Arms）- 塔克西多式（Tuxedo）双人沙发采用软垫全部包裹，其纤细的扶手与靠背齐高，基座饰以挡板，配有靠枕与软坐垫。它做工讲究，式样朴实、低调（图 3-2-9）。

（图 3-2-10）无扶手软垫双人沙发

4）无扶手软垫（Upholstered and Armless）- 条形软座是一种无扶手软垫双人座，其特征为直线型基座饰以挡板，或者应用倒锥形椅腿支撑，常常隔着咖啡桌而面对面布置（详细参见"条形软座"章节）（图 3-2-10）。

经典的英国传统双人沙发式样包括：

（图 3-2-11）威廉与玛丽式双人沙发

1）威廉与玛丽式双人沙发（William and Mary）- 盛行于 1690—1725 年，威廉与玛丽式双人沙发特征包括：结构牢固，底部常见 X 形或者 H 形横杆，雕刻繁复；其椅腿常见喇叭形车削腿，椅脚以蹄形、爪形或者球形结束；其椅背通常较高，中间呈圆弧形升起，扶手与椅背垂直并向外弯曲；其软垫面料采用印花棉布、锦缎或者针绣（图 3-2-11）。

（图 3-2-12）安妮女王式双人沙发

2）安妮女王式双人沙发（Queen Anne）- 盛行于 1700—1755 年，安妮女王式双人沙发特征包括：外形线条弯曲柔和，整体尺寸娇小、优雅，装饰十分克制；其椅腿受法国洛可可风格的影响呈卡布里弯腿形，椅脚呈扁圆垫或者公鸭掌形状结束；其椅背中间像波浪般微微隆起，然后向两边降落；扶手通常比椅背低矮许多且向外弯曲；其软垫面料采用印花棉布、锦缎、针绣或者天鹅绒（图 3-2-12）。

（图 3-2-13）乔治式双人沙发

3）乔治式双人沙发（Georgian） - 盛行于 1714—1800 年，乔治式双人沙发特征包括：造型粗壮有力，雕刻精细生动；其椅腿多为粗壮的卡布里弯腿，并且在弯曲处饰以复杂雕刻，椅脚多为动物球爪式结束；其椅背呈单驼峰或者双驼峰升起，高椅背带有侧翼如挡风椅，低椅背则两端降低与外涡旋形扶手等高；其软垫面料采用锦缎、织锦、丝绸或者天鹅绒 （图 3-2-13）。

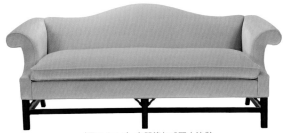

（图 3-2-14）齐朋德尔式双人沙发

4）齐朋德尔式双人沙发（Chippendale） - 盛行于 1750—1790 年，齐朋德尔式双人沙发特征包括：造型雄壮有力，雕刻精致；其椅腿为直腿或者卡布里弯腿（通常在弯曲处有装饰性雕刻），直腿椅脚则直接落地，若卡布里弯腿椅脚则呈动物球爪式；其椅背呈驼峰般升起，两边下降与两侧外涡旋形扶手相接；其软垫面料采用锦缎、针绣、织锦或者天鹅绒 （图 3-2-14）。

（图 3-2-15）赫伯怀特式双人沙发

5）赫伯怀特式双人沙发（Hepplewhite） - 盛行于 1765—1800 年，赫伯怀特式双人沙发特征包括：广泛采用白冬青木镶嵌，整体以直线为主；其椅背呈平缓圆弧，两端下降与扶手圆角连接；其椅腿呈倒方锥形，椅脚以比椅腿略宽的倒梯形铲形脚结束；其软垫面料采用锦缎、花缎、缎子或者丝绸 （图 3-2-15）。

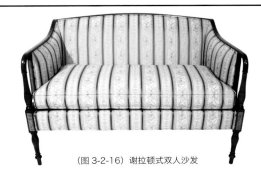

（图 3-2-16）谢拉顿式双人沙发

6）谢拉顿式双人沙发（Sheraton） - 盛行于 1780—1820 年，谢拉顿式双人沙发特征包括：造型优雅、精致、纤细，线条简洁、舒展、流畅；其椅背形状近似于赫伯怀特式沙发，呈平缓弧线，但是椅背与扶手由一根凹弧线连接；其椅腿呈倒圆锥形车削腿，椅脚为带凹槽的扁球与圆锥形椅腿的结合体；其软垫面料采用锦缎或者花缎 （图 3-2-16）。

（图 3-2-17）英国摄政式双人沙发

7）英国摄政式双人沙发（English Regency） - 盛行于 1811—1830 年，英国摄政式双人沙发特征包括：作为新古典风格的晚期代表之一，主要受法国拿破仑帝国风格的影响，创作灵感来自古罗马、古希腊和古埃及，造型线条笨拙夸张，同时简洁庞大；英国摄政式双人沙发椅背通常平直，而且与卷形扶手等高；其椅腿呈向外弯曲的卷形弧线，椅脚常常套以黄铜兽爪结束；其软垫面料采用锦缎、丝绸或者塔夫绸 （图 3-2-17）。

（图 3-2-18）维多利亚式双人沙发

8）维多利亚式双人沙发（Victorian） - 盛行于 1840—1910 年，维多利亚式双人沙发特征包括：混合的"复兴式"式样，既有哥特式臃肿、繁复的特点，又有洛可可式柔美、繁琐的特征，它们造型各异，种类繁多；最典型的维多利亚式双人沙发椅背两端呈双峰弧形隆起，椅背常见卡布里弯腿或者车削腿，椅脚则以动物球爪式、螺纹形（涡旋状）脚或者延长脚结束；其软垫面料采用针绣、绒毛料、织锦、天鹅绒或者丝绒 （图 3-2-18）。

经典的法国传统双人沙发式样包括：

（图 3-2-19）巴洛克式双人沙发

1）巴洛克式双人沙发（Baroque）- 盛行于 1643—1715 年，巴洛克式双人沙发特征包括：造型庄重、雄伟、高贵、气派，表面常常运用镀金、彩绘和漆面技术；其椅背形状以高、直、平、正为特色，有些椅背出现弧形拱起，与波浪形或者涡卷形的扶手相接；其椅腿也呈波浪形或者涡卷形，四根椅腿之间多以 H 形或者 X 形横杆连接，椅脚式样包括栏杆式、鞘形式和卷轴式；椅背与坐面均饰以软垫，其软垫面料采用织锦、锦缎、丝绸、缎子或者天鹅绒（图 3-2-19）。

（图 3-2-20）法国摄政式双人沙发

2）法国摄政式双人沙发（French Regency）- 盛行于 1715—1723 年，法国摄政式双人沙发特征包括：放弃巴洛克式的庄重与雄伟，追求自由、开放与优雅的新艺术形式，成为洛可可风格的前奏；其椅背出现中间升起的波浪形，常见贝壳或者莨苕叶雕刻；其扶手常常退缩于前椅腿；其椅腿出现卡布里弯腿与涡卷形椅脚；其软垫面料采用织锦、天鹅绒或者丝绸（图 3-2-20）。

（图 3-2-21）洛可可式双人沙发

3）洛可可式双人沙发（Rococo）- 盛行于 1723—1774 年，洛可可式双人沙发特征包括：造型以曲线为主，椅背、扶手与坐面甚至椅腿线条流畅，一气呵成，表现出优美、娇柔和浪漫的形态；椅腿采用纤细的卡布里弯腿，并且以涡卷形脚结束；其椅背顶部常见非对称雕刻；椅背和椅腿上常现莨苕叶形象；其软垫面料采用织锦、天鹅绒或者丝绸（图 3-2-21）。

（图 3-2-22）路易十六式双人沙发

4）路易十六式双人沙发（Louis XVI）- 盛行于 1774—1792 年，路易十六式双人沙发特征包括：作为法国新古典主义的前期代表，其线条以直线取代之前洛可可式的曲线，追求朴素与单纯；常见椭圆形或者长方形椅背形状，椅背有的与坐面分开，显得轻巧、挺拔，也有的椅背与坐面和扶手连接，但椅背通常高于扶手；椅腿为刻有直凹槽或者螺旋凹槽的倒圆锥形，椅脚为带凹槽的扁球或者圆球形与圆锥形椅腿的结合体；其软垫面料采用锦缎、丝绸或者天鹅绒（图 3-2-22）。

（图 3-2-23）执政内阁式双人沙发

5）执政内阁式双人沙发（Directoire）- 盛行于 1792—1804 年，执政内阁式双人沙发特征包括：作为从路易十六时期进入法兰西第一帝国时期的过渡，其造型基本延续路易十六式样，但是线条更加严肃，棱角也更加分明，给家具注入一股阳刚之气，但是缺少了路易十六式的轻巧与挺拔；其椅背常常与扶手等高，而扶手前端由前椅腿直接上升形成，不像路易十六式那样常用弧线与前椅腿相连；与路易十六式相比，其椅腿显得短小而粗壮，因此也省略掉了凹槽；其椅脚仅以扁圆球结束；其软垫面料采用织锦、天鹅绒或者丝绸（图 3-2-23）。

（图 3-2-24）拿破仑帝国式双人沙发

6）拿破仑帝国式双人沙发（Napoleon Empire）- 盛行于 1804—1815 年，拿破仑帝国式双人沙发特征包括：作为法国新古典主义的晚期代表，其造型大量借用古罗马、古希腊和古埃及时期的家具式样，其双人沙发和躺椅常用雪橇造型，其线条简单粗笨，不过影响深远；其表面常见用金属镶嵌花环、人面狮身像、狮首、狮爪、女像柱、希腊女神和木乃伊等形象；其椅背呈平直线，略高于扶手并且以圆弧线与卷形扶手相接；其椅腿常见向外弯曲的卷形弧线或者兽爪形或者干脆无腿，椅脚则常套以黄铜兽爪结束；其软垫面料采用锦缎、丝绸或者塔夫绸（图 3-2-24）。

3-3 长沙发（Couch）/ 三人沙发（Sofa）/ 安置沙发（Settle Couch）

长沙发"couch"这个词源自法语"couche"，意指一张可以躺下的床；而源自阿拉伯语"suffah"的三人沙发"sofa"则意指一种为了斜躺的条凳。此外也有按照沙发生产厂家的名字命名的沙发，例如切斯特菲尔德沙发，专指一种低靠背皮革长沙发。

古罗马时期的贵族家中，沙发的原型曾经主要用于餐厅，供宾客们躺卧着进食。沙发发源于高贵的阶层，在古阿拉伯的世界里，沙发曾经是君主的宝座（图3-3-1）。

随着20世纪中叶电视文化的盛行，长沙发也得到了空前的普及，人们已经习惯于一家人围坐在电视机前共度美好时光的日常生活，长沙发从此从高高在上的特权阶层走入寻常百姓的家中。

一般来说，长沙发或者三人沙发均指相同的坐具，它们并无本质上的区别，但是源自法语的长沙发意指"无扶手的坐具"；在维多利亚时期通常指晕眩沙发；而三人沙发则意味着可以坐更多的人，往往多至四人，并且占用更多的空间面积。长沙发可以宽松地坐2~3人，占地面积也不如三人沙发那么多。三人沙发可能同时也是沙发床，但是长沙发则全无此项功能。

此外，长沙发一般适用于非正式空间，如家庭厅、娱乐室和休息室等；三人沙发则更适合正式空间，如客厅，因为它代表着主人的品位、阶层与个性。

安置沙发最早出现于12世纪，它是在条凳的基础之上发展而来，同时与安置凳一脉相承（图3-3-2，图3-3-3）。有些安置沙发表现为低扶手和低靠背，而有些安置沙发则是高靠背，扶手变成了挡风侧翼。18世纪晚期至19世纪早期的高靠背安置沙发的坐面下通常带抽屉或者翻盖式储藏箱（图3-3-4）。19世纪工艺美术运动时期的工匠们制作了一种板条靠背与开放式扶手的安置沙发（图3-3-5）。

安置沙发是由板条与镶板形成的一种低扶手与靠背的传统沙发，整体造型如同一个长方形木盒子；为了增加其舒适度，其坐面与靠背通常配置可拿取的软垫。如果安置沙发的外观比较简洁，那么它就非常适合现代风格的家居空间。

无论是长沙发、三人沙发，还是安置沙发，它们均源自条凳——一种可以同时坐2人以上的长木板。

（图3-3-1）阿拉伯沙发

（图3-3-3）中世纪安置沙发

（图3-3-4）19世纪安置沙发

（图3-3-2）哥特式安置沙发

（图3-3-5）工匠风格安置沙发

作为并无悠久历史的家具之一，在其发展的过程当中，有一些古典式样值得我们去了解。常见的古典沙发式样包括：

（图 3-3-6）晕眩沙发

1）晕眩沙发（Fainting Couch） - 出现于 20 世纪早期，因为当时贵妇们身着紧身胸衣，使得血液循环不畅，容易造成头晕脑胀，这种无靠背仅有单边扶手的沙发非常适合斜躺休息，晕眩沙发因此而得名 (图 3-3-6)。事实上，它也是一种贵妃椅。

（图 3-3-7）维多利亚式沙发

2）维多利亚式沙发（Victorian Sofa） - 采用桃花心木与胡桃木深雕，软垫面料颜色常用红色与蓝色，靠背高耸并在两边下降与扶手连成一体，椅腿常用兽爪造型 (图 3-3-7)。

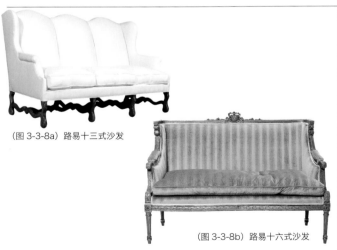

（图 3-3-8a）路易十三式沙发

（图 3-3-8b）路易十六式沙发

3）法式沙发（French Louis Sofa） - 路易十三式沙发诞生于 17 世纪晚期，其特征为呈三拱形的靠背以及八条用横杠联系在一起的椅腿（图 3-3-8a）。路易十六式沙发诞生于 18 世纪，其华丽的造型深受皇家贵族的青睐，其牢靠的框架与厚实的坐垫使它成为法式沙发中的佼佼者 (图 3-3-8b)。

（图 3-3-9）沙发椅

4）沙发椅（Canapé） - 沙发椅类似于长沙发，诞生于 18 世纪路易十五和路易十六时期，木腿雕刻精美，坐垫和靠背柔软舒适，可以坐三人。19 世纪时流行于美国。今天"沙发椅"一词仅用于家具制造和销售领域，亦专指 18 世纪的"沙发"式样 (图 3-3-9)。

（图 3-3-10）安妮女王式沙发

5）安妮女王式沙发（Queen Anne Sofa） - 一款庄严而高贵的沙发，椅腿为卡布里弯腿，椅脚常用公鸭掌或者兽爪造型，靠背弯曲，皮革面料喜欢用钉扣装饰靠背与坐垫 (图 3-3-10)。

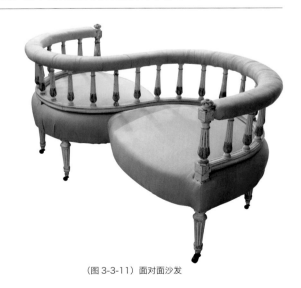

（图 3-3-11）面对面沙发

6）面对面沙发（Tete' a Tete'） - 诞生于 19 世纪晚期的德国，其特点为两个座位正反方向相对，使得二人不用扭头就可以看到对方的脸 (图 3-3-11)。

（图 3-3-12）驼峰沙发

7）驼峰沙发（Camelback Sofa） - 驼峰沙发应归功于托马斯·齐朋德尔（Thomas Chippendale）的沙发设计，所以也称作"齐朋德尔沙发"。顾名思义，驼峰沙发的特征在于沙发靠背中部隆起如驼峰，然后逐渐向两边降落，并且会在两端稍微升起（图3-3-12）。其余特征还包括轻微卷曲的扶手和一整块长坐垫，直线型椅腿裸露或者用裙边遮掩。

（图 3-3-13）英式沙发或者英式卷臂沙发

8）英式沙发或者英式卷臂沙发（English or English Rolled Sofa） - 这是一款比驼峰沙发更为随意的沙发，也许是最舒适的沙发之一。其特征表现为卷筒状的扶手比轻微倾斜的靠背略低并且后退；其中英式沙发特征为附加的靠枕与暴露的短车削轮腿。英式沙发充满英式田园气质，能够与现代家居融为一体并带来温馨（图3-3-13）。

（图 3-3-14）布里奇沃特沙发

9）布里奇沃特沙发（Bridgewater Sofa） - 这是一款集优雅、休闲与舒适于一体的沙发，是人们交谈、聚会与休闲时的最佳搭档。布里奇沃特沙发特征为较高的靠背向后微卷，软垫扶手比靠背低矮并且后退，同时饰以裙边遮挡椅腿。为了更加舒适，它通常配以较多的靠枕（图3-3-14）。

（图 3-3-15）切斯特菲尔德沙发

10）切斯特菲尔德沙发（Chesterfield Sofa） - 切斯特菲尔德沙发诞生于 18 世纪中叶的英国，据说源自菲利普·斯坦霍普（Philip Stanhope）应切斯特菲尔德第四伯爵的委托，要求沙发必须让他坐感舒适并且不能弄皱衣服。这是一款在靠背与扶手饰以深钉扣的皮质沙发，其大卷曲扶手与靠背等高。它将舒适、阳刚与传统融为一体，常见于维多利亚式会客厅和英国绅士俱乐部。切斯特菲尔德沙发是第一款被英国皇室采用的沙发，因面成为高贵的象征（图3-3-15）。

（图 3-3-16）塔克西多沙发

11）塔克西多沙发（Tuxedo Sofa） - 塔克西多沙发的名称借用纽约度假胜地塔克西多公园，被认为是暗示着 20 世纪 20 年代现代主义的信号之一。塔克西多沙发的显著特点表现为直线型的扶手与靠背齐高，座垫采用一整块软垫，靠背则由 1~3 个软垫组成。这是一款比其他传统沙发更具现代感的沙发，充满魅力与优雅（图3-3-16）。

（图 3-3-17）卡布里沙发

12）卡布里沙发（Cabriole Sofa） - 有人说没有什么能够比卡布里弯腿更能够象征 18 世纪，因为卡布里弯腿象征着路易十五时期。卡布里沙发雕刻的木质框架暴露，其靠背自然向前弯曲形成扶手，而扶手则略低于靠背（图3-3-17）。

（图 3-3-18）劳森沙发

13） 劳森沙发（Lawson Sofa）- 劳森沙发应归因于美国商人托马斯·W·劳森（Thomas W. Lawson）的委托设计，他要求沙发绝对舒适，因此厚厚的靠背与靠枕搭配使用。今天劳森沙发的特征包括高靠背、低扶手，以及三块大靠枕，这是一款非常舒适的沙发 (图3-3-18)。

（图 3-3-19）诺尔沙发

14） 诺尔沙发（Knole Sofa）- 诺尔沙发诞生于17世纪早期，是英国历史悠久的诺尔庄园的订制家具。其特征在于直高靠背与可调整的倾斜扶手（早期为防止冷风），等高靠背与扶手相交处顶端的尖顶饰由绳索连接着。时至今日，诺尔沙发仍然给现代家居带来迷人的古典气息 (图3-3-19)。

（图 3-3-20）达文波特沙发

15） 达文波特沙发（Davenport Sofa）- 达文波特沙发指19世纪末由 A. H. 达文波特（A. H. Davenport）公司生产的一款可以通过机械装置把沙发变成床的沙发床。20 世纪初，达文波特沙发成为沙发的代名词。二次世界大战之后，达文波特才逐渐淡化了与沙发的关系 (图3-3-20)。

今日，沙发早已成为都市家居空间、商业空间或者办公空间中必不可少的一件家具，成为室内设计家具选择的首要考量，家具设计师们为市场提供了丰富多样的选择。经典的现代沙发包括但不限于：

（图 3-3-21）F40 沙发

1） F40 沙发（F40 Sofa）- 由匈牙利设计师马歇·布鲁尔（Marcel Breuer）于 1931 年设计。F40 沙发采用布鲁尔标志性的镀镍钢管与钉扣皮革软垫制作。其造型采用布鲁尔最擅长的悬挑结构，比仅靠软垫提供了更多的弹性，也使沙发看起来更加轻巧舒适。这是一件现代沙发的典范，适用于公共与私人空间 (图3-3-21)。

（图 3-3-22）LC5F 沙发

2） LC5F 沙发（LC5F Sofa）- 由法国建筑师勒·柯布西耶（Le Corbusier）于 1934 年设计。它造型简洁大方，功能明确实用。是一件现代主义运动时期的代表家具，具有里程碑意义的杰作，对于后来的家具设计影响深远 (图3-3-22)。

（图 3-3-23a）多哥沙发无扶手

（图 3-3-23b）多哥沙发带扶手

3） 多哥沙发（Togo Sofa）- 由法国设计师米歇尔·杜卡洛（Michel Ducaroy）于 1973 年为法国家具品牌莱因·罗塞(Ligne Roset) 设计。这是一件采用多密度泡沫结构的现代沙发，从视觉和实用上均能十分满足舒适性。其无扶手款包括 1~3 人座 (图3-3-23a)，以及带扶手款 (图3-3-23b)，是一件理想的休闲沙发。

（图 3-3-24）维多利亚与艾伯特沙发 290 号

4） 维多利亚与艾伯特沙发 290 号（Victoria & Albert Sofa 290）- 由以色列裔英国艺术家与设计师罗恩·阿拉德（Ron Arad）于 2000 年设计，意大利品牌莫罗索（Moroso）出品，名称源自维多利亚与艾伯特博物馆家具收藏编号。它采用聚氨酯泡沫塑料与钢框架制造，是一件融合技术与功能于一体的现代沙发当中的艺术品（图 3-3-24）。

（图 3-3-25）芭铎小沙发

5） 芭铎小沙发（Bardot Loveseat）- 由西班牙设计师亚米·海因（Jaime Hayon）设计，其设计灵感源自女性婀娜的身形。作为一名家具界极具创意的新星，海因希望此款沙发具有如水果一般美妙的触感，同时还要牢固耐用，这些他都做到了（图 3-3-25）。

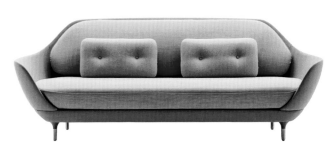

（图 3-3-26）拥抱沙发

6） 拥抱沙发（Favn Sofa）- 由西班牙设计师亚米·海因于 2011 年设计的另一款沙发，名字来自丹麦语，这正是设计师希望此款沙发给人的印象。这是一件优雅而又亲切的沙发，表现出西班牙与丹麦文化的有机结合（图 3-3-26）。

（图 3-3-27）棉花糖沙发

7） 棉花糖沙发（Marshmallow Sofa）- 由美国设计师乔治·尼尔森（George Nelson）于 1956 年设计的沙发，被视为家具当中的第一件波普艺术品。它改变了传统的沙发概念，运用许多五彩缤纷的靠枕来组成坐垫和靠背。其独树一帜的造型使得其应用空间受到一定限制（图 3-3-27）。

（图 3-3-28）云沙发

8） 云沙发（Cloud Sofa）- 由美国设计师弗拉迪米尔·卡根（Vladimir Kagan）于 1950 年设计。这是一款如行云流水般的仿生态作品，整体造型犹如一团饱满的有色云朵，充满动感和惊喜（图 3-3-28）。

（图 3-3-29）鸟座椅

9） 鸟座椅（Avian Seating）- 由英国设计师罗宾·代（Robin Day）于 1951 年设计，因其热弯胶合板扶手状如飞鸟的展翅而得名。诚如其名所寓，这是一张造型灵巧轻便的沙发，采用胶合板饰面制作扶手与不锈钢板制作椅腿，坐面与靠背的软垫保证了坐感的舒适度。罗宾的鸟座椅系列包括了扶手椅、双人沙发与三人沙发（图 3-3-29）。

（图 3-3-30）马丁尼长椅

10）马丁尼长椅（Martine Settee）- 由克里斯汀·勒米厄（Christiane Lemieux）创办的居住工作室（DwellStudio）设计并出品。它结合了 ART DECO 优雅与好莱坞魅力于一体，就像一件璀璨的珠宝，能够让一个普通的房间蓬荜生辉，是一件不可多得的沙发精品（图3-3-30）。

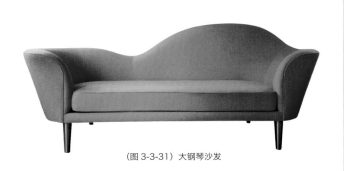

（图 3-3-31）大钢琴沙发

11）大钢琴沙发（Grand Piano Sofa）- 由丹麦设计师古比·奥尔森（Gubi Olsen）于 1986 年设计。其最大特征为靠背流畅的非对称曲线，创作灵感来自钢琴琴盖。其坐感也十分舒适，能够使任何空间蓬荜生辉（图3-3-31）。

（图 3-3-32）红唇沙发

12）红唇沙发（Bocca Mouth Shaped Sofa）- 由意大利第 65 工作室（Studio 65）于 1970 年设计。一经问世便传遍世界。其设计灵感部分来自西班牙超现实主义画家萨尔瓦多·达利（Salvador Dali）的绘画作品，另一灵感来源于玛丽莲·梦露（Marilyn Monroe）。其惊世骇俗的逼真造型令人惊叹，过目不忘（图3-3-32）。

（图 3-3-33）库吉沙发

13）库吉沙发（Coogee Sofa）- 由法国家具公司森图（Sentou）设计的沙发，这是一把充满 20 世纪中叶复古情调的沙发，完美诠释了极简主义形式服从功能的设计原则。这款沙发散发着奔放的热情，同时又让人感受到舒适和可爱；其微倾的扶手仿佛张开的双臂在欢迎每一位家人或者来宾（图3-3-33）。

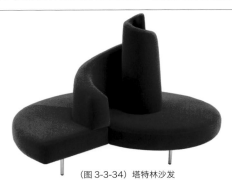

（图 3-3-34）塔特林沙发

14）塔特林沙发（Tatlin Sofa）- 由意大利设计师马里奥·肯南兹与罗伯托·森普里尼（Mario Cananzi and Roberto Semprini）于 1989 年设计。其创作灵感来自构成主义奠基人弗拉基米尔·塔特林（Vladimir Tatlin）于 1919 年展出的第三国际双螺旋塔纪念碑（Tatlin's Tower），并以其名命名作品，向塔特林表达敬意。这张沙发有着雕塑般螺旋上升的塔状，全部由华丽的天鹅绒包裹聚氨酯泡沫软垫，底座由金属腿支撑。它有着与生俱来的高贵气质，适用于宽敞的公共或者私人空间（图3-3-34）。

（图 3-3-35）PK31 号沙发

15）PK31 号沙发（PK31 Sofa）- 由丹麦设计师保罗·克耶霍尔姆（Poul Kjaerholm）于 1958 年运用纯正现代主义设计语言而设计，这是其 PK31 系列当中的一款三人座。它造型硬朗而不失优雅，浑身散发出一股高贵的气质，同时坐感十分舒适。PK31 号沙发适用于公共和私人空间（图3-3-35）。

（图 3-3-36）诺尔沙发

16）诺尔沙发（Florence Knoll Sofa）- 由美国建筑师和设计师佛罗伦斯·诺尔（Florence Knoll）于 1954 年设计。这是一款低扶手，中高靠背，平软垫与直线造型为特点的沙发。如同诺尔的其他作品一样，其作品早已成为行业的黄金标准，并且足以让她在现代家具设计的殿堂名垂青史 (图3-3-36)。

（图 3-3-39）和谐沙发

19）和谐沙发(Harmony Sofa) - 由美国苏荷概念公司(Soho Concept) 设计并出品。这款独特沙发的低矮身姿既使人感受到平易近人，又散发出不可忽略的迷人魅力。和谐沙发具有神秘的未来感，是一件体现当今时尚复古风的代表家具，适用于公共与私人空间 (图3-3-39)。

（图 3-3-37）D70 沙发

17）D70 沙发（D70 Sofa）- 由意大利设计师奥斯瓦尔多·柏桑尼（Osvaldo Borsani）于 1955 年设计。D70 沙发的独特在于其可调整的坐面与靠背。这是一件集功能、美观和人体工程学于一体的坐具典范，适用于办公、私人和公共空间 (图3-3-37)。

（图 3-3-40）博诺沙发

20）博诺沙发（Bono Sofa）- 由英国家具品牌迪普洛麦特（Diplomat）于 2004 年设计并出品。其外观活泼可爱，色泽鲜艳夺目。其结构简单明了，同时具备出色的舒适性，适用于任何空间 (图3-3-40)。

（图 3-3-38）案例分析长椅

18）案例分析长椅（Case Study Daybed）- 由美国家具品牌摩德尼卡（Modernica）设计并出品。其结构简练直接，没有任何多余的线条。纤细的椅腿支撑厚实的坐垫和靠背，感觉十分轻巧，坐上去才能感受到其稳如磐石。这是一款能随时改变用途的沙发床，适用于比较有限的空间 (图3-3-38)。

（图 3-3-41）大岛沙发

21）大岛沙发（Big Island Sofa）- 由挪威设计工作室安德森与沃尔（Anderssen & Voll）于 2015 年设计，寓意离岸小岛和世外桃源。这是一款雕塑感很强的无腿落地沙发，采用泡沫模塑而成。设计师希望这款沙发不仅供人使用，而且能够让人静思、放松 (图3-3-41)。

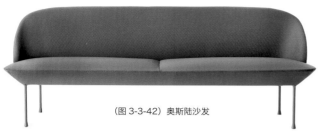

（图 3-3-42）奥斯陆沙发

22） 奥斯陆沙发（Oslo Sofa）- 由挪威设计事务所安德森与沃尔设计的另一款沙发，它属于奥斯陆单人、双人、三人和搁脚凳系列。奥斯陆系列均有着亲切、舒适和轻巧的特征。其造型柔软圆润，采用纤细铝质椅腿和铸造泡沫软垫制作，适用于商业、公共和私人空间（图 3-3-42）。

（图 3-3-43）邦妮沙发

23） 邦妮沙发（Bonnie Sofa）- 由美国蓝点家具公司（BlueDot）于 2007 年设计并出品，其系列沙发可以任意组合。舒适性是衡量现代沙发好坏的重要指标之一。邦妮沙发的舒适性交口称赞，加上如雕刻般简练的造型，使其成为现代沙发的标志（图 3-3-43）。

（图 3-3-44）戈茨沙发

24） 戈茨沙发（Goetz Sofa）- 由美国设计师马克·戈茨（Mark Goetz）设计。这款沙发的外表与生俱来有一种安静的特质，似乎拥有吸引人坐上去放松的魔力。同时它也是一款非常典雅并散发复古气质的现代沙发，适用于办公空间（图 3-3-44）。

（图 3-3-45）诗人沙发

25） 诗人沙发（Poet Sofa）- 由丹麦设计师芬·居尔（Finn Juhl）于 1941 年设计。这是一件有着优雅曲线的双人沙发，是一个将工艺与艺术完美结合的典范。正如其名所寓，诗人沙发浑身散发着一股诗人般的激情（图 3-3-45）。

（图 3-3-46）贝克沙发

26） 贝克沙发（Baker Sofa）- 由丹麦设计师芬·居尔于 1951 年为美国贝克家具（Baker Furniture）设计的另一款沙发，因同年在芝加哥举办的家具博览会上展出而一鸣惊人。贝克沙发由分离的两块弧形软垫组成，其纤细的实木框架展现出丹麦现代家具轻巧的视觉效果，是一件永不过时的精品沙发（图 3-3-46）。

（图 3-3-47）兰斯多沃内沙发

27） 兰斯多沃内沙发（Lansdowne Sofa）- 由英国设计师特雷斯·伍德格特（Terence Woodgate）设计。拥有等高的靠背与扶手，这是英国经典的切斯特菲尔德沙发的现代演绎。简洁的线条、舒适的坐感与超长的尺寸，使其特别适合较大的公共与私人空间（图 3-3-47）。

（图 3-3-48）拱门沙发

28） 拱门沙发（Arch Sofa）- 由美国家居品牌林姆公司（Limn）出品，具体设计者和年份不详。拱门沙发指其造型就像一个扁长的拱门，特征包括：轻盈、优雅、简洁和舒适。非常适用于极简或者现代风格的公共、办公或者私人空间（图 3-3-48）。

（图 3-3-49）燕尾服沙发

29） 燕尾服沙发（Tuxedo Sofa）- 由美国家具品牌巴萨姆伙伴（BassamFellows）于 2013 年设计。设计师希望去除所有多余的部分，并且要使其看起来"悬浮"在地板之上。燕尾服沙发的特点在于无扶手和精致高挑的椅腿，这样它不会给任何空间带来压力。它共有双人和三人座两个版本（图 3-3-49）。

（图 3-3-50）昂多沙发

30） 昂多沙发（Ondo Sofa）- 由荷兰设计师雷内·霍尔顿（Rene Holten）于 2003 年设计。昂多沙发轻盈而优雅的波浪造型吸引了每一个见到它的人们。其舒适的坐感和手感，以及完美的人体工程学设计，是每一个高标准人士的首选，给任何空间都能带来兴奋和激情（图 3-3-50）。

（图 3-3-51）Tt3 矮背沙发

31） Tt3 矮背沙发（Tt3 Low Back Sofa）- 由阿根廷裔瑞士设计师阿尔弗雷多·哈波利（Alfredo Haberli）于 2005 年设计。这款沙发从视觉上与昂多沙发有着异曲同工之妙，同样优美的造型和舒适的坐感，但是结构上大相径庭。Tt3 矮背沙发有单人、双人和三人座的三个版本（图 3-3-51）。

（图 3-3-52）库奇沙发

32） 库奇沙发（Koochy Sofa）- 由埃及裔美国设计师卡里姆·拉希德（Karim Rashid）于 2007 年设计。库奇沙发有着优美流畅的曲线和鲜艳夺目的色彩，其内部采用钢架，外表覆盖聚氨酯泡沫和热融聚酯纤维制作。无论摆在公共空间还是私人空间，它都能立刻成为视觉焦点（图 3-3-52）。

（图 3-3-53）平台沙发

33） 平台沙发（Platform Sofa）- 由中国设计公司如恩设计研究室（Neri & Hu）设计。其创作灵感来自中国传统家具弥勒榻（清末称为"鸦片床"），带有明显的东方美学特征。它为软垫坐面提供了一个稳固的底座平台，其造型去繁就简，是传统与现代的结晶。除了沙发两端一体化设计的边几，平台沙发主要通过软垫和靠枕来保障舒适度（图 3-3-53）。

（图 3-3-54）耶鲁沙发

34） 耶鲁沙发（Yale Sofa）- 由法国设计师让·马里·马索德（Jean Marie Massaud）设计。它采用型材铝制作沙发框架，包括靠背与扶手，宽大的软垫则采用稳定可变密度的聚醚和聚酯填充，外表覆盖织物或者皮革。耶鲁沙发是一款十分舒适而且令人放松的沙发，适用于任何现代空间（图 3-3-54）。

（图 3-3-55）弗西特沙发

35） 弗西特沙发（Facett Sofa）- 由法国设计师布鲁利克兄弟（Ronan and Erwan Bouroullec）于 2005 年设计。其外观如同石材切割而成的雕塑品，造型简洁大方、刚劲有力；全方位的织物软垫包裹则增强了其舒适度。弗西特座椅系列包括扶手椅、躺椅和 2~3 人沙发，适合那些追求纯净无干扰的客户（图 3-3-55）。

（图 3-3-56）曼弗雷德沙发

36） 曼弗雷德沙发（Manfred Sofa）- 由西班牙设计事务所勒沃尔 I 艾尔瑟 I 莫利纳（Lievore Altherr Molina）设计。其充气般饱满的主体让人能感受到其舒适性，让人见到之后无法抗拒。其无椅腿向内倾斜的底座特别方便整理和清洁。它简洁实用，适用于商业、公共和私人空间（图 3-3-56）。

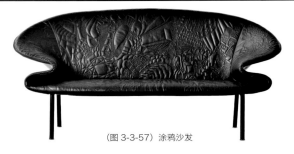

(图 3-3-57) 涂鸦沙发

37) 涂鸦沙发（Doodle Sofa）- 由瑞典设计团队弗龙（Front）于 2013 年设计，它重新诠释了沙发的定义。涂鸦沙发的特色体现在其压花皮革看似心烦意乱涂鸦在一张纸上的图案，以及状如一个折叠半圆的两端向内弯折形成的扶手，还有与黑色皮革相称的四条黑色金属椅腿，这些特点最终成就了这件线条优美的沙发艺术品 **(图 3-3-57)**。

(图 3-3-58) 伊泽贝尔沙发

38) 伊泽贝尔沙发（Isobel Sofa）- 由荷兰设计师米希尔·范·德·克莱（Michiel van der Kley）于 2003 年设计。这款有着开放又透明造型的沙发坐感十分舒适，它采用弹簧与聚氨酯泡沫制作沙发主体与镀铬或者漆面钢管制作椅腿，为使用者提供一个可以长时间放松的坐具 **(图 3-3-58)**。

(图 3-3-59a) 卡米高阁楼沙发

39) 卡米高阁楼沙发（Carmichael Loft Sofa）- 由加拿大格斯现代设计团队（Gus Modern）设计，是格斯现代阁楼系列之一。这是一款带有挡风椅特征的沙发，是传统与现代的完美结合。其刚毅的线条简练、有力，透出一股浓浓的现代都市气息，而且如名所寓，非常适合较小的家居空间 **(图 3-3-59a)**。格斯现代以同样的造型还设计有卡米高床 (Carmichael Bed, 图 3-3-59b) 和卡米高椅 (Carmichael Chair, 图 3-3-59c)。

(图 3-3-59c) 卡米高椅

(图 3-3-59b) 卡米高床

(图 3-3-60) 档案沙发

40) 档案沙发（Archive Sofa）- 由加拿大格斯现代设计团队设计的另一款沙发。档案沙发是一张独特的箱框结构的沙发，其暴露的胡桃木饰面胶合板让结构一览无遗，同时暴露的还有黄铜配件和粉末涂层的钢管椅腿。软垫织物面料柔化了钢与木的硬质感，造成一种别具一格的戏剧效果 **(图 3-3-60)**。

(图 3-3-61) 布斯法罗沙发

41) 布斯法罗沙发（Bucefalo Sofa）- 由意大利设计师埃马努埃莱·卡诺瓦（Emanuele Canova）设计，其创作灵感来自一匹叫作布西发拉斯的传奇黑马，这是只有亚历山大大帝能够驯服的著名坐骑。布斯法罗沙发仿佛是"记忆碎片收集"的一部分，其造型十分优雅，是沙发、躺椅和书柜的综合体，已经超越了一般的沙发设计概念。设计师希望为使用者提供一个不用移动便能解决日常需求的舒适家具，其流线型的造型使其适用于现代家居空间 **(图 3-3-61)**。

（图 3-3-62）迪瓦诺 - 劳斯沙发

42） 迪瓦诺 - 劳斯沙发（Divano Rolls Sofa）- 由意大利家居品牌必须意大利（Must Italia）出品，具体设计者与年份不详。迪瓦诺 - 劳斯打破常规方正的沙发造型，创作了一款看似流线型的意大利跑车沙发，黑色的丝绒衬托出其气质不凡的高贵气质，而通长的镀铬金属底座则体现出现代的气息，就像跑车上的镀铬装饰条。这是一张尺寸较大的沙发，适用于较大的现代空间（图 3-3-62）。

（图 3-3-63）泰坦沙发

43） 泰坦沙发（Titan Sofa）- 由美国设计师卡洛斯·加斯特鲁姆（Carlos Gastelum）于 2010 年设计。这是一张满足现代都市人群日常生活需求的沙发，人们可以在上面斜躺、阅读或者思考。其造型简洁、线条流畅，采用聚氨酯泡沫制作而成的椅背、扶手与坐垫浑然一体，充满雕塑感；其软垫面料色泽鲜艳活泼，与磨光铝合金拉丝椅腿形成对比，适用于现代都市家居空间（图 3-3-63）。

（图 3-3-64）哆啰哩沙发

44） 哆啰哩沙发（Do-Lo-Rez Sofa）- 由以色列裔英国艺术家与设计师罗恩·阿拉德（Ron Arad）于 2008 年设计，其创作灵感来自像素，以图像的基本单位作为设计的起点。从整体看，哆啰哩沙发也像起伏跳动的音符，充满变幻的韵律感。哆啰哩沙发提出了一个全新家具设计理念：让使用者参与设计，每一个柔软的、高低不同的立方体都可以依照使用者自己的意愿来任意组合在一起。因此，在每一家看到的哆啰哩沙发都会呈现出不同的形态（图 3-3-64）。

（图 3-3-65）波希米亚沙发

45） 波希米亚沙发（Bohemian Sofa）- 由西班牙裔意大利设计师帕翠西娅·奥奇拉（Patricia Urquiola）于 2008 年设计，是奥奇拉设计的波希米亚系列之一。这是一把源自传统沙发却又超越传统沙发的现代沙发，它大量采用传统手工技艺以及传统面料，但是赋予了传统新的生命和意义。波希米亚沙发的造型带有切斯特菲尔德沙发特征，但是大弧度弯曲的椅背与扶手，给予它游牧部落的豪放气质，极富时代气息，受到现代都市人群的热烈追捧（图 3-3-65）。

（图 3-3-66）罩衫沙发

46） 罩衫沙发（Smock Sofa）- 由西班牙裔意大利设计师帕翠西娅·奥奇拉于 2005 年设计的另一款沙发（图 3-3-64）。就像一位优秀的裁缝，奥奇拉熟练运用立体裁剪手法去处理舒适与豪华，实体与空隙，风格与优雅之间的关系。奥奇拉十分注重细节，她设计的全长拉链让沙发面料可以随时拆换；还有精致的褶皱缝合处理等细节，让罩衫沙发成为现代沙发当中的精品（图 3-3-66）。

（图 3-3-67）伍德罗世纪中现代箱形沙发

47） 伍德罗世纪中现代箱形沙发（Woodrow Midcentury Modern Box Sofa）- 由美国家具品牌卡迪尔（Kardiel）出品，是对 20 世纪 50 年代复古风格沙发的复制，具体设计者与年份不详。其柔软而舒适的坐垫与靠背包裹在一个简洁的纯胡桃木长方形木箱中，瘦高的椅腿让其显得轻巧又灵动。人们会惊讶于其优雅而成熟的造型，严谨而不失亲切，适用于偶尔需要休息的休闲和正式空间（图 3-3-67）。

沙发面料不仅仅影响着沙发的外观，也直接影响着沙发的耐用度与品质。每一种织物均有其与生俱来的品质与特征，因此认真挑选面料对于沙发至关重要。常用的沙发织物面料有以下七种：

1) 人造丝（Rayon）- 人造丝是沙发制造商的首选面料之一，其手感接近棉布或者丝绸，但是价格便宜很多。这种人造织物手感柔软并且抗褪色和霉变，非常适合需要经常清洁的沙发，就算直接置于阳光之下也无需担心花色褪尽。人造丝的缺点是不够经久耐用，一般使用几年之后就会显现出明显的磨损痕迹。

2) 丝绸（Silk）- 自古以来，丝绸因其丰富的色泽和细腻的手感而备受人们的喜爱，也是当今所使用的最结实的自然织物之一。因为丝绸吸水性高，所以色彩鲜艳，冬暖夏凉。此面料不太适合有儿童的家庭，并且必须专业清洁，爱惜使用，防止撕裂与污渍。丝绸是沙发面料当中比较昂贵的一种。

3) 腈纶织物（Acrylic）- 腈纶织物是一种手感与外观近似于自然羊毛的理想织物，价格相对低廉，经久耐用，非常适合有儿童的家庭。同时腈纶织物还具有抗褪色，不易起皱，不易沾污和易于清洁等特点。

4) 棉布（Cotton）- 棉布是传统上被应用得最多的沙发面料，它可以被染成五颜六色和缝制成任意款式，并且结实耐用，手感舒适，透气性好，非常适合气候炎热的地区。不过在使用的过程当中，需要特别注意避免直接暴露在阳光之下，以免褪色，同时还要避免让污渍过久停留，以免留下难以消除的痕迹。

5) 尼龙（Nylon）- 尼龙是一种非常耐磨的织物，适合使用较频繁的沙发，尤其适合有孩子和宠物的家庭使用。要注意的是尼龙在直接阳光照射下容易褪色。

6) 涤纶（Polyester）- 涤纶类似于尼龙，均为人造织物，花色漂亮，经久耐用。它还抗褪色，不易起皱，也非常适合有孩子和宠物的家庭使用。不过要避免让油性污渍在其上停留过久。

7) 微纤维（Microfiber）- 微纤维织物具有很高的抗污渍能力，并且手感舒适，极其牢固耐用。由于微纤维织物纺织密实，仅有极少的棉绒或者灰尘依附其上，所以是过敏症患者的首选。

3-4 矮沙发（Divan）

矮沙发的名称源自波斯语"diwan"，意指"政府办公室"或者"议事厅"，在中东地区会议室，它常常被靠墙摆放。矮沙发的概念大约于18世纪中叶从中东地区传入英国并得到了全新的诠释（图3-4-1），它盛行于1820至1850年期间，成为欧洲浪漫主义时期的室内主题，几乎每一间闺房都会有矮沙发。随着时代的发展，矮沙发在不同的国家和地区演绎出了不同的式样与作用（图3-4-2，图3-4-3）。

俄国与东欧的矮沙发意味着拉出式的沙发床（图3-4-4）；北美地区的矮沙发专指一种无靠背，可能有扶手的沙发，通常与靠枕搭配使用，与其中东地区的矮沙发原型近似（图3-4-5）；英国的矮沙发则由沙发转变成了"迪万床"（Divan Bed）——一种将矮沙发与床结合而成的床具，它由床垫与底座组成，底座提供一个充裕的储藏空间（图3-4-6）。

矮沙发是一种介于沙发与躺椅之间的一种躺/坐家具，它们之间似乎并无明确的区分和界线，不过更偏向于沙发床。矮沙发虽然也有两个软垫扶手和2~3个软垫靠背，但是大多数矮沙发的靠背既矮又无软垫，其靠背的主要作用是为了支撑大靠枕，因此在外观上与长沙发极为近似。有的矮沙发拥有好几个靠枕围合形成舒适的靠背与扶手，其靠背与扶手均低矮而且无软垫。有些人喜欢矮沙发的可调节性，即可以按照自己的意愿调整靠枕。矮沙发的重量相对于沙发更轻，移动起来更方便（图3-4-7，图3-4-8）。

由于矮沙发的尺寸较大，矮沙发逐渐从沙发演变成为床具——迪万床，相当于一张小床垫，两侧或者单侧装有装饰性的栏杆，靠背用靠枕支撑。由于迪万床兼具舒适性与多功能性，有些人直接把迪万床当作床具来使用；也有人在白天摆上各种靠枕使它看起来确实像沙发，晚上拿掉靠枕则当床使用（图3-4-9）。

（图3-4-1）18世纪意大利矮沙发

（图 3-4-2）19 世纪法国矮沙发

（图 3-4-6）迪万床

（图 3-4-3）19 世纪英国矮沙发

（图 3-4-7）现代矮沙发

（图 3-4-4）俄国矮沙发 - 沙发床

（图 3-4-8）现代矮沙发

（图 3-4-5）北美矮沙发

（图 3-4-9）范思哲矮沙发

3-5 躺椅 / 贵妃椅（Chaise Longue）

躺椅往往容易使人联想到现代铝质轻便折叠椅，它可以依靠，也可以完全躺平。不过最早的躺椅在法国被称为"长椅"，尽管这个名称早在躺椅本身出现之前就已经存在。躺椅专指白天休息使用的一种沙发，均非用于夜晚睡眠之用，也非为卧室而设计。

结合了椅子与坐卧两用长椅特点的躺椅源自古埃及（图3-5-1）。在古希腊神话传说的绘画当中，可以看到诸神斜倚在这样的躺椅上；在古墨西哥和非洲的家居文化当中也有出现，只是具体形式有所不同而已。古罗马时期的躺椅与餐桌联系在一起，当时的权贵们斜倚在躺椅上进食（图3-5-2）。

16世纪在法国出现的躺椅有着螺旋线形或者糖葫芦形雕刻的六条腿，椅腿之间用H形横杆连接，并且只在一端提供可倚靠的椅背；贵妇们把它当作进卧室睡觉之前，白天在家休息之用（图3-5-3a）。路易十五使得躺椅闻名于世，躺椅的名称也是源自法语，这一切使躺椅天生具备高贵的血统（图3-5-3b）。

人们常常把躺椅与18世纪的法国洛可可风格联系在一起，因为当时的躺椅通常与使用者的社会地位紧密相关，所以法国躺椅的面料与木料都极尽奢华、富贵，造型与雕刻无不精美绝伦（图3-5-4）。19世纪维多利亚风格盛行时期，很多躺椅模仿洛可可风格躺椅的式样（图3-5-5）。

大约在1830年，躺椅随着移民潮进入美国，并且逐渐演变成我们今天熟悉的甲板躺椅或者折叠躺椅，在海滩或者游泳池边随处可见（图3-5-6a，图3-5-6b）。

可调式躺椅是一种可以调节椅背角度和可以伸出搁脚板的躺椅，它可以使坐者舒适地斜躺着并被完全支撑着。简单的木质可调式躺椅最早出现于19世纪早期，搁脚板则迟至20世纪中叶才被加上去（图3-5-7）。今天的可调式躺椅是早期可调式躺椅与扶手椅结合的产物。

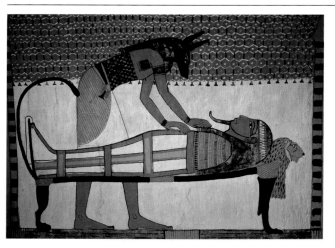

（图3-5-1）古埃及时期躺椅

（图3-5-2）古罗马时期躺椅

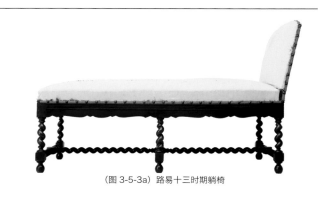

（图3-5-3a）路易十三时期躺椅

（图3-5-3b）路易十五时期躺椅

（图3-5-4）拿破仑帝国时期躺椅

（图 3-5-5）维多利亚时期躺椅

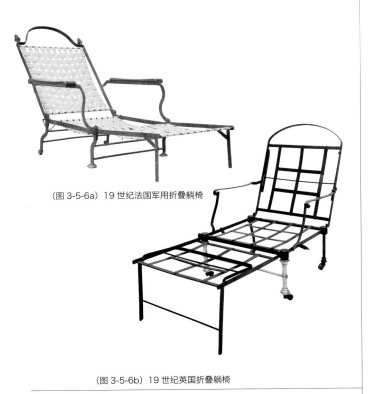

（图 3-5-6a）19 世纪法国军用折叠躺椅

（图 3-5-6b）19 世纪英国折叠躺椅

（图 3-5-7）20 世纪 30 年代木质可调式躺椅

历史上四大著名古典躺椅式样包括：

（图 3-5-8）20 世纪初贵妃躺椅

（图 3-5-9）20 世纪初贵妃躺椅

（图 3-5-10）现代贵妃躺椅

1）贵妃躺椅（Fainting Couch）- 出现于 20 世纪早期，由于当时的贵妇们身着紧身胸衣，经常容易感到头晕目眩，这种无靠背仅有单边扶手的沙发非常适合懒洋洋地斜躺着，还能够把脚搁上去休息，"晕眩沙发"是它的另一个别称（**图3-5-8，图3-5-9**）。事实上，现在的贵妃躺椅泛指任何斜躺长椅，用于坐与斜倚；其外形归类于椅子或者沙发，常用于私密空间，如图书室、书房或者卧室（**图3-5-10**）。

（图 3-5-11）18 世纪安乐躺椅

（图 3-5-12）18 世纪安乐躺椅

2） 安乐躺椅（Duchesse Brisee） - 18 世纪流行于法国上流社会的一种断开的组合躺椅，是由一把扶手椅加上一个长方形软垫搁脚凳组合而成，也有可能是两把扶手椅中间夹一个方形软垫搁脚凳（图 3-5-11，图 3-5-12）。

（图 3-5-13）大卫的《雷加米埃夫人》

（图 3-5-14）法国执政内阁时期雷加米埃躺椅

3） 雷加米埃躺椅（Recamier） - 因 19 世纪初法国画家雅克·路易·大卫（Jacques Louis David）的名画——《雷加米埃夫人》（Madame Recamier）而闻名于世。雷加米埃躺椅的两端升起，两侧边无任何靠背，有点类似于古典船型床，又称"休闲床"。当时仅流行于法国上流社会的沙龙（图 3-5-13，图 3-5-14）。

（图 3-5-15）19 世纪午后躺椅

（图 3-5-16）现代午后躺椅

4） 午后躺椅（Meridienne） - 19 世纪早期流行于法国富豪之家，其名源自其用途：午后休息。午后躺椅只有一端升起，搁脚端低下去，是一种外观呈非对称造型的躺椅（图 3-5-15，图 3-5-16）。

现代躺椅很多没有设计扶手，但是更注重人体工程学，表现出优美的曲线轮廓。很多现代躺椅就像是一件现代雕塑，在现代家具作品当中独树一帜。经典的现代躺椅包括但不限于：

（图 3-5-17）LC4 躺椅

1） LC4 躺椅（LC4 Chaise Lounge） - 由法国建筑师勒·柯布西耶于 1928 年设计的这把躺椅十分注重使用的舒适性，是早期现代躺椅代表作之一。这件极具功能性的躺椅由固定的支架和摆动的摇椅两部分组成（图 3-5-17）。

（图 3-5-18）悬臂躺椅

2） 悬臂躺椅（Cantilever Arm Chaise）- 由德国建筑师密斯·凡·德·罗（Mies Van Der Rohe）于 1927 年为德国斯图加特的魏森霍夫展而设计的悬臂躺椅，是 20 世纪家具设计的标志。这款躺椅充分表达了密斯"少即是多"的设计理念，符合人体工程学，造型精美，使用舒适（图 3-5-18）。

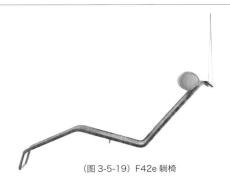

（图 3-5-19）F42e 躺椅

3） F42e 躺椅（F42e Reclining Chair）- 由德国建筑师密斯·凡·德·罗设计的另一把躺椅。这是密斯于 1930 年设计赫尔曼·兰格（Hermann Lange）私人住宅和私人博物馆之后于 1931 年设计的一件家具，它采用不锈钢管与编织柳条制作。不过今天见到的产品，是根据当年密斯的设计草图而新制作的（图 3-5-19）。

（图 3-5-20）躺椅 43 号

4） 躺椅 43 号（Lounge Chair 43）- 由芬兰建筑师与设计师阿尔瓦·阿尔托（Alvar Aalto）于 1936 至 1937 年间设计。阿尔托运用他擅长的弯曲木技术，将椅面曲线与扶手和基座曲线完美地融为一体。这把躺椅为现代躺椅树立了一个新标杆（图 3-5-20）。

（图 3-5-21）听我说躺椅

5） 听我说躺椅（Listen-to-me Chaise）- 由美国设计师爱德华·沃姆利（Edward Wormley）于 1948 年设计。它采用纯实木制作框架和椅腿，用皮革作为椅垫面料。其造型呈波浪形起伏，简洁而优雅，充满动感。这把由沃姆利半个多世纪前设计的躺椅在今天来看丝毫没有过时，仍然能够适应 21 世纪的室内空间（图 3-5-21）。

（图 3-5-22）ND-07 躺椅

6） ND-07 躺椅（ND-07 Chaise Longue）- 由丹麦设计师南娜·迪策尔（Nanna Ditzel）于 1951 年设计，于当年在哥本哈根木工协会展览 25 周年活动中首次展出，但是直至 2007 年才被商业化。这是一把完美体现北欧设计理念的代表作，其造型轻巧、简洁而优雅，结构简单、合理而牢固。其坐感舒适，适用于现代都市居住空间（图 3-5-22）。

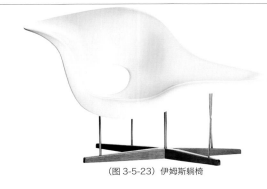

（图 3-5-23）伊姆斯躺椅

7） 伊姆斯躺椅（Eames La Chaise）- 由伊姆斯夫妇设计的这款躺椅堪称完美的现代艺术品，造型犹如一片漂浮的云朵，升起的一边既是扶手也是枕头。其材料由玻璃钢、金属和木头构成，是现代躺椅当中不可多得的精品（图 3-5-23）。

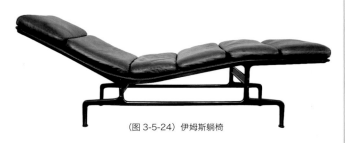

（图 3-5-24）伊姆斯躺椅

8） 伊姆斯躺椅（Eames Chaise）- 这是伊姆斯夫妇于 1968 年为导演比利·怀尔德量身定制的另一款现代躺椅。其严谨的线条与其设计的上一款躺椅的流畅线条形成鲜明对比 **(图 3-5-24)**。

（图 3-5-25）PK24 躺椅

9） PK24 躺椅（PK24 Chaise Lounge）- 由丹麦设计师保罗·克耶霍尔姆（Poul Kjaerholm）于 1965 年设计的另一款经典家具。此款躺椅是一件线条简洁，造型优雅，并且无懈可击的杰作 **(图 3-5-25)**。

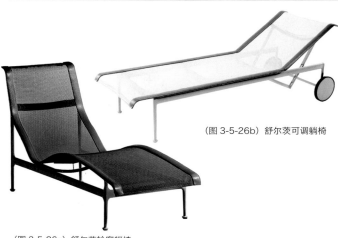

（图 3-5-26b）舒尔茨可调躺椅

（图 3-5-26a）舒尔茨轮廓躺椅

10） 舒尔茨轮廓躺椅（Schultz Contour Chaise Lounge）- 由美国设计师理查德·舒尔茨（Richard Schultz）于 1966 年设计。这是应另一位美国设计师佛罗伦斯·诺尔（Florence Knoll）的要求而设计的室外家具。诺尔要求这件家具不仅美观、舒适，还要能够承受盐雾的侵蚀。舒尔茨轮廓躺椅做到了，其材料选用粉末涂层铝材和聚酯网制作，最终被纽约现代艺术博物馆永久收藏 **(图 3-5-26a)**。与此同时，他设计的另一把躺椅——舒尔茨可调躺椅 **(Schultz Adjustable Chaise Lounge, 图 3-5-26b)** 同样成为现代室外躺椅的经典作品。

（图 3-5-27）里约躺椅

11） 里约躺椅（Rio Chaise Longue）- 由巴西建筑师奥斯卡·尼迈耶（Oscar Niemeyer）于 1978 年设计。被誉为"纪念碑雕塑家"的尼迈耶设计的这把表现抽象形式与曲线的现代躺椅是经典与永恒的代名词，这是尼迈耶与其女儿安娜·玛丽亚·尼迈耶的合作作品。与其建筑作品一样，尼迈耶有限的家具作品同样充满着女性的柔美线条，风情万种 **(图 3-5-27)**。

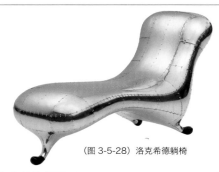

（图 3-5-28）洛克希德躺椅

12） 洛克希德躺椅（Lockheed Lounge Chair）- 由马克·纽森（Marc Newson）于 1986 年设计，那一年纽森还在悉尼艺术学院读书，躺椅一经问世便一鸣惊人。洛克希德躺椅的主体采用强化玻璃纤维制作，表面覆盖用盲铆钉拼接的薄铝板。其造型仿如某种神秘的飞行器或者某种未知的生物，线条光滑、流畅，给人一种随时准备起飞的感觉。根据洛克希德躺椅的最新拍卖行情，有人认为它是一件像家具的艺术品 **(图 3-5-28)**。

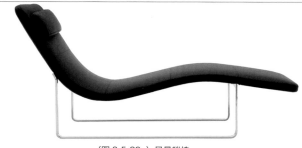

（图 3-5-29a）风景躺椅

13） 风景躺椅（Landscape Chaise Lounge）- 由美国设计师杰弗里·伯尼特（Jeffrey Bernett）于 2001 年设计的躺椅，是一件极简主义的代表作；其名来自躺椅如风景一般自然起伏的线条。风景躺椅是一款在视觉上与实际上均十分轻巧的躺椅，甚至轻巧到让人担心其承重力 **(图 3-5-29a)**。这款躺椅后来衍生出了椅腿呈弧形的摇椅款 **(Landscape Rocking Chaise Lounge, 图 3-5-29b)** 和侧面带扶手的贵妃椅款 **(Landscape 05 Chaise Lounge, 图 3-5-29c)**。

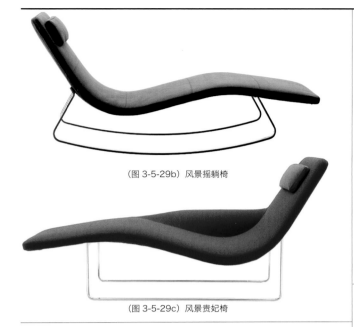

（图 3-5-29b）风景摇躺椅

（图 3-5-29c）风景贵妃椅

（图 3-5-30）MVS 躺椅

14） MVS 躺椅（MVS Chaise）- 由比利时设计师马尔登·范·塞夫恩（Maarten Van Severen）于 2000 年设计的躺椅。它与上面的风景躺椅有着异曲同工之妙，只是 MVS 躺椅用折线对比风景躺椅的曲线，均为极简主义设计的代表作品（**图 3-5-30**）。

15） 皮躺椅 04 号（Leather Lounge Chair 04）- 由比利时设计师马尔登·范·塞夫恩于 2002 年设计的另一把躺椅。这把躺椅是不锈钢与皮革的完美结晶，其构思巧妙，造型优雅，特别是那令人惊讶的转弯扶手。它没有任何多余线条，却最大限度地满足了功能需要，是高品质的现代躺椅的典范（**图 3-5-31**）。

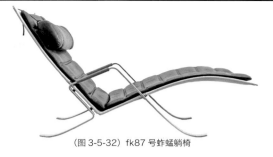

（图 3-5-32）fk87 号蚱蜢躺椅

16） fk87 号蚱蜢躺椅（fk87 Grasshopper Chaise）- 由丹麦设计师普雷本·法布里修斯（Preben Fabricius）和约尔根·卡斯特曼（Jorgen Kastholm）于 1968 年设计的躺椅是创意、品质和功能的综合体，也是优雅的代名词。在 20 世纪 60 年代，这是一款先锋杰作，其探索性的仿生设计刷新了人们对躺椅的看法（**图 3-5-32**）。

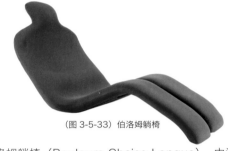

（图 3-5-33）伯洛姆躺椅

17） 伯洛姆躺椅（Bouloum Chaise Longue）- 由法国设计师奥利弗·莫尔吉（Olivier Mourgue）于 1968 年设计。这是一把非常奇特而有趣的躺椅，其人形的造型非常符合人体工程学，聚氨酯泡沫包裹钢板内壳，弯曲的钢管框架也隐藏于椅面之下，是一件让人印象深刻的躺椅杰作（**图 3-5-33**）。其玻璃纤维外壳版本则适用于室外空间。

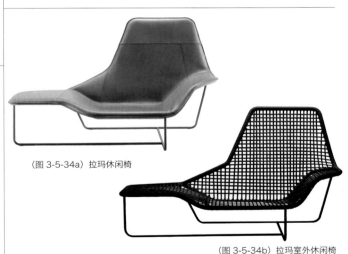

（图 3-5-34a）拉玛休闲椅

（图 3-5-34b）拉玛室外休闲椅

18） 拉玛休闲椅（Lama Lounge Chair）- 由意大利设计师帕隆巴夫妇（Ludovica + Roberto Palomba）于 2006 年设计。它既是休闲椅也是躺椅，是一款造型如现代雕塑一般优雅纤细的作品，坐感也非常舒适，可倚、可靠、可躺（**图 3-5-34a**）。它另外还有可供室外使用的钢丝版本（**图 3-5-34b**）。

（图 3-5-35）住宅躺椅

19） 住宅躺椅（Residential Chaise Lounge）- 由法国设计公司建筑研究所（Architecture & Associes）于 2012 年设计。住宅躺椅严谨的线条和错落的造型，让人感觉这是一款很有点建筑味道的现代躺椅。其直线特征丝毫未削弱其坐感的舒适度。其特别之处在于泡沫软垫与金属椅腿的材质对比（图 3-5-35）。

（图 3-5-36）长架躺椅

20） 长架躺椅（Longframe Chaise Lounge）- 由意大利设计师阿尔伯特·梅达（Alberto Meda）于 1992 年设计。长架躺椅结构十分稳固牢靠，PVC 覆盖聚酯网椅面的起伏曲线完全符合人体曲线，是一件现代躺椅的完美代表（图 3-5-36）。

（图 3-5-37）卡雷尔·多尔曼躺椅

21） 卡雷尔·多尔曼躺椅（Karel Doorman Chaire Longue）- 由荷兰设计师罗伯·埃克哈特（Rob Eckhardt）设计。这是一把有着现代雕塑美感的躺椅，造型由非对称梯形体块与曲线钢管线条构成。其结构稳定合理，比例协调，是现代躺椅当中难得一见的杰作（图 3-5-37）。

（图 3-5-38）伊罗拉 285 号躺椅

22） 伊罗拉 285 号躺椅（285 Eloro Chaise Lounge）- 由意大利设计师鲁道夫·多多尼（Rodolfo Dordoni）于 2008 年设计。这是一把看似轻巧实则牢固的现代躺椅，特别是其微斜的弯腿，为其上的软垫提供了一个稳定的基座（图 3-5-38）。伊罗拉躺椅是伊罗拉系列之一，它们包括扶手椅和沙发等，均致力于实现永恒的舒适与优雅，适用于任何现代空间。

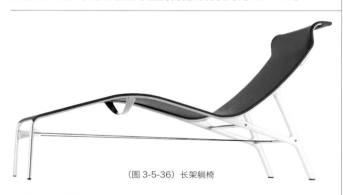

（图 3-5-39）我的椅子躺椅

23） 我的椅子躺椅（Mychair Lounge）- 由荷兰建筑师与设计师本·范·伯克尔（Ben van Berkel）于 2008 年设计。这把躺椅是伯克尔设计的我的躺椅系列之一，其造型展现出现代雕塑般的表现力，其强烈的色彩与动态的组合构成，带给人们全新的视觉享受，同时也提供了完美的舒适度。我的椅子躺椅是人们阅读、梦想和放松的最佳伴侣（图 3-5-39）。

（图 3-5-40）铜躺椅

24） 铜躺椅（Copper Chaise Lounge）- 由法国设计师保罗·马修（Paul Mathieu）设计。马修深受古印度铜叶技术的启发，与设计师斯蒂芬妮·奥迪哥德（Stephanie Odegard）一道完成了这件惊世骇俗的杰作。铜躺椅采用纯铜制作，拥有令人难以置信的工业与制作细节，包括所有的拼缝和边缘。其雕塑般的造型简洁、优雅、修长，与其说这是一把贵妃椅，不如说这是一件艺术品（图 3-5-40）。

（图 3-5-41）创世纪午后躺椅

25）创世纪午后躺椅（Genesis Meridienne）- 由意大利设计师詹尼·罗赛蒂（Gianni Rossetti）设计，其创作灵感来自古典家具。其结构采用实木制作，椅腿为镀铬金属材质；框架外部覆盖以聚氨酯泡沫塑料，表面饰以织物或者皮革。其造型优美，线条优雅，比例和谐，是一件令人赏心悦目的躺椅杰作（图 3-5-41）。

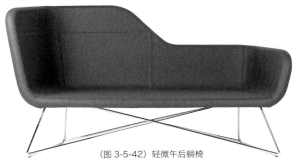

（图 3-5-42）轻微午后躺椅

26）轻微午后躺椅（Slight Meridienne）- 由瑞士设计师克里斯多夫·波邦（Christophe Bourban）和卢西亚诺·戴尔·奥雷菲切（Luciano Dell'Orefice）于 2013 年设计。轻微午后躺椅视觉效果十分轻盈，就像一片弯折的书页，柔软的壳体拥抱着使用者的身体。它采用玻璃纤维制作壳体，以及镀铬金属杆制作椅腿。其不规则的壳体造型能够适应不同的使用要求，适用于室内等区域（图 3-5-42）。

（图 3-5-43）第六大道曲线簇绒躺椅

27）第六大道曲线簇绒躺椅（Avenue Six Curves Tufted Chaise Lounge）- 由美国家具品牌办公室明星（Office Star）出品，具体设计者与年份不详。这是一款非常简单、实用和舒适的现代无扶手躺椅，集合了传统坐具的一些元素包括车削椅腿、军刀椅腿、涡卷椅背和钉扣等，同时也剔除了一些多余的装饰，使得线条更加简洁而优雅，适用于家居和办公空间（图 3-5-43）。

（图 3-5-44）爱躺椅

28）爱躺椅（Eyres Chaise Lounge）- 由中国设计师吴作光（Adriano Zuoguang Wu）设计，其名来自 19 世纪夏洛蒂·勃朗特（Charlotte Bronte）的小说《简·爱》（Jane Eyre）。爱躺椅的造型优雅流畅，温柔圆润，恰似简·爱的性格。其所有的边角均以圆角收边，加上精致的细节与光洁的材质，使得爱躺椅浑身散发无法抗拒的魅力（图 3-5-44）。

（图 3-5-45）仿天鹅绒贵妃椅

29）仿天鹅绒贵妃椅（Faux Velvet Reclining Chaise）- 由美国家具品牌克里斯托弗·奈特之家（Christopher Knight Home）出品，具体设计者与年份不详。这把贵妃椅身材窈窕，凹凸有致，充满动感的诱惑力。其造型更像一件现代艺术品，也完全符合人体工程学，在任何空间都能轻易成为视觉焦点（图 3-5-45）。

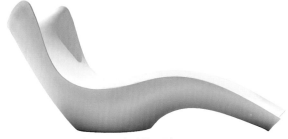

（图 3-5-46）冲浪日晒床

30）冲浪日晒床（Surf Sunbed）- 由埃及裔美国设计师卡里姆·拉希德（Karim Rashid）于 2010 年设计。这把通过旋转模塑技术制造的室外躺椅充满动感，正如其名所寓，椅面好似汹涌澎湃的波浪。色彩丰富的可回收塑料，能够给任何平静的泳池带来活力。其内部可以安装灯光来点亮夜晚的泳池池畔，是现代都市户外活动的理想伴侣（图 3-5-46）。

31）热带风潮躺椅（Tropicalia Chaise Longue）- 由西班牙裔意大利设计师帕翠西娅·奥奇拉（Patricia Urquiola）于 2008 年设计。这是一把外观十分轻巧的室外躺椅，它运用成熟的编织技术，采用管状钢结构制作框架，以及聚酯纤维双编织线制作椅面。它通过不同颜色的编织线组合而创造出生动活泼的外观效果，也是现代都市户外活动的好伴侣（图 3-5-47）。运用同样的制作技术和造型，热带风潮还推出了一系列，包括扶手椅、沙发、扶手椅、户外床和椅子等。

（图 3-5-48）波希米亚躺椅

32）波希米亚躺椅（Bohemian Chaise Longue）- 由西班牙裔意大利设计师帕翠西娅·奥奇拉于 2008 年设计的另一款躺椅，是奥奇拉设计的波希米亚系列之一。这把表面材质为织物或者皮革的躺椅饰以钉扣，其面料就像液体一样在椅面融化开来，形成一层柔软舒适的外壳。其造型热情奔放，现代时尚，充满游牧部落的豪放精神，适用于现代都市居住空间（图 3-5-48）。

（图 3-5-49）双织休闲椅

33）双织躺椅（Biknit Lounge Chair）- 由西班牙裔意大利设计师帕翠西娅·奥奇拉于 2012 年设计的又一款躺椅。双织躺椅集合金属、木材和织物于一体，创造出优雅的线条与舒适的坐感（图 3-5-49）。为了适应不同的需要，它提供室内与室外两个版本。

卧室躺椅专门为家庭主妇而准备，用于休息与放松，在旁边的小摆设桌上放置一盏台灯，就可以形成一个温馨的阅读角落。放在客厅里的躺椅适合阅读、休息与看电视，通常客厅里的躺椅面料应该选择比较经久耐用面料，现在有些沙发本身已经具备了躺椅的功能。

躺椅的下面可以放置一块小块地毯来强调其空间感。黑色皮革结合镀铬框架的躺椅可以搭配较厚的白色小块地毯；加厚软垫、花卉图案、木质框架结合的躺椅可以搭配维多利亚风格或者乡村风格的小块地毯。

盖毯也是躺椅的最佳搭档。搭一块盖毯在躺椅的搁脚部位，再放一只柔软的装饰性靠枕在枕头部位，尽量使靠枕看起来自然、随意。黑色的躺椅本身就是视觉焦点，可以选择带有斑马纹、几何图案，或者醒目单色的盖毯和靠枕。

室外躺椅常见于露台、平台、野餐营地或者游泳池边。这种室外躺椅为了抵御各种自然侵蚀，通常采用柳条、实木、塑料、金属和帆布制作，常用塑料带缠绕金属管材。同时为了便于远途旅行时携带，室外躺椅一般都可以折叠，通常可以调整三种状态：直立、斜躺和平躺。

3-6 沙发床（Sofa Bed/Bed Couch）

沙发床的历史可以追溯到古埃及，由当时的人们将棕榈树树枝或者树叶用绳子或者生皮绑在一块而成，它既用于睡眠也用于闲躺。在埃及艳后时期出现的沙发床曾经也在古罗马与古希腊风行一时（图3-6-1，图3-6-2，图3-6-3）。

在古印度留下的画面上，毗湿奴神就斜倚在一张由眼镜蛇卷成的沙发床上（图3-6-4）；在中国明朝时期有一种称作"卧榻"的沙发床很受欢迎（图3-6-5）。

法国路易十四时期的沙发床曾经风靡一时，它具备了巴洛克风格的所有华丽特质（图3-6-6）。维多利亚时期，有一种专为身着紧身胸衣的贵妇人而设计的"美人靠"沙发床（图3-6-7）。

今天的沙发床采用实木或者金属与织物制作，它只用软垫而不用弹簧床垫。有些人利用沙发床的下部空间设计储物抽屉。人们将沙发床靠墙放置，配上大尺寸靠枕，作为放松与休息之用。

（图3-6-1）影视作品当中埃及艳后与沙发床

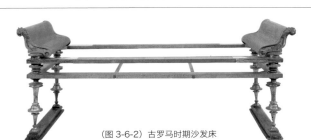

（图3-6-2）古罗马时期沙发床

（图3-6-3）影视作品当中古罗马时期沙发床

（图3-6-4）古印度毗湿奴神的沙发床

（图3-6-5）中国明清时期卧榻

（图3-6-6）路易十四时期沙发床

（图3-6-7）维多利亚时期沙发床

随着生活方式和居住条件的改变，今天市场上各式各样的新款沙发床层出不穷，而且有很多现代沙发都可以变身为沙发床。经典的现代沙发床包括但不限于：

（图 3-6-8）巴塞罗那沙发床

1）巴塞罗那沙发床（Barcelona Couch）- 又称"凉亭沙发床"（Pavilion Daybed），由德国建筑师密斯·范·德·罗（Mies van der Rohe）于 1929 年为巴塞罗那世博会德国馆设计。它由四根镀铬金属腿、床垫和一个圆筒形枕头组成，表面覆盖皮革面料。这是一件现代主义的标志性家具，是许多现代简约空间的常客（图 3-6-8）。

（图 3-6-9）AA1 沙发床

2）AA1 沙发床（AA1 Sofa Bed）- 由芬兰建筑师阿尔瓦·阿尔托（Alvar Aalto）于 1932 年设计。它采用镀铬钢管制作框架，扶手则为实木；可移动式软坐垫与靠背灵活机动。这张沙发床造型简练干净，构思巧妙合理，设计理念前卫。虽然历经半个多世纪，AA1 沙发床依然魅力不减（图 3-6-9）。

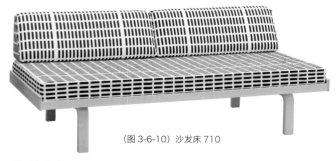

（图 3-6-10）沙发床 710

3）沙发床 710（Daybed 710）- 由芬兰建筑师阿尔瓦·阿尔托于 1933 年设计的另一款沙发床。这是一款构思巧妙，使用方便的沙发床，再次证明了一件好家具并非一定是构造复杂的家具，最简单的解决方法往往是最佳的方法。它能够非常轻松地从沙发转换为床具，而材料只是普通的桦木胶合板和 PU 泡沫床垫（图 3-6-10）。

（图 3-6-11）弗里德里希·基斯勒沙发床

4）弗里德里希·基斯勒沙发床（Friedrich Kiesler Bed Couch）- 由奥地利裔美国建筑师与设计师弗里德里希·基斯勒（Friedrich Kiesler）于 1935 年为纽约默根太姆公寓而设计。它为使用者短期坐与长期卧而设计了两个最舒适的靠背位置，对后来现代沙发床的影响深远（图 3-6-11）。

（图 3-6-12）PK80 沙发床

5）PK80 沙发床（PK80 Daybed）- 由丹麦设计师保罗·克耶霍尔姆（Poul Kjaerholm）于 1957 年设计。低矮的高度，反映了 20 世纪上半叶现代主义的设计理念和审美标准。PK80 沙发床的简洁造型和材料对比，使其适用于任何空间环境（图 3-6-12）。

（图 3-6-13）F16 倾斜沙发床

6）F16 倾斜沙发床（F16 Oblique Daybed）- 由德国家具公司特克塔（TECTA）设计。其名称似乎与其造型无关，因为倾斜沙发床的造型方正严谨，就连靠枕也是如此，透出一股德国人特有的工匠精神。它由镀铬钢管和带钉扣床垫构成，表面覆盖织物或者皮革，十分简洁实用（图 3-6-13）。

（图 3-6-14）坐牛沙发床

7）坐牛沙发床（Sitting Bull Day Bed）- 由德国家具公司兰伯特工作室（Lambert Werkstatten）设计。坐牛沙发床造型像一个"孤岛"，也像一辆超跑的底座。它采用表面经过特殊处理的纤维编织，具有牢固、防水、防撕、防紫外线、柔韧、耐磨和平滑等特点，非常适用于室外空间（图 3-6-14）。

（图 3-6-15）弯曲沙发床

8）弯曲沙发床（Sinus Day Bed）- 由丹麦设计师阿斯克·伊美尔·斯科夫高（Ask-Emil Skovgaard）于 2003 年设计。它运用斯科夫高最擅长的纯实木制作，展现其精湛的木工技艺。它既是床，也是躺椅或者条凳，是一件多功能的家具杰作（图 3-6-15）。

（图 3-6-16）照耀沙发床

9）照耀沙发床（Shine Sofa Bed）- 由丹麦设计公司巴斯克与赫索格（Busk+Hertzog）设计。这是一张舒适的多功能沙发床，与众不同的是其翻开的变换方式以及其亮丽的面料色彩，强调 21 世纪的时代感（图 3-6-16）。

（图 3-6-17）俱乐部会员沙发床

10）俱乐部会员沙发床（Clubber Sofabed）- 由丹麦设计师珀·魏斯（Per Weiss）于 2009 年设计。俱乐部会员沙发床永不过时的时髦造型极具 20 世纪中叶复古风的韵味，轻巧而典雅。其刚劲有力的镀铬金属斜撑椅腿极具张力，与弯曲胶合板扶手形成鲜明对比。其椅背可以轻松放倒变成一张舒适的床，是现代都市时尚人士的首选（图 3-6-17）。

（图 3-6-18）黄昏卧沙发

11）黄昏卧沙发（Twilight Sleeper Sofa）- 由丹麦设计师弗莱明·布斯克（Flemming Busk）设计，是 1999 年丹麦奥胡斯建筑学校（Arhus School of Architecture）家具竞赛的优胜者。这张获奖沙发床由一个简单的圆柱体和一个矩形方块组成。它结构紧凑，构思巧妙，收放自如，可以调整出从一张单人床到双人床再到两张单人床，是都市小型居住空间的理想家具（图 3-6-18）。

（图 3-6-19）蒂凡尼·卡萨·威尔希尔折叠式人造革沙发床

12）蒂凡尼·卡萨·威尔希尔折叠式人造革沙发床（Divani Casa Wilshire Fold-Out Leatherette Sofa Bed）- 由美国家具品牌 VIG 家具（VIG Furniture）出品，具体设计者与年份不详。这张沙发床造型简洁，线条以直线为主，具有 20 世纪中叶的复古情调。其椅腿采用不锈钢制作，软垫面料采用优质人造革内填聚氨酯泡沫和弹簧。它能够轻松实现沙发与床具之间的转换，适用于都市公寓空间（图 3-6-19）。

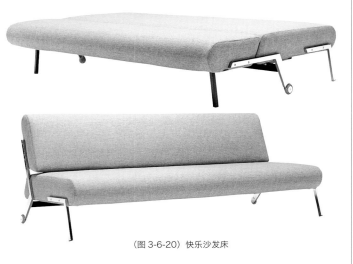

（图 3-6-20）快乐沙发床

（图 3-6-22）折叠式沙发床

13） 快乐沙发床（Debonair Sofa Bed）- 由法国设计师马克·勒巴斯（Marc Lebas）和丹麦设计师珀·魏斯（Per Weiss）合作设计。这是一张线条简洁干净，体态优雅圆润的沙发床。其表面看不见任何按钮或者拼接缝，功能转换操作只需推倒靠背便可轻易完成，这要归功于精准角度的后椅腿设计。快乐沙发床从任何角度看起来都是那么温文尔雅，无论摆在房间任何位置都能成为视觉焦点 **(图 3-6-20)**。

（图 3-6-23）拉出式沙发床

（图 3-6-21）蜘蛛沙发床

14） 蜘蛛沙发床（Spider Sofa Bed）- 由美国家具品牌创意家具（Creative Furniture）出品，具体设计者与年份不详。蜘蛛沙发床的外观看似平淡无奇，其奥妙隐藏于精密的机械设计之中，使得其功能转换操作变得轻松自如。其镀铬钢框架与柔软的织物或者皮革面料形成反差对比，适用于任何现代家居空间 **(图 3-6-21)**。

折叠式沙发床类似于日式沙发床，沙发床与沙发合二为一，共用一个床垫，拉起为沙发，躺平为床具。这一类沙发床通常没有扶手或者可移式扶手。折叠式沙发床分为双折与三折两种折叠方式 **(图 3-6-22)**。

有一种拉出式现代沙发床，床垫与床架均可折叠之后嵌入沙发坐垫底部。当沙发床拉出之后，床腿也伸出支撑床架与床垫，而沙发的靠背与扶手则成为沙发床的床头板 **(图 3-6-23)**。沙发床非常适合放在客厅与家庭厅，方便客人临时睡觉之用；放在书房自己可以随时休息，或者也方便客人；放在客人房则显得比较随意与轻松。

3-7 日式沙发床（Futon）

古埃及的美索不达米亚人与巴比伦人使用一种棉花床具，因为它制作简单，冬暖夏凉，后来这种棉花床具传入日本，并发展成为日式沙发床。那种晚上铺在地板上睡觉，白天收藏起来的日式床垫成为日本传统文化的一部分（图3-7-1）。

现代的日式沙发床是指床支架可以折叠成沙发状的沙发床，它是由移民至美国的日本人为了满足美国人离开地面睡觉的生活习惯而在日式床垫的基础之上改造而来的。日式沙发床后来成为都市里拥挤公寓家具与学校校舍家具的首选，因为它兼具坐具与床具的双重功能而深受人们的喜爱（图3-7-2）。

今天的日式床垫面料有棉布、涤纶、皮革、绒面革、兽纹、单色、图案、平针和绣花等选择，它们中间有很多都可以拆洗。

日式沙发床的支架材料、表面处理与机械原理不尽相同。

折叠方式包括双折与三折两种（图3-7-3，图3-7-4）。床垫的厚度根据使用目的与折叠方式来选择，注意太厚的床垫不方便折叠，其柔软度分为软、中、硬三种。

填充材料包括了纯棉、泡沫、涤纶、羊毛与内装弹簧。纯棉床垫较重，中等硬度，但是会随时间越压越紧；泡沫床垫轻质、舒适又稳定，没有压紧问题；涤纶床垫质轻而柔软，但是会随时间变硬；羊毛床垫刚硬，不够柔软，价格较高；内装弹簧床垫有点像传统床垫，质量较重并且价格高。

如果日式沙发床主要作为床具使用，不需要折叠，那么可以选择厚床垫；如果要同时兼具沙发与床的功能，那么选择比较柔软的床垫。每个人对于柔软度的要求和感觉不尽相同，所以购买日式沙发床最好以亲身感受为准（图3-7-5，图3-7-6）。

（图 3-7-1）传统日式床垫

（图 3-7-3）日式双折沙发床

（图 3-7-5）日式沙发床床架

（图 3-7-2）现代日式沙发床

（图 3-7-4）日式三折沙发床

（图 3-7-6）日式沙发床

3-8 皮沙发（Leather Sofa）

　　尽管沙发的历史可以追溯到阿拉伯人统治时期，但是皮沙发的流行则迟至 20 世纪 60 年代，起源于当时人们对皮革制品的狂热追求，其中包括皮衣的盛行。皮沙发几乎成为当时追求时髦家庭的必需品。今天人们仍然视皮沙发为舒适与品位的象征，无论是家庭还是办公室，它都是空间的视觉焦点，其冷峻与高雅令时尚界和大众都为之痴狂。皮沙发适合于同时坐 2~3 人，其软垫面料包括皮革和绒面革二种。

　　长期以来，高品质的皮沙发一直都是典雅与奢华的象征，是典雅环境与高贵气质的缔造者。高品质的皮沙发离不开硬木框架，从而保证所有的绷紧和固定方法经得住考验。高品质的皮沙发冬暖夏凉，并且能够保持不变形。不过应该注意避免让皮沙发直接暴露在阳光下，并且避免让它与散热器或者散热通风口靠得太近。

　　最重要的考虑因素是皮革本身，半皮软垫意味着只有坐面与靠背等部位才使用真皮革，而背面与两侧则可能是近似的织物。再生皮革是指回收与再加工的皮革；人造皮革则根本不是皮革，它是采用乙烯基或者塑料制造的仿皮产品。

　　经销商减价处理往往有其原因，过时或者断色都需要被清仓处理掉。不过对流行式样或者色彩需要特别小心谨慎，因为任何现在流行的，可能几年之后很快就会被淘汰掉。

　　经过特殊处理的皮革表面散发着诱人的光泽，其中的经典代表包括庞大的切斯菲尔德沙发、饰穗的挡风椅、马鞍扶手沙发和双垫酒吧沙发等。

　　应用于沙发的真皮革种类包括：

　　1） 全苯胺革（Full Aniline Leather）- 最豪华的真皮又称全苯胺革，价格比较贵，而且容易被玷污或者损伤。

　　2） 正绒面革（Nubuck Leather）- 真皮被特殊处理后感觉像绒面革的正绒面革，效果特别，但是最难维护。

　　3） 拉苯胺革（Pull-up Aniline Leather）- 采用特殊蜡与涂油做旧处理的拉苯胺革，价格比较贵，磨损不均匀会产生明显的色差对比。

　　4） 半苯胺革（Semi-aniline Leather）- 涂有一层特殊保护层的半苯胺革，保护层能防止玷污，比全苯胺革更经久耐用，并且更易维护。

　　5） 染色革（Pigmented Leather）- 为了颜色的一致性而经过染色后抛光处理过的染色革，价格较低，色彩历久弥新。

　　采用头层皮制作的沙发可以享用一生，采用二层皮制作的沙发则能用 5 年左右。皮沙发比布艺沙发更经久耐用，也更易维护，特别是头层皮会随着时间的推移而变得更柔软和更美观。染色革上的污渍只需要清水和软布就能清除干净。

　　对于深色皮沙发，可以应用一些色彩鲜艳的靠枕，如浅蓝色、奶黄色和暗橙色等，或者中性色设计，如漩涡、条纹和棋格等。如果期望更高雅的效果，可以选择白色地毯、靠枕和窗帘等，并且用鲜艳的红玫瑰色点缀。

　　由于皮沙发的体量与质感比较庞大而醒目，需要应用一些柔软的织物去软化空间，比如绒线、盖毯和棉纱窗帘等。此外，可以在同一空间应用深色木质的家具与之取得平衡。

　　经典的传统皮沙发式样包括：

（图 3-8-1）法式皮躺椅

　　1） 皮躺椅（Chaise Lounge）- 曾经在法国上流社会风行一时，通常带有 6~8 条椅腿（图 3-8-1）。

（图 3-8-2）达尔波特皮沙发

　　2） 达尔波特皮沙发（Davenport）- 由达文波特公司制造，在二次世界大战之前曾经是沙发床的代表。其外观厚实、丰满，造型简单（图 3-8-2）。

（图 3-8-3）诺尔皮沙发

　　3） 诺尔皮沙发（Knole）- 17 世纪英国的诺尔皮沙发并不常见，它具有同样高耸的直靠背与扶手，独特的式样与宽敞、舒适的坐感。传统诺尔皮沙发的标志性特征为扶手与靠背的连接处饰以尖顶饰，不过现代版的诺尔皮沙发已经去除了这个装饰性的构件；其可升降的扶手也是其标志性的特色（图 3-8-3）。

（图 3-8-4a）切斯特菲尔德皮沙发

（图 3-8-4b）切斯特菲尔德巴尔莫勒尔皮沙发

（图 3-8-4c）卡斯尔福德切斯特菲尔德皮沙发

4） 切斯特菲尔德皮沙发（Chesterfield）- 由菲利普·斯坦霍普（Philip Stanhope）委托设计的切斯特菲尔德皮沙发模仿自达文波特皮沙发，但是切斯特菲尔德皮沙发的卷筒形扶手与靠背等高，其靠背、扶手和坐面均饰以钉扣，并且暴露其华丽的椅腿 (图 3-8-4a)。另有一款切斯特菲尔德皮沙发的扶手向外伸展得更远，叫切斯特菲尔德巴尔莫勒尔皮沙发 (Chesterfield Balmoral，图 3-8-4b)，还有一款叫卡斯尔福德切斯特菲尔德皮沙发 (Castleford Chesterfield，图 3-8-4c)。

（图 3-8-6）劳森皮沙发

6） 劳森皮沙发（Lawson）- 劳森皮沙发造型简洁，其主要特征为矮扶手与略高的靠背。与劳森布艺沙发不同的是，劳森皮沙发通常暴露椅腿 (图 3-8-6)。

（图 3-8-7）塔克西多皮沙发

7） 塔克西多皮沙发（Tuxedo）- 流行于 20 世纪五六十年代，其扶手与靠背等高，线条简练。它通常暴露倒锥形的木椅腿 (图 3-8-7)。

对于柔软舒适并带有磨损痕迹的乡村风格皮沙发来说，最适合它们的地方莫过于乡村农舍、原木小屋或者任何希望更朴实的居住环境，与之搭配的家具包括实木和锻铁家具，以及柳编桌椅等。

20 世纪末至 21 世纪初流行的当代皮沙发适合与当代风格的锻铁家具、木质家具和软垫家具搭配应用；如果与古典家具同处一室，应该选择比较简洁的殖民和联邦风格的家具。与现代家具搭配基本没问题，但是应注意避免过于张扬的现代家具。

现代风格皮沙发以其光洁、极简而流畅的线条著称，通常饰以镀铬或者钢材，与之搭配的家具同样采用镀铬或者钢材，以及透明玻璃或者光洁塑料等。如果希望更有趣的折中效果，可以尝试将之与传统、古典和当代家具混搭，取得一种美妙的平衡美感。

（图 3-8-5）齐朋德尔皮沙发

5） 齐朋德尔皮沙发（Chippendale）- 18 世纪流行英国的沙发式样，因其靠背中间隆起如驼峰，故又称" 驼背沙发"，直立造型，中等软垫 (图 3-8-5)。

3-9 组合沙发（Sectional Sofa）

组合沙发大约出现于20世纪80年代,盛行于80年代晚期。人们发现这种设计简单的坐具的方便性与灵活性,与电视文化的发展不无关系,也与现代都市生活空间的日益缩小息息相关。

常见的组合沙发包括了传统组合沙发与现代组合沙发两大类。传统组合沙发借鉴了许多古典家具的符号与特征,比如曲线、拱形与复杂的装饰线条等;其面料包括了皮革与布艺,它们代表着高雅与品质（图3-9-1）。现代组合沙发造型简洁,线条简练,色彩丰富,尺寸多样,无多余装饰,椅腿外露,适合小面积客厅;其面料同样包括了皮革与布艺,它们象征着整洁与简约（图3-9-2）。

组合沙发是由一系列独立的坐具组合而成,可以根据需要变换组合方式,这一特性使得组合沙发比传统沙发组合更为灵活多变,能够适应不同的功能需求。组合沙发通常由两部分沙发形成90度,这是自20世纪中叶以来最受欢迎的沙发布置方式。正因为其独特的式样,组合沙发有时也被称作"角沙发"（Corner Sofa）。

（图 3-9-1）传统组合沙发

（图 3-9-2）现代组合沙发

相对于传统的单件沙发设计作品,现代组合沙发的设计作品要减少很多,大多数组合沙发看起来都千篇一律,平淡无奇,不过仍然有一些优秀设计师的作品值得我们关注。经典的现代组合沙发包括但不限于:

（图 3-9-3）莱克斯角沙发

1) 莱克斯角沙发（Lex Corner Sofa）- 由法国设计师帕特里克·诺尔盖（Patrick Norguet）于 2004 年设计。这套干净简练的组合沙发用最少的线条清晰表达出了组合沙发的基本概念:简单、舒适和优雅。它采用抛光不锈钢基座来支撑沙发软垫,软垫面料颜色素雅,适用于素色的时代简约空间（图 3-9-3）。

（图 3-9-4）尼奥组合沙发

2) 尼奥组合沙发（Neo Sectional）- 由丹麦裔加拿大设计师尼尔斯·本特森（Niels Bendtsen）设计。这套沙发外表看似平淡无奇,其耐用性和舒适性来自其坚固耐用的钢制强化复合木框架和钢制弹簧悬挂系统。其坐垫采用无氟聚氨酯,并且采用连续的 Dacron 聚酯纤维软化包裹,适用于任何现代室内空间（图3-9-4）。尼奥系列还包括有扶手椅、沙发和软垫搁脚凳等。

（图 3-9-5）峡谷组合沙发

3) 峡谷组合沙发（Canyon Sectional）- 由丹麦裔加拿大设计师尼尔斯·本特森（Niels Bendtsen）设计的另一套组合沙发。峡谷组合沙发造型十分简洁,线条以直线为主。在常规沙发弹簧之上安装织物的基础上,其焊接钢框架结合轮廓泡沫、梭织化纤包和可拆换沙发套。它还在钢框架上安装汽车制造中使用的机织悬架系统,使得峡谷组合沙发看起来轻巧无比（图3-9-5）。

（图 3-9-6）派拉蒙组合沙发

4) 派拉蒙组合沙发（Paramount Sectional）- 由美国蓝点家具公司（Blu Dot）于 2007 年出品。这是一套非常经典的组合沙发,能够适应任何装饰风格。其造型简洁,坐感舒适。它采用硬木与胶合板制作框架,不锈钢椅腿支撑宽松的软垫。软垫面料为中性灰色,因此能够与任何色彩搭配（图3-9-6）。

（图 3-9-7）低地躺椅组合

5）低地躺椅组合（Lowland Chaise Composition）- 由西班牙裔意大利设计师帕翠西娅·奥奇拉（Patricia Urquiola）于2000 年设计，是奥奇拉设计的"地形"低地系列之一。其厚实的靠背和坐垫就像河流中的大块鹅卵石，给人平安稳当的感觉；特别是沙发两端从地面升起并向内弯折的搁板令人印象深刻。其主要材料包括实木框架、聚氨酯泡沫塑料和钢质椅腿 **(图 3-9-7)**。

（图 3-9-8）裂谷组合沙发

6）裂谷组合沙发（Rift Composition Sofa）- 由西班牙裔意大利设计师帕翠西娅·奥奇拉（Patricia Urquiola）于 2009 年设计，其创作灵感来自自然界的裂谷地貌特征。整个沙发由意想不到的多层板块碰撞与叠加而成，由此产生不可预测的动感。主体框架采用硬木外裹聚氨酯泡沫，裂谷组合沙发能够让最正式的空间流动起来 **(图 3-9-8)**。

（图 3-9-9）大岛 3 座沙发带躺椅

7）大岛 3 座沙发带躺椅（Big Island 3 Seat Sofa with Chaise）- 由挪威设计工作室安德森与沃尔（Anderssen & Voll）于 2015 年设计，其创作灵感来自人们渴望与世隔绝的世外小岛。安德森与沃尔希望带给人们一个愿意坐下来并且完全放松的地方。与大部分组合沙发不同，这套组合沙发是一个单独的 3 人座沙发和一个单独的躺椅，为消费者提供了更多的选择性 **(图 3-9-9)**。

（图 3-9-10）巴伯与奥斯戈比非对称沙发带躺椅

8）巴伯与奥斯戈比非对称沙发带躺椅（Barber & Osgerby Asymmetric Sofa with Chaise）- 由英国设计师爱德华·巴伯与杰伊·奥斯戈比（Edward Barber & Jay Osgerby）于2014 年设计。这套组合沙发采用高密度泡沫制作，表面更是采用高密度记忆海绵，因此产生比较充实饱满的视觉和实用效果。其椅腿为压铸铝，软垫面料有织物与皮革可选，是现代都市居住空间的理想坐具 **(图 3-9-10)**。

（图 3-9-11）奥特利角单元沙发 398 号

9）奥特利角单元沙发 398 号（Otley Corner Unit Sofa 398）- 由英国设计师马修·希尔顿（Matthew Hilton）设计，马修以英格兰西约克郡的奥特利镇来命名这套沙发，因为奥特利起伏的地平线和当地盛产现代雕塑家。这套角沙发的椅背也有着优雅的起伏线，以及从视觉上就能够感受得到的舒适度。这是一套名副其实的角沙发，其两边长度几乎相等 **(图 3-9-11)**。

无论是拆散使用还是搬运移动，组合沙发都比传统 3-4 人座的长沙发更具灵活性和实用性。组合沙发的面料与式样丰富多彩，价格适中，是当今都市家居的主要元素。它适合大空间里多人同时使用，也可以舒适地平躺或者斜倚。其设计简洁、干净、充满时代感，同时也能够最大限度地利用空间。组合沙发可以极大地激发人们将之与其他式样的家具混搭的创造力。

组合沙发通常都有 4~7 个组成部分，并由此可以变幻出许多种组合方式。最主要的组成部分包括软垫坐面与靠背，1~2 个左边或者右边的组成部分带有扶手，它们可以组成长条形的长座位形式和 L 形的传统座位形式，因此能够满足大多数人的家居需要。

最基本的组合沙发通常由两个软垫座椅与一个躺椅组合，兼具坐具与床具的双重功能。有些组合沙发的底部还具备储物功能，也有些组合沙发增加一个软垫搁脚凳来代替咖啡桌。更豪华的组合沙发具有加温和按摩的功能，以及斜躺的功能，有些豪华型还配置电子扩展台和音响系统等，关于组合沙发的新功能开发可谓永无止境。

CHAPTER 4 桌子

4-1 桌子简史

最早的桌子据记载是由古埃及人制造并使用，那时的桌子不过是一块平石板，使物品不直接放在地面上。食物与水被放在一个大盘子上，然后再搁在一个台基之上供人使用（图 4-1-1, 图 4-1-2）。

古希腊人与古罗马人开始更多地使用桌子，主要用于进餐。古希腊人在用完餐之后会把桌子推入床底。古希腊人还发明了一种类似于独腿桌的桌子，它是由台柱支撑一张可分离的台面组合而成（图 4-1-3）。

古罗马人也发明了一种半圆形的桌子。整个中世纪时期的家具均未超越其前期或者后期的家具。东罗马帝国的桌子开始出现了四条桌腿，并且带有 X 形斜撑；当时的桌子造型非圆形即半圆形（图 4-1-4）。

而在西欧，国与国之间战争不断，导致传承下来的知识不断流失。当时的家具均必须适应经常搬动的要求，搁板桌因此而诞生（图 4-1-5）。

虽然在 15 世纪或者更早，细木工制作的小圆桌已经出现，哥特时期的箱子更为盛行，并且经常作为桌子使用（图 4-1-6, 图 4-1-7）。

修道院食堂中使用的长餐桌迟至 16 世纪才出现，作为搁板桌的升级版。这种长餐桌经常放在城堡内的大厅或者会客厅内，专为在那里举行的大型宴会而准备（图 4-1-8, 图 4-1-9）。

许多古典桌子为了节约空间，均可以在不用的时候折叠靠墙放置，例如搁板桌和活板桌等。

（图 4-1-1）古埃及石桌

（图 4-1-2）古埃及桌子复制品

（图 4-1-3）古希腊时期桌子复制品

（图 4-1-4）古罗马时期石雕桌

（图 4-1-5）古罗马时期石雕桌

（图 4-1-6）哥特时期桌子

（图 4-1-7）哥特时期箱形桌子

（图 4-1-8）16 世纪修道院餐桌

（图 4-1-9）16 世纪修道院餐桌

4-2 搁板桌（Trestle Table）

搁板桌是最古老的桌子形式之一。古罗马时期，搁板桌采用石材或者大理石制作（图 4-2-1）。大约到了 16 世纪，搁板桌已经成为家庭当中最重要的家具之一。中世纪时期的桌子为支架上放上一块木板，这样方便随时安装或者存放。当时的搁板桌基本采用橡木和松木制作（图 4-2-2）。搁板桌是一件不经常使用的家具。

中世纪的王公贵族们热衷于利用繁复装饰的家具来体现其身份与地位，普通百姓则更注重家具的实用性。搁板桌有两组支撑腿分布在桌面下方的两端，连接支撑腿的一根纵向连接杆接近地面或者接近桌面。其整体结构一目了然，木材的自然美一览无遗。其轻松安装与存放的特性使它成为休闲桌的首选，并且一直保持着餐桌的普遍式样。围绕搁板桌就坐之人，无需担心像四腿桌那样有妨碍腿部的桌腿（图 4-2-3）。

今天的搁板桌已经成为擅长于托斯卡纳或者维多利亚装饰风格的家庭装饰师的必选家具式样之一（图 4-2-4, 图 4-2-5）。同时搁板桌也非常适合美国西部乡村或者农场装饰风格（图 4-2-6）。在欧美许多家庭里，仍然在使用其祖先传承下来的搁板桌，搁板桌随着时间的流逝，会更显出其沉稳、古朴与典雅的气质。值得注意的是，搁板桌这件古老的家具也能够与现代风格的室内装饰和谐搭配、相得益彰，并且能够产生十分有趣的、时空穿越般的视觉效果（图 4-2-7）。

搁板桌除了最常见的长方形之外，也有椭圆形、圆形和正方形，几乎能够适用于任何房间。很多人喜欢把搁板桌放在厨房作为工作台使用，其实也十分适合作为随意使用的早餐桌或者点心桌，并且常常搭配与之相衬的条凳或者条形软座（图 4-2-8）。

（图 4-2-1）古罗马时期大理石雕桌子

（图 4-2-2）中世纪搁板桌

（图 4-2-3）16 世纪搁板桌

（图 4-2-4）托斯卡纳搁板桌

（图 4-2-5）维多利亚式搁板桌

（图 4-2-6）西部乡村搁板桌

（图 4-2-7）传统搁板桌

（图 4-2-8）现代搁板桌

尽管搁板桌是一种古老的桌子式样，但是今天仍然有很多人对它情有独钟。今天仍然有一些现代设计师创作出现代版的搁板桌，它们常常采用传统木工所使用的锯木架（Sawhorse）结构来充当桌腿，经常被当作餐桌或者书桌来使用。经典的现代搁板桌包括但不限于：

（图 4-2-9）列奥纳多桌

1）列奥纳多桌（Leonardo Table）- 由意大利设计师阿切勒·卡斯蒂格利奥尼（Achille Castiglioni）于 1940 年设计，其名称灵感来自文艺复兴时期艺术家列奥纳多·达·芬奇（Leonardo Da Vinci）。列奥纳多桌的桌腿为可调五个位置的木质锯木架，桌面采用白色刨花板或者玻璃。列奥纳多桌为日后运用锯木架作为桌腿的设计开创了先河 **(图 4-2-9)**。

（图 4-2-10）尼尔森 X 形腿桌

2）尼尔森 X 形腿桌（Nelson X-leg Table）- 由美国设计师乔治·尼尔森（George Nelson）于 1950 年设计。它采用钢管与层压板制作，呈 X 形张开的桌腿造型简洁洗练。虽历经半个多世纪，尼尔森 X 形腿桌的魅力依然如新，对后来的 X 形桌腿影响深远。这是一张多功能的桌子，适用于用餐和办公空间 **(图 4-2-10)**。

（图 4-2-11）马吉斯剧场搁板桌

3）马吉斯剧场搁板桌（Magis Teatro Trestle Table）- 由法国设计师马克·贝尔提耶（Marc Berthier）于 1979 年设计。这是一张与列奥纳多桌有着异曲同工之妙的搁板桌，深受艺术家和设计师的喜爱。其桌腿采用可调整高度的榉木支架，其桌面则为钢化玻璃或者中密度纤维层压板，适用于现代办公空间 **(图 4-2-11)**。

（图 4-2-12）托利克斯工业 Y 型搁板桌

4）托利克斯工业 Y 型搁板桌（Tolix Industrial Y Trestle Table）- 由奥地利家具品牌索尼特（Thonet）出品，具体设计者与年份不详。这张带有工业风的搁板桌外观时尚，比例协调。其优雅修长的桌腿采用镀锌钢制作，然后粉末喷涂白色或者黑色漆，桌面则为实木贴皮。其造型简洁干净，适用于现代居住空间 **(图 4-2-12)**。

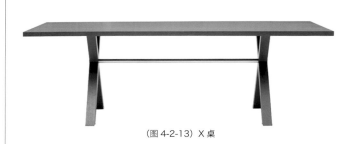

（图 4-2-13）X 桌

5）X 桌（X Table）- 由丹麦裔加拿大设计师尼尔斯·本特森（Niels Bendtsen）于 2000 年设计。其桌腿由实木 X 形腿与不锈钢连接杆组成，其桌面则为实木、芯板与贴面板的组合。X 桌造型借用传统 X 形桌腿，但是线条干净简洁，适用于任何现代室内空间 **(图 4-2-13)**。

（图 4-2-14）弯弓搁板桌

6） 弯弓搁板桌（Bow Trestle Table）- 由英国设计师本杰明·休伯特（Benjamin Hubert）于 2013 年设计，是本杰明设计的弯弓桌系列之一，其特征为采用软钢冷轧薄板拉伸技术制作桌腿，此技术能够为重量提供强大的支撑力。熟练运用新技术和新造型，弯弓搁板桌用现代设计语言重新赋予了传统搁板桌新的生命（图 4-2-14）。

（图 4-2-15）詹妮弗·纽曼搁板桌

7） 詹妮弗·纽曼搁板桌（Jennifer Newman Trestle Table）- 由英国设计工作室詹妮弗·纽曼工作室（Jennifer Newman Studio）于 2012 年设计。这张搁板桌看似简单，却是一张多用途的家具，比如咖啡厅桌、办公桌或者会议桌。其桌腿采用镀锌钢制作，表面再进行粉末涂层面漆处理；其桌面则为胶合板（图 4-2-15）。

（图 4-2-16）海怪搁板桌

8） 海怪搁板桌（Leviathan Trestle Table）- 由德国设计师迈克尔·伯纳德（Michael Bernard）设计。这张构思巧妙的搁板桌需由消费者购买后将构件轻松组装而成，这些构件包括两个轻质线管桌腿和一块胶合板桌面。这种鼓励使用者参与的家具使其带有主人的烙印（图 4-2-16）。

（图 4-2-17）窦搁板桌

9） 窦搁板桌（Sinus Trestle Table）- 由德国设计师洛尔希（Lorch）与齐默尔曼（Zimmermann）于 2011 年创立的家具品牌 L&Z 出品，具体设计者与年份不详。窦搁板桌的外观看似简单，其精妙之处在于一根钢管弯曲而成的桌腿，表面镀铬或者涂漆。其桌面材料有胶合板与钢化玻璃可供选择，适用于任何现代办公空间（图 4-2-17）。

（图 4-2-18）维托搁板桌

10） 维托搁板桌（Vito Trestle Table）- 由意大利设计工作室嘿团队（HeyTeam）设计。维托搁板桌的设计理念是其连接件可以与任何固体桌面组合，其弯折的金属带就是连接桌面与桌腿的连接件。其有趣而独特的连接方式，受到现代年轻都市人群的喜爱（图 4-2-18）。

有一种叫"配餐桌"（Butler's Table）的搁板桌诞生于 18 世纪中叶，它是由一个可移动的托盘加上一个可折叠的支架组成。早期支架为两个 X 形框架，晚期支架为 X 形横杠连接的四个桌腿。为了增加使用面积，其托盘的边沿可折平形成椭圆形的小桌。"配餐桌"，顾名思义最初用于餐桌旁边，不过后来也经常被用作边几、茶几，或者床头柜等（图 4-2-19，图 4-2-20）。

19 世纪，市场上出现一种可折叠或者固定支架上面搁一个托盘的新式搁板桌，人称"盘桌"或者"托盘桌"（Tray Table）。盘桌一般摆在沙发前面，上面放酒具、茶具，或者几本书都很方便。盘桌的出现顺应了当时家庭社交活动的增加，满足了主人与客人坐在沙发上交谈、品茗的需要（图 4-2-21）。盘桌的材质包括实木与金属两种，金属托盘的底面往往为镜面或者玻璃，与其上的银质茶具交相辉映、高贵典雅。

今天的搁板桌已经发展成为户外常见的野餐桌。尽管式样品种繁多，人们仍然对手工木制的搁板桌情有独钟，因为它能够把现在的你与千年前的罗马联系起来，是它那永恒的优雅让人们对它的喜爱欲罢不能。

（图 4-2-19）配餐桌

（图 4-2-20）配餐桌

（图 4-2-21）盘桌

4-3 独腿桌（Pedestal Table）/ 烛台几（Candle Stand）/ 三脚桌（Tripod Table）

古典独腿桌最早盛行于 18 世纪，并且成为许多家庭里最为引人注目的家具之一。独腿桌的桌面一般为圆形或者椭圆形，它是由一根实心的独立桌腿支撑整个桌面。独立桌腿的底端是分开的几个桌脚（图 4-3-1）。

由独腿桌发展出了车削式独腿桌与螺旋式独腿桌，它们分别体现在棋牌桌、餐桌、三层桌和边几上（图 4-3-2，图 4-3-3，图 4-3-4，图 4-3-5）。其中三层桌用于展示收藏品或者照片，也可以用于放杯具和点心碟等，不过要避免在其上放置较重的物品。

无论是乡村农舍的朴实，还是维多利亚的华丽，也无论房间面积的大小，古典独腿桌总是能够与其周围的环境和睦相处。

17 至 18 世纪期间，独腿桌只有富裕人家才能够拥有。18 世纪晚期，较大的独腿桌开始流行，并且应用于不太大的餐厅里。当时很多家庭都会有大小不一的独腿桌。

对于大住宅来说，独腿桌常常被放在起居室作为棋牌桌使用。很多家庭把较小的独腿桌当作边几、写字台，或者只是作为花草盆景的托架。当然，更大的独腿桌被放在餐厅作为餐桌使用。大住宅里面的独腿桌也经常作为中心桌放在宽敞的门厅中心位置，桌面摆放一盆盛开的鲜花迎接每一位来宾。

（图 4-3-1）18 世纪独腿桌

（图 4-3-2）19 世纪独腿棋牌桌

（图 4-3-3）19 世纪独腿餐桌

维多利亚时期，独腿桌变得更为普遍，同时也装饰得更为华丽。其台面形状从圆形到六边形不等，繁复的雕刻遍布台柱和柱脚（图 4-3-6）。

随着桌子的尺寸越变越大，独腿桌又发展出了双腿桌和三腿桌。

烛台几被认为是早期独腿桌的典型式样之一，特征为三足基座的柱脚或者台脚所支撑的小巧台面；它总是伴随在床边或者椅旁，承托着烛台、水杯或者书籍等。今天人们常常用它来摆放植物、花盆或者电话机等，有人把它放在门厅摆放信件或者钥匙等小物件，还有人把它当作边几（图 4-3-7）。

过去人们也把烛台几在游戏和写信时使用。大多数的烛台几生产于 17 世纪至 19 世纪中叶期间。

三脚桌专指带三条支撑腿的桌子（图 4-3-8）。古典独腿桌通常由一根独立柱在基座处分为三根桌脚来支撑桌面，这些桌脚常常雕刻精细，并且可以竖向折叠（图 4-3-9）。铁艺三脚桌包括铸铁三脚桌与锻铁三脚桌，铸铁三脚桌常见于法国酒馆家具中，桌腿由生铁熔化后一次性铸模完成（图 4-3-10）；锻铁三脚桌常见于意大利铁艺家具当中，桌腿由熟铁手工锻打而成（图 4-3-11）；

（图 4-3-4）19 世纪独腿三层桌

（图 4-3-5）19 世纪独腿边几

（图 4-3-8）19 世纪三脚桌

（图 4-3-9）19 世纪可折叠三脚桌

（图 4-3-6）维多利亚式独腿桌

（图 4-3-7）19 世纪烛台几

（图 4-3-10）铸铁三脚桌

其桌面材料包括铁质和石材。

从古至今三脚桌的式样与材料均发生了巨变，但其三条腿的特征依然不变，这种桌腿类似于照相机的三脚架。大部分三脚桌的桌面呈圆形，也有呈正方形或者长方形的桌面，或者呈多边形的桌面。

三脚桌常常作为边几放在沙发旁，桌面摆设台灯及其他小件饰品。一对三脚桌可以置于床头两旁作为床头柜使用。

有一种现代版的三脚桌具有鼓槌形的桌腿支撑玻璃桌面，这三根桌腿在中间位置交叉后继续上升成为桌面的三个支撑点（图4-3-12）。还有一种现代版三脚桌类似于古典三脚桌，其玻璃或者木质桌面由一根带三根分叉的基座支撑（图4-3-13）。

现代独腿桌当中的经典代表非埃罗·萨里宁（Erro Saarinen）于1955至1956年期间设计的郁金香桌（Tulip Table，图4-3-14）莫属。其设计理念在于减少桌子的支撑结构部件，萨里宁说其设计灵感来自一滴高粘稠度的液体。

郁金香桌形状包括圆形与椭圆形二种，可以根据空间大小来做选择。其桌面材料包括大理石、花岗岩、木材和各式各样的层压板；其支撑桌腿为一个铸造的铝质基座，表面有白色、黑色和银灰色三种色彩选择。

郁金香桌被称为工业设计的经典之作，其充满未来感的曲线和人工材料的应用被认为是"太空时代"产品，也成为复古风格家具当中的标志符号。郁金香桌在任何环境当中均能保持其高贵的身姿，与任何款式的椅子均能和睦相处，融为一体。

（图4-3-13）现代三脚桌

（图4-3-14）郁金香桌

4-4 活板桌（Drop Leaf Table）/蝴蝶桌（Butterfly Table）/活腿桌（Gateleg Table）/蝶式活板桌（Butterfly Leaf Dining Table）/角桌（Corner Table）

活板桌一直深受那些经常举行聚会的主妇们的喜爱，这种桌子适合于正式与非正式餐厅。

伊丽莎白式活板桌出现于16世纪的英国，它深受哥特式家具的影响。这种活板桌并非把中间板翻下去，而是将桌子两边通过铰链翻动增加桌面面积近一倍。它经常被用作沙发桌放在长沙发或者双人沙发的背后（图4-4-1）。

古典活板桌平面通常呈圆形，并且饰以丰富的雕刻与细节。它造型古朴、优雅，常用于正式餐厅作为餐桌。

（图4-3-11）锻铁三脚桌

（图4-3-12）现代三脚桌

（图4-4-1）18世纪乔治式活板桌

（图4-4-2）邓肯·法伊夫式活板桌

（图 4-4-3）19 世纪活板桌

（图 4-4-6）18-19 世纪蝴蝶桌

（图 4-4-4）威廉与玛丽式活腿桌

（图 4-4-5）威廉与玛丽式活腿桌

（图 4-4-7）18 世纪彭布罗克桌

（图 4-4-8）活腿桌

　　乔治式活板桌具有较长的活动边，其桌腿比较靠近，只适合放一把椅子。

　　过渡式活板桌造型典雅，可供四人使用，所以也常常与四把餐椅配套制作。它通常应用于大厨房和餐厅。

　　邓肯·法伊夫（Duncan Phyfe）设计的活板桌雕刻丰富，并且常用兽爪作为桌脚。它常见于大客厅与卧室 (图4-4-2)。除了活板桌，法伊夫还设计并制作了为软座而配套的餐桌、棋牌桌和茶桌等。

　　直到 17 世纪晚期美国才开始盛行活板桌。当所有的活板都支撑起来之后，桌面通常呈现圆形，当活板放下后会垂挂在中间固定桌面的两旁。不同的活板桌区别仅在于支撑活板的方式不同而已 (图4-4-3)。

　　蝴蝶桌、活腿桌和彭布罗克桌（Pembroke Table）均是活板桌的不同版本，都诞生于 18 世纪盛行于 19 世纪，其名称来自支撑桌腿的方式或者支撑活板的方式。其中活腿桌是活板桌的早期形式，后来逐渐被活板桌取代。1700 至 1740 年期间的威廉与玛丽风格活腿桌是其中的典型代表，其桌面下常常带有两个小抽屉 (图4-4-4, 图4-4-5)。

　　蝴蝶桌因其双面翻板如蝴蝶翅膀而得名，它是一种边缘可以放下的圆形桌子，没有支撑活板的额外桌腿。蝴蝶桌的灵活性使其十分适合小空间，其底部还可以作为储物空间加以利用 (图4-4-6)。

（图 4-4-9）蝶式活板桌

而活腿桌和彭布罗克桌都在折叠处装有铰链。活腿桌的活板升起之后利用两个额外的门式活腿来支撑活板；而彭布罗克桌则只有靠桌面下暗藏的支撑杆来支撑活板（图4-4-7）。因此活腿桌的活板通常要比彭布罗克桌的活板更大一些（图4-4-8）。现代版的活腿桌主要用于室外空间或者小型公寓，往往与室外折叠椅一起放在棚架下或者露台上。

蝶式活板桌大约出现于 1710 年，通常比活腿桌更小一点，其名称得自于其翼状活板。蝶式活板桌的设计原理建立在传统活板桌的基础之上，于 1680 至 1730 年期间由美国人发明。

蝶式活板桌是将桌子两端拉开后形成中间的空隙，打开藏于桌底的蝶式活板后，再将桌子两端往中间推紧。用完之后，将桌子两端往外拉开，将蝶式活板藏入桌底之后，再将桌子两端往中间推紧复原（图4-4-9）。

蝶式活板桌的好处在于它解决了小餐厅偶尔需要大餐桌的问题，它可以在需要的时候即时延长桌面的长度。蝶式活板桌的式样繁多，形状包括圆形、长方形和椭圆形，桌腿数从 1 至 4 条不等。

角桌产生于 18 世纪，它是一种专门应用于墙角的桌子，平面呈直角三角形，另一边同等形状的活板桌面不用的时候被折叠翻下去（图4-4-10）。后来活板桌面逐渐消失，角桌的桌面开始出现 1/4 圆形或者其他任何切角的形状（图4-4-11，图4-4-12）。角桌的主要目的在于利用墙角，使房间内的家具更有层次感，也为设计者提供了更多的元素选择。

（图 4-4-10）角桌

（图 4-4-11）角桌

（图 4-4-12）角桌

4-5 沙发桌（Sofa Table）/ 靠墙台桌（Console Table）

沙发桌起源于 18 世纪晚期，出现于富裕人家，为了利用空间而置于沙发背后。沙发桌是一种既长又窄且高的桌子，因常被放在沙发背后而得名（图4-5-1）。最初的沙发桌两端带活动翻板，中间有抽屉，应用范围较广，常被用于写字、进食、放烛台或者台式灯笼等（图4-5-2）。今天的沙发桌仍然用途广泛，不再拘泥于固定的位置。

沙发桌的作用取决于使用者的需要。人们视沙发桌为选择性的摆放，不再是必备的家具。沙发桌通常用来摆放和展示饰品，如照片、台灯和花瓶等。不过沙发桌不再用于进餐。

在入口通道或者门厅，沙发桌还可以用作靠墙台桌，其背后的墙面一般都会挂一面大镜子，镜框的材质最好与沙发桌的材质一致，或者也应该与房间的整体装饰风格协调。

沙发桌有两种类型：封闭型与开放型；封闭型的上部或者下部带有抽屉（图4-5-3），而开放型只是四条腿加一个桌面（图4-5-4）。沙发桌分为三种式样：实木的传统式样适合于传统装饰风格，金属玻璃的现代式样和擦色实木的随意式样适合于乡村装饰风格。

作为放在沙发背后的沙发桌，其高度不应低于沙发靠背最高点 13 厘米，并且其长度至少应该遮挡住沙发长度的一半。

靠墙台桌源自 18 世纪的法式家具，其最初的式样基本为半月形，桌面由两条桌腿支撑，被固定在墙上的 S 形托架，看起来如同独立一样轻盈（图4-5-5）。这个以装饰性为主的家具是在增加四条腿后改变了角色定位。从此，靠墙台桌不再靠墙而立，而被置于沙发的背后。

古典靠墙台桌通常雕刻精美，并且大量采用金属镀金技术，往往带卡布里弯腿或者桌面采用镶嵌技术（图4-5-6）。其目的是为台灯、饰品和小物件提供一个展示和存放的平台，因此经常出现于门厅、走廊、餐厅和客厅等空间。

19 世纪纽约的家具设计师约瑟夫·麦克休（Joseph P. McHugh）推出一系列传教士风格的家具，其中狭长的靠墙台桌曾经风靡一时，迅速传播开来（图4-5-7）。

（图 4-5-1）18-19 世纪沙发桌

（图 4-5-2）19 世纪沙发桌

（图 4-5-3）维多利亚式沙发桌

（图 4-5-4）传教士式沙发桌

（图 4-5-5）18 世纪法式靠墙台桌

（图 4-5-6）洛可可式靠墙台桌

（图 4-5-7）19 世纪传教士式靠墙台桌

　　传统的靠墙台桌或者沙发桌仍然适用于今天的现代生活，有不少设计师设计出令人爱不释手的现代沙发桌和靠墙台桌。经典的现代靠墙台桌或者沙发桌包括但不限于：

（图 4-5-8）聪明靠墙台桌

1） 聪明靠墙台桌（Smart Console）- 由德国设计师安德烈·希尔巴赫（Andre Schelbach）于 2012 年设计。其直线型的方框外观看似其貌不扬，但是其聪明都隐藏在不起眼的抽屉背后：电源插座，甚至电线走向也被很好地安排在桌面或者桌底；它采用镀铬金属制作纤细的框架；桌面提供 32 种颜色选择，是走道、起居和家庭办公区域的理想家具（**图 4-5-8**）。

（图 4-5-9）低底盘车 56 号

2） 低底盘车 56 号（Lowrider 56）- 由德国设计师安德鲁·詹森（Andreas Janson）于 2013 年设计。这是一张多功能的靠墙台桌或者沙发桌，甚至可以变成条凳；前面的挡板可以自由滑动。其造型简洁而典雅，适用于现代家居空间（**图 4-5-9**）。与之相匹配的是按照客户要求的改版：高底盘边几（Highrider Side Table），除了腿长一点之外其余部分相同。

3） 斯托奇（Storch）- 由瑞士设计师南多·斯密德林（Nando Schmidlin）于 2010 年设计。南多的斯托奇延伸了靠墙台桌的概念，使它成为一件可移动并且多功能的家具：当它置于接待区时可用作登记台；当放在家里则可随时让笔记本电脑工作。其金属桌面考虑周到，适用于办公和私人空间（**图 4-5-10**）。

（图 4-5-10）斯托奇

(图 4-5-11) 桌面盒

4) 桌面盒（Deskbox）- 由英国设计师雅艾尔·梅尔（Yael Mer）与夏恩·奥克利（Shay Alkalay）于 2012 年设计。这是一个令人惊奇的变形家具，可以变成悬挂式吊柜、桌子或者台面。当它伸展时可形成一个优雅的工作台面，当完成工作后推入台面即成为一个封闭的盒子。它采用钢板与橡木制作而成，小巧灵活，适用于有限的室内空间 (图 4-5-11)。

(图 4-5-12) 魔镜靠墙台桌

5) 魔镜靠墙台桌（Mirror Mirror Consolle）- 由英国设计师贾斯珀·莫里森（Jasper Morrison）设计，是莫里森魔镜系列之一，魔镜系列包括靠墙台桌、餐桌和咖啡桌。魔镜靠墙台桌浑身贴满镜子，采用水流切割层压双面镜板 45 度无缝拼接而成。把它放在任何空间都能立马隐身于周围环境当中，是炫酷人士的首选 (图 4-5-12)。

(图 4-5-13) 板球靠墙台桌

6) 板球靠墙台桌（Cricket Console Table）- 由意大利设计师詹路易吉·兰东尼（Gianluigi Landoni）于 2010 年设计。这张优雅的靠墙台桌由一块玻璃弯曲而成，令人惊奇的是中间饰以木纹饰面板的抽屉仿佛漂浮悬空，是许多现代空间梦寐以求的视觉效果 (图 4-5-13)。

(图 4-5-14) 靠墙台桌 BD38 号

7) 靠墙台桌 BD38 号（Consolle BD38）- 由意大利设计师卡罗·巴托里（Carlo Bartoli）于 1960 年创立的巴托里设计组（Bartoli Design）设计。BD38 号立面由基本的水平与垂直元素构成，造型简单实用。其特色在于木质表面经过特殊处理后呈现深浅不一的肌理效果，给普通木板注入生命力，使它能够成为任何空间里的一件艺术品 (图 4-5-14)。

(图 4-5-15) 圣杯靠墙台桌

8) 圣杯靠墙台桌（Console Graal）- 由意大利设计师拉普·齐阿提（Lapo Ciatti）于 2012 年设计。圣杯打破传统靠墙台桌的概念，由一组大小各异、长短不一的盒子叠加而成，是一件现代靠墙台桌当中的艺术品。其中间的盒子包括两个抽屉和两个柜门，构思新颖，放在任何空间都能立刻成为视觉焦点 (图 4-5-15)。

(图 4-5-16) 庆吉琳餐边柜

9) 庆吉琳餐边柜（Chingeling Sideboard）- 由瑞典设计师克斯廷·奥尔比（Kerstin Olby）于 2012 年设计。这张精致小巧的餐边柜也是靠墙台桌，其创作灵感来自中国传统家具中的药柜和案几，因此散发出一种东方艺术的韵味。它采用实木与玻璃制作，抽屉面板色彩丰富，是一张实用、典雅的靠墙台桌 (图 4-5-16)。

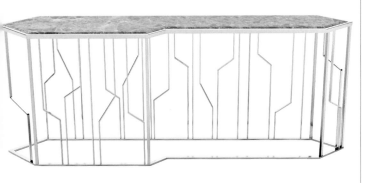

（图 4-5-17）银座靠墙台桌

10）银座靠墙台桌（Ginza Console）- 由意大利设计师亚力山卓·拉·斯帕达（Alessandro La Spada）于 2012 年设计。这是一张优雅而高贵的靠墙台桌盒子沙发桌，其基座的金属框架好像栏杆一样均匀排列，充满韵律感。其金属表面闪亮着淡金、玫瑰金、亮铬、亮锻铜等明亮的色泽；其台面则为一块抛光斜边大理石。银座系列还包括了边几和咖啡桌等，浑身闪亮的银座能够让任何空间蓬荜生辉（图 4-5-17）。

现代靠墙台桌材料与式样更为丰富，包括表面油漆、铁艺与玻璃等，可以满足各种不同的品位与个性。有的现代靠墙台桌外观更像独立的柜子，之所以仍然保留其原名的原因在于其装饰性的抽屉与柜子前脸以及空白的后背。靠墙台桌通常比咖啡桌和茶几更高，它们三者可以组合成富有层次感的客厅休闲桌。

靠墙台桌与沙发桌近似，是一种狭窄的桌子，以圆弧形和长方形居多，离地约 76 厘米。当它被置于门厅的时候，它非常方便存放钥匙、皮包和信件等；很多人喜欢在靠墙台桌背后的墙面挂上一面镜子，方便自己出门前或者客人到来后检查和整理外表。如果在其台面布置花瓶、烛台、艺术品或者植物，可以迅速提高房间的装饰品位。

如果将其像沙发桌那样置于离墙沙发的背后，并在其台面上摆放台灯、相框和其他饰品，沙发与靠墙台桌如同一道分界线，将一个较大的房间一分为二；在使沙发看起来更亲切的同时，也使沙发的背后更加完美。

人们创造性地把靠墙台桌作为备餐桌或者吧台放在餐厅，作为早餐桌或者岛柜置于厨房，作为电视柜摆在壁挂平板电视机的下面，作为梳妆台或者床头柜放在卧室，或者作为书桌或者书柜放在书房等，不过所有这些创意都必须事先考虑靠墙台桌的尺寸及其式样。

4-6 茶几（End Table）/ 边几（Side Table）/ 鼓桌（Drum Table）/ 中心桌（Center Table）

传统的阿拉伯文化离不开六角桌、八角桌或者六角折叠托盘桌，这些装饰精美的边几早已成为阿拉伯文化的符号。欧洲直至 17 世纪末到 18 世纪初才开始在上流社会流行使用边几。长久以来，家具不仅仅是为了满足功能上的需求，同时也是为了满足审美需要。古典边几一直作为同时期其他家具的陪衬而存在，它曾经是普通家庭不能够拥有得起的昂贵家具。

茶几也常称作"边几"，专指放在沙发任何一边，或者椅子旁边的小桌子，它们通常高约 60 厘米，与沙发或者椅子和睦相处。茶几的作用在于摆放随手可拿的小物品以及供阅读照明用的台灯。茶几设计有众多方便储物的空间，如间隔、层板、抽出托盘和抽屉等。其实茶几的角色也可以随意变换，只要你发挥想象力，它还可以放在床头边为床头柜。

经典的英国传统边几式样包括：

（图 4-6-1）威廉与玛丽时期边几

1）威廉与玛丽时期边几 - 盛行于 1690—1725 年，其造型以严谨和庄重的矩形为主，被称作英国版的巴洛克风格。其桌腿呈车削葫芦串形，并且由 X、H 或者口字形横杆串联起来；其桌脚则由反向钟形、杯形、喇叭形、蹄形、爪形、扁球形或者西班牙式脚结束（图 4-6-1）。

（图 4-6-2）安妮女王时期边几

2）安妮女王时期边几 - 盛行于 1700—1755 年，被视为英国版的洛可可风格。其造型轻巧、活泼，以优雅的卡布里弯腿（Cabriole Leg）为标志性桌腿，而且没有过去的横杆。其桌脚常以扁球形、公鸭掌形或者扁圆垫结束（图 4-6-2）。

（图 4-6-3）乔治早期边几

3）乔治早期边几 - 盛行于 1700—1745 年，其造型精致、优雅，表面雕刻有力、丰富，并且常常出现扇贝壳图案，以及线条优美的卡布里弯腿 (图 4-6-3)。

（图 4-6-4）乔治晚期边几

4）乔治晚期边几 - 盛行于 1745—1790 年，以托马斯·齐朋德尔（Thomas Chippendale）为代表人物，其桌面经常像馅饼外壳那样在边沿向上卷起来，由独柱与弯曲的桌腿支撑(图 4-6-4)。

（图 4-6-5）美国联邦风格边几

5）新古典时期边几 - 盛行于 1790—1845 年，包括了联邦早期（1790—1804 年）(图 4-6-5)、联邦晚期、帝国与摄政时期（1804—1825 年）(图 4-6-6)和希腊复兴或者帝国晚期（1825—1845 年）(图 4-6-7)。

（图 4-6-6）英国摄政风格边几

（图 4-6-7）帝国晚期边几

英国新古典时期的二位代表人物之一乔治·赫伯怀特（George Hepplewhite）的彭布罗克活板桌特征为椭圆形活板桌面加直线锥形桌腿及铲形脚 (图 4-6-8)；另一代表人物托马斯·谢拉顿（Thomas Sheraton）的边几特征是独柱加张开的桌腿 + 套管脚，或者也有直线锥形或者凹槽腿 (图 4-6-9)。

希腊复兴时期（1825—1845 年）也被称作"美国帝国风格晚期"，代表人物为邓肯·法伊夫（Duncan Phyfe）。其边几桌腿常见莨苕叶雕刻或者菱纹菠萝形状，四根细长弯曲的桌腿雕刻有凹槽，有时候桌腿采用里拉琴形或者壶形来支撑桌面；其桌脚常用兽爪形黄铜脚套结束 (图 4-6-10a，图 4-6-10b)。

（图 4-6-8）赫伯怀特式彭布罗克活板桌

（图 4-6-9）谢拉顿式小边桌之二

（图 4-6-10a）邓肯·法伊夫式边几

（图 4-6-10b）邓肯·法伊夫式边几

经典的法国传统边几式样包括：

（图 4-6-11）路易十四时期边几

1）路易十四时期边几 - 盛行于 1643—1715 年，重视雕刻视觉效果，尺度庞大、粗壮但是充满雕刻。其桌腿多呈涡卷形或者栏杆柱形，表面布满叶丛状饰纹和莨苕叶图案。其桌面经常采用大理石，彰显尊贵、奢侈和气派 **(图 4-6-11)**。

（图 4-6-12）路易十五时期边几

2）路易十五时期边几 - 盛行于 1723—1774 年，以曲线为主的造型精致、优美，体态轻巧、优雅，喜欢非对称造型。其桌腿多用卡布里弯腿，表面大量装饰贝壳、植物和花卉图形 **(图 4-6-12)**。

（图 4-6-13）路易十六时期边几

3）路易十六时期边几 - 盛行于 1774—1792 年，奉行新古典主义的理性与秩序原则，追求质朴与单纯的简洁线条。边几表面的金属镶嵌常见花环、丝带花结、希腊纹饰、卵形饰、垂花饰、丰饶角、狮身人面像和法老像等图形。其四根桌腿呈倒圆锥形，表面刻竖线凹槽 **(图 4-6-13)**。

（图 4-6-14）德国和奥地利彼德麦式边几　　　　（图 4-6-15）英国摄政式边几

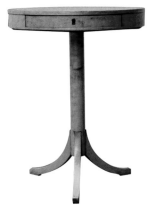

（图 4-6-16）美国帝国式边几　　　　（图 4-6-17）瑞典彼德麦式边几

4）拿破仑帝国时期边几 - 盛行于 1804—1815 年，包括了直接受其影响的德国和奥地利彼德麦式（1815—1848 年）**(图 4-6-14)**、英国摄政式（1811—1820 年）**(图 4-6-15)**、美国帝国式（1820—1840 年）**(图 4-6-16)** 和瑞典彼德麦式（又称"卡尔·约翰式"）（1818—1844 年）**(图 4-6-17)**。

　　拿破仑帝国式边几的式样取材于古埃及与古罗马时期家具式样，其线条比路易十六风格更为节制、简单和僵硬，充满阳刚、粗壮的力量感。其表面很少雕刻但常用金属镶嵌（镀金铜饰片）来装饰，金属镶嵌图形常见花环、希腊纹饰、金银花、罗马鹰和狮身人面像等。其边几底部常用弧形三角木板连接三根桌腿。拿破仑帝国式家具对于欧洲很多国家甚至 20 世纪初的 ART DECO 式家具均影响深远 **(图 4-6-18)**。

（图 4-6-18）
拿破仑帝国时期边几

现代茶几更多是作为边几而存在，它们通常成为扶手椅或者沙发的最佳搭档。经典的现代茶几或者边几包括但不限于：

(图 4-6-19) 可调茶几 E1027

1) 可调茶几 E1027（Adjustable Table E 1027）- 由爱尔兰设计师艾琳·格瑞（Eileen Gray）于 1927 年设计。其名字来自其居所宅名：E1027；E 是艾琳的首字母，102 是其合作者 Jean Badovici 首字母 J 和 B 的字母序位，7 则是格瑞的字母序位。格瑞采用钢管与玻璃创作了这款 20 世纪最流行的设计标志之一（图 4-6-19）。作为现代设计的先驱者，格瑞与勒·柯布西耶、密斯·范·德罗和马歇·布鲁尔齐名。

(图 4-6-20) 休闲桌

2) 休闲桌（Occasional Table）- 由艾琳·格瑞于 1927 年设计的另一款茶几。这是一款比可调茶几 E1027 更具动感的茶几，轻便而实用；人们可以轻易搬动它到任何位置。它与可调茶几 E1027 的桌脚一样都可以插入床沿或者椅边，最大限度接近使用者的手边，从而达到最佳舒适度（图 4-6-20）。

(图 4-6-21) 施罗德桌

3) 施罗德桌（Schroder Table）- 由荷兰建筑师与设计师格里特·里特维尔德（Gerrit Rietveld）于 1922—1923 年设计。这是里特维尔德另一件惊世骇俗的家具作品，其标志性的红黄蓝和黑色与红蓝椅相同。施罗德桌的造型就像一件现代艺术雕塑，由几块几何形平面构成，堪称现代家具的典范（图 4-6-21）。

(图 4-6-22a) 阿尔法茶几

(图 4-6-22b) 阿尔法套几

4) 阿尔法茶几（Alfa End Table）- 由美国设计师纳米克·奥兹凯内克（Namik Ozkaynak）设计。阿尔法茶几选用简洁的造型来强调其功能性，金属框架则凸显出工业气质（图 4-6-22a）。它还有一组两件的套几设计，适用于起居空间或者休闲空间（图 4-6-22b）。

(图 4-6-23) 奥菲杂志桌

5) 奥菲杂志桌（Offi Magazine Table）- 由美国设计师埃里克·法伊弗（Eric Pfeiffer）于 2000 年设计。这是一款集杂志架和边几于一体的多功能边几，实际上使用者还可以将其当作笔记本电脑支架来使用。其线条流畅，一气呵成，采用成型胶合板制作（图 4-6-23）。

(图 4-6-24) 托德边几

6) 托德边几（Tod Side Table）- 由美国设计师托蒂·布拉切（Todd Bracher）于 2005 年设计。该边几造型呈有机动态，充满动感与活力。采用聚丙烯塑造而成，色泽鲜艳夺目（图 4-6-24）。极具个性的托德边几需要与其他家具配合使用才能彰显其魅力。

（图 4-6-25）蒙蒂斯附加边几

7） 蒙蒂斯附加边几（Montis Annex Side Table）- 由荷兰设计师吉杰斯·帕帕瓦因（Gijs Papavoine）于 2009 年设计。其特征在于扁平金属条的非对称结构，因此非常适用于在沙发或者躺椅上使用笔记本电脑（图 4-6-25）。

（图 4-6-26）模块储物柜

8） 模块储物柜（Componibili Storage Module）- 由意大利设计师安娜·卡斯特利·费丽尔（Anna Castelli Ferrieri）于 1969 年设计。这是一组全部采用色彩鲜艳的 ABS 塑料制作的圆筒形储物柜系列，可根据不同使用环境和要求而提供不同尺寸，或者任意叠加组合。这个圆筒形的储物柜经常被用作边几，储物功能是其最大特征，包括二门和三门两种尺寸。因其多功能性而被广泛应用于卧室、浴室、休息室、办公室和工作室等空间，生产 30 多年仍然广受欢迎（图 4-6-26）。

（图 4-6-27）TOR 边几

9） TOR 边几（TOR Side Table）- 由荷兰设计师拉尔夫·兰比和约翰·范·亨格尔（Lambie & Van Hengel）于 2011 年设计。TOR 边几顶端设计的把手方便随时搬动，同时桌面为防止物体滚落而设计了卷边。它整体采用轻质铝材制作，因此适用于需要经常移动边几的空间（图 4-6-27）。

（图 4-6-28）多层边几

10） 多层边几（Poly Side Table）- 由土耳其设计师塞伊汗·奥兹德米尔和西佛·卡戈勒（Seyhan Ozdemir & Sefer Caglar）设计。与大多数单层边几不同，多层边几的特征在于紧凑的三层桌面，可以适应不同用途和环境（图 4-6-28）。

（图 4-6-29）幻影边几

11） 幻影边几（Illusion Side Table）- 由丹麦设计师约翰·布劳恩（John Brauer）设计。幻影边几采用透明、半透明或者非透明的丙烯酸制作，色彩丰富多样。它在视觉上模仿一块铺在小圆桌上的台布，当抽走桌子之后被定格的一个悬浮画面。除了美观、简洁和功能，幻影边几充分展现了布劳恩非凡的创造力，是现代边几当中独树一帜的艺术品（图 4-6-29）。

（图 4-6-30）伽扣茶几

12） 伽扣茶几（Gakko End Table）- 由美国设计师塔伊富尔·奥兹凯内克（Tayfur Ozkaynak）设计。其纤细而优雅的不锈钢支架配上大理石或者玻璃桌面，产生一种散发现代气质的小件家具，适用于公共与私人空间（图 4-6-30）。

（图 4-6-31）野口棱镜桌

13） 野口棱镜桌（Noguchi Prismatic Table）- 由日裔美籍艺术家野口勇（Isamu Noguchi）于 1957 年设计，最初为了推动铝材新用途而设计。其结构由三个独立的铝质构件组合而成，是雕塑创作与家具设计完美结合的一个典范，也是现代边几的标志性杰作（图 4-6-31）。

（图 4-6-33）抛物线桌

15） 抛物线桌（Parabel Table）- 由芬兰设计师艾洛·阿尼奥（Eero Aarnio）于 1994 年设计，获得 2002 年科隆国际家具博览会大奖。抛物线桌整体采用玻璃钢制作，表面喷漆处理。其造型自然有趣，有多种颜色可供选择；其尺寸有大有小，大的作为餐桌使用，适用于公共与私人空间（图 4-6-33）。

（图 4-6-35）凯撒边几

17） 凯撒边几（Cesar Side Table）- 由意大利设计师鲁道夫·多多尼（Rodolfo Dordoni）设计的凯撒边桌家族，它们侧面形状均呈锯齿形，但色彩不一。它们就像一组家具或者雕塑，采用结构性聚氨酯制作，可以单个用作边几或者多个作为咖啡桌，也可以随意地摆放在家庭的任何位置（图 4-6-35）。

（图 4-6-32）洞穴边几

14） 洞穴边几（Den Side Table）- 由意大利家具品牌杰西（Jesse）出品。这是一件仿生设计作品，有趣、简洁、美观又实用。洞穴边几材质包括纯实木与聚氨酯两种；实木展现自然朴实美，聚氨酯则有多款颜色可供选择（图 4-6-32）。

（图 4-6-34）存款桌

16） 存款桌（Deposito Table）- 由德国家具公司兰伯特工作室（Lambert Werkstatten）设计。这是一款功能明确，使用方便，造型简洁，可平放也可竖放的多功能边几。存款桌采用纯橡木制作，是沙发的完美伴侣，也可独立摆放（图 4-6-34）。

（图 4-6-36）金字塔边几

18） 金字塔边几（Giza Side Table）- 由加拿大家具品牌新生活（Nuevo Living）出品，具体设计者与年份不详。其创作灵感来自埃及吉萨金字塔，造型由一正立与一倒扣两个金字塔错位结合一体构成。它采用中纤板（MDF）制作主体结构并饰以饰面板。这是一张不甘寂寞的边几，适用于商业、办公与私人空间（图 4-6-36）。

(图 4-6-37) 别离我桌

19) 别离我桌（Don't Leave Me Table）- 由丹麦设计师托马斯·班特森（Thomas Bentzen）设计。别离我桌因其顶部那只升起的提手而得名——可以带着它去任何空间。这是一张非常实用而机动灵活的小边几，采用粉末涂层钢材制作，可以跟随主人从房间到阳台，适用于小型公寓空间（图4-6-37）。

(图 4-6-39) 交叉边几

21) 交叉边几（Cross Side Table）- 由英国设计师马修·希尔顿（Matthew Hilton）于 2013 年设计。这张轻巧的小圆桌由一根斜柱支撑，斜柱与 Y 形桌脚连接，充满令人惊奇的动感。其表面通体饰以橡木或者胡桃木饰面板，适用于空间较小的办公与私人空间（图4-6-39）。

(图 4-6-41) 桌子 28 号

23) 桌子 28 号（Table #28）- 由德国设计师克里斯托夫·伯因宁格（Christoph Boeninger）于 2006 年设计。这张酷似现代雕塑的边几采用罗纹铝板折叠而成，造型轻巧优雅，构思巧妙，充满想象力。其表面经过阳极化处理，适用于室内外空间（图4-6-41）。

(图 4-6-38) 阿布拉桌

20) 阿布拉桌（Abra Table）- 由德国设计工作室新大陆·帕斯特与哥德马赫（Neuland Paster & Geldmacher）于 2011 年设计。这张小桌采用防划伤涂层钢板制作，造型像雕塑般充满动感。新大陆设计了两张不同高度的桌子，因此可以通过精心预留的缝隙来咬合构成作为咖啡桌来使用（图4-6-38）。

(图 4-6-40) 标签 .U

22) 标签 .U（Tab.U）- 由意大利设计师布鲁诺·拉伊纳尔迪（Bruno Rainaldi）于 2005 年设计。这是一张突破桌子常规概念的艺术品，其内部采用木结构，其表皮则采用铝板制作，运用手工揉皱后产生皱纹，因此每一件都是独一无二的。其表面处理选择包括缎光铝、镀铬、镜面金、抛光白和黑色，适用于需要制造特别视觉效果的家居空间（图4-6-40）。

(图 4-6-42) 科斯特洛边几

24) 科斯特洛边几（Costello Accent Table）- 由美国家居品牌阿提尔里尔斯家居（Arteriors Home）出品，具体设计者与年份不详。这张全部采用金属铁制作的小圆桌的表面处理包括黑色油漆、白色油漆、抛光镍和抛光铜等。其造型好像一只通透的圆形鼓，由凸形铁皮呈 X 形交叉和桶箍连接形成框架（图4-6-42）。因为牢固可靠，科斯特洛边几也可以当作凳子来使用；它另有一款相同结构和造型但是尺寸更大的咖啡桌。

173

边几适合于放置台灯、书刊或者小饰品，通常置于床头或者沙发的两侧，或者任何一个需要填充的角落，也可以置于阳台与摇椅或者折叠椅为伴。在20世纪中叶曾经流行过一种双层边几（Two Tier Side Table），其上层通常比下层的尺寸要小很多，后来因为没有与时俱进而逐渐被市场淘汰（图 4-6-43）。

鼓桌因其形状如一只圆形鼓而得名，作为茶几或者边几的一个种类，它诞生于18世纪晚期。它因为常用于一种叫做卢牌（Loo）的游戏也被称为卢牌桌（Loo Table）。鼓桌桌面下有一个存储空间，因而带有柜门，是小型起居空间的实用家具（图 4-6-44，图 4-6-45）。虽然许多鼓桌采用木材制作，其表面也运用陶瓷马赛克瓷砖或者其他对比材料来装饰。较大的鼓桌可以充当咖啡桌，其圆形桌面可以与方形空间取得平衡。

中心桌的圆形桌面通常比其基座要大一些，它一般置于大宅第的门厅、大厅、接待室、休息室或者客厅的中心，或者置于沙发端头，桌面常常用鲜花来表达主人的热情好客。其基座通常为独腿或者带四个柱脚。中心桌的桌面形状偶尔也有正方形或者椭圆形等（图 4-6-46，图 4-6-47）。

（图 4-6-45）谢拉顿式鼓桌

（图 4-6-46）路易十六式中心桌

（图 4-6-43）20世纪中叶双层边几

（图 4-6-47）英国摄政式中心桌

（图 4-6-44）齐朋德尔式鼓桌

4-7 花几（Plant Stand）/ 电话几（Telephone Table）/ 套几（Nesting Tables）

花几是指专用于展示单盆花草的高脚桌子，通常离地约50~64 厘米，其桌面比其他摆设桌的桌面都要小（图4-7-1）。花几上一盆郁郁葱葱的花草可以给一个房间增添色彩与活力。如果是金属或者塑料花几，它也常常用于室外生活空间，用来展示盆栽花卉。一般来说，在顶层摆放盆栽蔓生植物所产生的视觉效果会更好（图4-7-2）。

如果是多层台阶式花几（Tier Plant Stand），它可以当作小书架使用。花几也常常置于客厅或者家庭厅作为边几，或者放在卧室作为床头柜（图4-7-3）。花几无固定位置，总之，只要充分发挥想象力，花几的应用范围是无止境的（图4-7-4）。

电话几是一种专为台式电话机而设计的小桌子，其桌面通常放电话机，其桌面下的抽屉则放电话号薄、笔和纸等（图4-7-5）。电话几一般比边几稍高，其高度约为 60~90 厘米。当家用电话机的角色渐渐边缘化的时候，电话几的作用就不再受限于电话机。它可以作为床头柜使用，也可以作为角桌使用，人们常常把它放在门厅（图4-7-6）。

四重桌是今天套几的前身。18 世纪英国家具设计师托马斯·谢拉顿（Thomas Sheraton）创造了四重桌，它是由一组四张尺寸逐渐缩小的独立小桌子叠放组成。平日里重叠在一起，只有在需要的时候才拉出来。拉出的套几本身阶梯式的造型会产生有趣的视觉效果，特别是其上的植物或者饰品跌落有致，别有情趣（图4-7-7）。

（图 4-7-3）多层花几

（图 4-7-4）多层花几

（图 4-7-5）电话几

（图 4-7-6）电话几

（图 4-7-1）花几

（图 4-7-2）花几

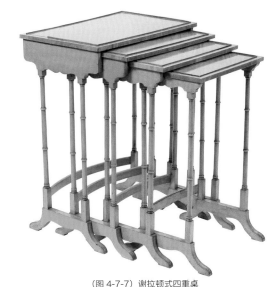

（图 4-7-7）谢拉顿式四重桌

今天的套几一般是由 2~3 张小桌子重叠而成，套几的形状通常为方形或者长方形。它是人们娱乐时为饮料和点心准备的备用桌，平常不用时重叠起来不会占地方。很多人把最大的桌子作为茶几或者边几使用，而另两张稍小的桌子则只在需要时才拉出来。如果把三张桌子从高到低并列成一排放在沙发前，可以当做咖啡桌。套几因为其灵活性至今仍然深受欢迎，经典的现代套几包括但不限于：

(图 4-7-8) B9 号桌 a 至 d

1) B9 号桌 a 至 d（B 9 a-d）- 由匈牙利设计师马歇·布鲁尔（Marcel Breuer）于 1925 年设计。这是布鲁尔在包豪斯期间实验的系列钢管家具之一，采用镀铬或者镀镍钢管制作框架，其桌面则采用染色或者油漆实木制作，桌面也可用玻璃。其造型充满工业美学，经久不衰，适用于商业与私人空间 (图 4-7-8)。

(图 4-7-9) 亚伯斯套几

2) 亚伯斯套几（Albers Nesting Tables）- 由设计师德裔美国设计师约瑟夫·亚伯斯（Josef Albers）于 1926 年设计。最初是为柏林的毛伦霍夫之家（Moellenhof House）而设计。这组桌面色彩来自亚伯斯作品的套几，其立方体形结构简洁明了，是一套经久不衰的套几精品 (图 4-7-9)。

(图 4-7-10) GJ 桌

3) GJ 桌（GJ Table）- 由丹麦设计师格蕾特·加尔克（Grete Jalk）于 1963 年设计。这套赢得当年英国每日邮报一等奖的作品，与同时获奖的 GJ 椅拥有同样的技术特征，采用模压胶合板制作，表现出优雅的雕塑形态，是丹麦早期现代家具当中的代表 (图 4-7-10)。

(图 4-7-11) 519 花瓣套几

4) 519 花瓣套几（519 Petalo）- 由设计师夏洛特·贝里安（Charlotte Perriand）于 1951 年设计，因这组套几的创作灵感来自花瓣而得名，当它们全部打开的时候恰似五彩缤纷的鲜花盛开。其桌面呈有机的圆角三角形，桌腿则采用金属框架制作。尽管自诞生后长期未投入生产，但是经历半个多世纪，它依旧魅力感人 (图 4-7-11)。

(图 4-7-12) 厄科 - 金布尔套几

5) 厄科 - 金布尔套几（Ercol Kimble Nest Tables）- 由意大利设计师卢西恩·厄科拉尼（Lucian Ercolani）于 1920 年创办的英国家具公司厄科（Ercol）于 1956 年设计。厄科套几的平面就像三颗鹅卵石的形状，其桌面边缘打磨精细，三条桌腿纤细、优雅，给人感觉自然、亲切而有趣。它们采用纯实木制作，表面处理可根据需要选择开放或者封闭漆面，适用于现代公寓空间 (图 4-7-12)。

（图 4-7-13）矮桌套几

6）矮桌套几(Low Table Set) - 由加拿大裔美国建筑师弗兰克·盖里（Frank Gehry）于 1972 年设计。这是一套具有现代建筑几何造型的套几，可以任意摆放而呈现出无数种空间构成形态。盖里的设计一贯选用非同寻常的材料，矮桌套几采用层压板制作主体和硬质纤维板饰边，适用于任何现代空间（图 4-7-13）。

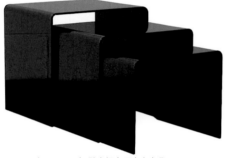

（图 4-7-14）默库提奥亚克力套几

7）默库提奥亚克力套几（Mercutio Acrylic Coffee Nesting Tables） - 由美国设计公司巴克斯顿工作室（Baxton Studio）设计。这套采用亚克力制作的套几提供透明和不透明两种选择。其造型呈简单的 U 形，可以组合或者单独使用。其黑色不透明套几能给空间带来视觉焦点；而其透明套几则能使小空间显大，因而深受都市消费者的欢迎（图 4-7-14）。

（图 4-7-15）明托再生木套几

8）明托再生木套几（Minto Nesting Tables） - 由加拿大家具品牌启示（inspire）出品，具体设计者与年份不详。明托套几采用再生木材制作，表面饰以仿木饰面板。其外套几平面呈圆形，其余内套几的尺寸稍小，并且切除掉了充当桌腿的三角形部分。这是一套精致典雅的现代套几，适用于任何现代空间（图 4-7-15）。

4-8 茶桌（Tea Table）/ 茶推车（Tea Trolley）/ 咖啡桌（Coffee Table）

　　最早的咖啡桌源自茶桌，而茶桌源自 17 世纪盛行于英国的饮茶习惯（图 4-8-1）。早期的茶桌为固定的长方形桌面，后来发展出可以折叠的圆形桌面，桌面在不用的时候可以折叠起来靠墙放置；它通常放在椅旁或者是一组坐具的前面（图 4-8-2，图 4-8-3）。为了满足日常需要，它们通常出现在门厅、大厅和客厅空间。

　　18 —19 世纪期间，茶桌又发展出了茶推车——一种通常带二层搁板和四个脚轮的小方桌，它在 20 世纪早期至中期曾经风行一时（图 4-8-4）。主妇们用它装载茶和点心等来招待客人，她们可以很轻松地把它推移到客厅或者餐厅的任何角落。

　　今天的茶推车常常被人们用来展示花卉植物或者当作电视柜使用（图 4-8-5）。

（图 4-8-1）18 世纪茶桌

（图 4-8-2）18 世纪折叠茶桌

（图 4-8-3）18 世纪折叠茶桌

（图 4-8-4）19 世纪茶推车

（图 4-8-5）19 世纪茶推车

随着茶桌角色的转换，咖啡桌应运而生。20 世纪早期在美国，一种低矮的长方形咖啡桌迅速赢得了市场 (图 4-8-6)。虽然在维多利亚时期就已经出现了一种专为坐具而设计的小矮桌，但是美国帝国家具公司（Empire Furniture USA）生产的长方形矮桌更接近现代咖啡桌，因为咖啡桌的高度与沙发坐面高度如此接近。现代咖啡桌的高度一般为 25 厘米，与沙发或者椅子的坐面高度相当。

咖啡桌直至 20 世纪初才开始盛行，咖啡桌与茶桌均因其比较低矮的造型而专用于客厅和家庭厅的沙发前 (图 4-8-7)。咖啡桌是如此之普通，以至于很容易被人们忽视；但是如果没有它，人们又会立刻意识到其重要性：咖啡杯放哪儿？饼干盒子和杂志等放哪儿？

咖啡的销量曾经一度超过了茶叶，咖啡桌也因此而理所当然地获得了自己的专用名词。直至 20 世纪 30 年代，美国解除了禁酒令，咖啡桌又获得其另一个别称：鸡尾酒桌 (Cocktail Table, 图 4-8-8)。

（图 4-8-6）20 世纪初咖啡桌

（图 4-8-7）20 世纪初咖啡桌

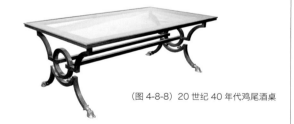

（图 4-8-8）20 世纪 40 年代鸡尾酒桌

（图 4-8-9）工业风咖啡桌

20 世纪 50 年代出现镀铬桌腿与玻璃桌面的咖啡桌实际上诞生于 1934 年。60 年代流行有机形桌面与扭曲桌腿的咖啡桌采用塑料、金属与玻璃材料制造。尽管长方形的咖啡桌是最常见的家庭咖啡桌之一，但是还有许多其他类型的家具可以充当咖啡桌的角色，不仅仅具有专用咖啡桌同样的功能，并且更有个性和创意。比如套几、条凳、软垫搁脚凳、行李箱、旧门和树桩等等。一种被称作工业风咖啡桌 (Industrial Coffee Table, 图 4-8-9) 极具工业革命早期的时代特征，它是当年工厂车间里常见的运载工具——铸铁推车的滚轮与木箱或者木板的结合，被广泛应用于现代公寓、阁楼、乡村农舍、海滨别墅或者度假小屋等，深受年轻人的喜爱。

现代咖啡桌大概除了坐具之外能够激发设计师们最多创造力的家具类型之一，因此我们能够在市场上看到千姿百态的咖啡桌。经典的现代咖啡桌包括但不限于：

（图 4-8-10）拉茜奥咖啡桌

1) 拉茜奥咖啡桌（Laccio Coffee Table）- 由匈牙利设计师马歇·布鲁尔（Marcel Breuer）于 1925 年设计。拉茜奥咖啡桌采用了布鲁尔标志性的镀铬钢管制作，最初是为瓦西里椅（Wassily Chair）配套设计，最终成为现代咖啡桌的典范。其桌面采用光滑的塑料层压板，整体由一长一短两个桌子纵横摆放，适用于任何公共与私人空间 (图 4-8-10)。

（图 4-8-11）巴塞罗那咖啡桌

2) 巴塞罗那咖啡桌（Barcelona Coffee Table）- 由德国建筑师密斯·范·德罗（Mies van der Rohe）于 1929 年为巴塞罗那世博会德国馆设计，它也是巴塞罗那系列家具之一。作为现代主义的主要旗手之一，密斯的家具坚持其始终如一的"少即是多"设计原则，用最少的材料和最简的造型来保证家具复杂的功能性，同时通过注重每一个细节来体现极致的优雅 (图 4-8-11)。

(图 4-8-12) 刘易斯咖啡桌

3) 刘易斯咖啡桌（Lewis Coffee Table）- 由美国建筑师弗兰克·劳埃德·赖特（Frank Lloyd Wright）于 1939 年设计。这张咖啡桌的造型运用赖特设计的流水别墅相近的造型手法，由水平面与垂直面构成，呈现出现代建筑类似的通透感。它采用实木制作，表面擦色处理，为现代咖啡桌树立了一个标杆（图 4-8-12）。

（图 4-8-13）里索姆变形虫咖啡桌

4) 里索姆变形虫咖啡桌（Risom Amoeba Coffee Table）- 由丹麦设计师延斯·里索姆（Jens Risom）于 1941 年设计。这是一件展现自然美的杰作，特别是模仿变形虫的桌面和向外伸展的桌腿，让观者赏心悦目的同时兼顾桌子的实用性（图 4-8-13）。

（图 4-8-14）野口咖啡桌

5) 野口咖啡桌（Noguchi Coffee Table）- 由日裔美籍艺术家野口勇（Isamu Noguchi）最早于 1942 年设计出原型，并于 1948 年定稿的咖啡桌，它也被称作野口勇三角咖啡桌。整体造型由玻璃桌面与连锁木腿构成，它是设计者本人自认为其作品当中最喜欢的一件作品。野口咖啡桌自从问世以来成为无数室内设计师使用频率最高的咖啡桌之一（图 4-8-14）。

（图 4-8-15a）伊姆斯模塑胶合板咖啡桌

（图 4-8-15b）伊姆斯模塑胶合板咖啡桌

6) 伊姆斯模塑胶合板咖啡桌（Eames Molded Plywood Coffee Table）- 由美国设计师伊姆斯夫妇（Charles & Ray Eames）于 1946 年设计，它运用了伊姆斯最擅长的模塑胶合板技术。此款咖啡桌后来发展出了金属桌腿版本，与原来胶合板桌腿版本采用相同的凹陷圆形桌面（图 4-8-15a，图 4-8-15b）。

（图 4-8-16）伊姆斯线脚椭圆桌

7) 伊姆斯线腿椭圆桌（Eames Wire Base Elliptical Table）- 由美国设计师伊姆斯夫妇于 1950 年设计的另一款咖啡桌，其设计灵感来自冲浪板，因此有人称其为冲浪板咖啡桌。由于其硕长的椭圆形桌面，使其特别适合摆放在较长的沙发前面（图 4-8-16）。

（图 4-8-17）芸豆咖啡桌

8) 芸豆咖啡桌（Kidney Bean Coffee Table）- 这款无法查证具体原创设计人的咖啡桌是 20 世纪复古风格家具当中的标志性作品，是所谓原子时代的象征。因其形状类似土著使用的回飞镖，所以也被称为回飞镖咖啡桌；不过所有模仿此形状的咖啡桌均被冠以此名。其木质桌面呈自然的腰子形，其桌腿有金属与木材两种，站在现代咖啡桌当中格外醒目，是一款不可多得的百搭咖啡桌（图 4-8-17）。

（图 4-8-18）丰塔纳咖啡桌

9） 丰塔纳咖啡桌（Fontana Coffee Table）- 由意大利设计师彼得罗·谢萨（Pietro Chiesa）于 1932 年设计，是一款极其简洁的玻璃咖啡桌。谢萨专攻玻璃家具设计，丰塔纳咖啡桌就是一块弯曲的透明玻璃，其不存在感与任何家具均能和睦相处 **(图 4-8-18)**。

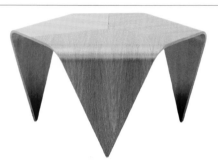

（图 4-8-19）特里安纳咖啡桌

10） 特里安纳咖啡桌（Trienna Coffee Table）- 由芬兰设计师伊马利·塔皮奥瓦拉（Ilmari Tapiovaara）于 1954 年设计。伊马利遵循功能主义的社会平等原则，并且坚持建筑为其设计工作的出发点。这张咖啡桌采用胶合板贴饰面板制作完成，由一个正三角形各弯折每个顶角形成桌腿，造型简洁，适用于任何现代空间 **(图 4-8-19)**。

（图 4-8-20）熨衣板咖啡桌

11） 熨衣板咖啡桌（Ironing Board Coffee Table）- 由瑞典设计师格丽塔·格罗斯曼（Greta Grossman）于 1952 年设计，其创作灵感来自日常生活中常见的熨衣板，但是却早已超越了熨衣板的概念。格罗斯曼拥有一双善于发现美的眼睛，那些司空见惯的东西在她眼里是永恒不变的并且富有诗意。熨衣板咖啡桌具有简约的外观和实用的功能，其制作材料只有木板与铜管 **(图 4-8-20)**。

（图 4-8-21）PK61 咖啡桌

12） PK61 咖啡桌（PK61 Coffee Table）- 由丹麦设计师保罗·克耶霍尔姆（Poul Kjaerholm）于 1955 年设计的一款经典咖啡桌。这是一款采用玻璃与不锈钢材料的咖啡桌，桌面也有用大理石或者木板替代。整体造型简约巧妙，同时兼顾实用性；既是一款百搭的咖啡桌，也是现代咖啡桌当中的精品 **(图 4-8-21)**。

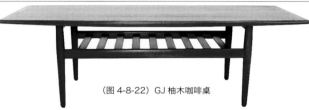

（图 4-8-22）GJ 柚木咖啡桌

13） GJ 柚木咖啡桌（GJ Teak Coffee Table）- 由丹麦设计师格蕾特·加尔克（Grete Jalk）于 20 世纪 60 年代初设计。作为北欧现代咖啡桌当中的代表，也是 20 世纪中叶复古时期的经典家具。其特征在于双层桌面，上层实桌面，下层通透搁板。其造型轻巧典雅，实用性强，适用面广，并且永不过时 **(图 4-8-22)**。

（图 4-8-23a）G 计划椭圆咖啡桌

（图 4-8-23b）G 计划蜘蛛咖啡桌

14） G 计划椭圆咖啡桌（G Plan Oval Coffee Table）- 由英国设计师维克多·布拉姆韦尔·威尔金斯（Victor Bramwell Wilkins）于 1966 至 1970 年期间为英国家具品牌 G 计划（G Plan）设计的系列家具之一，它也被称为太空咖啡桌（Astro Coffee Table）。这张咖啡桌由连贯、柔和和灵动的曲线构成，它采用纯实木与钢化玻璃制作，充满无法抗拒的魅力与动感。威尔金斯的设计浑身散发着 20 世纪中叶的复古气息，但是却能与任何现代室内空间融为一体 **(图 4-8-23a)**。威尔金斯同期还设计了另一款异曲同工的咖啡桌叫 G 计划蜘蛛咖啡桌（G Plan Spider Coffee Table），同样具有永恒的魅力与动感 **(图 4-8-23b)**。

（图 4-8-24）潘顿伊奈美莎点亮桌

15) 潘顿伊奈美莎点亮桌（Panton Illumesa Light Up Table）- 由丹麦设计师维纳·潘顿（Verner Panton）于 1970 年设计。其简单的造型就像两个扁圆柱形对扣在一起。这大概是唯一一款会发光的现代咖啡桌，灯光透过半透明的乳白色塑料外壳散发出柔和的光亮。不过也有一些版本省略了透光照明设计（图 4-8-24）。

（图 4-8-27）笙筐桌

18) 笙筐桌（Panier Table）- 由法国设计师兄弟罗南·布鲁利克和埃尔文·布鲁利克（Ronan & Erwan Bouroullec）于 2006 年设计。其创作灵感来自传统编织笙筐，采用透明染色的聚碳酸酯制作，所以有多种颜色可供选择。也许是由于众多向心曲线的缘由，笙筐桌有一种吸引人们交流的魔力（图 4-8-27）。

（图 4-8-25）胡桃木鸡尾酒桌

16) 胡桃木鸡尾酒桌（Walnut Cocktail Table）- 由美国艺术家艾伦·迪特森（Allen Ditson）于 1959 年设计（应该叫创作）。这件宛若天成的鸡尾酒桌造型就像是经过亿万年形成的自然奇观——石浪，线条流畅、美妙，更像是一件大自然鬼斧神工的艺术品。迪特森采用黑胡桃木手工精心雕刻而成，其桌面还为陶瓷碗预留了一个碗槽，是家具当中的一件艺术品（图 4-8-25）。

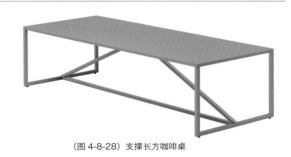

（图 4-8-28）支撑长方咖啡桌

19) 支撑长方咖啡桌（Strut Rectangular Coffee Table）- 由美国家具公司蓝点（Blu Dot）设计并出品。其结构特征在于合理的支撑钢架，简洁明了而不失时代感。钢架的粉末涂层色彩可以根据其所在的环境和效果来选择（图 4-8-28）。

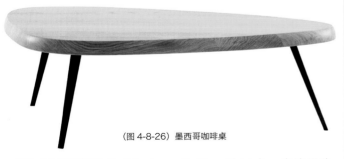

（图 4-8-26）墨西哥咖啡桌

17) 墨西哥咖啡桌（Mexique Coffee Table）- 由法国建筑师与设计师夏洛特·帕瑞安德（Charlotte Periand）于 1952 年设计。这张圆边三角形的咖啡桌，其桌面采用胡桃木或者橡木制作，桌腿则为黑色漆面金属腿（图 4-8-26）。它有高腿与低腿两种尺寸可供选择，可以适应任何起居空间。

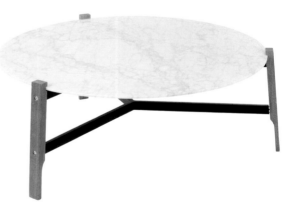

（图 4-8-29）放养咖啡桌

20) 放养咖啡桌（Free Range Coffee Table）- 由美国家具公司蓝点于 2012 年设计并出品的另一款咖啡桌。其结构巧妙合理，采用三角形实木桌腿与圆形大理石桌面结合制作。由于注重细节和连接五金件的选择，使得放养咖啡桌有一股西部乡村的气质。它还有一款边几采用相同构造（图 4-8-29）。

(图 4-8-30) 都市圆咖啡桌

21） 都市圆咖啡桌（Metro Round Coffee Table）- 由美国设计公司苏荷概念（Soho Concept）设计并出品。闪亮的不锈钢支架和黑色玻璃桌面，表明这是一款具有现代主义气质的家具，极简的造型永不过时。它另外还有方形、长方形和木质桌面的版本 (图 4-8-30)。

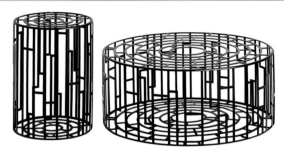

(图 4-8-31) 库布桌

22） 库布桌（Kub Table）- 由日本设计公司恩德（Nendo）于 2009 年设计。库布桌整体呈镂空的圆柱形，采用涂漆钢材技术制作，是一件体现日本追求简洁和功能性设计美学的代表。圆柱体身上错综复杂的线条如同都市丛林，引人遐想。选用不同高度与直径的圆柱体可以组合出更加丰富的视觉效果 (图 4-8-31)。

(图 4-8-32) 低潮咖啡桌

23） 低潮咖啡桌（Lowtide Coffee Table）- 由荷兰设计师罗德里克·福斯（Roderick Vos）于 2006 年设计。当潮水退却之时，沙粒显露出其结构，带给福斯无穷的想象空间。低潮咖啡桌采用纯橡木制作，虽然高度低矮不一但是分量不减 (图 4-8-32)。

(图 4-8-33) 布罗姆矮桌

24） 布罗姆矮桌（Blom Low Table）- 由意大利设计师安德里亚·帕里西奥（Andrea Parisio）于 2011 年设计。这是一款简洁的圆形咖啡桌，采用镀镍钢圈桌腿，桌面材料有玻璃和大理石两项选择，另外还有小号的边几版本。布罗姆矮桌整体造型典雅而时尚，适用于较大的空间 (图 4-8-33)。

(图 4-8-34) 嘻哈咖啡桌

25） 嘻哈咖啡桌（Hip Hop Coffee Table）- 由意大利 28 号工作室（Studio 28）设计，由创立于 1963 年的意大利品牌邦特皮·卡萨（Bontempi Casa）出品。嘻哈咖啡桌极简的线条、清晰的结构与明确的功能，使其能够适应于任何现代空间，也能够与任何风格的家具和谐相处 (图 4-8-34)。

(图 4-8-35) 达奇咖啡桌

26） 达奇咖啡桌（Daki Coffee Table）- 由意大利 28 号工作室设计的另一款咖啡桌。达奇咖啡桌采用白色或者黑色亮面聚氨酯制作，造型亦古亦今，是一件充满后现代气质的家具。它是咖啡桌与边几两用桌，布置在任何空间都会成为视觉焦点，令人印象深刻 (图 4-8-35)。

（图 4-8-36）花卉咖啡桌

27) 花卉咖啡桌（Flower Coffee Table）- 由意大利 28 号工作室设计的又一款咖啡桌。花卉咖啡桌的桌面模仿花卉的剪影图形，可以拼贴组合，也可以高低组合，是一款活泼可爱的咖啡桌或者边几。它提供多款颜色选择，与任何家具均能搭配（图4-8-36）。

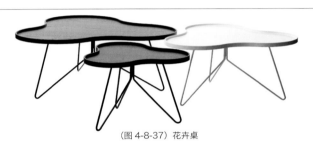

（图 4-8-37）花卉桌

28) 花卉桌（Flower Table）- 由丹麦设计师克莉丝汀·施瓦泽（Christine Schwarzer）设计。另一张模仿花卉图案的咖啡桌，造型活泼可爱，有多种尺寸可供选择。其桌面采用层压板制作，边框则为弯曲桦木、橡木或者胡桃木；桌腿采用镀铬钢或者黑 / 白色油漆（图 4-8-37）。

（图 4-8-38）生姜咖啡桌

29) 生姜咖啡桌（Ginger Coffee Table）- 由意大利设计师毛里奇奥·曼佐尼（Maurizio Manzoni）和罗伯托·塔皮纳西（Roberto Tapinassi）设计，由意大利品牌邦特皮·卡萨出品的另一款咖啡桌。这是由高低不同的两件套组合的桌子，也可以分开用作边几。生姜咖啡桌造型典雅，充满时尚感和艺术感（图 4-8-38）。

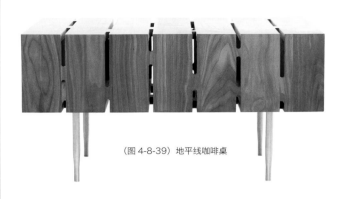

（图 4-8-39）地平线咖啡桌

30) 地平线咖啡桌（Horizon Coffee Table）- 由英国设计师马修·希尔顿（Matthew Hilton）设计。这是一张宛如现代建筑般线条简洁的咖啡桌，采用复杂的细木工制作桌面与车削黄铜制作桌腿，适用于任何现代空间（图4-8-39）。

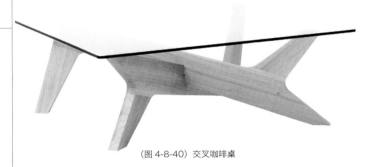

（图 4-8-40）交叉咖啡桌

31) 交叉咖啡桌（Cross Coffee Table）- 由英国设计师马修·希尔顿设计的另一款咖啡桌。交叉咖啡桌采用大胆的实木交叉桌腿，它们像个拼图一样相互锁在一起，创造出一个有趣而实用的咖啡桌，与野口咖啡桌的结构有着异曲同工之妙。人们透过玻璃桌面从不同角度去发现其中的奥妙（图 4-8-40）。

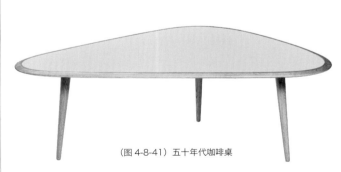

（图 4-8-41）五十年代咖啡桌

32) 五十年代咖啡桌（Fifties Coffee Table）- 由英国设计师大卫·霍金森（David Hodkinson）于 2006 年设计。五十年代咖啡桌创作灵感来自 20 世纪 50 年代的复古时期，大卫赋予了它新的时代气息。其有机的芸豆形桌面由三根细长的圆锥形桌腿支撑，桌脚选用黄铜材质，造型轻巧而优雅。它包括大、小两个版本，桌面有多种颜色可供选择，适用于任何现代空间（图 4-8-41）。

（图 4-8-42）太田桌

33) 太田桌（Oota Table）- 由奥地利设计公司伊奥斯（Eoos）于 2011 年设计，这是伊奥斯设计的太田桌系列之一。它就像一颗璀璨的宝石吸引着每一个观察者，其细密的金属网格支撑着圆形玻璃桌面，反射着周围所有的光线。这是一张完美的咖啡桌，其金属网格采用黑色涂漆或者电解处理。太田桌系列包括三种尺寸，适用于办公与私人空间（图 4-8-42）。

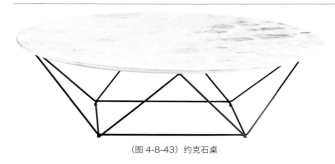

（图 4-8-43）约克石桌

34) 约克石桌（Joco Stone Table）- 由奥地利设计公司伊奥斯于 2015 年设计的另一款咖啡桌。约克石桌采用大理石制作圆形桌面，其桌腿则采用纤细的金属框架制作，漆成黑色的框架让大理石的重量感消失，使桌面似乎漂浮在空气中。它造型轻巧典雅，是天然石材与工业材料的完美结合，适用于任何现代起居空间（图 4-8-43）。

（图 4-8-44）扭石咖啡桌

35) 扭石咖啡桌（Twist Stone）- 由丹麦设计公司弗门斯特尔（Formstelle）于 2012 年设计。这张咖啡桌的桌面让人联想起石头的自然形状，将室内空间与大自然联系起来。它采用纯实木制作，其造型特点在于桌腿三角形的稳定支撑，结构合理而形态轻盈，适用于办公与私人空间（图 4-8-44）。

（图 4-8-45）巴黎 - 首尔咖啡桌

36) 巴黎 - 首尔咖啡桌（Paris-Seoul Coffee Table）- 由法国建筑师与设计师让·马里·马索德（Jean-Marie Massaud）于 2012 年设计。这张咖啡桌的造型极具现代建筑空间感，其水平与垂直面纵横交错，比例适中，线条简洁。它采用青铜板材制造，表面饰以橡木贴面。巴黎 - 首尔咖啡桌系列还包括了边几和转角茶几（图 4-8-45）。

（图 4-8-46）玛吉诺咖啡桌

37) 玛吉诺咖啡桌（Magino Coffee Table）- 由埃及裔美国设计师卡里姆·拉希德（Karim Rashid）设计。这张采用亚克力制作的咖啡桌线条流畅，一气呵成，巧妙地将杂志储物空间与桌腿合二为一。其通体的黑色给任何空间都能带来强烈的视觉冲击力，适用于室内外空间（图 4-8-46）。

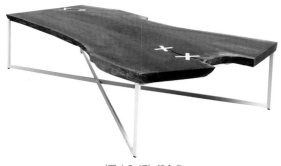

（图 4-8-47）缝合桌

38) 缝合桌（Stitched Table）- 由美国设计公司乌呼鲁设计（Uhuru Design）于 2014 年设计。这是自然与人工完美结合的典范，由两块几乎分裂的原木板拼接后用 X 形回收塑料连接件缝合，其基座则为交叉形粉末涂层钢框架。纯天然木板来自伐木边角废料，每块桌面均独一无二成为其特色，适用于办公与私人空间（图 4-8-47）。

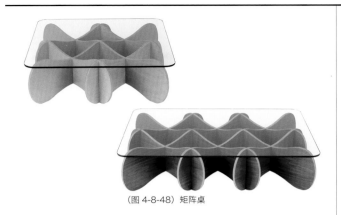

（图 4-8-48）矩阵桌

39） 矩阵桌（Matrix Table）- 由英国设计师安德鲁·泰伊（Andrew Tye）于 2000 年设计。这张低矮的咖啡桌采用胶合板制作模块，桌面为一块圆角玻璃。泰伊像玩拼图游戏一样将模块进行连接、弯曲和堆叠，最终形成大、小两种尺寸的咖啡桌。其圆弧形模块生动有趣，放在任何空间都能轻易成为视觉焦点（图 4-8-48）。

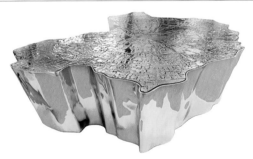

（图 4-8-49）伊甸园黄铜大中心桌

40） 伊甸园中心桌（Eden Centre Table）- 由葡萄牙家具品牌博卡铎路宝（Boca Do Lobo）出品，其设计灵感来自其名称的神秘启示，代表着知识之树与欲望之源的一部分。这张独一无二的桌子采用实木制作框架结构，其表面覆盖抛光黄铜，并且在桌面蚀刻出树的年轮。金色的树心代表着家庭的中心，其表面金光灿烂的光泽给室内空间带来令人震撼的视觉效果（图 4-8-49）。

（图 4-8-50）茶花中心桌

41） 茶花中心桌（Camelia Center Table）- 由葡萄牙家居品牌马拉巴尔（Malabar）出品，具体设计者与年份不详。这张咖啡桌的设计灵感来自古老的伊斯兰艺术，其表面饰以带有 17 世纪风格茶花图案的瓷砖。其造型犹如一座微缩的现代建筑，水平面与垂直面纵横交错，从不同角度看它会产生不同的视觉效果（图 4-8-50）。

（图 4-8-51）法托斯中心桌

42） 法托斯中心桌（Fitos Center Table）- 由意大利建筑师阿尔多·罗西（Aldo Rossi）设计。这张称作中心桌的咖啡桌充分表达出罗西新理性主义和意大利现代主义的作品，造型极简，功能明确。它采用胡桃木制作框架，而桌面则饰以带有某种含义肌理的铜箔，反映出罗西的理性设计偏好。这张纯粹直线型的咖啡桌适用于那种具有国际化与现代化的空间环境（图 4-8-51）。

　　咖啡桌作为休闲娱乐的焦点家具而布置在坐具的中央，沙发与两旁的座椅围绕咖啡桌形成 U 字形，如此每个人都能够轻松地接触到咖啡桌。咖啡桌不仅仅提供了放饮料的地方，它也是展示杂志和书籍封面的地方，还是陈列花瓶、陶器和烛台等饰品的地方。

　　随着时代的进步，咖啡桌的式样和材料也日新月异。几乎每个时代都有其代表性的咖啡桌风靡一时。电子时代飞速发展的同时也带给咖啡桌新的角色，一种由微软开发的触摸屏式咖啡桌已经被应用于许多酒店。可以预测的是，不久的将来咖啡桌一定会带给我们更新奇的感受。

4-9 折叠桌（Folding Table）/ 托盘桌（Tray Table）

　　为了腾出空间并便于储藏和搬运，一种桌腿可以折叠的轻便桌子应运而生。折叠桌的历史可以追溯到古埃及时期（图4-9-1），直至18-19世纪和维多利亚时代，折叠桌才在普通人家里司空见惯（图4-9-2，图4-9-3）。20世纪40年代，达勒姆制造公司（Durham Manufacturing Company）推出了一款基本型的折叠桌（图4-9-4）。1951年，鲍里斯·科恩（Boris Cohen）和约瑟夫·普奇（Joseph Pucci）申请了第一款便携式折叠桌的专利。20世纪五六十年代法尔科椅（Falco Chair）与新秀丽折叠桌（Samsonite Table，图4-9-5）广受欢迎。

　　由德国建筑师埃贡·艾尔曼（Egon Eiermann）于1952年设计的S319折叠桌（S 319 Folding Table，图4-9-6）闻名于世，原因在于其简单、实用、牢固、便捷。它具备在运输过程中提供的安全闭锁机械，结合堆叠橡胶使其方便水平堆叠。

（图4-9-1）古埃及折叠桌复制品

（图4-9-2）维多利亚时期折叠桌

（图4-9-3）维多利亚时期折叠桌2

（图4-9-4）达勒姆折叠桌

（图4-9-5）新秀丽折叠桌　　　　　（图4-9-6）S319折叠桌

折叠桌通过连接桌腿与桌面之间的铰链来实现折叠动作；桌腿折叠后紧贴桌面背部并固定。它们常见于那些需要经常移动或者临时性的空间，如家庭、学校和教堂。折叠桌的常见式样包括：

（图 4-9-7）棋牌桌

1） 棋牌桌（Card Table）- 专用于扑克牌和其他桌面游戏的方形桌子。除了大学学生公寓之外，家庭节日聚餐时也常用作辅助餐桌 (图 4-9-7)。

（图 4-9-8）通用桌

2） 通用桌（General-use Table）- 为一般家居和办公使用，桌面形状包括长方形、正方形和圆形 (图 4-9-8)。

（图 4-9-9）宴会桌

3） 宴会桌（Banquet Table）- 专用于餐馆和餐饮业设立临时自助餐的桌子，也常用于零售商和供应商之间的产品展示，或者作为临时性书桌使用 (图 4-9-9)。

（图 4-9-10）个人桌

4） 个人桌（Personal Table）- 也被称为电视托盘，适合于一个人边进餐边看电视之用，或者作为小项目如做作业之用（图 4-9-10）。

（图 4-9-11）折叠野餐桌

5） 折叠野餐桌（Folding Picnic Table）- 顾名思义，它适用于室内外用餐，如学校食堂和居家后院，其内置可折叠座位随桌腿折叠或者打开 (图 4-9-11)。

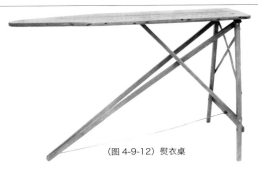

（图 4-9-12）熨衣桌

6） 熨衣桌（Ironing Board）- 这是一种小而轻便的折叠桌，桌面覆盖耐热材料，专用于熨烫衣服的支撑板 (图 4-9-12)。

按照材质类别来划分，折叠桌可以分为四大类：

1） 木质折叠桌（Wooden Folding Table）- 其桌面采用颗粒板或者胶合板制作，表面覆盖织物或者塑料；

2） 塑料折叠桌（Plastic Folding Table）- 其桌面采用吹塑或者聚乙烯塑料制作，桌腿通常为铝质；此类折叠桌质轻、方便，但是不够结实耐用；

3） 层压折叠桌（Laminate Folding Table）- 其桌面采用高压牛皮纸或者木材形成，表面覆盖防水塑料；此类折叠桌质重、结实、耐用、抗热，但是笨重难移；

4） 铝质折叠桌（Aluminum Folding Table）- 其材料采用航空级铝合金，质轻、耐用、防锈，是户外自然气候条件下的理想家具。

托盘桌的桌腿分为折叠式和固定式两种，可折叠式托盘桌也属于折叠桌一类。18世纪中叶，首先在英国出现了一种由分离的托盘和X形交叉腿组合而成的配餐桌（Butler's Table，图4-9-13）或者配餐托盘桌（Butler's Tray Table，图4-9-14）。进入20世纪早期，制造商们把托盘与桌腿固定起来。19世纪维多利亚时期产生过一大批各式各样的托盘桌，特别是那种桌腿模仿竹节的造型；其整体表面常用黑色处理，配合镀金纹饰（图4-9-15）。

托盘咖啡桌的主要特征为桌面边缘围绕一圈凸起的唇缘，因此可以防止溅出的液体滴落或者小物件滚落。托盘桌的式样五花八门，有些桌面下还带有储物功能，而另一些托盘桌则没有。制造托盘桌的材料以木材和金属为主，也有少量的采用塑料制作。大多数托盘桌的托盘形状为正方形、长方形、圆形和椭圆形；其桌腿有直腿和像折叠桌那样的交叉腿。

（图4-9-13）配餐桌

（图4-9-14）配餐托盘桌

（图4-9-15）维多利亚时期竹节腿托盘桌

世界十大著名的现代托盘桌包括：

（图4-9-16）圆形鲨皮托盘桌

1) 圆形鲨皮托盘桌（Round Shagreen Tray Table）- 由英国设计师朱利安·奇切斯特（Julian Chichester）设计，麦考林花园公司（Mecox Gardens）出品。其盘底镶嵌仿鲨皮，以及表面的做旧处理使其显示出岁月的痕迹，适用于传统或者折中风格的室内空间（图4-9-16）。

（图4-9-17）塔皮提边几

2) 塔皮提边几（Tapiti Side Table）- 由美国设计师莫拉·斯塔尔（Moura Starr）设计并出品。其巴西胡桃木的表面擦茶晶色处理，加上金属X形桌腿横杆，让它显得高贵、典雅，作为鸡尾酒桌适用于娱乐空间（图4-9-17）。

（图4-9-18）安布罗吉奥桌

3) 安布罗吉奥桌（Ambrogio Table）- 由意大利家具品牌杰西（Jesse）设计。其托盘皮革面料的缝合线脚精致、美观，托盘把手设计构思巧妙。当托盘拿走，其喷漆金属独腿仍然可以作为边几使用。其简洁的造型使其适用于简约的现代空间（图4-9-18）。

（图 4-9-19）西奥多·巴特勒托盘配加文支架

4) 西奥多·巴特勒托盘配加文支架 (Theodore Butler's Tray with Gavin Stand) - 加文支架由美国家居品牌拉夫·劳伦 (Ralph Lauren Home) 出品，彰显出拉夫·劳伦一贯擅长的休闲贵族的生活情调。其托盘的皮革把手和支架的黄铜五金件使其非常适用于酒吧托架 （图4-9-19）。

（图 4-9-20）林利托盘桌

5) 林利托盘桌 (Linley Tray Table) - 由英国设计公司林利 (Linley) 出品的托盘桌是椅子的完美搭档。其皮革材质的托盘和胡桃木的桌腿让人联想起上世纪 30 年代的巴黎风情，是一件非常精致、优雅的托盘桌。它一共有三条桌腿和四条桌腿两个版本 （图4-9-20）。

（图 4-9-21）藤编托盘桌

6) 藤编托盘桌 (Rattan Tray with Stand) - 由法国家居品牌皮埃尔·德卢 (Pierre Deux) 出品。这是一件集多功能与价值于一体的托盘桌，无论是置于浴室放纸巾盒和毛巾，还是放在室外阳台上享受美食，藤编托盘桌都是美好生活的最佳伴侣 （图4-9-21）。

（图 4-9-22）马德里桌

7) 马德里桌 (Madrid Table) - 由美国家居品牌水厂 (Water Works) 出品，其纤细苗条的造型和光洁纯净的颜色，使其特别适用于中性色调的客厅、浴室或者卧室空间，用来摆放水或者咖啡；也能够当花架使用 （图4-9-22）。

（图 4-9-23）三叶草镜像辅导桌

8) 三叶草镜像辅导桌 (Clover Mirrored Coaching Table) - 由美国家居品牌切尔西之家 (Chelsea House) 出品。这件托盘桌具有鲜明的个性，托盘三面升起的边框带有异域风情的阿拉伯图案镂空雕刻。其托盘底部的镜面与闪亮的表面处理使其适用于鸡尾酒配置 （图4-9-23）。

（图 4-9-24）西米托盘桌

9) 西米托盘桌 (Symi Tray Table) - 由墨西哥家居品牌卡萨米蒂 (Casamidy) 出品。西米托盘桌的托盘与支架采用黑色哑光处理，使其浑身散发出乡村粗犷而质朴的气质。其托盘的镜面底部像静静的湖面一样充满某种神秘感。它适合于多人围坐一起，与双人沙发十分匹配，或者为大沙发配上一对；也适用于户外走廊，与藤编家具天生一对 （图4-9-24）。

（图 4-9-25）福尔摩沙托盘桌

10) 福尔摩沙托盘桌 (Formosa Tray Table) - 由美国家居品牌木箱与木桶 (Crate & Barrel) 旗下家居公司 CB2 出品。这件托盘桌由喷漆木质托盘与镀铬金属支架组合而成，不用时可以轻松折叠起来放入壁橱。其造型轻巧方便，适用于任何空间，也适应于各种风格 （图4-9-25）。

4-10 床桌 （Bed Table）

床桌顾名思义是一种专用于床上的桌子，常常作为床用托盘，在其上放食物、书籍和电脑等；除了床上，床桌其实也常用于沙发上。其托盘形桌面通常有折叠腿支撑，为使用者提供充足的腿部空间，便于存放和清洁。

早期的床桌称作膝桌（Lap Desk），是一种用于书写的小盒子，因此也称为写字盒（Writing Box），有时候它被称为便携书桌（Portable Desk）（图4-10-1）。古董膝桌用铰链连接的书写面包括皮革、毛毡或者其他材料；翻盖下面则为储存空间（图4-10-2）。现代膝桌主要在床上使用，因此称为床书桌（Bed Desk），不过其式样和材料早已多种多样，变得更轻巧和便捷（图4-10-3）；同时其底部根据使用目的的不同而配置了可折叠的独脚架或者双脚架，这样它可以用于讲台、床上和膝上（图4-10-4）。有些现代膝桌专为笔记本电脑而设计（图4-10-5）。

今日床桌的种类变化多端，其中最有名的是跨床桌（Over Bed Table/Bed Table），这是一种可移动式床桌，其桌面横跨于床上，可提供简易的饮食和阅读台面。跨床桌的结构分为从单边悬挑的桌面和两边板式桌腿落地两种，二者底部均带有滚轮；单边悬挑的跨床桌通常可以调节高度甚至桌面斜度，因此被称为可调式床边桌（Adjustable Bedside Table，图4-10-6）。此外，床桌的其他名称还包括Bed Tray、Serving Tray 和 Lap Table（图4-10-7）。

床用托盘桌的名称根据不同的功能特征而各不相同，比如滚动托盘桌（Rolling Tray Table）可以自由移动到任何需要它的地方，适用于床头、沙发和躺椅；可调式托盘桌（Adjustable Tray Table，图4-10-8）可以随时随地使用，无论是躺在床上还是沙发上，比较整洁、轻便，是饮食、书写、手工或者电脑的最佳选择；超深膝盘（Extra Deep Lap Tray）适用于饮食的托盘，两端易于把握的手柄保持膝盘的稳定，也适用于手工活托盘；折叠托盘桌（Folding Tray Table，图4-10-9，图4-10-10）是一种多用途的木质折叠托盘，适用于床上和沙发享用餐点或者小吃；它牢固轻便，易于存放，防滑和泄漏；无论深色还是浅色木质均能与任何装饰风格协调；电视托盘桌（TV Tray Table，图4-10-11）专指边看电视边进食的托盘。

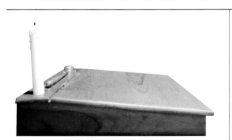

（图 4-10-1）早期床桌

（图 4-10-4）现代床书桌

（图 4-10-6）单腿床桌

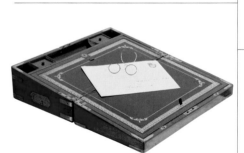

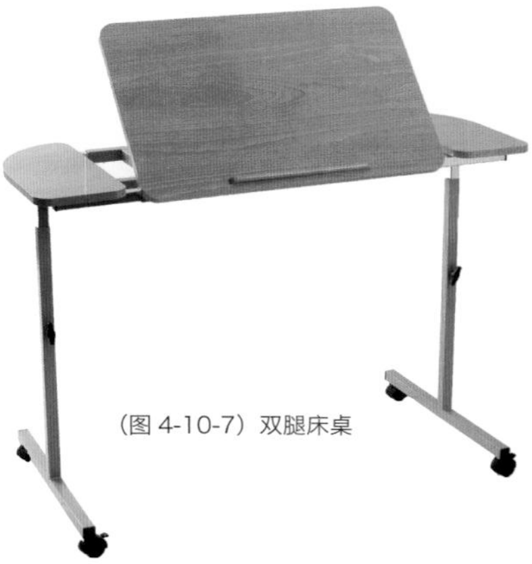

（图 4-10-2）古董膝桌

（图 4-10-5）现代膝桌

（图 4-10-7）双腿床桌

（图 4-10-3）现代膝桌

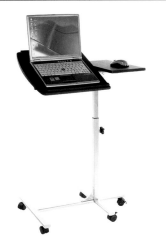

（图 4-10-8）可调式托盘桌

（图 4-10-9）折叠托盘桌

（图 4-10-10）折叠托盘桌　　　　（图 4-10-11）电视托盘桌

（图 4-10-12）便携式笔记本电脑桌

随着越来越多的现代人喜欢使用笔记本电脑，人们对于适用于笔记本电脑的家具需求量大增，家具厂商也为此设计和生产了各式各样的便携式笔记本电脑桌，它们必须轻质、便携和实用(图4-10-12)。经典的现代便携式笔记本电脑桌包括但不限于：

（图 4-10-13）e 舒适膝桌

1) e 舒适膝桌（eComfort Lap Desk）- 由美国百货零售商布鲁克斯东（Brookstone）出品。这张膝桌表面以木纹饰面，非常适合于笔记本电脑和平板电脑。其桌面倾斜还配备了一个内置扬声器，适用于床上或者沙发上 (图4-10-13)。

（图 4-10-14）酷冷至尊软垫膝桌

2) 酷冷至尊软垫膝桌（Cooler Master Comforter-Lap Desk with Pillow Cushion）- 由美国电脑服务品牌酷冷至尊（Cooler Master）出品。它专门为保护腿部免受电脑散发的热量困扰而设计，其面板之下安装有让空气流通的凹形海绵垫。它采用轻质材料制作，因此便于携带，也适合任何时候任何地点使用 (图4-10-14)。

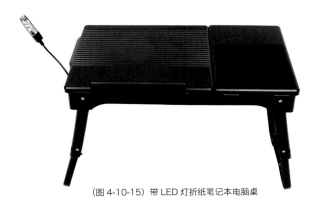

（图 4-10-15）带 LED 灯折纸笔记本电脑桌

3) 带 LED 灯折纸笔记本电脑桌（Origami Laptop Tray with LED Light）- 由美国家具品牌折纸公司(Origami)出品。这是一张非常牢固的多功能笔记本电脑办公桌或者工作台，它配备有一盏 LED 台灯、鼠标垫、可调节托盘和五个 USB 端口；其可分离式桌腿可以根据需要安装 (图4-10-15)。

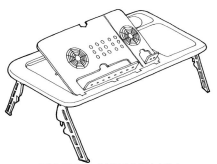

（图 4-10-16）艾曼特克笔记本电脑桌

4) 艾曼特克笔记本电脑桌（Imountek Laptop Table）- 由美国电脑配件供应商艾曼特克（iMounTek）出品。这张电脑桌采用牢固的工程塑料制作，适应于软质和硬质表面。它有一个防止笔记本电脑滑落的挡板以及一些用于连接的小孔。其组成部份还包括可锁定的桌腿、鼠标垫面、两个冷却风扇、一个杯托、一个笔筒和一个 USB 数据线储存间（图 4-10-16）。

（图 4-10-17）简竹便携折叠笔记本电脑桌

5) 简竹便携折叠笔记本电脑桌（Simply Bamboo Portable Folding Laptop Desk）- 由成立于 2004 年的澳大利亚竹制品公司简竹（Simply Bamboo）出品。这张笔记本电脑桌采用种植园种植的竹子制成，为使用舒适提供了四种类型的位置。它也可以用作床上的早餐托盘或者书写托盘。其部分桌面可以翻转使用，四条桌腿也可以完全伸展。其轻质材料便于携带或者存储（图 4-10-17）。

（图 4-10-18）金牌多功能笔记本电脑桌

6) 金牌多功能笔记本电脑桌（Kings Brand Multi-functional Laptop Table Stand with Cooling Fan and USB Ports）- 由美国家具品牌金牌（King 's Brand）出品。这张多功能的笔记本电脑塑料支架也是一个小餐桌或者书桌。其特色包括了一个散热风扇、四个 USB 端口、三盏 LED 台灯、笔隔间、两个托盘、内置鼠标垫和可折叠桌腿。如此强大的功能使其能够满足几乎任何办公需求（图 4-10-18）。

（图 4-10-19）大西洋笔记本电脑桌

7) 大西洋笔记本电脑桌（Atlantic Notebook Tray）- 由美国存储与电配供应商大西洋有限公司（Atlantic Inc.）出品。这是一张多功能的便携式电脑桌，适用于笔记本电脑、阅读和写作活动。其设计不仅考虑到电脑的使用，它还考虑了鼠标垫、手机和任何小物件的储存空间。它有一个杯架，可调两个位置的桌腿，适用于较大的笔记本电脑（图 4-10-19）。

（图 4-10-20）闪光家具可调角笔记本电脑桌

8) 闪光家具可调角笔记本电脑桌（Flash Furniture Angle Adjustable Laptop computer Table with Dark Natural Top）- 由美国家具公司闪光家具（Flash Furniture）出品。其木质桌面饰以饰面板，与可折叠式金属桌腿形成对比。它易于操作，便于储存，结实耐用。其桌面倾斜度可根据需要调整，适用于任何规格的笔记本电脑（图 4-10-20）。

（图 4-10-21）驱动医疗无倾斜跨床桌

9) 驱动医疗无倾斜跨床桌（Drive Medical Non Tilt Overbed Table）- 由医疗器械公司驱动医疗（Drive Medical）出品。这张跨床电脑桌常见于医疗区域，其桌面不可倾斜。其桌腿牢不可动，但是高度可轻松调节。其 H 形的基座仅有两个旋转脚轮，可以轻松移动。除了笔记本电脑桌，也可以当做用餐、阅读和写字的桌子（图 4-10-21）。

（图 4-10-22）膝齿轮高级电脑膝桌

10) 膝齿轮高级电脑膝桌（LapGear Deluxe Computer Lap Desk）- 由创立于 1974 年的美国家具公司原始笔记本电脑桌（Original LapDesk）出品。这张电脑膝桌考虑周全，使用方便，功能多样，其特点包括一个内置腕托、内置鼠标垫、微珠笔记本圈垫和两侧的储存袋。它适应于任何笔记本电脑的使用（图 4-10-22）。

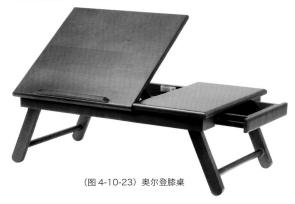

（图 4-10-23）奥尔登膝桌

11) 奥尔登膝桌（Winsome Wood Alden Lap Desk）- 由创立于 1977 年的美国家具公司迷人木（Winsome Wood）出品。这张木质便携式电脑桌具有可翻转的桌面，一个小抽屉和可折叠桌腿；折叠桌腿后，人们可以把它直接搁在大腿上。这是现代人在床上或者地板上使用笔记本电脑，或者阅读和用餐的理想伴侣（图 4-10-23）。

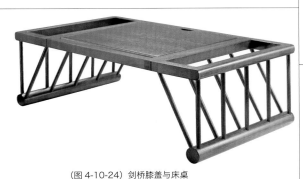

（图 4-10-24）剑桥膝盖与床桌

12) 剑桥膝盖与床桌（Cambridge Lap and Bed Desk）- 由美国家具公司迷人木出品的另一款便携式电脑桌。这张采用纯实木制作的桌子拥有独特而漂亮的外观，特别适合早餐和笔记本电脑，其两侧镂空口袋可放置报纸和杂志等。其特点还包括内置散热风扇、可调倾斜度的桌面和结实耐用的质量（图 4-10-24）。

4-11 书桌（Desk）/ 写字桌（Writing Table）/ 电脑桌（Computer Desk）

书桌一词来自 14 世纪中叶的拉丁词 desca，意思为"写字的桌子"，也是在古意大利语 desco 的基础上修改而来。Desk 一词自 1797 年以来被象征性地使用。最初人们想设计出一种专门用于写字的家具，中世纪的文件记载，当时抄写员经常使用书桌（图 4-11-1）。文艺复兴时期的书桌已经应用广泛，那时的书桌带有抽屉和小储物空间，并且常常藏有暗格（图 4-11-2，图 4-11-3）。19 世纪的商业活动空前活跃，越来越多的人接受了教育，复杂的商业办公需要专门的办公书桌。

（图 4-11-1）中世纪哥特时期书桌复制品

（图 4-11-2）文艺复兴时期书桌

（图 4-11-3）文艺复兴时期书桌

（图 4-11-4）路易十六时期办公桌

（图 4-11-7）19 世纪英国民间搁板书桌

（图 4-11-5）19 世纪法国基座书桌

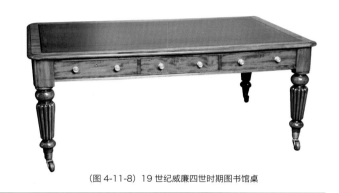

（图 4-11-8）19 世纪威廉四世时期图书馆桌

（图 4-11-6）19 世纪乔治式腿书桌

（图 4-11-9）19 世纪帝国式加强办公桌

　　路易十六执政时期，法语称写字桌为办公桌 (Bureau Plat, 图 4-11-4)，意指桌面下有一排储物抽屉，桌面覆盖皮革或者其他减少磨损鹅毛笔或者钢笔的材料。形式上，当写字桌没有桌腿直接落地时称作基座书桌 (Pedestal Desk, 图 4-11-5)；而当书桌用桌腿来支撑桌面时又被称为腿书桌 (Leg Desk, 图 4-11-6)；当书桌由两条腿支撑时写字桌被称为搁板书桌 (Trestle Desk, 图 4-11-7)。因为过去写字桌常见于富人的图书馆里，写字桌也常被称为图书馆桌 (Library Table, 图 4-11-8)，不过图书馆桌指好几种桌子

的式样。有一种台面上带抽屉的书桌叫做加强办公桌 (Bureau à Gradin, 图 4-11-9)。

　　书桌走入千家万户应该归功于书籍的大量印刷和识字人口的大批增加。与现代书桌注重其功能性不同，古典书桌更重视其式样与装饰手段。

　　每一种书桌的特征都是为了适应其所在时代的生活方式、经济条件与装饰风格。无论是简洁、实用，还是繁复、琐碎，书桌的基本角色一直保持不变：一种组织和安排生活的家具。

按照使用功能划分，传统书桌主要有以下一些式样：

（图 4-11-10）建筑师桌

1）建筑师桌（Architect Desk） - 又称绘图桌，是一种专为建筑师而设计的工作台。其桌面宽大，方便绘图以及铺开蓝图，桌面还能够调节倾斜度。建筑师桌比一般书桌都要高，便于建筑师站着或者坐在高脚绘图凳（类似于吧台凳）上都能够看清桌面。不过建筑师桌并非只有建筑师才能使用，设计或者艺术类的从业人员均需要建筑师桌 **(图 4-11-10)**。

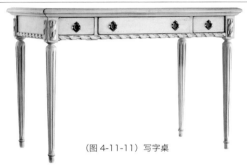

（图 4-11-11）写字桌

2）写字桌（Writing Desk） - 传统写字桌只是一个方便写字的小桌面，有时候在一边或者两边带有抽屉。写字桌的多功能性使得它不仅仅用于写字，而且也适合放一台电脑、一盏台灯、小摆设，或者是一盆植物。在必要的时候，它也可以摇身一变，成为聚餐时的餐边桌 **(图 4-11-11)**。

（图 4-11-12）秘书桌

3）秘书桌（Secretary Desk） - 早在 17 世纪时期曾经是簿记员（记账员）或者店员专用的办公桌，直至 20 世纪才逐渐退出历史舞台。秘书桌是一款传统的高而窄的书桌，通常带上半部书柜，并且配有玻璃柜门。其显著特点之一，就是不使用的时候，可以拉下桌盖，既保护了隐私，又掩盖了桌面。转角秘书桌盛行于维多利亚时期 **(图 4-11-12)**。

（图 4-11-13）卷盖式书桌

4）卷盖式书桌（Roll Top Desk） - 卷盖式书桌是一种紧凑而多功能的传统书桌，所有桌面之上的抽屉和搁板都可以隐藏在卷盖之后。美国肯塔基历史学会认为，是由雅各布·奥尔斯（Jacob Alles）于 1869 年发明了一种可以掩盖桌面和储物间隔的卷盖式书桌。他把一些长木片与帆布胶合在一起，形成一块覆盖桌面的卷盖。虽然有人对这一说法持不同意见，不过这已经不再重要了。直至今日，因其多功能性和经典的式样，卷盖式书桌仍然深受许多家庭和公司的喜爱。过去为书信而设计的小间隔，如今可以用来放 CD 等。卷盖式书桌与生俱来的古典气质，使其能够适应任何装饰风格，同时其本身也能够成为视觉焦点 **(图 4-11-13)**。

（图 4-11-14）翻盖式书桌

5）翻盖式书桌（Drop Down Desk） - 传统的翻盖式书桌尺寸较大，是由文件柜、抽屉、信件格、笔托和写字桌面所组成。当桌盖翻起后，写字桌面与信件格全部展现在眼前；当工作完毕之后，只需轻松把桌盖放下，即可藏起桌面 **(图 4-11-14)**。

（图 4-11-15）书桌柜

6）书桌柜（Desk Hutch） - 专门为写字桌增加储物功能而设计的独立家具，它包括一些搁板和抽屉，通常带有柜门，直接放在书桌的桌面之上 **(图 4-11-15)**。

(图 4-11-16）灯箱桌

7) 灯箱桌（Lightbox Desk） - 专为艺术家或者摄影师而设计的工作台。为了方便查看草图纸或者底片，其桌面镶嵌了一块磨砂玻璃，玻璃的下面是一个灯箱。灯箱桌总是具有某种神秘的吸引力，让人把它与未知世界联系起来，不过使用时注意不宜时间过长，并且要注意通风 (图4-11-16)。

(图 4-11-18）转角桌

9) 转角桌（L-Shaped Desk） - 顾名思义，它是专门利用墙角空间而设计的桌子，因此它也被称为角桌（Corner Desk）。其平面基本呈三角形，也可能呈 L 形，特别适合于空间有限的房间 (图4-11-18)。

(图 4-11-17）老板桌

8) 老板桌（Executive Desk） - 也称"大班台"，宽大庄重，桌面整洁，常常需要与其他家具配合使用，如书柜或者文件柜等 (图4-11-17)。

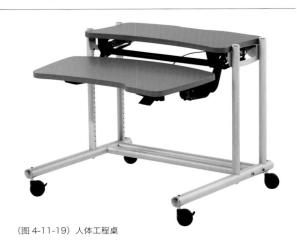

(图 4-11-19）人体工程桌

10) 人体工程桌（Ergonomic Desk） - 近现代发展出来符合人体工程学原理的一种工作台，使用者可以根据自己的身体特征来调整桌子的高矮与角度，从而达到最大的舒适度 (图4-11-19)。

　　历史上产生过很多种书桌的式样，特别是在美国、英国和法国，均有其自己的书桌式样。

(图 4-11-20）清教徒式书桌

（图 4-11-21）威廉与玛丽式书桌

（图 4-11-24）联邦式书桌

（图 4-11-22）安妮女王式书桌

（图 4-11-25）美国帝国式书桌

（图 4-11-23）齐朋德尔式书桌

（图 4-11-26）维多利亚式书桌 2

1）美国书桌 - 美国的殖民历史决定了其书桌式样主要追随英国，同时也受到其他移民国家的影响。书桌式样涵盖了 1620 年移居美国的英国清教徒、威廉与玛丽、安妮女王、齐朋德尔、联邦、帝国和维多利亚。

清教徒书桌 **(图 4-11-20)** 笨重而简单，饰以浅浮雕；威廉与玛丽书桌 **(图4-11-21)** 饰有更丰富的雕刻装饰，以清漆和细部装饰线

条著称；安妮女王书桌 **(图 4-11-22)** 优雅而精致，以清漆和漩涡形装饰为主要特征；齐朋德尔书桌 **(图 4-11-23)** 深受中国古典家具的影响，以漩涡形和兽爪为特征；联邦书桌 **(图 4-11-24)** 再现了古希腊和古罗马时期的图案，线条简练，雕刻主题通常为丰饶角、老鹰和盾牌；帝国书桌 **(图 4-11-25)** 庞大而奢侈，但是很实用；维多利亚书桌 **(图 4-11-26)** 线条繁复，车削桌腿，造型厚重。

（图 4-11-27）都铎时期书桌

（图 4-11-33）乔治时期书桌

（图 4-11-34）英国摄政时期书桌

（图 4-11-28）伊丽莎白一世书桌

（图 4-11-35）维多利亚式书桌

（图 4-11-36）爱德华七世时期书桌

（图 4-11-29）詹姆士一世书桌

（图 4-11-30）共和时期书桌

（图 4-11-37）殖民时期书桌

（图 4-11-31）英国王政复辟式书桌

（图 4-11-32）威廉与玛丽时期书桌

2）英国书桌 - 英国随着其君主政治、宗教信仰、社会价值和应用材料的更替、变化而产生出一系列丰富多彩的书桌式样。从文艺复兴结束到殖民时期，英国书桌式样经历了都铎、伊丽莎白一世、詹姆士一世、共和时期、王政复辟（指 1660 年英王查理二世复辟）、威廉与玛丽、安妮女王、乔治时期、摄政时期、维多利亚、爱德华七世和殖民时期。

都铎书桌（图4-11-27）雄壮庄严，采用全实木；伊丽莎白一世书桌（图4-11-28）雕刻与装饰复杂、厚重；詹姆士一世书桌（图4-11-29）装饰严谨、规整，显然受外来影响较少；共和时期书桌（图4-11-30）受清教徒思想的影响，朴实而僵硬，但仍不失精致；王政复辟书桌（图4-11-31）带有更多装饰，并且具有当时流行的弓形桌腿；威廉与玛丽和安妮女王书桌（图4-11-32）均喜欢清漆，并且具有漩涡形装饰和线条流畅的特点；乔治时期书桌（图4-11-33）造型简单，但是更注重厚重感与装饰；摄政时期书桌（图4-11-34）线条简练，造型轻巧，常出现一些异域装饰图案，如狮身人面像；维多利亚书桌（图4-11-35）造型笨重，开始出现铁艺；爱德华七世书桌（图4-11-36）线条纤细，结构轻盈，饰以叶子图案；殖民时期书桌（图4-11-37）与美国联邦书桌相似，保持线条整洁，表现出受古希腊和古罗马家具的影响。

（图 4-11-38）文艺复兴式书桌

（图 4-11-39）路易十三式书桌

（图 4-11-40）巴洛克式书桌

（图 4-11-41）法国摄政式书桌

（图 4-11-42）洛可可式书桌

（图 4-11-43）新古典书桌

（图 4-11-44）执政内阁式书桌

（图 4-11-45）法国帝国式书桌

（图 4-11-46）法国王政复辟式书桌

（图 4-11-47）路易·菲利普式书桌

（图 4-11-48）新艺术运动书桌

3）法国书桌 - 法国书桌与其独具一格的艺术气质一样变化多端，其式样与其历届君王的名字息息相关，密不可分。它们分别是文艺复兴、路易十三、巴洛克（路易十四）、摄政时期、洛可可（路易十五）、新古典（路易十六）、督政府时期（法兰西第一共和国）、帝国时期、王政复辟（波旁王朝复辟）、路易·菲利普时期和新艺术运动。

文艺复兴书桌（图 4-11-38）曲折、灵活的工艺与图案为其特征；路易十三书桌（图 4-11-39）与文艺复兴书桌近似，不过更喜欢用乌木；巴洛克书桌（图 4-11-40）通常采用黄铜和龟壳镶嵌和装饰线条；摄政时期书桌（图 4-11-41）特点为非对称漩涡形装饰与雕刻，并且用到了镀金技术；洛可可书桌（图 4-11-42）以精细而柔弱的线条、卡布里弯腿和精致的装饰而闻名；新古典书桌（图 4-11-43）在美国和英国分别演变成了联邦与殖民书桌，参照大量古希腊与古罗马时期的图案与雕刻；执政内阁时期书桌（图 4-11-44）相对要更克制，但是仍然表现出古埃及图案；帝国时期书桌（图 4-11-45）运用大量古罗马家具特征，并且出现字母 'N' 代表拿破仑的姓氏；王政复辟书桌（图 4-11-46）相对小巧而简洁，仅以突出不同木材的色差对比为其主要装饰手段；路易·菲利普书桌（图 4-11-47）受教堂影响，采用深色木材；新艺术运动书桌（图 4-11-48）纤弱、柔和。

历史上出现过的几款著名书桌式样包括：

（图 4-11-49）壁柜式书桌

1） 壁柜式书桌（Armoire） - 其高度在 1.5~2.1 米之间，书桌的搁板与写字台面均安排在其中段部位。为了防止尘埃落在书桌表面和保护隐私，壁柜式书桌带有两扇柜门，使得它看起来整洁干净（图 4-11-49）。

（图 4-11-51）达文波特书桌

3） 达文波特书桌（Davenport） - 其名称源自 18 世纪末英国军官约翰·达文波特（John Davenport）上尉委托木匠专门定制的一种书桌。其特征表现为可以掀开的倾斜桌面，桌面下可以放笔纸之类的文具，书桌的侧面则布满了抽屉（图 4-11-51）。

（图 4-11-53）卡雷尔书桌

5） 卡雷尔书桌（Carrel） - 卡雷尔书桌以其简洁的设计而闻名，它是由一块平桌面加上两边高耸的侧板所组成。这种长方形的书桌可以连接起来形成一长条，侧板使相邻座之间互不干扰，因此非常适合于学校图书馆。卡雷尔书桌也是现代办公隔间的前身（图 4-11-53）。

电脑桌随着电脑的诞生和普及而出现和发展。大部分电脑桌符合人体工程学原理，其键盘搁板可调节，桌面适合书写工作。电脑桌的形状和式样五花八门，根据使用者的工作习惯，以及电脑显示器和电线等组件的大小和位置，电脑桌常见衣橱式和隔间式两种。

一台电脑桌是否合格取决于其设计是否符合人体工程学，因为一台合格的电脑桌能够最大限度地提高使用者的舒适度和工作效率。事实上，选择电脑桌应该与配套的办公椅和使用者的身高体重来统一考虑，达到使用舒适度最大化和伤害与疼痛最小化的目的。

今日的家具设计师们常常喜欢将餐桌与书桌一体化，就是说二者兼顾。事实上，很多人喜欢把餐桌当作书桌来使用，这样会让书房显得更随意和放松。当然也有很多我们下面将看到的专用书桌，经典的现代书桌包括但不限于：

（图 4-11-50）种植园书桌

2） 种植园书桌（Plantation） - 其设计起源于美国小马快递时期的邮局办公家具，然而其名称却来自美国南方种植园家庭。其特征为书桌上面立着一个带双门的前进深柜体，柜体内包括多层搁板（图 4-11-50）。

（图 4-11-52）伍顿书桌

4） 伍顿书桌（Wooton） - 1874 年，威廉·S·伍顿（William S. Wooton）为一款专门针对忙碌的商人而设计的书桌申请了专利，称作"内阁办公室书桌"。它由超过一百个储物间隔和一个翻盖式写字台面组成，所有这些均可以通过关闭带铰链的柜门隐藏起来（图 4-11-52）。

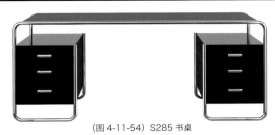

(图 4-11-54) S285 书桌

1) S285 书桌（S285 Desk）- 由匈牙利设计师马歇·布鲁尔（Marcel Breuer）于 1932 年设计。作为功能主义与现代主义的先驱，布鲁尔一生致力于家具部件的模块化与标准化，首创出布鲁尔标志性的钢管家具系列，S285 书桌是 S 书桌系列之一。这是由镀铬钢管与擦色木板组合而成的模块化家具，可以根据需要变幻出一系列 S 书桌群体，包括 S285/1、S285/2 和 S285/5。时隔半个多世纪，S285 书桌至今依然充满魅力 (图 4-11-54)。

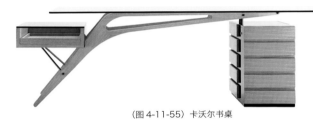

(图 4-11-55) 卡沃尔书桌

2) 卡沃尔书桌（Cavour Desk）- 由意大利建筑师与设计师卡洛·莫里诺（Carlo Mollino）于 1949 年设计。这是至今为止无人能超越的现代书桌精品，也是一件家具艺术品，还是至今任何一位高品位人士梦寐以求的一款书桌。这件凌空飞跃、展翅欲飞的书桌仅采用普通的木材与玻璃制作，但是却给后人留下无尽的遐想和启迪 (图 4-11-55)。

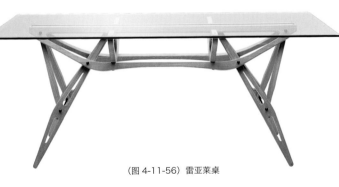

(图 4-11-56) 雷亚莱桌

3) 雷亚莱桌（Reale Table）- 由意大利建筑师与设计师卡洛·莫里诺于 1946 年设计的另一张证明莫里诺前瞻思想的桌子。顺应时代的作品无数，但具有远见的思维才真正弥足珍贵。它同样采用木材与玻璃制作，其精妙之处在于看似错综复杂的桌腿，实则构思巧妙的空间桁架结构。无论是作为餐桌还是书桌，雷亚莱桌都能让空间蓬荜生辉 (图 4-11-56)。

(图 4-11-57a) 伊姆斯储物单元　　　　(图 4-11-57b) 伊姆斯书桌单元

4) 伊姆斯书桌单元（Eames Desk Unit）- 由美国设计师伊姆斯夫妇（Charles & Ray Eames）于 1950 年设计。这张书桌是伊姆斯设计理念"对需要的认知是设计的首要条件"的最佳诠释。伊姆斯书桌单元和储物单元 (Storage Unit, 图 4-11-57a) 是伊姆斯夫妇探索"模块化"与"高科技"的实例，首次尝试实用家具应用标准化配件，也是"机械美学"的完美表现。它采用镀锌钢材与胶合板制作，同时研发的还有开放储物书桌单元（Eames Open Storage Desk Unit），是现代书桌发展历程中的里程碑 (图 4-11-57b)。

(图 4-11-58) 书桌 62 系列

5) 书桌 62 系列(Bureau 62 Series) - 由瑞典设计师格丽塔·格罗斯曼（Greta Grossman）于 1952 年设计，取名"62 系列"是因为它被认为超前十年。这张轻盈的书桌带有三个抽屉和一个柜门，造型简洁而优雅。其主要特征在于金属与木材之间质感与尺度之间的反差，包括高反差的黑色与木色交织在一起，产生生动有趣的视觉效果，是一件永不过时的家具精品 (图 4-11-58)。

(图 4-11-59) 圆规方向书桌

6) 圆规方向书桌（Compas Direction Desk）- 由法国设计师让·普鲁威（Jean Prouve）于 1953 年设计。它采用粉末涂层模塑钢板与实木板制作，历经半个多世纪之后遇见它仍然让人印象深刻。造型就像两只圆规挺立支撑一块桌面板，简洁大方并且充满活力 (图 4-11-59)。

（图 4-11-60）幕腿书桌

7) 幕腿书桌（Swag Leg Desk）- 由美国设计师乔治·尼尔森（George Nelson）于 1958 年设计。其名称来自桌腿形状类似于拉开的帷幕，这样两条分开的桌腿合并后上升支撑桌面，中间用一块木横杠连接两端。其双层桌面考虑周到而实用，适用于小型空间（图 4-11-60）。

（图 4-11-61）功课书桌

8) 功课书桌（Homework Desk）- 由丹麦裔加拿大设计师尼尔斯·本特森（Niels Bendtsen）设计，它包括单边挂斗储物柜和双边挂斗储物柜两个版本，可以根据需要来选择文件柜或者抽屉柜。功课书桌采用玻璃、镀铬钢材与饰面板材制造，它造型轻巧，广泛应用于办公室与书房（图 4-11-61）。

（图 4-11-62）功课书桌

9) 功课书桌（Homework Desk）- 由斯洛伐克裔瑞士设计师托马斯·克拉尔（Tomas Kral）设计，这是另一款与本特森的"功课书桌"同名的书桌。这款功课书桌的特色为围绕书桌三边的铸铝承槽，承槽可以托住许多办公杂物包括书籍、杂志等。其另一特色则是两个不同方向的扁方实木桌腿。这是一张紧凑实用且多功能的书桌，适用于空间有限的都市公寓或者阁楼（图 4-11-62）。

（图 4-11-63）G 计划漂浮书桌

10) G 计划悬浮书桌（G Plan Floating Desk）- 由英国设计师维克多·布拉姆韦尔·威尔金斯（Victor Bramwell Wilkins）于 1966—1970 年期间为英国家具品牌 G 计划（G Plan）设计的系列家具之一。作为现代家具的先锋之一，半个世纪之前威尔金斯设计的这张书桌今天看来仍然充满灵动与活力。其桌面悬浮在抽屉之上，之间的空隙也可以储物。有人在桌面上立一面镜子来充当梳妆台。这张采用柚木制作的书桌浑身散发着 20 世纪中叶的复古气息，但是却适用于任何现代室内空间（图 4-11-63）。

（图 4-11-64）斯文·马德森极简柚木书桌

11) 斯文·马德森极简柚木书桌（Svend Madsen Minimalist Teak Desk）- 由丹麦设计师斯文·马德森（Svend Madsen）于 20 世纪 50 年代设计。这张制作精美的轻便书桌是丹麦现代设计的标志作品，其造型简洁、轻巧，功能明确、丰富，特别是桌面可以滑动推开的奇思妙想令人称赞（图 4-11-64）。

（图 4-11-65）斯文·马德森红木弯曲书桌

12) 斯文·马德森红木弯曲书桌（Svend Madsen Rosewood Curved Desk）- 由丹麦设计师斯文·马德森于 20 世纪 60 年代设计的另一款书桌，弯曲书桌名称来自其曲线把手的应用。这是一张对称设计的书桌，桌面与抽屉隔离架空，造型轻盈、典雅，结构合理、牢固，对于后来许多现代书桌设计影响深远（图 4-11-65）。

（图 4-11-66）双层写字台

13）双层写字台（Two Tops Secretary）- 由荷兰设计师马塞尔·万德斯（Marcel Wanders）于 2004 年设计。这是一张将维多利亚式车削桌腿与现代电脑桌相结合的现代书桌，可以视之为现代版的翻盖式书桌。其造型亦古亦今，尺寸小巧玲珑，适用于小型空间（图 4-11-66）。

（图 4-11-67）超模式书桌

14）超模式书桌（Modu-licious Deskette）- 由美国设计公司蓝点（Blu Dot）于 2006 年设计。这是蓝点设计的"超模式"系列之一，系列内每个单元都可以单独或者互换使用。此书桌注重实用功能，采用饰面木板和粉末涂层金属制作，是小型空间的理想书桌（图 4-11-67）。

（图 4-11-68）搁板书桌

15）搁板书桌（Trestle Desk）- 由英国家居品牌蓝阳树（Blue Sun Tree）出品，具体设计者与年份不详。其实任何用支架支撑的桌子都称为搁板桌（Trestle Table），其散发的随意感使之成为很多现代办公室的最爱。这款搁板书桌运用了搁板桌的结构特征，其特色主要体现在桌面的三个并排抽屉，适合于喜欢抽屉的使用者（图 4-11-68）。

（图 4-11-69）艾睿书桌

16）艾睿书桌（Airia Desk）- 由美国设计公司怪兽工作室（Kaiju Studios）现更名为瞭望台（Observatory）设计。艾睿书桌的特点包括可隐藏笔记本电脑、iPad 和文具的抽屉，后面的小搁板，以及众多隐藏的数据和动力插座。其造型小巧机动，功能齐全，是家庭办公室的好帮手（图 4-11-69）。瞭望台还设计了与之配套的艾睿多媒体柜（Media Cabinet）。

（图 4-11-70）折纸书桌

17）折纸书桌（Origami Desk）- 由比利时家具品牌安森奈斯（Ethnicraft）出品，具体设计者与年份不详。折纸书桌表现出安森奈斯一贯坚持的精益求精的手工艺，以其精心的设计与精致的细节，融合传统的工艺与现代的审美，使它赢得无数消费者的喜爱（图 4-11-70）。

（图 4-11-71）芝诺书桌

18）芝诺书桌（Zeno Desk）- 由意大利建筑师与设计师马西莫·斯科拉里（Massimo Scolari）于 1994 年设计。它采用实木制作框架，桌面则用液体橡胶或者抛光乌木板。其两条粗壮的桌腿呈对角线位置支撑着整个桌面，抽屉柜则固定在桌面与桌脚之间（图 4-11-71）。

（图 4-11-72）触屏书桌

19) 触屏书桌（I-con Desk）- 由荷兰设计师米希尔·范·德·克莱（Michiel van der Kley）设计的书桌系列之一，它们包括单抽屉、双抽屉和抽屉柜。这是一张线条简洁流畅的现代书桌，采用不锈钢桌腿与木材桌面和抽屉制作，设计灵感来自当代触屏手机或者平板电脑，充满新世纪时代感（图 4-11-72）。

（图 4-11-73）哈罗德书桌

20) 哈罗德书桌（Harold Desk）- 由意大利设计师卢卡·尼切托（Luca Nichetto）设计。这是一张具有北欧简约情调的书桌，体现在其精致的楔形榫头工艺上。其造型特色为桌面两侧上卷呈弧形，背面同时上卷与两侧圆弧连接形成三面卷起。桌面的抽屉与开敞储物空间非常适应于今天的家庭办公特点（图 4-11-73）。

（图 4-11-74）埃皮书桌

21) 埃皮书桌（Epi Desk）- 由华裔意大利设计师卢志荣（Chi Wing Lo）设计。埃皮书桌采用胶合板贴饰面板材料精心制作。其造型带有后现代的特征，古朴典雅大方，是古典与现代的完美结合。其特色主要体现在桌面的柜门和开放储物空间上，是一件少见的带有东方美学韵味的现代书桌（图 4-11-74）。

（图 4-11-75）泽洛斯书桌

22) 泽洛斯书桌（Zelos Desk）- 由德国设计师克里斯托夫·伯因宁格（Christoph Boeninger）于 2008 年设计。泽洛斯书

桌反映了书桌用品越来越少的趋势，同时满足了 21 世纪新一代笔记本电脑的功能需求，储存空间、抽屉、插座和皮垫一应俱全。这张小巧玲珑的折叠式书桌做工精致典雅，造型简单，采用实木与镀铬钢制作，是一件不可多得的书桌精品（图 4-11-75）。

（图 4-11-76）埃拉斯莫书桌

23) 埃拉斯莫书桌（Erasmo Desk）- 由意大利建筑师与设计师马西莫·斯科拉里（Massimo Scolari）于 2009 年设计。这是一张打破一般矩形平面的叶形平面书桌，它采用一边抽屉柜另一边为独立桌腿的非对称造型，曲线充满自由活泼的动感。其表面全部为制作精良的实木饰面，是一张现代书桌当中的艺术品（图 4-11-76）。

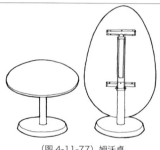

（图 4-11-77）姆沃桌

24) 姆沃桌（Movo Table）- 由德裔意大利设计师安德里亚斯·斯塔里克（Andreas Storiko）设计。这张可爱的近椭圆形小桌设计巧妙，当不需要使用时将其桌腿折叠并且桌面竖立后，隐藏的轮子会自动露出，可以轻松移动到任何位置；当桌面放平后，轮子会自动缩进。它采用胶合板与金属制作，非常适用于有限的家居空间（图 4-11-77）。

（图 4-11-78）康德书桌

25) 康德书桌（Kant Desk）- 由德国设计师尼尔斯·霍尔格·摩曼（Nils Holger Moormann）于 2003 年设计。其造型十分简洁干净，X 形桌腿支撑的桌面后部有一个 V 字形的凹槽，专门用于摆放书籍、文件和杂物等，为使用者提供了一个可以将书桌安排得井井有条的桌面。它采用生态环保的胶合板制作，饰面板提供黑色与白色两种选择（图 4-11-78）。

4-12 梳妆台（Dressing Table）/ 化妆台（Vanity）

　　梳妆台诞生于 18 世纪早期，是专为上流贵妇坐在镜前梳妆打扮而设计的小桌子（图4-12-1a，图4-12-1b）。其桌面下有一个可以容纳双膝的宽敞空间，其两边通常带有几个小抽屉，桌面上竖立着至少一面镜子，与之搭配的梳妆椅正好可以塞入桌下的空间；或者自己选择感觉舒适、个性，并且能够适合桌下空间的软垫凳子。

　　在闺房内的所有家具当中，梳妆台可能是最受欢迎的家具。当梳妆台桌面上摆满了相框、香水瓶、鲜花和各式各样的小玩意的时候，它成为展示女性温柔与美丽的舞台。尤其是安妮女王式或者法式梳妆台通常拥有优雅的卡布里弯腿，以及装饰精美的镜子（图4-12-2）。新怀旧风格的梳妆台表现出陈旧的优雅，可能是所有梳妆台当中最富女人气质的梳妆台（图4-12-3，图4-12-4）。

　　梳妆台通常被置于卧室或者足够大的衣帽间里。其桌面形状包括长方形与腰子形两种，其表面处理从裸露的木材到手工绘制的图案，或者采用织物包裹，不一而足。其开敞的桌面可以摆放各种瓶瓶罐罐。不过并非所有的梳妆台都有一个桌下空间。

（图 4-12-4）新怀旧式梳妆台

经典的传统梳妆台式样包括：

（图 4-12-5）简单梳妆台

1） 简单梳妆台（Simple Dressing Table） - 也许仅仅是一张普通的四条腿长方形桌子，抽屉可有可无。不过必须有一面竖立在桌面或者悬挂在桌后墙壁上的镜子，并配置一只与之搭配的凳子（图4-12-5）。

（图 4-12-1a）安妮女王式梳妆台

（图 4-12-1b）路易十六时期梳妆台

（图 4-12-2）法式梳妆台

（图 4-12-3）新怀旧式梳妆台

（图 4-12-6）书桌式梳妆台

2） 书桌式梳妆台（The Desk Style） - 很多梳妆台看起来就像一张书桌，长方形的桌子或者仅有一边有抽屉，另一边桌腿落地；或者两边均带抽屉，正中间是膝盖空间。桌面上竖立或者悬挂一面镜子，有的梳妆台带有翻盖式镜子，隐藏的镜子在翻盖的反面，翻盖的下面是储物空间（图4-12-6）。

（图 4-12-7）腰子形梳妆台

3） 腰子形梳妆台（The Kidney-Shaped Table）- 传统梳妆台当中最常见的式样之一，其桌面呈腰子形状，即凹进弯曲的椭圆形。两边常常对称布置抽屉以及其他裙边装饰，并且多半会有一只与腰子形匹配的圆形或者椭圆形的软垫凳子（图 4-12-7）。

化妆台专指储藏化妆品的柜子或者桌子，其桌面通常带有一面镜子。最早的化妆台出现于 16 世纪的路易十四时期，当时的法国挥金如土，所以其家具，特别是卧室家具已经超出了其本来的目的。作为与时尚息息相关的化妆台自然在中 - 上流阶层风行一时（图 4-12-8, 图 4-12-9, 图 4-12-10）。

路易十四时期的化妆台充分展现了法国工匠的高超技艺，也成为当时欧洲其他国家的工匠们竞相效仿的对象。不过英国的工匠更注重其功能性，将多余的装饰减至最低。

化妆台于 17 世纪早期漂洋过海到了美国，并于维多利亚时期随着管道技术的进步，化妆台开始进入浴室，最终演变成了带脸盆的盥洗台，不过它与卧室里的化妆台已经分属于不同的家具类别。

（图 4-12-8）路易十四时期梳妆台

（图 4-12-9）路易十五时期梳妆台

4-13 餐桌（Dining Table）

古代的餐桌往往由不同的材料制成，因此产生截然不同的外观。例如古埃及采用木材或者石材，其外观更像独腿桌；古亚述人采用金属制作桌子，而有的古文明国家应用大理石来制作桌子。

直至 16 世纪，桌子才以独立的面貌出现。随着桌子的演变，桌子的功能更加细分需求下，餐桌于中世纪期间诞生。最早的餐桌被认为是搁板桌，它可以在不用的时候拆开腾出空间。框架桌是早期描述餐桌的名称，其桌面单薄，桌腿框架精巧。

自中世纪开始，人们有了围坐在餐桌旁共同进餐的习俗。文艺复兴时期，在西班牙和意大利，出现了一种两端用框架支撑的长方形桌子（图 4-13-1）。伊丽莎白一世时期出现了一种以圆球形桌腿为特征的活板桌，它成为后来加长餐桌的原型（图 4-13-2）。再后来，又出现了一种叫做门腿桌的折叠式餐桌，并且流行开来，其活板在不用的时候可以向下折叠（图 4-13-3, 图 4-13-4）。

（图 4-13-1）文艺复兴时期西班牙框架腿餐桌

（图 4-13-2）伊丽莎白一世时期餐桌

（图 4-13-3）17 世纪门腿桌

（图 4-13-4）17 世纪门腿桌

在 20 世纪早期，有几种餐桌式样决定了餐厅的面貌，家具生产因此也从过去的工匠手工制作转变成了工厂流水线生产，这些餐桌式样包括：

（图 4-13-5）工匠风格餐桌

（图 4-13-6）传教士风格餐桌

1）工匠风格餐桌 / 传教士风格餐桌（Arts and Crafts/ Mission）- 工匠风格家具或者传教士风格家具为了追求略带乡村情感的外形而运用大量直线和极少装饰，暴露的细木工艺以及牢固、结实的结构均为工匠风格家具的特征。工匠风格餐桌喜欢采用深色木材或者擦成深褐色 **（图 4-13-5，图 4-13-6）**。

（图 4-13-7）新艺术风格餐桌

2）新艺术风格餐桌（Art Nouveau）- 新艺术风格起源于 19 世纪晚期，并延至 20 世纪初期。新艺术风格家具强调流动而强劲的曲线美，因其稀奇古怪的装饰而闻名于世。其设计灵感来自自然界的花卉、昆虫和藤蔓等。新艺术风格餐桌突出其纤细而生动的桌腿造型，并且带有复杂的雕刻装饰其表面 **（图 4-13-7）**。

（图 4-13-8）装饰艺术风格餐桌

3）装饰艺术风格餐桌（Art Deco）- 与反对机械化生产的工匠风格家具相反的装饰艺术风格家具，深受 1925 年巴黎博览会和包豪斯学校的影响，大量采用了工业化新兴材料，并且努力实现形式追随功能，希望既实用又富创意 **（图 4-13-8）**。

很多古典桌子都可以作为餐桌使用，选择餐桌的式样需要考虑的因素包括如下：

1）活板桌与可延伸桌（Drop-Leaf & Expandable Table）- 它们让你可以根据不同的用餐需要来调整餐桌的尺寸。活板桌通过翻动桌子的两端来改变其尺寸，可延伸桌则通过翻动桌子中间的活板来改变其尺寸，它们均可以有效地节省空间。

2）长方形桌与椭圆形桌（Rectangular & Oval Table）- 它们适合于同时坐 6~12 个人或者更多。它们通常置于较大而且比较正式的餐厅为大家庭服务，可以根据餐桌的长度来决定餐桌中央的饰品，一般应用 2-4 组饰品。

3）圆形桌与八角形桌（Round & Octagonal Table）- 其好处之一就是无需担心可坐人数的多少，其可坐人数从 4 人到 12 人或者更多，适用于任何尺寸的餐厅。

4）正方形桌（Square Table）- 它可以同时坐 4~8 个人，大正方形桌可以放在餐厅，而小正方形餐桌则适合于厨房，如早餐角落等。其短处之一在于人数受桌腿的限制而无法像圆形桌或者八角形桌那样适应性强。

现代餐桌是家居空间中一件必不可少的家具，其式样琳琅满目，材料五花八门。近百年来，家具设计师们为餐桌贡献了无穷尽的创意和智慧。经典的现代餐桌包括但不限于：

（图 4-13-9）LC6 桌

1）LC6 桌（LC6 Table）- 由法国建筑师勒·柯布西耶（Le Corbusier）、皮尔瑞·吉纳瑞特（Pierre Jeanneret）和夏洛特·帕瑞安德（Charlotte Perriand）于 1928 年设计。作为现代设计的探索者与实践者，柯布西耶不仅为现代建筑创立了原则，而且为现代家具创作了一系列革命性的典范。采用金属和玻璃制作的 LC6 桌成为现代餐桌的标志之一 **（图 4-13-9）**。

（图 4-13-10）郁金香餐桌

2）郁金香餐桌（Tulip Dining Table）- 由芬兰裔美国建筑师与设计师埃罗·沙里宁（Eero Saarinen）于 1956 年设计。芬兰出生的沙里宁希望最大限度地减少桌腿，同时让每一件家具都有一个整体结构，这就是沙里宁餐桌的全部特征。今天的沙里宁餐桌不仅是沙里宁的标志，也是现代艺术的象征 **（图 4-13-10）**。

（图 4-13-11）CH318 桌

3) CH318 桌（CH318 Table）- 由丹麦设计师汉斯·维格纳（Hans Wegner）于 1960 年设计。简单而又优雅的 CH318 桌是现代餐桌的典范。它采用不锈钢与实木制作，结构一目了然，使用称心如意，是一件整洁、实用的餐桌或者会议桌（图 4-13-11）。

（图 4-13-12）帕拉纳餐桌

4) 帕拉纳餐桌（Platner Dining Table）- 由美国设计师瓦伦·帕拉纳（Warren Platner）于 1966 年设计。这是帕拉纳钢丝系列家具当中的餐桌，是功能与美感完美结合的典范。帕拉纳餐桌提供不同的钢丝表面处理，如镀镍、镀铜和镀金等；同时桌面也有玻璃、大理石和实木可供选择。帕拉纳餐桌就像一件玻璃与金属的雕塑，虽历经半个多世纪，其魅力依然不减（图 4-13-12）。

（图 4-13-13）山姆·马鲁夫餐桌

5) 山姆·马鲁夫餐桌（Sam Maloof Dining Table）- 由美国设计师和木工山姆·马鲁夫（Sam Maloof）于 1965 年设计。如同马鲁夫设计并制作的其他家具一样，透过每一个精心打磨的小转角和每一根似乎自然生长的线条，让人深深感受到其生命力。这是一张能够打动人心的家具杰作，因为马鲁夫已经将其灵魂融入其中（图 4-13-13）。

（图 4-13-14）海星桌 215 号

6) 海星桌 215 号（Starfish Table 215）- 由土耳其设计师塞伊汗·奥兹德米尔和西佛·卡戈勒（Seyhan Ozdemir & Sefer Caglar）设计。这是一件纯实木餐桌，其创作灵感显然来自海星。海星桌如雕塑般的桌腿是其视觉焦点，只是放在那里就能够吸引人们的眼球（图 4-13-14）。

（图 4-13-15）勺桌

7) 勺桌（Spoon Table）- 由意大利设计师安东尼奥·奇特里奥和法国设计师全阮（Antonio Citterio & Toan Nguyen）于 2008 年设计。勺桌主体结构采用铝材制作，质轻而坚固。桌腿选用合理的三角形斜撑，并且可以折叠起来方便搬运。勺桌通畅的底部空间，使其既可以当餐桌也可以作书桌，是小空间的理想家具（图 4-13-15）。

（图 4-13-16）轻长方桌 393F

8) 轻长方桌 393F（Light Rectangular Table Fixed 393F）- 由英国设计师马修·希尔顿（Matthew Hilton）设计。这件轻巧的实木餐桌看似简单，但是桌腿的细木工复杂而精致。希尔顿希望光洁的桌面能够展示木材美丽的自然纹理（图 4-13-16）。

（图 4-13-17）洛斯·拉古路夫长方桌

9) 洛斯·拉古路夫长方桌（Ross Lovegrove Rectangular Table）- 由英国设计师洛斯·拉古路夫（Ross Lovegrove）于 2008 年设计。这是一件由粉末涂层圆钢管与玻璃组成的艺术品，放在任何空间都能让人过目不忘。桌腿运用交错的钢管来代替传统思维中的桌腿结构，巧妙而又前卫（图 4-13-17）。遵循同样的设计思路，拉古路夫还设计了另一款圆桌（Ross Lovegrove Round Table）。

（图 4-13-18）科特萨餐桌

10) 科特萨餐桌（Corteza Dining Table）- 由南美洲智利出品，具体设计者与年份不详。此款餐桌的创作灵感来自禅意，造型简洁干净，充满时代感。特别是其打破常规的支撑部分采用镀镍钢管与染色木框组合而成，是传统与现代的完美结晶（图 4-13-18）。科特萨餐桌是科特萨系列桌之一，另外包括尺寸不同的咖啡桌、边几和靠墙台桌。

（图 4-13-19）达尼亚餐桌

11) 达尼亚餐桌（Dania Dining Table）- 由加拿大家具品牌新生活（Nuevo Living）设计并出品。这是现代餐桌当中少有的圆形餐桌，整体造型宛如一个削平的蘑菇，既有复古风格又有异域情调（图 4-13-19）。其不同尺寸的版本包括边几、酒馆桌和餐桌。

（图 4-13-20）凡尔赛餐桌

12) 凡尔赛餐桌（Versailles Dining Table）- 由新生活设计和出品的另一款餐桌。它由拉丝不锈钢桌腿与粗犷的橡木桌面组合而成，是现代与乡村的完美结合（图 4-13-20）。凡尔赛餐桌还有咖啡桌和靠墙台桌两个版本。

（图 4-13-21）士高餐桌

13) 士高餐桌（Siku Dining Table）- 由新生活设计和出品的又一款餐桌。这是一款结合极简风格和乡村情调的长方形餐桌。除了略显粗犷的橡木桌面之外，黄铜角框架才是其魅力所在，无论视觉还是实质上都增强了餐桌的稳定性（图 4-13-21）。士高餐桌另有玻璃桌面、咖啡桌和靠墙台桌三个版本。

（图 4-13-22）人造卫星餐桌

14) 人造卫星餐桌（Sputnik Dining Table）- 由美国家具品牌卡迪尔（Kardiel）出品，具体设计者和年份不详。这是一件灵感来自 1957 年世界上第一颗人造卫星的餐桌设计，桌腿就像卫星放射状的天线，是 20 世纪中叶时代精神的标志性作品。虽然时隔半个多世纪，今天看起来仍然令人印象深刻。餐桌由实木桌腿与玻璃桌面构成，结构稳固而功能实用，浑身充满现代感（图 4-13-22）。

（图 4-13-23）击倒餐桌

15） 击倒餐桌（Ko Dining Table）- 由加拿大设计工作室元素设计（In Elements Designs）设计。其特征在于桌腿的有机构成形态，创作灵感来自加拿大森林茂密的树枝，纵横交错的实木杆件让桌腿连成一体。餐桌的玻璃桌面暴露出桌腿，让使用者仿佛身临其境置身于大自然，是一件不可多得的现代餐桌杰作（图 4-13-23）。

（图 4-13-24）塔佩瓦拉·皮尔卡桌

16） 塔佩瓦拉·皮尔卡桌（Tapiovaara Pirkka Table）- 由芬兰设计师伊马利·塔皮奥瓦拉（Ilmari Tapiovaara）于1955 年设计。这是一件传承芬兰建筑师阿尔瓦·阿尔托设计理念的代表作，它强调功能的重要性与结构的合理性，造型简单而优雅（图 4-13-24）。

（图 4-13-25）支柱大木桌

17） 支柱大木桌（Strut Large Wood Table）- 由美国蓝点家具品牌（Blu Dot）设计并出品。合理的结构是桌子的前提，支柱加上斜撑，很像某车间屋顶桁架的局部，稳固的结构能够增加使用者的自信。实木框架比钢铁框架看起来要温暖得多，适用于办公和居家空间（图 4-13-25）。蓝点的支柱系列运用相同的结构形式出品了不同的桌子如边几等。

（图 4-13-26）帕拉斯桌

18） 帕拉斯桌（Pallas Table）- 由德国设计师康斯坦丁·格里克（Konstantin Grcic）于 2003 年设计。这是一张全部采用粉末涂层钢板制作的餐桌，有着刚毅的外表、醒目的色彩和完美的比例，放在任何餐厅都能带来强烈的视觉冲击力（图 4-13-26）。

（图 4-13-27）图腾桌

19） 图腾桌（Totem Table）- 由意大利家具品牌苏威特（Sovet）于 2014 年出品，具体设计者和年份不详。图腾桌造型像一只蘑菇，由一根粗壮的圆锥形基座支撑一块圆形桌板构成（图 4-13-27）。根据不同的风格和需要，图腾桌有多种材质可供选择，例如玻璃桌板和不锈钢基座，或者给桌板和基座选择不同饰面板进行组合。

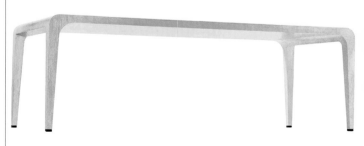

（图 4-13-28）伊尔沃罗桌 390

20） 伊尔沃罗桌 390（Ilvolo Table 390）- 由意大利设计师里卡尔多·布鲁默（Riccardo Blumer）于 1999 年设计。伊尔沃罗桌采用纯实木制作并饰以木饰面板或者表面染色处理。其造型简洁干净，特点为桌角呈圆弧形（图 4-13-28）。布鲁默为其餐桌设计了与之配套的并采用相同结构特征的拉勒吉拉椅（Laleggera Chair）。

（图 4-13-29）接合桌

21） 接合桌（Synapsis Table）- 由法国设计师让·马里·马索德（Jean Marie Massaud）于 2008 年设计。接合餐桌由镀铬钢桌腿或者白色或黑色涂漆桌腿与饰面板桌面构成，其特征为钢条焊接而成的网状桌腿，使桌面显得轻盈灵巧 **(图 4-13-29)**。马索德运用相同的桌腿特征还设计了方形和双矩形桌腿等桌子系列。

（图 4-13-30）埃拉斯莫桌

22） 埃拉斯莫桌（Erasmo Table）- 由意大利建筑师与设计师马西莫·斯科拉里（Massimo Scolari）设计。这是一张独特的圆餐桌，其独特在于少见的三条桌腿，以及做工精致的弧形连接部位。三条桌腿位于圆形内正三角形的顶端，离开圆形外框，形成非常优雅流畅的曲线条。它采用实木桌腿与饰面板拼贴桌面制作，是现代餐桌当中不可多得的一件精品 **(图 4-13-30)**。

（图 4-13-31）粘土桌

23） 粘土桌（Clay Table）- 由英国设计师马克·克鲁逊（Marc Krusin）设计。这是一张挑战视觉极限的桌子，保持平衡的桌面似乎建立在不可触摸的前提下。其圆锥形基座采用坚硬的聚氨酯制作，而圆形桌面材质则包括钢化玻璃、石墨和浮雕火山石等。粘土桌能够给每一位观者带来意想不到的惊喜 **(图 4-13-31)**。

（图 4-13-32）岩石桌

24） 岩石桌（Rock Table）- 由法国建筑师与设计师让·马里·马索德（Jean-Marie Massaud）于 2014 年设计。岩石桌突破传统餐桌观念的餐桌新标志，是天然与工业材料的完美结合。它造型优雅，轮廓光滑圆润，具有无法抗拒的吸引力。它采用如岩石般超高性能纤维增强水泥塑造圆锥形基座，采用木纤维板或者钢化玻璃构成圆形桌面，基座与桌面之间通过一根表面经过粉末涂层处理的铝管和连接件连接起来，产生一种惊心动魄的视觉效果 **(图 4-13-32)**。岩石桌包括大号 1、大号 2、小号和高台四个版本，适用于室内外空间。

（图 4-13-33）沙利文餐桌

25） 沙利文餐桌（Sullivan Dining Table）- 由美国家具品牌摩登洛夫特（Modloft）出品，具体设计者和年份不详。这张精美的餐桌造型简洁如同一件艺术品，由两个不同直径和高度的圆锥体相对组合而成，其表面木饰面板可以根据需要有多种选择。沙利文餐桌包括圆形与椭圆形两个版本，能与其他现代家具融为一体，适用于任何现代餐厅 **(图 4-13-33)**。

（图 4-13-34）十桌

26） 十桌（Ten Table）- 由德国设计师亚历山大·斯坦明格（Alexander Stamminger）和尼克·贝克（Nik Back）于 2008 年设计，名称源自其十个组成部件。它采用实木与钢材制作，造型舒展大方，将现代工业美学发挥到极致。十桌充分展现了建筑外观的精心细节与制作工艺，同时突出其轻巧与稳定的高度对比，是现代生活当中餐桌与书桌的首选 **(图 4-13-34)**。

（图 4-13-35）稳定桌

27) 稳定桌（Stabiles Table）- 由阿根廷裔瑞士设计师阿尔弗雷多·哈博利（Alfredo Haberli）于 2009 年设计。稳定桌的特征在于其结实有力的桌腿造型，就像螃蟹腿那样向四个方向张开，十分牢固可靠，而且与桌面的结合轻巧而自然。它采用全实木制作，表面处理有透明和不透明等多种方案可供选择（图4-13-35）。稳定桌系列包括不同高度与大小的版本，适用于室内任何空间。

（图 4-13-36）裸桌

28) 裸桌（Naked）- 由意大利建筑师与设计师皮埃尔·里梭尼（Piero Lissoni）设计。裸桌全部采用强化透明超轻玻璃制作，其两端可以通过特殊的铰链旋转来延长或者缩短。由于全透明材质，使得裸桌能够完全融入其背景当中，适用于需要特别视觉效果的室内空间（图4-13-36）。

（图 4-13-37）盛宴桌

29) 盛宴桌（Banquete）- 由意大利设计师法比奥·卡尔维（Fabio Calvi）与保罗·布莱姆比拉（Paolo Brambilla）于 2010 年设计。盛宴桌采用聚乙烯制作 X 形桌腿，用铝材制作连接横杆，而桌面则为木材与塑料混合的创新材料。盛宴桌具有轻松随意的造型，结实耐用的材料，适用于大多数室内外空间（图4-13-37）。

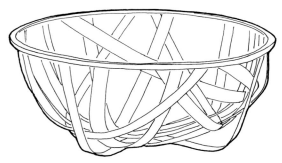

（图 4-13-38）铁箍桌

30) 铁箍桌（Hoop Table）- 由意大利设计师帕特里齐亚·波利斯（Patrizia Polese）于 2011 年设计。铁箍桌的魅力体现在其手工弯折而成的鸟巢状基座，其材质为抛光不锈钢条，桌面为圆形超轻玻璃，因此每一张桌子都是独一无二的精湛工艺的杰作，放在任何空间都能够成为视觉焦点（图4-13-38）。

（图 4-13-39）贝拉弗萨！

31) 贝拉弗萨！（Bellaforza!）- 由意大利设计师丹尼斯·桑塔卡拉（Denis Santachiara）于 2013 年设计。其创作灵感来自意大利未来派艺术勇于突破固有观念的做法。呈相反方向对置的腿形桌腿，其间的距离由玻璃桌面限定着，表达设计师的某种隐喻或者思想。不仅是一件不同凡响的实用餐桌，也是一张引人遐想的艺术品（图4-13-39）。

4-14 象棋桌（Chess Table）/ 游戏桌（Game Table）/ 棋牌桌（Card Table）

　　最早的象棋桌出现于 17 世纪晚期，其折叠起来的桌面采用台面呢或者毛毡装饰（图 4-14-1）。使用时打开的桌面由下面的门腿支撑，这种碍脚的桌子直至安妮女王时期才得以改变。桌面由带铰链的后腿转出支撑（图 4-14-2，图 4-14-3）。18 世纪中叶，伸缩机械装置延长了后腿与框架（图 4-14-4）。

　　古典象棋桌常常呈半圆形，并应用镶嵌细工或者交叉条纹装饰。象棋桌是游戏室的常见家具，这一由印度人于公元 600 年前发明的游戏通过古波斯传遍阿拉伯世界，并最终于 15 世纪在欧洲扎根开花。专门为象棋游戏而设计的象棋桌和游戏桌应运而生。棋牌桌于 18—19 世纪随着纸牌游戏的盛行而风靡一时（图 4-14-5，图 4-14-6，图 4-14-7）。

　　无论是象棋桌、游戏桌，还是棋牌桌，至今仍普遍在使用。它们能够让我们在家里回味 18 世纪以前的娱乐生活，其带来的愉快气氛丝毫不减当年。棋牌桌通常与齐腰高的坐凳搭配使用，有点像现代厨房里用的小圆桌。

　　虽然今天的人们已经拥有更多的娱乐方式，象棋桌、游戏桌和棋牌桌依然可以作为边几、茶几或者中心桌使用，别有一番情趣。其精美的做工和优雅的造型本身也具有极高的装饰价值，应该根据家里的整体装饰风格来做出最合适的选择。

　　今日的游戏种类可谓五花八门，特别是电脑和网络上的游戏更是独霸一方。现在已经很少出现为某单一游戏而专门设计的游戏桌了，除非是赌场中使用的游戏桌。在美国仍然有一些人喜欢玩一种综合游戏桌（Combination Game Table，图 4-14-8），里面包含有多达十多种游戏可供孩子和大人们一起消遣。

　　还有一种叫足球桌（Football Table，图 4-14-9）的美式足球游戏桌也十分受青年和青少年的欢迎。它是由哈罗德·西尔勒斯·桑顿（Harold Searles Thornton）于 1922 年发明并申请了英国专利，后又被其叔叔路易斯·P.·桑顿（Louis P. Thornton）申请了美国专利。桌足球（Table Football）不仅是供私人休闲娱乐的游戏，世界上许多国家还为它设立了官方组织，甚至还有世界杯国际比赛。

（图 4-14-3）18 世纪初转腿桌

（图 4-14-4）18 世纪中叶伸缩腿桌

（图 4-14-5）19 世纪象棋桌

（图 4-14-6）19 世纪棋牌桌　　　　（图 4-14-7）19 世纪游戏桌

（图 4-14-8）综合游戏桌

（图 4-14-1）17 世纪小门腿桌

（图 4-14-2）18 世纪初转腿桌

（图 4-14-9）足球桌

4-15 台球桌（Billiard Table/Pool Table）

　　大约在 15 世纪的时候，北欧人在户外草坪上玩一种类似于撞球的游戏，这就是为什么台球桌的桌面仍然模仿草皮绿色的缘由。后来此游戏转移到室内，并且改在木桌上进行。在欧洲，此游戏早期仅限于皇室和贵族圈内娱乐，据说路易十四本人就喜欢玩台球，所以以巴洛克式的台球桌最为高贵气派（图 4-15-1）；不过也有证据显示当时各行各业均有人玩台球。Billiard（台球）一词源自法语"billart"，法语"billart"意为木棍，或者"bille"意为球。16—17 世纪时期台球桌被称为台球板。至于台球桌的尺寸问题，18 世纪时期，其长宽比例定为 2:1，大小并无限定；直至 1850 年，台球桌基本上演变成了目前的模样（图 4-15-2）。

　　直至 19 世纪上半叶，随着工业革命进入鼎盛时期，带有石板床和硫化橡胶垫的现代台球桌才出现。美国人对于台球的热爱要归功于爱尔兰移民迈克尔·费伦（Michael Phelan）于 1850 年出版的第一本关于台球游戏规则和标准的书籍，因此费伦被称为"美式台球之父"。至于台球桌为什么又称为"Pool"，那是因为很多桌上游戏比如扑克牌，均有一个专收赌注的 Pool，因此台球室被称为 Pool Room。过去台球桌常置于赛马赌博室，用于打发赛马空隙的休息时光。

　　现代台球桌无论是开仑台球桌、普尔台球桌还是斯诺克台球桌，均有一个平坦的桌面，它由石板、盖布和硫化橡胶垫构成。作为台球桌基床的石板大多来自意大利、巴西或者中国；根据台球桌的大小一般选择 2~3 块石板，其拼接间距必须做到严密无缝。低端台球桌也有采用木板或者中密度纤维板或者胶合板等。台球桌盖布是覆盖在最上面的织物，通常为编织羊毛或者羊毛 / 尼龙混纺称为粗呢的面料。硫化橡胶垫也称作"缓冲橡胶"或者"轨垫"，它用于台球桌面木制边框的内侧，起到使台球回弹、避免滚落并且减少台球动能损失的作用（图 4-15-3）。

（图 4-15-2）19 世纪台球桌

（图 4-15-3）现代台球桌

　　大多数台球桌的形状为长方形，但是根据不同的赛事或者特定的游戏，也有不同种类和形状的台球桌。有的台球桌甚至兼做餐桌或者乒乓球等的游戏桌。专业的台球桌包括：

（图 4-15-4）开仑台球桌

1）开仑台球桌（Carom Billiard Table）- 起源于法国，因此又被称为"法式台球桌"，后因流行于日本，又有"日本撞击式台球桌"之称。这是一种无球袋的台球桌，其石板厚度最少有 45 毫米，并且需要通过加温使台球桌比室温高约 5 摄氏度，这样有助于台球滚动和回弹。加热台球桌是一种古老的做法（图 4-15-4）。

（图 4-15-1）巴洛克式台球桌

(图 4-15-5) 普尔台球桌

2) 普尔台球桌（Pool Table）- 又称"球袋台球桌"，它一共有六个球袋，其袋口形状有尖锐的"关节"，其石板厚度不小于 2.54 厘米。"美式台球桌"又称"美式普尔台球桌"，主要流行于西半球和亚洲东部地区，属于大众化的台球游戏，常见于酒吧和街边 (图 4-15-5)。

(图 4-15-6) 斯诺克和英式台球桌

3) 斯诺克和英式台球桌（Snooker and English Billiard Table）- 专为斯诺克比赛和英式台球而设计的台球桌，它也有六个球袋，其袋口形状呈圆形，这使得其游戏难度大于普尔台球桌；其石板床表面覆盖粗呢布料 (图 4-15-6)。

台球桌的尺寸应该与台球室的大小相匹配，过大或者过小都会直接影响到玩台球的乐趣，选购的时候听取专业人士的建议可以避免少犯错误。台球桌与台球室的大小关系如下：确定自己最大的击球动作幅度所需的尺寸，在这个基础上增加约 20 厘米，应该是从任何角度击球均感到舒适的最小台球室的尺寸。设计台球室的时候，需注意台球室的装饰风格应该围绕台球桌的款式来进行设计，因为只有台球桌是台球室的主角。

台球灯的选择对于台球游戏至关重要。台球灯应该直接悬挂在台球桌的正上方，与台球桌保持一定的距离，其距离取决于桌面上均匀的照度，这样可以避免产生不该有的阴影。台球灯应该根据台球室的装饰风格来选择其款式、颜色和材质。大多数人喜欢只照亮台球桌面，其余的地方只需要微弱、柔和的光线就可以了，但是在吧台区或者酒水区需要用射灯或者轨道灯作局部照明，这样有助于营造一种轻松、愉快的氛围。

4-16 铁艺桌（Iron Table）/ 工业桌（Industrial Table）

源自古罗马的锻铁家具直至 18 世纪才开始发扬光大。由于铁艺家具与生俱来的高贵身世，铁艺桌也同样浑身透露出一股高雅的气质。铁艺桌的美来自其变化多端的基座形状，其桌面形状相对比较简单，以圆形和方形居多。高品质的静电涂层保证了铁艺桌免于锈蚀，并且手感光滑。

无论是放在客厅还是卧室，铁艺桌都会成为视觉焦点。其桌面材料从朴实的木板到闪亮的玻璃，都能够为任何装饰风格增添丰富的细节。室外铁艺桌主要应用于露台和花园，当它与其他铁艺家具搭配时具有不同凡响的感染力 (图 4-16-1)。

(图 4-16-1) 室外铁艺桌

(图 4-16-2) 铁艺咖啡桌

(图 4-16-3) 铁艺沙发桌

玻璃桌面的铁艺咖啡桌和沙发桌是常见的室内铁艺桌，它们在所有桌子种类当中属于最牢固的那种 (图 4-16-2, 图 4-16-3)。对于大号铁艺桌可以作为餐桌使用，而小号铁艺桌则适合作为边几使用。铁艺桌的式样琳琅满目，不过其选择因素主要视整体装饰风格而定。常见的铁艺桌经典式样包括：

（图 4-16-4）铁艺咖啡桌

（图 4-16-5）铁艺咖啡桌

1）铁艺咖啡桌（Iron Coffee Table）- 它适用于客厅、书斋或者书房，予人亦古亦今的感受。其尺寸、形状和色调提升了居住空间的视觉效果（图 4-16-4，图 4-16-5）。

（图 4-16-6）铁艺餐桌

（图 4-16-7）铁艺餐桌

2）铁艺餐桌（Iron Dining Table）- 其充满时代感的简洁线条能够与几乎任何装饰风格融为一体。它造型典雅、低调，适用于室内外，并且能与餐椅上个性化的彩色坐垫共同营造出一份专属于自己的品位（图 4-16-6，图 4-16-7）。

（图 4-16-8）铁艺酒吧桌　　　　（图 4-16-9）铁艺酒吧桌

3）铁艺酒吧桌（Iron Bistro Table）- 这是一种专为二人世界而存在的私密桌子，适用于露台、花园或者泳池畔。人们常常将其安排在烛光角落，或者围绕泳池布置几组铁艺酒吧桌，它自然会散发出一股浓浓的浪漫气息（图 4-16-8，图 4-16-9）。

（图 4-16-10）铁艺靠墙台桌

（图 4-16-11）铁艺靠墙台桌

4）铁艺靠墙台桌（Iron Console Table）- 其丰富的款式适用于几乎任何房间。选择合适的铁艺靠墙台桌能给家庭带来美感、实用与品位。其桌面材料包括玻璃、木材与大理石等（图 4-16-10，图 4-16-11）。

（图 4-16-12）铁艺摆设桌　　　　（图 4-16-13）铁艺摆设桌

5）铁艺摆桌（Iron Accent Table）- 它常被用于提高角落空间的利用率，同时也具有扩大空间感的功效。那种带抽屉的铁艺摆设桌将工艺与实用完美地结合在一起，也许只是为一只花瓶或者一件古董提供一个展示平台。其适用范围包括室外花园及室内任何地方（图 4-16-12，图 4-16-13）。

CHAPTER 5 柜子

5-1 柜子简史

　　柜子的前身是作为储藏类家具的鼻祖——箱子，当箱子同时也作为坐具使用后，人们发现从箱子前面拿取物品比从其上面拿取物品更方便(图5-1-1)。于是他们尝试着把箱子用柜腿架空，箱子改变为从前面开启，柜子的雏形因此而诞生。

　　最初的柜子或者带前门的箱子只是搁置于另一个箱子或者桌子的上面，后来终于有了柜子自己的柜腿 (图5-1-2)。早期的柜子均有柜腿将其抬升离开地面，晚期的柜子则开始利用下面架空部分的空间来储物，并且出现了抽屉与柜门，有时候抽屉藏在柜门的后面。

　　最初的柜子主要是用来储藏纸张或者其他值钱的物品，因此常见的柜子或者箱子类型为保险箱 (图5-1-3，图5-1-4)。它也常常被当作写字桌，并且由此发展出了各类书桌式样。

　　家具的重要性往往与其相关的内在价值成正比，工匠们也会为此采用最好的木材，并且运用镶嵌、镶嵌细工、镶面和雕刻等精湛技艺 (图5-1-5)。随着尺寸的不断增加，柜子最终成为家居空间内最为引人注目的家具。

（图 5-1-2）16-17 世纪英国保险箱

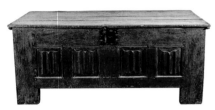

（图 5-1-3）15 世纪法国保险箱

（图 5-1-4）17 世纪英国保险箱

（图 5-1-1）15-16 世纪柜椅

（图 5-1-5）16 世纪文艺复兴时期餐边柜

（图 5-1-6）17-18 世纪荷兰餐边柜

（图 5-1-8）18 世纪角碗柜

（图 5-1-7）18 世纪瑞典洛可可式储藏柜

（图 5-1-9）18 世纪荷兰瓷器柜

柜子的名称一般与其所储藏或者展示的物品息息相关，比如专门展示瓷器的瓷器柜、专门陈列珍宝的珍宝柜、专门储存工具的工具柜和专门储藏首饰的首饰柜等（图 5-1-6，图 5-1-7）。有的柜子以其独特的结构方式来命名，如墙面柜、吊柜和角柜等（图 5-1-8）。断层式柜子意指柜子是由两部分组成，这样的柜子可以拥有两个值得展示的中间部分。

柜子最初是专门用于储藏的家具，它们大小不一，由抽屉、搁板和柜门等组成。柜子的原始功能基本用于储藏，不是储藏衣物织品就是储藏各类食品，还有贵重物品等。随着柜子角色的演变，其另一项功能就是用来展示主人的私人藏品，从武器、工具到瓷器、珍宝（图 5-1-9，图 5-1-10）。

无论房子有多大，储物空间似乎总是不够用。所幸的是，我们有各式各样的柜子来满足各种各样的储物需求和千变万化的房间大小，柜子就是为每一个房间而创造的家具。

在客厅空间，我们有视听柜、电视柜、储物柜和娱乐中心等；在洗浴空间，我们有毛巾柜、医药柜、角柜和墙柜等；在厨房空间，我们有碟柜、备餐岛柜和橱柜等；在卧室空间，我们有壁柜、衣橱和坐凳箱等；在儿童空间，我们有玩具柜和储物柜等；甚至在地下室和车库空间，我们也有一些专门为此而设计的储物柜。

（图 5-1-10）19 世纪法式田园展示柜

5-2 毛毯箱（Blanket Chest）/ 香柏木箱（Cedar Chest）

毛毯箱大约起源于文艺复兴时期，人们着迷于其精良的做工和岁月的痕迹。家庭里面如果有一只传统毛毯箱，似乎能够立刻把现在的你带回到数百年前的过去。

过去的箱子不是保险箱就是行李箱，主要用来储存大件的物品，如盖毯、家用织品和衣物等（图5-2-1）。箱子通常只有一个完整的内部空间，而有的箱子则有更多的隔间和托盘放置小件物品（图5-2-2）。

那种带圆弧外形顶盖并且两端各有把手的箱子称作轮船行李箱（Steamer Trunk）或者船长行李箱，它的外表通常采用皮革包裹，内部采用实木做骨架。行李箱常常用黄铜制作护角、铰链和锁扣等五金件，并且采用皮革作为背带加强牢固度（图5-2-3）。

顶盖平整的箱子在家庭里面可以有更多的用途，比如作为坐具或者桌子。有的平顶箱子还带有装饰性的短腿，还有的箱子在其底部设计了1~2个浅抽屉。对于16—18世纪那些漂洋过海到达新大陆的殖民者来说，唯一一件能够携带的家具就是一口箱子，那里面可以存放衣物、被褥和其他贵重物品等。

1650至1750年间，箱子曾经伴随着殖民者走南闯北。相对于欧洲大陆本土箱子精美的制作工艺与水平来说，新大陆的箱子表面并无过多的装饰，只求牢固结实耐用就行。这个时期箱子的主要类型包括：

（图 5-2-1）15 世纪保险箱

（图 5-2-2）17 世纪英国保险箱

（图 5-2-3）行李箱

（图 5-2-4）圣经箱

1）圣经箱（Bible Box）- 一种小型箱子，主要用于保存珍贵的文件、书籍、钱币和珠宝等。其表面常常饰以阴刻线条图案，图案常见半月形、叶子和花卉等（图 5-2-4）。

（图 5-2-5）毛毯箱

2）毛毯箱（Blanket Chest）- 一种当时生活中必不可少的组成部分，主要用于储存衣物和被褥等。其正面由边梃与冒头分隔而成三块凹陷的镶板。其表面雕刻平坦而粗糙，常见重复的图案，比如扭索、鳞形或者包含叶子和玫瑰的双涡卷形等；也常饰以郁金香或者向日葵等花卉图案（图 5-2-5）。

（图 5-2-6）哈特福特箱

3）尼古拉斯·迪斯布劳与哈特福特箱（Nicholas Disbrowe and Hartford Chest）- 一种比较繁琐和精致的箱子。其表面通常模仿乌木而涂成黑色，并且饰以小旋钮、钻石或者菱形的突出物。所谓哈特福特箱也称向日葵箱，因为其正面常见三个向日葵图案。其下镶板也饰以雕刻的郁金香和叶卷轴图形。底部两个全宽的抽屉也会用八角形模压板装饰以及平浮雕和细长车木把手（图 5-2-6）。

（图 5-2-7）汉德利箱

4）汉德利箱（Handley Chest）- 以其产地马萨诸塞州的汉德利镇命名的箱子。它设计简单，表面通常饰以粗糙的浅雕刻，整个正面常见郁金香、藤蔓和叶子图案。其表面被漆成红色、黑色或者棕色，并且设计有 1~3 个抽屉（图 5-2-7）。

（图 5-2-8）吉尔福德箱

5）吉尔福德箱（Guilford Chest）- 同样是以其产地康涅狄格州的吉尔福德镇命名的箱子。它采用门框式结构，箱前板为一块整板，两端各有一块大竖板。其表面饰以花卉、叶子和重复卷轴和树叶等图案的彩绘，并且喜欢在端板彩绘大鸟剪影图形（图 5-2-8）。

最初的毛毯箱相当粗糙，因为没有期望它使用多很久，很多甚至没有油漆保护。手工制作的毛毯箱几乎没有两只完全相同，外观多少会与当时流行的家具式样有着某种相似或者相同之处。

随着现代公寓的面积越来越小，一些古老的家具正逐步走入历史，不过毛毯箱不在此列。毛毯箱曾经是专门用来储藏毛毯的家具，不过今天它可以储藏任何其他的物品，例如床品、瓷器、旧报纸和玩具等，毛毯箱的使用就是为了节省空间。

很多家庭没有毛毯箱，仅仅是因为已经有其他储藏毛毯的方式。现在流行的毛毯箱往往是带有储藏箱的长靠椅，或者是较大的储藏柜。除此之外，传统毛毯箱的价格不菲，与其表面装饰的复杂程度成正比。

毛毯箱占地面积很小，可以选择不同的尺寸。人们常常把它作为咖啡桌使用，或者放在靠窗的地方当作坐具。虽然每一只毛毯箱都是单独设计与制作，但是传统毛毯箱有六种基本构造方式，包括：

（图 5-2-9）基本盒式毛毯箱

1）基本盒式（Basic Box） - 一种简单而又粗糙的盒子构造，往往带有可以拿出的盖子，或者应用皮条与盒子连接。它通常采用当地的松木、樱桃木、胡桃木和山胡桃木等制作（图 5-2-9）。

（图 5-2-10）六块板式毛毯箱

2）六块板式（Six-Board） - 由六块宽约 50 厘米的成年松木板拼接成顶、底和箱子的四个侧面。有些 19 世纪早期制作的六块板式箱子现在仍然存在（图 5-2-10）。

（图 5-2-12）复杂式毛毯箱

4）复杂式（Elaborate Blanket Chest） - 随着技术的不断提高，晚期的毛毯箱拥有更多的配备，很多应用燕尾楔形接合箱体，箱子底部用方钉固定球形箱脚使其离开地面；其内部通常为带盖子的储藏盒，上层两旁格子有时被称作蜡烛盒（图 5-2-12）。

（图 5-2-13）抽屉式毛毯箱

5）抽屉式（Drawers） - 有些早期传统毛毯箱的毛毯储藏格底部还设计了抽屉，箱盖通过金属铰链开合，抽屉面板安装金属拉手，并且在其上、下均配置锁扣；这种毛毯箱包括在其底部设计上 - 下重叠抽屉或者左 - 右并列抽屉两种方式；木钉面板端顶，手工锻造的带式铰链，并且配上黄铜门锁和抽屉拉手（图 5-2-13）。

（图 5-2-11）混合式毛毯箱

3）混合式（Wood and Metal Blanket Chest） - 另一种带盖子的基本盒式毛毯箱，应用金属制作门锁、铰链和民间艺术来装饰正面板，早期采用皮革把手（图 5-2-11）。

（图 5-2-14）镶板式毛毯箱

6）镶板式（Panel Insets） - 有的乡村传统毛毯箱采用木镶板来制作其箱盖与侧面，并且常常将其漆成与原木色相对比的白色；此毛毯箱内部通常有带盖子的储藏盒（图 5-2-14）。

除了梳妆台之外，嫁妆箱（Hope Chest）也是一件专为女人而设计的家具（图 5-2-15）。欧洲传统文化中，年轻女子在待嫁之前需要用嫁妆箱来妥善保管好为即将到来的婚姻而准备的衣物和刺绣等。虽然现代人早已淡忘掉嫁妆箱曾经肩负的使命，但是很多年轻女子仍然视嫁妆箱为传家宝，并且把它当作一件重要的家具展示出来。

嫁妆箱源自古老的婚姻观念：新娘的父亲希望女儿有金银财宝伴随着出嫁，他们会把嫁妆箱作为女儿 16 岁的生日礼物，并且亲手为女儿制作极具个性的嫁妆箱。这一习俗后来演变成为待嫁女为自己婚姻准备嫁妆。后来，行李箱也被用作嫁妆箱。20世纪早期，有些家具厂开始专门生产嫁妆箱。

嫁妆箱是一种类似于行李箱的家具，有时候放在支架上，木材通常采用樱桃木、橡木和红木。为了防虫、霉菌和潮湿，常用香柏木作箱子内衬，今天它广泛用于客房储藏过季的衣物等。

就算不为嫁妆，嫁妆箱仍然可以有很多其他用途。它可以收藏为未出世的宝宝预先准备的宝宝用品和玩具，以及收集客人们为新娘送来的礼物等。

香柏木箱通常置于床尾，让主人在寒冷的夜晚方便拿取带有香柏木芳香的毛毯。香柏木箱尺寸繁多，从医生旅行时用的药箱，到放在支架上的储藏箱。17—18世纪，香柏木箱在美国十分普遍（图5-2-16）。

香柏木的芳香经过几年之后会挥发殆尽，需要在箱内放置新鲜的香柏木片或者香柏木油。香柏木箱不仅仅为家庭提供灵活的储藏空间，它本身也具有一定的美学价值。为家庭增添更多家的品质与价值，带给家庭古老的家庭温暖。人们常常把香柏木箱置于沙发前当作咖啡桌，或者放在床尾储藏床品、毛毯和毛衣等。

无论是嫁妆箱、香柏木箱，还是行李箱，均具有灵活的储藏空间，也均可以作为咖啡桌、边几或者床头柜使用，在它们的顶盖上面放上软垫就成了一件十分温馨的软垫坐具，因此它们是家具中的多面手，在家具史上经久不衰，历久弥新。

香柏木箱的四大种类包括：

（图5-2-15）嫁妆箱

（图5-2-17）嫁妆箱

1）嫁妆箱（Wedding Chest）- 嫁妆箱是香柏木箱当中最经典的种类之一，其特征表现为带有滑动的前板暗藏首饰挂钩，其内部托着一个专门放置小件物品的毛垫毡托盘，其底部是一个专门放置婚纱的暗盒（图5-2-17）。

（图5-2-19）古董箱

3）古董箱（Antique Chest）- 表面带有明显的岁月磨损痕迹，往往饰以装饰性彩绘，或者漆成灰白色，赋予农舍乡村的色彩（图5-2-19）。

（图5-2-16）香柏木箱

（图5-2-18）坐凳箱

2）坐凳箱（Bench Chest）- 兼具储物与坐的双重功能，所以它一般配置了软垫。通常坐凳箱带有抽屉或者假抽屉，并且其底部饰以荷叶边（图5-2-18）。

（图5-2-20）旧式箱

4）旧式箱（Old World Chest）- 模仿数个世纪以前海员的行李箱，所以其表面有剥落的黑漆和磨损的痕迹，造型粗犷朴实，结实耐用（图5-2-20）。

5-3 壁柜（Armoire/Wardrobe）/ 小衣橱（Chiffonier）/ 衣橱（Chifferobe）

　　壁橱源自拉丁语中的橱柜，后来传至法国成了壁柜的意思，从此流行于欧美大陆。它是一种独立式的木质橱柜，带有对外开启的双门。大多数壁柜在双开门的下面往往带一组或者两组抽屉，主要用于储藏，并且不会把储藏物品显露在外。

　　最早出现于 16 世纪欧洲的壁柜用来存放武器或者工具，后来改为存放衣物，而称作衣橱的家具则迟至 20 世纪初才出现（图 5-3-1，图 5-3-2）。

　　16 世纪以前的壁柜更像嵌入式的碗柜，后来逐步发展成为独立的家具。文艺复兴时期的壁柜雕刻有源自古希腊的女神像、自然界的老鹰和植物等。路易十三时期的壁柜与文艺复兴时期的壁柜一样充满幻想的装饰（图 5-3-3），但是更注重方便与功能性。路易十四、十五与摄政时期的壁柜常用金箔与龟甲作重点装饰，并且采用远东主题的面漆技术（图 5-3-4，图 5-3-5）。在 19 世纪至 20 世纪的交替时期的壁柜多采用新艺术运动标志性的曲线与装饰艺术运动独特的几何图案（图 5-3-6，图 5-3-7）。

　　由于可以全部打开，壁柜常常作为电视娱乐中心使用，放在客厅或者卧室里面。当然，壁柜也可以作为衣柜放在卧室内。还有一种较小的壁柜专用于存放珍宝首饰（Jewelry Armoire）（图 5-3-8）。也有人把壁柜经过改造后作为电脑工作台（图 5-3-9）。

（图 5-3-2）20 世纪初法式衣橱

（图 5-3-3）路易十三时期壁柜

（图 5-3-6）新艺术运动壁柜

（图 5-3-5）路易十五时期壁柜

（图 5-3-1）16 世纪法国壁柜

（图 5-3-4）路易十四时期壁柜

（图 5-3-7）装饰艺术运动壁柜

（图5-3-8）首饰壁柜

（图5-3-9）电脑壁柜

　　小衣橱于19世纪作为一件多功能的抽屉柜而被广泛应用于面积不大的卧室与餐厅。其外观特征为既高又瘦，垂直方向布置一列小抽屉，类似于内衣衣柜。放在卧室里用于储藏女用配饰、内衣和首饰等（图5-3-10）。古典小衣橱还配有一面小镜子。

　　19世纪，小衣橱常常与边柜搭配，当时的小衣橱内储藏与餐厅有关的各类器皿。对于面积较小的餐厅，小衣橱直接用于储存餐具。20世纪早期，出现了一种结合小衣橱与大衣橱的储藏家具，被称作"衣橱"（图5-3-11）。

　　衣橱常常是由悬挂衣物的上半部和抽屉柜的下半部组成，有时候其下半部只有搁板而无抽屉（图5-3-12）。也有的衣橱把储藏空间与抽屉并列布置。这样悬挂空间可以储藏裤子和衬衣，而抽屉可以储藏内衣、袜子和首饰等（图5-3-13）。

　　衣橱这一词出现于20世纪早期的美国南部地区，它部分借鉴了法国小衣橱的抽屉式样，并使其成为衣橱的组成部分。1908年由美国人西尔斯·罗巴克（Sears Roebuck）创造的这一新型储藏衣物的柜子，具有储藏挂衣和叠衣的双重特征（图5-3-14）。

　　衣橱适合放在没有衣帽间的客房，专为客人储存衣物或者化妆品之类。它也可以放在儿童游戏室，上面挂游戏服装，下面放玩具等。它还可以放在车库储藏大量的工具、花园设备，或者运动器材等。

（图5-3-10）19世纪丹麦小衣橱

（图5-3-11）20世纪初衣橱

（图5-3-12）上下结构衣橱

（图5-3-13）左右结构衣橱

（图5-3-14）西尔斯衣橱

5-4 瓷器柜 / 展示柜（China Cabinet）

瓷器柜又称展示柜，专门用来展示主人所收藏的瓷器。瓷器柜出现的历史并不是很长，最早于 17 世纪晚期至 18 世纪早期在英国出现（图 5-4-1，图 5-4-2）。事实上，瓷器柜诞生于荷兰，由荷兰木匠专为喜欢收藏瓷器的玛丽王后制作（图 5-4-3）。此后，这种专门用于储藏和展示瓷器的柜子在欧洲和美洲流行开来。

设计瓷器柜的领军人物包括托马斯·齐朋德尔（Thomas Chippendale）、乔治·赫伯怀特（George Hepplewhite）和托马斯·谢拉顿（Thomas Sheraton）。

齐朋德尔瓷器柜的外观方正、高大，带有很多抽屉，装饰朴实，但是把手雕刻复杂，并且有着齐朋德尔标志性的狮爪或者鹰爪抓球的柜脚；他喜欢采用桃花心木和樱桃木来制作（图 5-4-4）。

赫伯怀特瓷器柜的造型纤细、优雅，并且带有装饰性的油漆和镶嵌技术。他喜欢采用桃花心木制作柜体，但是应用红木、椴木和郁金香木作镶嵌材料（图 5-4-5）。

谢拉顿瓷器柜的造型方正、结实，柜腿表现为方形倒锥形瘦腿。他也喜欢采用桃花心木制作瓷器柜柜体，同时也运用了大量的装饰、油漆、雕刻和镶嵌技术（图 5-4-6）。

古典瓷器柜为餐厅增加了强烈的装饰效果，提高了家庭的价值。古典瓷器柜与生俱来的优雅线条和精美雕刻与镶嵌，给家庭注入了永恒的古典美。古典瓷器柜丰富多样，小至塞入墙角，大至占据整面墙。其下半部的抽屉中存放桌布、餐巾和餐具。

有一种贴镜面背板的瓷器柜可以强调其所展示的物品，而且还可以扩大空间感。还有的瓷器柜为了方便展示盘子，在其搁板上刻有凹槽。

瓷器柜也称作珍宝柜（Curio Cabinet），意味着它不仅仅用于展示瓷器，也用于展示任何有价值的奇珍异宝，它可以保护珍宝避免尘埃与损坏（图 5-4-7，图 5-4-8）。在选择瓷器柜的时候需要考虑其用途与其所占的空间。

乡村瓷器柜介于古典与现代之间，去除了繁复的镶嵌与雕刻，代之以模板彩印和护墙板式镶板装饰。

现代瓷器柜往往采用轻质的木材，并且缩小尺寸，使得它能够适应更小的空间；而且其简洁的直线型造型使得它与时代家居风尚融为一体。

有时候，一件精致高贵的古典瓷器柜（例如文艺复兴时期的瓷器柜）可能会令柜中的展品黯然失色；相反，如果瓷器柜朴实亲切，普通展品也会光彩夺目。

展品忌讳成为五花八门、五颜六色的大杂烩，应该注意展品的统一性。摆放的时候还要注意左右两边的平衡感，做到相距适当，疏密有度。

瓷器柜并非意味着一定要展示珍宝，任何个人及家庭喜爱的物品均可骄傲示人，例如家庭照片、盆栽植物或者旅游纪念等均可展示。学会用挑剔的眼光审视摆放的结果，并确保最后的效果如意。

（图 5-4-1）18 世纪乔治二世瓷器柜

（图 5-4-2）18 世纪乔治三世瓷器柜

（图 5-4-3）18 世纪荷兰瓷器柜

（图 5-4-6）谢拉顿式瓷器柜

（图 5-4-4）齐朋德尔式瓷器柜

（图 5-4-5）赫伯怀特式瓷器柜

（图 5-4-7）珍宝柜

（图 5-4-8）珍宝柜

5-5 餐边柜（Sideboard）/ 餐具柜（Credenza）

最初的餐边柜只是几块挂在靠近餐桌的墙壁上的搁板，上面摆放食物和盘子，这与相对固定储藏盘子和杯子的碗柜不同。这一差别导致后来发展出了永久储藏的壁橱（Aumbry）（图 5-5-1，图 5-5-2）、低碗柜（Court Cupboard）（图 5-5-3，图 5-5-4）和自助餐时使用的自助餐边柜（Buffet）（图 5-5-5，图 5-5-6）。

英国的餐边柜出现于 1770 年。餐边柜在 19 至 20 世纪期间还只是一个带脚轮的搁板，专为传送食物而设计。也有的餐边柜带有抽屉放置炊具和餐巾等。不过 18 世纪法国的餐边柜并没有脚轮，因此是固定放在餐厅里面。

餐边柜大多有 3~4 个抽屉，有些类似于书桌那样在中间有一个可以容纳双膝的空间；还有一些在台面后方竖立一块雕刻精美的，并镶嵌镜子的背板，其作用与餐具柜近似，用于展示和存放碗碟和银器。

餐边柜在 18 世纪末还只限于上流社会家庭的餐厅使用，当时的餐边柜采用大理石台面，在于其方便切割和分配食物。木质台面直至 18 世纪末才逐渐取代了大理石台面。后来这种诞生于英国的餐边柜盛行于美国（图 5-5-7）。不过瑞典人在 16 世纪就提出了餐边柜的概念。

餐边柜有一块平整的为用餐提供服务或者为饰品提供展示的台面，曾经主要采用橡木、桃花心木和松木制作。带镜面背板的餐边柜适合展示，安装葡萄酒支架或者酒橱的餐边柜则适合作为酒吧的酒具柜（图 5-5-8）。经过改造后的餐边柜后来成为今天称之为电视柜或者视听娱乐中心的现代家具。

在 20 世纪上半叶至中叶，以丹麦为代表的北欧风格餐边柜曾经在欧美地区风靡一时，成为当时现代家居空间的必备家具之一。20 世纪 50—70 年代诞生于美国的复古风格（Retro）家居当中大量应用了北欧餐边柜，今天室内设计领域这股复古之火重新燃起。经典的北欧现代餐边柜包括但不限于：

（图 5-5-1）中世纪哥特时期壁橱

（图 5-5-2）中世纪晚期壁橱

（图 5-5-3）17 世纪英国低碗柜

（图 5-5-4）17 世纪英国低碗柜

（图 5-5-5）18 世纪法国自助餐边柜

（图 5-5-6）19 世纪英国自助餐边柜

（图 5-5-7）18 世纪乔治三世餐边柜

（图 5-5-8）带镜面餐边柜

（图 5-5-9）FJ 餐边柜

1）FJ 餐边柜（FJ Sideboard）- 由丹麦设计师芬·居尔（Finn Juhl）于 1955 年设计。这件餐边柜是关于在钢框架与木柜腿上悬浮立方体木橱柜课题的一部分，特别是居尔在整个 20 世纪 50—60 年代探索色彩排列的成果 （图 5-5-9）。

（图 5-5-10）AV 餐边柜

2）AV 餐边柜（AV Sideboard）- 由丹麦设计师阿恩·沃德尔（Arne Vodder）于 1958 年设计。其特色在于立面黑色推拉门面板与柚木抽屉面板形成完美的平衡构图，是丹麦现代餐边柜当中的一件精品 （图 5-5-10）。

（图 5-5-11）AV 柚木餐边柜

3）AV 柚木餐边柜（AV Teak Sideboard）- 由丹麦设计师阿恩·沃德尔于 1965 年设计的另一款餐边柜。这件餐边柜是丹麦现代餐边柜中关于柜体立面构图的最佳典范。其纯实木柜体与柜腿浑然天成，布局合理 （图 5-5-11）。

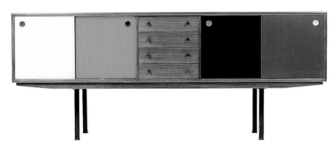

（图 5-5-12）前三年展餐边柜

4）前三年展餐边柜（Pre-Triennale Sideboard）- 由丹麦设计师阿恩·沃德尔于 20 世纪 60 年代设计的又一款餐边柜。其柜门色块的对比打破了对称布局的立面，让它显得与众不同；其造型的完美比例使其更加出类拔萃 （图 5-5-12）。

（图 5-5-13）AV 瓷器柜餐边柜

5）AV 瓷器柜餐边柜（AV China Cabinet Sideboard）- 由丹麦设计师阿恩·沃德尔于 20 世纪 60 年代设计的一款瓷器柜餐边柜，是丹麦艺术与设计博物馆藏品。这是一件由上下两部分组成的组合柜，下部有两个推拉门与六个抽屉，上部则为带玻璃门的搁板箱。其造型独特，功能合理，是一件优美的多功能家具 （图 5-5-13）。

（图 5-5-14）AC 软帘门餐边柜

6）AC 软帘门餐边柜（AC Jalousie Door Sideboard）- 由丹麦设计师阿克塞尔·克里斯坦森（Axel Christensen）于 20 世纪 60 年代设计。软帘门餐边柜立面呈现出克里斯坦森标志性的对称布局，其特色为柜门可以卷缩推拉的启闭方式 （图 5-5-14）。

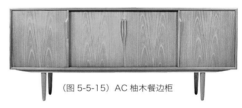

（图 5-5-15）AC 柚木餐边柜

7）AC 柚木餐边柜（AC Teak Sideboard）- 由丹麦设计师阿克塞尔·克里斯坦森于 20 世纪 60 年代设计的另一款餐边柜。其柜体立面同样采用对称布局，四个推拉柜门将搁板和抽屉藏于门后 （图 5-5-15）。

（图 5-5-16）KL 柚木餐边柜

8）KL 柚木餐边柜（KL Teak Sideboard）- 由丹麦设计师伊布·科弗德·拉森（Ib Kofod Larsen）于 20 世纪设计。这是一件将抽屉置于柜门之上的立面构图，整体造型稳重大方。其抽屉和柜门安装着拉森标志性的手工雕刻有机形拉手 （图 5-5-16）。

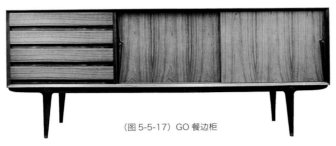

（图 5-5-17）GO 餐边柜

9） GO 餐边柜（GO Sideboard）- 由丹麦设计师冈尼·阿曼（Gunni Omann）于 1960—1969 年设计。这件采用红木制作的餐边柜特征在于其精致的收口边线。其立面构图由一对推拉柜门与四只抽屉组合而成，为典型的丹麦现代餐边柜 (图 5-5-17)。

（图 5-5-18）EoN 餐边柜

10） EoN 餐边柜（EoN Sideboard）- 由英国设计公司纽伯里的艾尔里奥斯（Elliotts of Newbury）于 20 世纪 60 年代设计。其长方体形状的柜体立面采用三柜门的对称布局，并且为了丰富立面而在柜门之上设计了三个假抽屉。其造型特点在于桥梁般支撑的柜腿与横梁，牢固而轻巧。它采用柚木与红木制作，是一件经得起时间考验的经典佳作 (图 5-5-18)。

今天的餐边柜早已摆脱了用餐服务的限制，它可以出现在客厅或者卧室，既提供了储物空间，又提供了展示饰品的平台，同时还经常作为支撑平板电视机的电视柜来使用。

诞生于 15 世纪的餐具柜曾经是国王、主教或者贵族在举行宴会的时候，为了餐前食物验毒而专门设计的家具 (图 5-5-19，图 5-5-20，图 5-5-21，图 5-5-22)。当然，今天的餐具柜早已失去了其原始的功能，今天的餐具柜泛指所有长形的，与桌子高度相当的家具，其下部设计了很多储物空间，主要用于自助餐、展示或者藏书等，它也经常用作沙发桌或者电视柜。

无论是遍布复杂装饰的古典式样，还是线条简洁的现代式样，餐具柜的基本内容都包括了抽屉、搁板和橱柜，其功能主要表现为展示与储藏。餐具柜的最大特征在于其多功能性，无论是放在餐厅、书房，还是客厅、家庭厅，它总是能够满足各种要求。现代餐具柜大多用餐边柜或者其他柜子所代替，加上现代生活方式与环境也发生变化，大多数现代餐具柜比较注重简洁与实用。现代餐具柜在名称上往往与餐边柜混淆，也常常当作餐边柜来使用。

经典的现代餐具柜包括但不限于：

（图 5-5-19）15-16 世纪意大利餐具柜

（图 5-5-20）17 世纪意大利餐具柜

（图 5-5-21）18 世纪法国餐具柜

（图 5-5-22）19 世纪法国餐具柜

（图 5-5-23）汉森红木餐具柜

1）汉森红木餐具柜（Hansen Rosewood Credenza）- 由丹麦设计师罗森格伦·汉森（Rosengren Hansen）于 20 世纪中叶设计，这是一件简单而实用的餐具柜。其柜门从两边向中间推开，内部包括搁板和抽屉，是丹麦现代餐具柜当中的代表作（图 5-5-23）。

（图 5-5-24）穆勒红木餐具柜

2）穆勒红木餐具柜（Moller Rosewood Credenza）- 由丹麦设计师尼尔斯·奥托·穆勒（Niels Otto Moller）于 20 世纪 60 年代设计。这件餐具柜线条刚毅、简洁，没有任何多余线条，是现代主义设计美学的完美典范（图 5-5-24）。

（图 5-5-25）忠雄餐具柜

3）忠雄餐具柜（Tadao Credenza）- 由意大利家具品牌弗兰科塞卡蒂（Francoceccotti）出品。忠雄餐具柜是一件令人惊叹的实木家具精品，展现出精湛的木工技艺。它打破传统餐具柜方正外形的特点，其平面呈卵圆形。它运用流畅的曲线和优美的柜腿让柜体轻盈、飘逸，浑身充满跃跃欲试的动感（图 5-5-25）。

（图 5-5-26）附加餐具柜

4）附加餐具柜（Annex Credenza）- 由加拿大格斯现代设计团队（Gus Modern）设计。附加餐具柜将温暖的胡桃木与冰冷的不锈钢对比形成一个简洁的长方形，柜体四扇柜门内隐藏着两个内置搁板的存储间（图 5-5-26）。

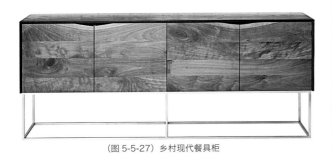

（图 5-5-27）乡村现代餐具柜

5）乡村现代餐具柜（Rustic Modern Credenza）- 由美国木工工作室木点（Woodsport）出品。这是一件外观朴实，材料对比强烈的现代餐具柜，特别是其采用原木锯片制作的柜门，每一件餐具柜都是独一无二的。其纤细精致的钢架基座与原始粗犷的原木锯片形成的质感对比令人印象深刻，是一件将传统技术与现代美学紧密结合的佳作（图 5-5-27）。

餐厅里的餐具柜可以存放餐具、酒杯和酒瓶，它也经常作为自助餐台，为餐桌腾出地方；家庭厅里的餐具柜可以当作电视柜，台面上放电视，下面放音响设备和碟片等。餐具柜还经常作为书房里的书桌，客厅里的展示柜，办公室的储物柜或者书柜等。

5-6 酒柜 (Cellarette/Cellaret/Wine Cabinet/Cocktail Cabinet)

独立的木质酒柜最早出现于 15 世纪欧洲的公共建筑内，早期的酒柜主要是用来防偷酒贼，出现在殖民时期的美洲大陆则是 18 世纪。美国独立战争和南北战争时期的军官们常常带着配有水晶醒酒器、烈酒杯、水罐、漏斗和高脚杯的酒柜。18 世纪的酒柜设计一直沿用至 20 世纪，它们大多出现于小酒馆和酒吧，有时候出现在精英的私宅内。在禁酒令颁布期间（1920—1933 年），为了掩盖非法酒品而将酒柜设计得更像是普通桌子、书柜或者其他家具。

鸡尾酒的官方历史始于 19 世纪初，鸡尾酒最早的定义出现在 1806 年 5 月 13 日出版的《平衡与哥伦比亚仓库》（Balance and Columbian Repository）一书当中。鸡尾酒是一种混合型饮料，通常含有烈酒和甜酒的混合，并且可能包含果汁、苏打水和其他香料或者着色剂，同时常用可食用或者不可食用的水果来装饰，配上塑料调酒棒或者吸管（图 5-6-1，图 5-6-2）。随着 1919 年美国颁发禁酒令，导致巨大非法酒精行业的蔓延，以及为掩盖劣质酒精的混合饮料和鸡尾酒的盛行。直至 1933 年禁酒令结束之后，混合饮料和鸡尾酒依然长盛不衰。鸡尾酒曾经在 20 世纪 60 年代末至 70 年代因其他毒品泛滥而一度受冷遇，但是在 20 世纪 80 年代因伏特加代替杜松子酒如马提尼而卷土重来。至于"鸡尾酒"名称的来历，据说源自早期用公鸡尾羽来装饰和搅拌混合饮料。

英国和美国的酒柜常常被设计成便于携带少量瓶装酒的木箱；它们大小和形状不一，既可以独立，也可以携带；它们通常有一个铰链门或者铰接顶盖，并且被牢牢锁住（图 5-6-3）。有些酒柜为了给葡萄酒和食物保温而添加了内衬，另一些酒柜则是一个带把手的便携式家具，还有些酒柜是一件带酒杯支架和抽屉的固定家具（图 5-6-4）。18 世纪的时候，偶尔被称为冷酒器（Wine Cooler）或者是酒仆（Butler）。拥有多达三个酒柜成为当时富裕的象征，但并非表示酒鬼的意思。

高级葡萄酒是一种娇贵的奢侈品，任何温度、湿度、光线甚至气味的变化都会直接影响其口感。因此制作酒柜的木材除了红杉木之外，也常用桃花心木、橡木、樱桃木和枫木，但是应该避免带气味的杉木（雪松）。相对于无气味的金属，实木酒柜看起来更有葡萄酒的感觉。酒柜的选择应该根据它是否能延缓酒的老化作为衡量标准。研究表明，不正确的选择会加速葡萄酒的老化，除非在葡萄酒的储存空间里安装自动调温器。事实上，很多人开始选择冷却柜来取代传统酒柜。

过去的酒柜经常置于餐边柜之下。酒柜是一种专用于储存酒精类饮料如葡萄酒和威士忌的小型柜子，其造型和尺寸各不相同，经常出现在正式的家庭餐厅，并且与餐边柜或者食品柜搭配使用。酒柜式样从新古典早期的精致典雅到 18 世纪晚期和 19 世纪早期的粗大华丽，其表面饰以古罗马和古希腊时期的图案，有时候甚至模仿石棺的造型，并且饰以狮首和兽爪。比较有特色的酒柜当属葡萄酒的诞生地所出品的酒柜，家中有一件意大利式的酒柜会令人印象深刻（图 5-6-5）。

传统的酒柜式样包括：

（图 5-6-1）鸡尾酒柜

（图 5-6-2）鸡尾酒柜

（图 5-6-3）便携式酒柜

（图 5-6-4）酒柜

（图 5-6-5）意大利酒柜

（图 5-6-6a）厨房橱柜式酒柜

（图 5-6-6b）厨房橱柜式酒柜

（图 5-6-7）西班牙式酒柜

1） 厨房橱柜式酒柜（Kitchen Wine Cabinet）**（图 5-6-6a, 图 5-6-6b）** 包括抽屉、叉错格、柜门和花岗岩台面等，可以与其他橱柜融为一体。

2） 西班牙式酒柜（Spanish Style Wine Cabinet）**（图 5-6-7）** 由一对前门和开放的搁板所组成，常用铁木结合的形式。

（图 5-6-8）阿米什·朱莉酒柜

（图 5-6-9）西奥尔巴尼酒柜

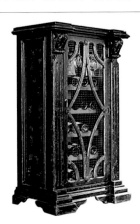

（图 5-6-10）妮可酒柜

3） 阿米什·朱莉酒柜（Amish Julie Wine Cabinet）**（图 5-6-8）** 带有玻璃门、抽屉和封闭的底部线条，与传统家具非常协调。

4） 西奥尔巴尼酒柜（West Albany Wine Cabinet）**（图 5-6-9）** 是一种小巧紧凑的开放式酒柜，它造型简洁大方，具有法国风情。

5） "妮可"酒柜（"Niko" Wine Cabinet）**（图 5-6-10）** 由美国家居品牌霍肖（Horchow）出品，造型精巧别致，别具一格。

今天理想的酒柜多半带有制冷功能，因此称之为葡萄酒冰箱（Wine Fridge）(图5-6-11)，它能有效防止葡萄酒过早老化。常见的酒柜种类包括：开放式酒架（Open Rack）(图5-6-12)、封闭式酒柜（Wine Cabinet）(图5-6-13)和高脚杯架（Stemware Rack）(图5-6-14)。

除了酒柜的式样之外，选择酒柜需要注意的事项包括：1）容量：需要储存多少瓶酒；2）空间：酒柜的占地空间；3）材料：包括从金属到木材，以及单门还是双门；4）温度：很多酒柜都有冷却系统，强制风冷还是冷壁，前者噪音大易维护，后者正相反；5）价格与保修：售后维修；6）功能与式样：与空间整体风格一致。

(图 5-6-11) 葡萄酒冰箱

(图 5-6-12) 开放式酒架

(图 5-6-13) 封闭式酒柜

(图 5-6-14) 高脚杯架

5-7 碗柜(Cupboard/Dresser)／角柜(Corner Cabinet/Corner Hutch)／碟柜(Hutch)

作为存放剩余或者多余食品的搁板是碗柜的原型，后来逐步发展出了独立并且用通风柜门关闭的搁架橱柜，专门用于存放食物与盘子的被称之为碗柜（图5-7-1，图5-7-2，图5-7-3）。再后来又发展出了展示盘子和杯子的展示柜（Display Cabinet）（图5-7-4，图5-7-5），同时也演变出了其他的种类，如餐边柜、食具柜、餐具柜和低碗柜等，尽管名称各不相同，但是其用途基本近似。

最初的碗柜意指嵌入式的储物柜，类似于中世纪时期的关闭式储物壁龛（图5-7-6）。18世纪，碗柜常常与房间室内镶板融为一体，这也与现代卧室的嵌入式衣帽柜相似。

作为许多类型柜子的原型，碗柜本身反而渐渐淡出人们的视线，取而代之的包括各类抽屉柜、碟柜、壁柜、衣柜和瓷器柜等。碗柜及其许多衍生柜子，往往由其结构特征和具体位置来决定其名称，如角柜、吊柜或者墙柜等。

角柜是由碗柜发展而来（图5-7-7，图5-7-8）。它通常由上半部和下半部组成，上半部为敞开的搁板，或者是搁板配玻璃柜门，下半部为一扇或者双扇实木柜门。这是一种适合几乎任何房间的家具，常见于厨房与浴室，兼具展示与储物的双重功能，同时也很好地利用了墙角。

角柜引导人们的视线不停留在有限的空间面积上，配合镜子或者窗帘盒，使得房间看起来更大。

角柜可以充分发挥你的装饰天赋，因为它本身也是个很好的背景。想象一下从角柜顶垂挂下来的长青藤蔓给房间带来的盎然绿意。如果你有幸拥有一件古董级的角柜，那么它本身就是一件经典的艺术品。

（图5-7-1）16-17世纪詹姆士一世碗柜

（图5-7-2）17世纪早期英国碗柜

（图5-7-3）17世纪晚期英国碗柜

（图5-7-4）18世纪荷兰展示柜

（图5-7-5）19世纪英国展示柜

（图5-7-6）文艺复兴时期碗柜

（图5-7-7）18-19世纪角柜

（图5-7-8）19-20世纪角柜

人们常常在客厅的角柜上展示那种易碎艺术品；在厨房的角柜上摆设瓷器和餐具等；在浴室的角柜里储藏洗浴用品和化妆品等；在卧室和客房的角柜里储存床品、枕头和毛毯等；在走廊角落的角柜上摆放书籍和杂志等（图5-7-9，图5-7-10）。

碟柜的原型最早出现于大约14世纪，并且应用于立约的圣经柜。作为碗柜形式的碟柜出现于1671年，当时都市里的中产阶级已经形成，他们需要一个安全的地方储藏餐具与食物，碟柜应运而生。

19世纪末至20世纪初，碟柜已经成为独立的家具，专门用于餐厅储存和展示餐具和玻璃器皿的展示柜，它是由一个开敞的搁架安置于一个碗柜之上组合而成（图5-7-11，图5-7-12，图5-7-13）。今天的碟柜可以放在任何一个房间，也可以嵌入墙壁内，或者做成角柜。

与碟柜相比，瓷器柜（China Cabinet）（图5-7-14，图5-7-15）通常带有两扇附加锁扣的玻璃柜门，目的为了更清楚地展示瓷器或者小雕像，而碟柜的展示空间比较狭小，玻璃柜门也比较小。瓷器柜是一个整体家具，只有柜门无抽屉，而碟柜是由两件家具组合而成，有2~3个抽屉。瓷器柜比较正规，适合摆放在餐厅，主要用于展示那些不常用的瓷器和餐具，而碟柜比较随意，更具多功能性，可以放在任何房间。瓷器柜没有工作台面，而碟柜因为搁架与碗柜的分离而产生工作台面。

碗柜（cupboard）发展到今天不再指仅限于储存碗碟餐具的橱柜，今天人们用它来储存任何家用物品包括私人衣物，事实上现在它经常与壁橱（wardrobe/armoire）混为一谈。经典的现代碗柜和衣柜包括但不限于：

（图 5-7-9）19-20 世纪角柜

（图 5-7-10）20 世纪乡村式角柜

（图 5-7-11）18-19 世纪碟柜

（图 5-7-12）20 世纪碟柜

（图 5-7-13）法式碟柜

（图 5-7-15）法式瓷器柜

（图 5-7-14）新古典式瓷器柜

（图 5-7-16）安德森

1） 安德森（Anderson）- 由意大利家具品牌莉娃 1920（Riva 1920）设计。安德森具有明确的谢克尔式（Shaker）衣柜的特征，也是经典的传统衣柜式样。它采用全实木制作，应用燕尾榫等传统工艺，是一件值得珍藏的传家宝（图 5-7-16）。

（图 5-7-17）阿德莫

2） 阿德莫（A'dammer）- 由荷兰设计师奥尔多·范·登·纽威拉尔（Aldo van den Nieuwelaar）于 1978 年设计。阿德莫的特征在于其可上下滑动的带肋滚顶门，此顶门隐藏在柜子后部；其瘦长的柜体因顶门而形成半圆形拱顶。阿德莫可以根据喜好选择颜色，它既是碗柜也是书柜，适用于办公与私人空间（图 5-7-17）。

（图 5-7-18）托特

3） 托特（Tot）- 由意大利设计师加布里尔·布拉蒂（Gabriele Buratti）与奥斯卡·布拉蒂（Oscar Buratti）于 2011 年联合设计。托特碗柜或者衣柜小巧玲珑，可以旋转，表面颜色丰富。其两面安装彩绘玻璃，一面安装镜子，适用于有限的家居空间（图 5-7-18）。

（图 5-7-19a）纸拼缝橱柜

（图 5-7-19b）纸拼缝碗柜

4） 纸拼缝橱柜（Paper Cabinet Patchwork）- 由比利时与荷兰设计公司工作室工作（Studio Job）于 2013 年设计。此碗柜的外观似乎与传统碗柜无异，不过其创作理念是建立在传统拼缝工艺之上，就像老式汽车或者拼缝棉被那样，由很多种充满活力的彩色纸片拼贴而成，从而创造出五彩斑斓的空间，也创造出不同种类的柜子（图 5-7-19a，图 5-7-19b）。

（图 5-7-20）米卡多

5） 米卡多（Mikado）- 由瑞典设计团队弗龙（Front）于 2013 年设计。这是一件突破传统碗柜概念的碗柜，其诱人的通透和神秘的外观有着让人无法抗拒的吸引力，让人特别希望看清柜内的物品。米卡多碗柜的四周各有一排木条构成的栅栏，将内部与外界分隔，一个似透非透的囚笼，带给人们无尽的遐想和一丝幽默（图 5-7-20）。

（图 5-7-21）弗雷双门壁橱

（图 5-7-22）MF- 系统

（图 5-7-23）我孙女的柜子

6） 弗雷双门壁橱（Frey Armoire Double）- 由英国设计师罗素·平奇（Russell Pinch）于 2007 年设计。弗雷双门壁橱因由两个橱柜拼接而成，显得比较宽大，与其单门壁橱造型一致。其特色为划分整齐的镶板门，是传统文化与现代审美的完美结合 **(图 5-7-21)**。

7） MF- 系 统（mf-system I Shelf with sliding doors）- 由瑞士设计师马赛厄斯·弗雷（Mathias Frei）于 2004 年设计。MF- 系统本身并不复杂，其特点在于五彩缤纷的滑动门，包括透明和不透明的两种。MF- 系统既是碗柜也是书柜，适用于任何办公与私人空间 **(图 5-7-22)**。

8） 我孙女的柜子（My Granddaughter's Cabinet）- 由瑞典设计师丽莎·希兰（Lisa Hilland）于 2012 年设计。这是一件令人惊奇的橱柜，由一组大小不一、带柜门的方盒子构成，特别是四只瘦高的柜腿，似乎有某种生物的影子让人猜测，其名称告诉人们它其实是一件像玩具的家具。它也许是世界上唯一采用驯鹿皮装饰其柜腿底部的橱柜，十分适合儿童房 **(图 5-7-23)**。

（图 5-7-24）凯拉莫斯

（图 5-7-25）棱镜储存单元

9） 凯拉莫斯（Keramos）- 由意大利设计品牌阿德里亚诺设计（Adriano Design）于 2013 年设计。凯拉莫斯是一个橱柜家族，它们横竖、高低各异。其特色在于色彩丰富的陶瓷外壳，其造型活泼可爱。由于此陶瓷工艺可追溯到 13 世纪，因此拥有一件凯拉莫斯就意味着拥有一件古老的传统工艺品 **(图 5-7-24)**。

10） 棱镜储存单元（Prism Storage Unit）- 由日本设计师吉冈德仁（Tokujin Yoshioka）于 2013 年设计。这个瘦高的碗柜表面采用厚镀银超轻玻璃倒角 45 度粘贴，其外观晶莹剔透，能够隐身于任何空间当中 **(图 5-7-25)**。

5-8 食物储存柜 (Food Cabinet)

20 世纪 20 年代之前，厨房的储物与工作区角色通常由独立的储物柜担当。当时手工制作的食物储存柜纯粹为功能需要而创造，而不仅仅是为了制作一件漂亮的家具。尽管自 19 世纪向 20 世纪的时代更替时期，大批机械化批量生产的橱柜进入市场，多功能的独立储存柜并没有因此而被抛弃。当时有三种常见的食物储存柜式样：

1）果酱柜（Jelly Cupboard） - 19 世纪的储物柜是一种内藏搁板的封闭式储藏柜。当时的人们需要为冬天储藏果酱而制作一个专门储藏的家具，因此而获得其名称：果酱柜。大型的果酱柜可以在柜子上半部带玻璃柜门或者开敞式的搁板上展示餐具，下半部带实木柜门的柜子内则储藏罐装食品。果酱柜一般只有一扇单柜门（图 5-8-1，图 5-8-2）。

果酱柜的设计灵感来自传统碗柜，只是将尺寸改窄了，灵活性也更大了。因此它也不仅仅用于厨房里面储藏果酱，它几乎可以放在家里任何一个房间或者是角落。例如放在客厅里放置碟片与书籍、报刊之类，放在书房里存放办公用品，或者放在浴室里摆放洗浴用品等。当然果酱柜的做工与材料也因此变得精致起来，各地的果酱柜式样也会有所不同。比如说尺寸的变化，有腿或者没腿，或者表面采用油漆、彩绘等装饰手段（图 5-8-3）。

果酱柜的外观朴实无华，注重功能，深受广大普通家庭的欢迎，而且永不过时。由于果酱柜的独特原始特征，它特别适合具有田园乡村情调的装饰风格空间当中（图 5-8-4）。

（图 5-8-3）果酱柜

（图 5-8-4）果酱柜

2）馅饼柜（Pie Safes） - 馅饼柜是另一种专门用来避免烘烤类食品（例如馅饼）受到鼠类或者昆虫侵扰的储藏柜，同时它还要运用通风手段保证食品的新鲜。馅饼柜高度约为 1.8 米，宽度为 0.9 米（图 5-8-5）。

馅饼柜造型简洁大方，柜腿为柜体结构的延长，双开柜门，柜体内设 3~4 层搁板。有的馅饼柜在柜门的上方或者下方还设有抽屉。馅饼柜最大的特点是为了通风，在其柜门或者侧面安装了打孔的镀锡薄钢板（图 5-8-6，图 5-8-7）。

（图 5-8-7）馅饼柜

3）面包师柜（Baker's Cupboard） - 面包师柜是专为烘烤面包而设计的工作平台，它带有一个宽大的工作台面，几个抽屉与搁板，最特别的地方是在其台面的下面安装了两个专门用来储存面粉与糖的宽口箱。台面之上的抽屉与搁板则用来存放调味品、盘子与烘烤用具等（图 5-8-8）。

（图 5-8-8）面包师柜

（图 5-8-1）19 世纪果酱柜

（图 5-8-2）果酱柜

（图 5-8-5）19 世纪馅饼柜

（图 5-8-6）馅饼柜

5-9 书柜（Bookcase）/ 书架（Bookshelf）

私人图书馆在古罗马晚期就出现了，作为一种身份与地位的象征，之后私人图书馆便成为富人私宅的标配。当书还是用手书写的时候，它们被锁在富人或者神职人员的便携箱内。直至印刷术的发明与普及才大大降低了图书的成本，因此能够让更多人阅读并拥有书籍。18 世纪由齐朋德尔与谢拉顿设计的书柜是那个时代书柜的代表，它们通常带有做工精致的玻璃柜门（图 5-9-1，图 5-9-2），而 18—19 世纪美国联邦风格的书柜则结合了赫伯怀特与谢拉顿家具的新古典元素（图 5-9-3）。

基本上，书柜与书架所指的是同一件专门用于储存书籍的家具，不过书架更多地用来描述开敞式书柜；有时候，书架直接固定在墙壁上面。而书柜则多用于描述独立式的藏书柜，现在很多人仍然将它们二者交替使用。人们通常把带柜门的称作书柜（图 5-9-4），而把无柜门、开敞式的称作书架（图 5-9-5）。

书籍曾经属于富有阶层的专用品，为了妥善地保护好那些书籍，需要为它们专门设计一种装饰精美的，并且带有锁扣的箱子或者搁板。因此，书柜从一开始就兼具了储藏和展示的双重功能。

随着书籍印刷量的增加，碗柜成了书柜的设计原型，并逐渐演变成了独立的书柜家具。书柜不仅仅是一件储藏书籍的家具，它本身也可以是一件独特的装饰品，为至爱的书籍和饰品提供一个安全的港湾。

书柜是专为储存和展示藏书而设计的家具，它也可以用来展示任何饰品，包括花瓶、相框、陶器或者烛台等。因此，书柜是一种多功能家具，被广泛应用于客厅、书斋、书房、卧室，甚至是厨房。有人为书柜设计专门的照明，使它成为整个装饰的一部分。

市场上有很多种书柜 / 书架可供选择，常见的书柜 / 书架式样包括：

（图 5-9-3）19 世纪美国联邦式书柜

（图 5-9-1）18 世纪齐朋德尔式书柜

（图 5-9-2）18 世纪谢拉顿式书柜

（图 5-9-4）书柜

（图 5-9-5）书架

（图 5-9-6）律师书柜

1）律师书柜（Barrister Bookcase） - 它是一种传统书柜，规格从小至三层搁板到大至整面墙壁的高度，它既可以完全开敞也可以全部安装柜门。这种书柜通常在其底部和顶部饰以装饰线条，外观简洁、大方，适合放在起居空间，用于展示皮面精装书或者其他值得展示的物品。律师书柜的玻璃柜门向上提起并向后滑动推入柜体（图 5-9-6）。

（图 5-9-7）带门书柜.

2）带门书柜（Bookcase With Doors） - 它是一种适合展示并且不常需要每天使用的书柜。柜门采用透明玻璃还是非透明材料，取决于书柜的使用目的（图 5-9-7）。

（图 5-9-9）橱柜式书柜

4）橱柜式书柜（Cabinet Bookcase） - 它是柜橱与书柜的结合体，通常其上半部为传统搁板书柜，下半部为带柜门的储藏柜橱。现代版的柜橱式书柜常用于娱乐空间，作为电视柜使用。传统柜橱式书柜常常为向外平开的非透明柜门，用于隐藏储存物（图 5-9-9）。

（图 5-9-8）书柜墙.

3）书柜墙（Bookcase Wall） - 它是私人图书室、书斋或者办公室里面最引人注目的一种书柜，它占据了整面墙，并且与墙固定在一起，也可以不固定而独立摆放（图 5-9-8）。

（图 5-9-10）角书柜

5）角书柜（Corner Bookcase） - 它十分适用于空间有限的房间，规格从三层搁板到六层搁板不等。它能非常有效地利用和装饰角落空间，同时也兼具储存书籍与展示藏品的双重功能（图 5-9-10）。

（图 5-9-11）盒书架

6）盒书架（Cube Bookcase） - 它模仿自一字棋盘，是一种非常灵活、实用的现代开敞式书架，它由许多单独的方盒子组成，可以任意变成希望的形状，有的方盒子还带有抽屉，适合于现代与当代装饰风格（图 5-9-11）。

（图 5-9-12）梯形书架

7）梯形书架（Ladder Bookcase） - 它是一种模仿梯子形状的开敞式书架，所有搁板均无背板，其搁板的宽度随着高度的上升而变窄，使房间看起来更具现代感和更宽敞。这种简洁的书架是现代与当代装饰风格的理想家具（图 5-9-12）。

（图 5-9-13）斜靠式书架

8）斜靠式书架（Leaning Bookcase） - 它近似于梯形书架，同样无背板，两根支撑柱一端斜靠在墙壁上，另一端斜撑在地面上；搁板错层排列。这种造型别致而又简洁的书架同样适合现代与当代装饰风格，并且能够制造有趣的视觉效果（图 5-9-13）。

现代书柜或者书架已经成为家居生活中不可或缺的一部分，尽管它们不一定作为专门储存书籍的家具而存在，但是作为一种垂直向家具有必要与水平向家具混合应用，使空间产生某种动感。经典的现代书柜或者书架包括但不限于：

（图 5-9-14）S44 书架

1） S44 书架（S44 Bookshelf）- 由匈牙利设计师马歇·布鲁尔（Marcel Breuer）于 1932 年设计。S44 书架延续了布鲁尔标志性的镀铬钢管结构特征，由两根钢管支撑着上面四块可调整的木饰面搁板。其造型十分简洁，功能明确实用，适用于公共与私人空间，是现代书架当中的典范（图 5-9-14）。

（图 5-9-15）柚木拼接架

2） 柚木拼接架（Teak Mozaic Rack）- 由比利时家具品牌安森奈斯（Ethnicraft）出品，具体设计者与年份不详。它由四块垂直木板与若干实木搁板组成，造型简洁大方，可以多组拼接，适用于比较宽大的墙面（图 5-9-15）。

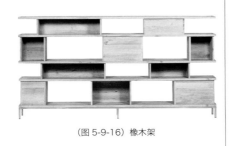

（图 5-9-16）橡木架

3） 橡木架（Oak Ligna Rack）- 由比利时家具品牌安森奈斯（Ethnicraft）出品，具体设计者与年份不详。橡木架看起来像是将柚木拼接架旋转 90 度后增加一些柜门以及不锈钢支撑腿的结果，这样它不仅是书架，也可以当作非常随意的空间分隔体来使用（图 5-9-16）。

（图 5-9-17）墨西哥书架

4） 墨西哥书架（Mexique Bookcase）- 由法国建筑师与设计师夏洛特·帕瑞安德（Charlotte Periand）于 1952 年设计。这件采用铝、钢和胡桃木制作的书架设计构思匠心独运，充分展现出设计师出类拔萃的天赋。其立面构图犹如现代建筑或者抽象艺术品一般自由灵活，错落有致，可以根据需要扩大或者缩小。特别是几块涂有颜色的背板穿插其间，丰富了立面。它既是书架也是隔断，不愧为现代书架的经典之作（图 5-9-17）。

（图 5-9-18）卡洛书架系统

5） 卡洛书架系统（Carlo Shelving System）- 由意大利设计师卡洛·弗科里尼（Carlo Forcolini）于 1982 年设计。其创作灵感来自中国和日本庙宇立面，因此除了轻盈优雅的造型和安静的对称美，它还透露出一股东方艺术的神秘感。除了实用功能之外，它也能成为任何空间的视觉焦点（图 5-9-18）。

（图 5-9-19）破碎书架

6） 破碎书架（Crash Bookcase）- 由奥地利设计师莱纳·穆施（Rainer Mutsch）设计。破碎书架的造型看似杂乱无章的一堆碎木片，实际设计目的是便于运输和高度稳固。因此其结构特征为组合拼装的胶合板，同时无需借助任何工具或者胶水，可以靠墙或者独立分隔空间（图 5-9-19）。

（图 5-9-20）变形书架

7） 变形书架（Metamorphosis Bookshelf）- 由智利裔美国艺术家与设计师塞巴斯蒂安·埃拉苏里兹（Sebastian Errazuriz）设计，这是埃拉苏里兹众多惊世骇俗作品当中的一件。这是一件看似随意实则用心良苦的书架，其造型如同一棵从地面自然生长的树木，被风吹向了一边。变形书架不仅是一个书架，它更像是一件家具艺术品（图 5-9-20）。

（图 5-9-21a、图 5-9-21b、图 5-9-21c）不同火车窄柜 358 号

8） 不同火车窄柜 358 号（Different Trains Narrow Cabinet 358）- 由英国设计师马修·希尔顿（Matthew Hilton）设计。358 号书架采用实木制作主体和层压板制作柜门，其特征在于每层三块大小不一的推拉柜门与开敞空间之间产生的随机变化。358 号书架根据层数划分为单层、双层和三层等多个版本（图 5-9-21a、图 5-9-21b、图 5-9-21c）。

(图 5-9-22) 芝加哥 8 盒书架

9) 芝加哥 8 盒书架（Chicago 8 Box Case）- 由美国设计公司蓝点（Blu Dot）设计。8 盒书架采用粉末涂层钢管与饰面板制作，被钢管支撑的 8 个木盒感觉像是悬浮在空中，造型优雅，功能实用。它可作书架也可作空间隔断之用 (图 5-9-22)。

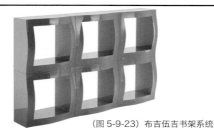

(图 5-9-23) 布吉伍吉书架系统

10) 布吉伍吉书架系统（Boogie Woogie Shelving System）- 由意大利设计师斯蒂凡诺·乔凡诺尼（Stefano Giovannoni）于 2004 年设计。这是一种模块化搁架系统，那些注塑光滑的塑料盒子可以堆叠或者并排组成任意形状，其亮丽的色彩使其非常适用于现代商业或者私人空间 (图 5-9-23)。

(图 5-9-24) 节拍书架

11) 节拍书架（Beat Bookcase）- 由意大利设计师亚历山德罗·杜比尼（Alessandro Dubini）设计。节拍书架是一款模块化的书架，它打破常规设计出不同尺寸的梯形，并且由此组合出一系列不同的形状。其梯形斜线和不同尺寸产生的动感和变化，使其适用于任何现代空间 (图 5-9-24)。

(图 5-9-25) 平面方块书架

12) 平面方块书架（Tetrad Flat Shelving）- 由美国设计公司勇敢空间设计（Brave Space Design）出品，具体设计者与年份不详。因其创作灵感来自俄罗斯方块游戏而得名。这是一款模块化单元组合书架，由四个方形连接的模块单元采用木框与彩色金属背板制作，由此组合拼装成长方形书架 (图 5-9-25)。

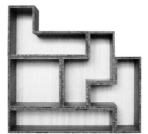

(图 5-9-26) 无穷方块书架

13) 无穷方块书架(Tetrad Mega Shelving) - 由美国设计公司勇敢空间设计出品的同系列作品，具体设计者与年份不详。其创作灵感同样来自俄罗斯方块，因此组合方式相同。每个模块单元都可以反转和互换，由此产生无穷尽的变化结果，适合享受不断变化的人们 (图 5-9-26)。

(图 5-9-27) 矛盾书架

14) 矛盾书架（Oxymore Bookcase）- 由比利时设计师沙维尔·卢斯特（Xavier Lust）设计。其名"矛盾"寓意着富有诗意的对比产生不可思议的和谐。作为独特的金属家具设计师，其作品具有强烈的视觉冲击力，特别是他擅于利用金属自身的可塑性和张力而获得的意想不到的结果。矛盾书架采用钢板塑造成一件超凡脱俗的家具艺术品 (图 5-9-27)。

(图 5-9-28) 粒子书架

15) 粒子书架（Particle Shelving）- 由日本设计师安积伸（Shin Azumi）设计。与众不同的是，最小单元的粒子书架由五个木盒的堆叠而成。其设计理念是建立一个能够根据需要变化的最小单元，由此它可以无限拼接组合以适应任何大小和形状的空间，无论是直墙还是角落 (图 5-9-28)。

(图 5-9-29) 美国地图书架

16) 美国地图书架(US Map Bookshelf) - 由以色列裔英国艺术家与设计师罗恩·阿拉德（Ron Arad）设计，属于墙挂式书架。其造型模仿美国地图形状并且按各州边界来分隔，背板衬以镜面抛光不锈钢板。它不仅是地理爱好者的最爱，也是很好的墙面饰品，适合摆放比较小的书籍和碟片等 (图 5-9-29)。

(图 5-9-30) 卡特尔书虫书架

17) 卡特尔书虫书架(Kartell Bookworm Bookshelf) - 由以色列裔英国艺术家与设计师罗恩·阿拉德设计的另一款造型奇特的墙挂式书架，因其造型模仿蠕虫卷曲的形状而得名。它同样不仅是书架也是一件墙面饰品，并且因为采用染色阻燃聚氯乙烯制作，可以演化出很多种自由造型 (图 5-9-30)。

5-10 文件柜（Filing Cabinet）

　　文件柜也称档案柜，是一件专用于存放纸质文件的办公家具，采用金属或者木材制作。文件柜起源于 19 世纪早期纸质文件的大量增加，并且一直发展至 1998 年的横向式文件柜的诞生。真正的文件柜诞生于 19 世纪中叶的美国，它的诞生彻底改变了企业的命运。在文件抽屉系统产生之前，纸质文件都是存放在书架、书桌抽屉和盒子里。企业、银行、教育和交通运输系统的不断扩张造成需要更大容量、更有效率和更有组织的文件储存系统。

　　在文件柜出现之前，纸质文件常常需要捆绑起来便于存放；后来发展出一种信件抽屉文件柜，简称信件柜（Letter Cabinet）（图 5-10-1），其扁平的抽屉按照字母顺序依次排列。到了 1881 年的时候有超过一千家公司使用它。之后又陆续发展出了文档文件柜（Document Filing Cabinet）（图 5-10-2），鸽洞文件柜（Pigeon Hole Cabinet）（图 5-10-3）和组合文件柜（Sectional Filing Cabinet）（图 5-10-4）等。垂直文件柜由爱德温·格伦维尔·塞贝尔斯（Edwin Grenville Seibels）于 1898 年发明，从此文件不再需要折叠后储存。

　　现代文件柜储存文件的方式分横向与垂直两种。横向式文件柜的抽屉是柜体长边的延伸，垂直式文件柜的抽屉则是柜体短边的延伸。文件柜发展到今天，种类和式样可谓五花八门，不一而足。当今常见的文件柜式样包括：

（图 5-10-2）文档文件柜

（图 5-10-3）鸽洞文件柜

（图 5-10-1）信件柜

（图 5-10-4）组合文件柜

（图 5-10-5）金属文件柜

1）金属文件柜（Metal File Cabinet ）- 很多人认为金属文件柜是传统家庭办公家具，事实上因为金属文件柜经久耐用，它同样广受商业办公的欢迎。其表面的漆色从过去的灰色、棕褐色和黑色到今日的五颜六色 (图 5-10-5)。

（图 5-10-6）木质文件柜

2）木质文件柜（Wooden File Cabinet）- 其功能和特性与金属文件柜相当，只是木质的温暖天然纹理有多种处理方式可供选择。樱桃木让办公空间显得更加愉快和亲切；深色和深咖啡色木质则适用于现代主题的空间 (图 5-10-6)。

（图 5-10-7）藤编文件柜

3）藤编文件柜（Wicker File Cabinet）- 它不如木质和金属文件柜那么经久耐用，但其框架采用金属制造，只是文件筐用藤编织而成。由于这种文件柜与生俱来的悠闲与随意气质，使得它更适合家庭和个人使用 (图 5-10-7)。

（图 5-10-8）移动文件柜

4）移动文件柜（Rolling File Cabinet）- 一种轻便的文件柜，适合短期存放文件，缺点是不如以上文件柜那么牢固，优点是灵活、方便 (图 5-10-8)。

（图 5-10-9）垂直式文件柜

5）垂直式文件柜（Vertical File Cabinet）- 一种最传统的文件柜，高瘦的形体使其能够摆放在任何角落。大部分垂直式带3~6 个抽屉，因此能够轻松地归纳和分隔文件和文件夹 (图 5-10-9)。

（图 5-10-10）横向式文件柜

6）横向式文件柜（Lateral File Cabinet ）- 它具有宽阔的抽屉，这样可以储存异形尺寸的文件，如法律文件或者地图等；它也被称为水平文件柜（Horizontal File Cabinet）。其优点包括储存空间大和宽敞的柜台面，方便摆放更多的办公用品或者饰品等 (图 5-10-10)。

5-11 抽屉柜（Chest of Drawers）

17世纪晚期最早的法式抽屉柜（Commode）（图5-11-1）曾经模仿自英式抽屉柜（Chest of Drawers）（图5-11-2）。18世纪出现于法国的抽屉柜意指矮柜，其宽度大于高度，带有四条柜腿及一组抽屉，其台面一般采用皱边处理的大理石。法式抽屉柜常常被置于窗间墙壁，并且会在其上方挂一面镜子；或者用一对抽屉柜布置在壁炉架的左右两侧，也经常面对面分布在两面平行墙壁的中心（图5-11-3）。

18世纪早期的法式抽屉柜造型比较厚重，外形呈曲线，两侧轻微弯曲凸出，有的正面也会向外弯曲凸出，并且在垂直方向也呈波浪形。卡布里弯曲柜腿比较长，表面处理喜欢采用东方漆器技术，同时采用铜质镀金或者铜锌锡合金装饰（图5-11-4）。洛可可时期的法式抽屉柜采用的铜锌锡合金装饰变得更为炫丽夸张，抽屉常常被金属装饰隐藏起来。那些垂直转角部位的金属装饰同时也起到很好的护角作用（图5-11-5）。

路易十六时期的法式抽屉柜变得较为克制、严谨，造型基本呈长方形，开始采用断层式处理，以及长方形镶嵌细工或者镶板技术，柜腿也由曲线改变为直线（图5-11-6）。

到了19世纪，法式抽屉柜已经演变得更为节制与实用。法式抽屉柜被欧洲其他国家和地区竞相仿造，但是大同小异难以超越（图5-11-7）。值得关注的是在1740年之后，法国时尚深深影响到英国，一些优美的法式抽屉柜也被英国工匠模仿，但是，基本取消了铜锌锡合金装饰，而且台面也放弃了大理石材料（图5-11-8）。

18世纪晚期，英国模仿自法国的抽屉柜常常与床头柜为伴，专门用来存放夜壶。法王路易·菲利普（Louis Philippe）统治法国期间（1830 - 1848）的抽屉柜造型朴实、单调，这与其获得中产阶级的支持并因此博得"平民国王"的美誉有关（图5-11-9）。

18世纪的法国，抽屉柜曾经是最重要的家具之一，它是身份与财富的象征，通常被置于沙龙或者客厅。整个19世纪，抽屉柜在法国都长盛不衰，古典法式抽屉柜体现了法国细木工的精湛技艺。

法式抽屉柜擅长于用深色木纹作为金属装饰的衬托。大理石台面的法式抽屉柜带给任何一个客厅以无上的奢华与尊贵，大大提高了一个家庭或者展厅的古典家具品位。

抽屉柜源自欧洲的富裕家庭，这种木质家具至少有三个抽屉，四条柜腿。传统抽屉柜有以下两种代表式样：

（图5-11-1）17世纪法式抽屉柜

（图5-11-2）17世纪英式抽屉柜

（图5-11-3）路易十四时期抽屉柜

（图5-11-4）路易十五时期抽屉柜

（图5-11-5）路易十五时期抽屉柜

（图5-11-6）路易十六时期抽屉柜

（图5-11-7）19世纪帝国风格抽屉柜

（图5-11-8）19世纪英国抽屉柜

（图5-11-9）19世纪路易·菲利普式抽屉柜

1）腰柜（Waist-high Chest）- 顾名思义，这是一种齐腰高的抽屉柜，有传统与现代的两个版本。很多腰柜上面竖立一面镜子，这样的腰柜兼具早晨梳妆台的功能。大多数的腰柜有 5~7 个抽屉，最上层的开槽非等宽的单抽屉即等分的双抽屉（图 5-11-10，图 5-11-11）。

（图 5-11-10）传统腰柜

（图 5-11-11）现代腰柜

2）高脚柜（Highboy）- 盛行于 18 世纪的英国和美国。它们通常做工精致，占地面积较大，储物空间也大，有的高脚柜高达 2.1 米以上。高脚柜通常由两部分组成：稍窄的上半部是一排小抽屉，四个抽屉比较常见；比上半部略宽的下半部称作"矮脚柜"（Lowboy）。高脚柜的主要式样包括了安妮女王式（图 5-11-12，图 5-11-13）、威廉与玛丽式（图 5-11-14，图 5-11-15）和齐朋德尔式（图 5-11-16，图 5-11-17），其中安妮女王式与齐朋德尔式均带有卡布里（Cabriole）弯腿，而齐朋德尔式的卡布里弯腿在膝盖处饰以雕刻，并有球爪形脚。因为矮脚柜的形状极像带 1~2 排抽屉的桌子，美国收藏家喜欢将梳妆台或者化妆台称作矮脚柜。

（图 5-11-12）安妮女王式高脚柜

（图 5-11-13）安妮女王式矮脚柜

（图 5-11-14）威廉与玛丽式高脚柜

（图 5-11-15）威廉与玛丽式矮脚柜

（图 5-11-16）齐朋德尔式高脚柜

（图 5-11-17）齐朋德尔式矮脚柜

维多利亚时期的 19 世纪早期，抽屉柜发展出了一种大理石台面的脸盆架，即今天我们所熟悉的盥洗台的前身（图 5-11-18，图 5-11-19）。

现代抽屉柜的种类繁多，材料多样，如金属、锻铁、玻璃、木材、紫铜和塑料等。现代抽屉柜的式样变化多端，其中很多的设计灵感来自传统抽屉柜，而有些则完全打破了传统的束缚，曲直变化，高低胖瘦，别出心裁。

（图 5-11-18）维多利亚时期脸盆架

（图 5-11-19）维多利亚时期脸盆架

5-12 床头柜 (Nightstand)

床头柜是一种置于床头两侧或者卧室其他地方的小桌子或者小柜子。早期的床头柜通常只是一只小柜子，其作用相当于床边的咖啡桌。在马桶和卫生间还未普及之前，床头柜的主要功能是用来存放尿壶的。所以以前的床头柜都不大，但是都会有一个带柜门的储藏空间，早期的床头柜通常没有抽屉（图5-12-1）。

法国、意大利和西班牙的古典床头柜往往上面是一个抽屉，下面是一个带柜门的储藏空间。所以早期的床头柜看起来更像个储物柜，而非桌子（图5-12-2）。

现代床头柜通常为一个带抽屉的小床边桌，除了储物功能之外，其桌面更多的是为台灯、闹钟、电话、手机、水杯、眼镜和书籍等物品摆放的平台。而其抽屉则存放药品、发夹和手电筒等物品（图5-12-3）。除了专门的床头柜，有很多边几或者任何小件家具均可以当作床头柜来使用，经典的现代床头柜包括但不限于：

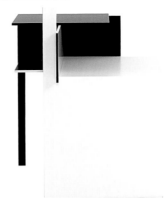

（图 5-12-4）风格派桌

1） 风格派桌（De Stijl Table）- 由爱尔兰设计师艾琳·格瑞（Eileen Gray）于 1922 年设计。这件多功能的边桌是艾琳最喜爱的作品之一，它陪伴了艾琳的一生。当艾琳首次将其参加阿姆斯特丹的法国艺术展之时，这件小桌子吸引了"风格派"建筑师的注意。风格派桌雕塑般的造型与理性的色彩，毫无疑问这是一件现代床头柜当中的艺术品（图 5-12-4）。

（图 5-12-1）早期床头柜

（图 5-12-2）古典床头柜

（图 5-12-5）纳尔逊基本柜

2） 纳尔逊基本柜（Nelson Basic Cabinet）- 由美国设计师乔治·尼尔森（George Nelson）于 1946 年设计。作为美国现代主义的奠基者之一，尼尔森认为设计应该是对社会变革的反应。纳尔逊基本柜系列包括带 1~3 个抽屉和带铰链门二个版本，它们造型简洁，结构灵活；去掉桌腿，它们还能够叠放形成储藏柜或者并排成为长凳。这是一件多功能家具，它们能够适应过去，也能够适应现在和未来（图 5-12-5）。

（图 5-12-3）现代床头柜

（图 5-12-6）系列 11 床头柜

3） 系列 11 床头柜（Series 11 Nightstand）- 由美国家具品牌蓝点（Blu Dot）于 2006 年设计并出品。系列 11 床头柜体现了蓝点为现代都市人而设计的一贯理念：简洁的造型、优雅的比例和精致的细节。无论是卧室还是客厅，它适用于家庭几乎每个房间（图 5-12-6）。

（图 5-12-7）页岩床头柜

4） 页岩床头柜（Shale Nightstand）- 由美国家具品牌蓝点于 2013 年设计并出品的另一款床头柜。其特征在于细节的考究和材质的层次，同时兼顾床头柜的实用功能，同样适用于几乎任何房间 (图 5-12-7)。

（图 5-12-10）案例分析 V 形腿床头柜

7） 案例分析 V 形腿床头柜（Case Study V-Leg Bedside Table）- 由美国家具品牌摩德尼卡（Modernica）设计并出品。其特征包括层压硬木和传统细木工工艺，以及精致而易操作的把手和耐用顺滑的抽屉滑轨等，让 V 形腿床头柜成为一件轻松和谦逊的家具 (图 5-12-10)。

（图 5-12-8）交叠床头柜

5） 交叠床头柜（Lap Nightstand）- 由美国家具品牌蓝点于 2014 年设计并出品的又一款床头柜，它因交叠木板的抽屉门而得名。它由白色水洗的枫木抽屉柜与橘色或者白色的金属桌腿组成，给任何房间都能够带来时尚感 (图 5-12-8)。

（图 5-12-11）布雷顿床头柜

8） 布雷顿床头柜（Bretton Bedside Table）- 由英国设计师马修·希尔顿（Matthew Hilton）设计，名称源自带给马修灵感的英国西约克郡的布雷顿：连绵起伏的地貌和现代雕塑的历史。这是一件造型非常简洁的床头柜，然而实际并不简单。布雷顿床头柜有着精致的细节和做工，是一件让材料之美发挥到极致的精品 (图 5-12-11)。

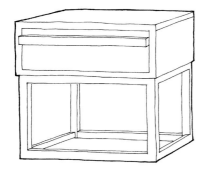

（图 5-12-9）012 阿特兰蒂科床头柜

6） 012 阿特兰蒂科床头柜（012 Atlantico Bedside Table）- 由葡萄牙家具品牌德·拉·埃斯帕达（De La Espada）旗下品牌阿特兰蒂科（Atlantico）设计并出品。012 床头柜是一个单抽屉床头柜，它结构简单，视觉轻巧，功能完善，做工精致，是一件经久耐用的床头柜精品 (图 5-12-9)。

（图 5-12-12）麦昆床头柜

9） 麦昆床头柜（Mcqueen Bedside Table）- 由英国设计师马修·希尔顿设计的另一款床头柜，是希尔顿设计的麦昆储藏柜系列之一。它由一个实木柜体与铸铁柜腿组成，其铸铁柜腿融合了工业风特点。其造型刚劲有力，而不失实用与优雅，适应于任何现代空间 (图 5-12-12)。

10） 埃索床头柜（Esso Nightstand）- 具体设计者和年份不详。埃索床头柜造型如同大写 C，自然形成两个桌面，上层抽屉隐藏其中。它造型简洁干净，适用于现代家居空间 (图 5-12-13)。

（图 5-12-14）帕克床头柜

11） 帕克床头柜（Park Nightstand）- 由美国设计师吉列尔莫·冈萨雷斯（Guillermo Gonzalez）设计。这是少见的独腿双抽屉床头柜，由磨砂漆面抽屉面板箱体和镀铬钢柱基座构成。它造型简洁，刚劲有力，充满现代感 (图 5-12-14)。

（图 5-12-15）都 - 摩床头柜

12） 都 - 摩床头柜（Do-Mo Nightstand）- 由意大利设计师毛里齐奥·卡斯特尔维特罗（Maurizio Castelvetro）于 2000 年设计。这件壁挂式床头柜由木质抽屉与玻璃构成，具有极简美学的特征，适用于小型卧室 (图 5-12-15)。

（图 5-12-16）B117 号床头柜

13） B117 号床头柜（B117 Nightstand）- 由德国家具品牌索耐特（Thonet）于 1934 年出品，具体设计者不详。这是一件优雅的悬挑式小桌，多年来深受人们的喜爱。其主体框架采用镀铬钢管，抽屉饰面板有多种选择，是现代床头柜当中的典范 (图 5-12-16)。

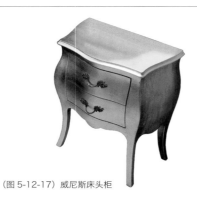

（图 5-12-17）威尼斯床头柜

14） 威尼斯床头柜（Venice Nightstand）- 由意大利家具品牌博尔赞·莱蒂（Bolzan Letti）于 2013 年出品，具体设计者与年份不详。其创作灵感来自洛可可风格的家具，通过表面的金色或者银色处理来与时代紧密联系，同时让人感受到时空的穿越与时尚的延续 (图 5-12-17)。

（图 5-12-18）美女珍床头柜

15） 美女珍床头柜（Beautiful Woman Jen Nightstand）- 由荷兰设计师马塞尔·万德斯（Marcel Wanders）设计，其创作灵感来自古典家具，是万德斯的美女系列之一。美女珍床头柜表面色彩包括黑、白与红色，具有后现代意味的造型由一个木盒与一个巴洛克式球形组成，为现代女性感受古典梳妆台的优雅提供了一个借景 (图 5-12-18)。

（图 5-12-19）LC51 床头柜

16) LC51 床头柜（LC 51 Nightstand）- 由意大利设计师宝拉·娜沃内（Paola Navone）于 2012 年设计，其创作灵感来自三只叠放的旅行箱，因此中间那只箱子特意偏移而出。其造型简洁而随意，每只箱子都是一个抽屉，有多种饰面板可供选择，适用于任何现代卧室（图 5-12-19）。

（图 5-12-20）小幽灵柜

17) 小幽灵柜（Small Ghost Buster）- 由西班牙设计师欧金尼·奎勒特（Eugeni Quitllet）与法国设计师菲利普·斯塔克（Philippe Starck）于 2011 年联合设计，因采用全透明塑料制作而称之为"幽灵"，并用巨柜来表示幽默。其塑料包括透明、彩色和无光泽三种选择，它可以摆放在家庭的任何角落（图 5-12-20）。

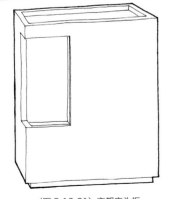

（图 5-12-21）京都床头柜

18) 京都床头柜（Kyoto Night Table）- 由荷兰设计公司FG 风格派（FG Stijl）设计。京都床头柜运用风格派的创作理念，造型由多个体、面构成，是一件精致小巧的床头柜。其表面饰面板可根据需要选择，适用于空间有限的现代卧室（图 5-12-21）。

（图 5-12-22）现代和谐床头柜

19) 现代和谐床头柜（Modern Harmony Night Table）- 由创立于 1955 年的美国家具品牌普拉斯基（Pulaski Furniture）出品，具体设计者与年份不详，属于其现代和谐系列（Modern Harmony）的一部分。其架空倾斜的桌腿与带边框的抽屉让它散发出一股浓浓的 20 世纪中叶复古风（图5-12-22）。

（图 5-12-23）圣地亚哥床头柜

20) 圣地亚哥床头柜（San Diego Nightstand）- 由美国家具品牌左现代（Zuo Modern）出品，具体设计者与年份不详，是左现代出品的圣地亚哥系列（San Diego）之一。这是一个带有两个抽屉的床头柜，其特色在于抽屉面板由四块厚度不同的木板构成的抽象图案（图 5-12-23）。

有人为了图省事而购买了与床具配套的床头柜，也有人不在乎床头柜是否与床具成套，而选择购买二手货，或者直接选择那些原本并非床头柜的小件家具或者物品，例如一摞书或者杂志、折叠凳、花几、边几、酒吧桌、木箱或者旅行箱等任何可以作为床头柜使用的家具或者物品，这样的卧室看起来更加随意和充满个性。

大多数人都无法做到倒头便能睡着，在床上看书或者杂志，写工作计划或者看电视等已经成为他们睡前的例行公事。床头柜成为打发这段时间的最佳伴侣。床头柜本身也是卧室空间在视觉上取得平衡的基本元素。

5-13 盥洗柜（Washstand）

最古老的盥洗台出自于公元前 3 世纪的希腊，工程师兼作家斐洛（Philo）在书中描述过一种装置：它利用配重平衡原理不断将清空的勺子注满水，斐洛评论说："它的结构类似于钟表"。这表示这种擒纵机械已经被结合到古老的水钟当中（图5-13-1）。

17 世纪中叶的洗手盆已经是便携式，直至 18 世纪晚期，洗手盆也只是名副其实的三脚支架，其顶部的圆孔用于放置脸盆，有时候与脸盆配套的水壶放在下面（图5-13-2）。为了把水壶放在脸盆之下，有些洗手盆还专门设置了 1~2 个抽屉。18 世纪的盥洗台仍然只是洗手架（Washhand Stand）（图5-13-3）。常见修道院内的洗手盆通过水池向石雕盆供水，事实上它更像

是水槽而非水盆。偶尔出现饰以珐琅的青铜水槽，表面布满纹章；类似的做法也出现在城堡和宫殿，脸盆被固定在墙内。

盥洗柜也称盥洗台或者面盆架（Basin Stand）（图5-13-4a，图5-13-4b），这是一种由 3~4 条腿支撑的小桌子或者柜子，用于洗脸盆和水罐的支撑台面。较小的一类被用于玫瑰水沐浴或者上发粉，较大的一类则带有肥皂碟托盘。这就是现代浴室洗脸盆或者盥洗台的前身。这种盥洗柜的造型优雅，被广泛应用于 18 世纪的大部分时期和 19 世纪早期。

美国殖民早期的卧室内除了常见的床具、衣柜和抽屉柜之外，剩下就是盥洗柜。当时的盥洗柜包含两大类：

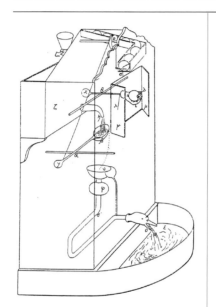

（图 5-13-1）古希腊斐洛的盥洗台

（图 5-13-2）17-18 世纪洗手盆

（图 5-13-3）18 世纪洗手架

（图 5-13-4a）19 世纪面盆架

（图 5-13-4b）19 世纪面盆架

（图 5-13-5）19 世纪桌式盥洗柜

1） 桌式盥洗柜分高、低两层，上层台面切割用于放置洗脸盆和水罐的圆洞；下层台面（有时带抽屉）放个人清洁用品，包括肥皂碟、牙刷杯和剃须杯 **(图 5-13-5)**；

（图 5-13-6）19 世纪台式盥洗柜

2） 台式盥洗柜的功能与桌式一样简单明了，它分上、中、下三部分，只是上部将洗脸盆和水罐用翻盖掩盖起来，中部将剃须刀、肥皂碟和毛巾藏在抽屉里，底部则将污水罐和夜壶藏在柜门后 **(图 5-13-6)**。

　　在室内管道系统出现之前，几乎每个美国家庭都会有木制洗涤架和一个盥洗柜或者盥洗台。早期盥洗柜流行联邦式样，它们通常带有谢拉顿式桌腿 **(图 5-13-7)**；到了 1820 年，与纤细的联邦式相比，显得粗大笨重的帝国式开始流行，其桌腿常见典型的卷切形 **(图 5-13-8)**。从 1820 至 1850 年，乡村工匠们开始制作简洁实用的谢克尔式松木盥洗柜 **(图 5-13-9)**。直至 19 世纪末，城市内才出现室内管道系统，盥洗柜或者盥洗台逐渐淡出人们的生活。

　　由于过去大量的洗脸架被置于墙角，因此出现了大批三角洗脸架；后来由于人们居住方式的改善和需求的变化，洗脸架变得越来越复杂，有些配置了镜子和抽屉。随着 19 世纪人们对于个人卫生的重视不断提高，盥洗柜也不断增大尺寸。常见长方形木桌，脸盆嵌入台面，边上可以放置肥皂盒和水瓶。为了适应生活方式的变化，盥洗柜出现了单人用和双人用两种。直到 20 世纪初，盥洗柜的台面采用大理石取代了木材；同时，脸盆也不再嵌入而是直接搁在台面之上。

（图 5-13-7）19 世纪联邦式盥洗柜

（图 5-13-8）19 世纪帝国式盥洗柜

（图 5-13-9）19 世纪谢克尔式盥洗柜

5-14 电视柜（TV Cabinet/TV Stand）

　　电视柜的设计原型脱胎于传统餐边柜。20 世纪 30 年代，最早的商用电视机仅有 5 英寸的对角线测距的小屏幕。进入 20 世纪 50 年代，电视机已经成为美国中产阶级家庭住宅的标准组成部分；当年的女性杂志上常见如何围绕电视机来安排周围家具的文章。首先出现了类似靠墙桌式样的电视柜，与电视机形成一个整体 (图 5-14-1)。其中有些电视柜为了隐藏不使用时的电视机而设计了柜门 (图 5-14-2, 图 5-14-3)。到了 20 世纪六七十年代，电视机尺寸变得越来越大，也越来越普及。直至进入 21 世纪，过去的木质电视柜才逐渐被挂在墙上的平板电视机所取代；不过仍然有不少平板电视机愿意站立在电视柜上 (图 5-14-4)。

　　电视柜不仅应用于客厅，它也可以出现在卧室、家庭厅、客房、办公室或者图书室等，其选择标准应该与房间的整体效果保持一致，需要考虑的因素包括式样、材质、尺寸和颜色等。

　　今天电视柜的式样和种类可谓五花八门，常见的电视柜种类包括：

（图 5-14-1）20 世纪 50 年代电视柜

（图 5-14-2）早期带门电视柜

（图 5-14-3）早期带门电视柜

（图 5-14-4）新型电视柜

（图 5-14-5）平台电视柜

1）平台电视柜（Platform TV Stand） - 由一至几块搁板组成，其框架通常无背板、侧板和门，制作材料包括玻璃、金属或者木质 (图 5-14-5)。

（图 5-14-6）电视靠墙桌

2）电视靠墙桌（TV Console） - 看起来像带背板和侧板的平台电视柜，但与平台电视柜的区别在于：可能带抽屉或者柜门，这使得它具备储藏功能（图 5-14-6）。

（图 5-14-7）等离子电视柜

3）等离子电视柜（Plasma TV Cabinet） - 虽然很多人喜欢把平板电视机挂在墙上，但是仍然有不少人更愿意把平板电视机放在电视柜上，这样使得电视机能够更好地融入整体空间当中（图 5-14-7）。

（图 5-14-8）电视架

4）电视架（TV Hutch） - 传统的电视架因为带柜门或者抽屉，所以是封闭式的。有的柜门可以打开后推入两侧或者向后折叠而不会影响视线。此种电视柜特别受到那些不愿意让电视机成为房间内视觉焦点的人的欢迎（图 5-14-8）。

（图 5-14-9）玻璃与金属电视架

5）玻璃与金属电视架（Metal & Glass TV Stand） - 这是一种极具未来感的当代电视柜，采用整洁光滑的玻璃和金属制造，包括不锈钢、铝合金、镀铜、镀铬，或者粉末涂层等材质。玻璃主要用于承重搁板（图 5-14-9）。

（图 5-14-10）木质电视架

6）木质电视架（Wood TV Stand） - 采用各种木材和玻璃制造，常用的木材包括樱桃木、枫木、橡木、紫檀木和桃花心木等，木材本身的温馨和亲切感与光洁、透明的玻璃形成典雅的搭配，比较容易与房间内其他木质家具协调统一（图 5-14-10）。

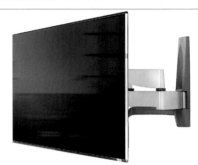

（图 5-14-11）旋转电视安装

7）旋转电视安装（Swivel TV Mount） - 可以通过机械向任何方向旋转，通常由遥控器控制。它们甚至可以让电视机像一幅画那样展示，适合人们在客厅内经常变换位置和角度的特殊要求（图 5-14-11）。

（图 5-14-12）娱乐中心

8）娱乐中心（Entertainment Center） - 随着液晶和等离子电视机的普及，娱乐中心似乎顺应人们新的家庭娱乐需求，提供一个所有家庭娱乐设备于一体的总控台。这些设备包括音响、游戏机或者环绕声系统等（图 5-14-12）。

（图 5-14-13）带门电视柜

9）带门电视柜（TV Cabinet With Doors） - 适合那些希望让平板电视机看起来更有传统感觉的人们，同样也能让音频视频设备和游戏机免受尘埃的侵扰（图 5-14-13）。

（图 5-14-14）角电视柜

10）角电视柜（Corner TV Stand） - 其平面形状类似于直角三角形，特别适合空间尺寸有限的房间。利用墙角摆放，其功能也可以升级成如电视靠墙桌或者平台电视柜那样（图 5-14-14）。

在 20 世纪 50—70 年代，有一种风靡欧美每一个家庭的边柜，它们具有典型的北欧简约设计风格，通常由一个狭长的柜体与柜腿组合而成，基本采用柚木与饰面板制作。不过因为当时的电视机体积比较庞大，因此这种边柜并非用作电视柜，但是今天这种边柜的尺寸则非常适合各种平板电视机。

当代家具设计师很少有人专门使用电视柜这个名称，而是用边柜（sideboard）、储藏柜（storage）、矮柜（low storage）、媒体柜（media cabinet）和靠墙台桌（console）等名称。无论它们是用作电视柜还是餐边柜，它们都是沙发区域的最佳搭档。经典的现代电视柜包括但不限于：

（图 5-14-15）阿恩·沃德尔边柜

1）阿恩·沃德尔边柜（Arne Vodder Sideboard）- 由丹麦设计师阿恩·沃德尔（Arne Vodder）设计。由于当时没有明确的命名，这个边柜的名称其实是沃德尔设计的所有边柜作品的总称。作为 20 世纪中叶现代边柜的典范，这些边柜具有典型的北欧边柜特征：简单、合理、精致、实用，时隔半个多世纪依然魅力不减，至今复制品不断（图 5-14-15）。

（图 5-14-16）KF150 边柜

2）KF150 边柜（FK150 Sideboard）- 由丹麦设计师约尔延·卡斯特曼（Jorgen Kastholm）于 1973 年设计。这是一款在尺寸上更接近餐边柜的边柜，其特征在于精致的饰面柜体和纤细的镀铬金属柜腿。它造型优雅，干净实用，充分体现出北欧家具物尽其用，绝不浪费自然物质的设计理念。它也是空间分隔的理想选择（图 5-14-16）。

（图 5-14-17）降低媒体柜

3）降低媒体柜（Low-down Media Cabinet）- 由美国设计师柏·哈古德（Bo Hagood）于 2004 年设计。它由黑胡桃木或者白橡木制作的柜体与不锈钢柜腿组合而成。造型像一个长方盒子搁在一块平板上。与北欧边柜柜腿后缩不同，降低媒体柜柜腿外伸（图 5-14-17）。

（图 5-14-18）卡斯特 1 号高度单元矮柜

4）卡斯特 1 号高度单元矮柜（Kast 1 Height Unit Low Storage）- 由比利时设计师马尔登·范·塞夫恩（Maarten van Severen）于 2005 年设计。对于专注于储物家具的塞夫恩来说，这款矮柜采用模块化设计，它可以根据需要加高因此增加更多的储物空间。其造型简洁优雅，适用于任何现代空间（图 5-14-18）。

（图 5-14-19）芒罗搁板桌

5）芒罗搁板桌（Munro Shelf Table）- 由丹麦裔加拿大设计师尼尔斯·本特森（Niels Bendtsen）设计。这是一款开敞式的低矮搁架，因桌子造型而取名搁板桌，但其高度比较适用于电视柜。其特征在于可拆换的金属桌腿（图 5-14-19）。

（图 5-14-20）膝盖长矮梳妆台

6）膝盖长矮梳妆台（Lap Long and Low Dresser）- 由美国家具品牌蓝点（Blu Dot）于 2014 年设计并出品，名称叫梳妆台，实则不限于此。其特色在于抽屉面板模仿木制房屋外墙的重叠横板，由此产生的水平阴影线，这已成为其重叠面板系列家具（The Lap Collection）的主要特征；其另一特色则为造型别致的微喇叭形柜腿。它色彩淡雅，不会给任何空间造成压力（图 5-14-20）。

（图 5-14-21）标准靠墙台桌

7）标准靠墙台桌（Standard Console）- 由丹麦裔加拿大设计师尼尔斯·本特森（Niels Bendtsen）于 2014 年设计。其造型由修长的饰面板柜体与柜基组成，其间由两块轻薄的垂直钢板相连接，因此制造一种失重的视觉效果。它可以根据需要延长柜体，适用于任何现代空间（图 5-14-21）。

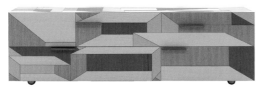

(图 5-14-22a) 镶嵌边柜

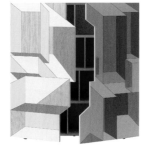

(图 5-14-22b) 镶嵌碗柜

8) 镶嵌边柜 (Inlay Sideboard) - 由瑞典设计公司前沿 (Front) 于 2011 年设计。这是一款完美展现传统镶嵌工艺的边柜,不过它是利用镶嵌技术来表现一幅具有三维立体视觉效果的现代艺术作品 (图 5-14-22a)。它同时还设计了具同样镶嵌特色的镶嵌碗柜 (inlay cupboard) 版本 (图 5-14-22b)。

(图 5-14-23) 齐奥餐边柜

9) 齐奥餐边柜 (Zio Buffet) - 由荷兰设计师马塞尔·万德斯 (Marcel Wanders) 设计。齐奥餐边柜带有强烈的北欧复古风情,造型典雅大方。它采用纯橡木制作,做工精致淳朴,功能实用周全。它说是餐边柜实际用途广泛,可以储存包括文件在内的任何物品,当然也可以用作电视柜 (图 5-14-23)。

(图 5-14-24) 赛琳边柜

10) 赛琳边柜 (Celine Sideboard) - 由伊朗裔英国设计师娜扎宁·卡马利 (Nazanin Kamali) 于 2011 年设计。它采用全实木制作以及非对称柜体的造型。其特征在于精致的锥形柜腿让这款边柜显得格外轻盈优雅,加上其纤细的尺度和小巧的抽屉,使得赛琳边柜更适合尺寸有限的空间 (图 5-14-24)。

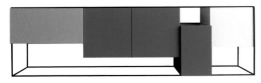

(图 5-14-25) 框架边柜

11) 框架边柜 (Framed Sideboard) - 由比利时设计师科恩拉德·瑞斯 (Koenraad Ruys) 设计。这款色彩丰富的边柜采用黑色金属框架与彩色柜体组合而成,柜体颜色可根据需要选择。鲜艳活泼的色彩以及非对称和不规则的柜体予人轻松随意的感觉,使它适用于更时尚的家居空间 (图 5-14-25)。

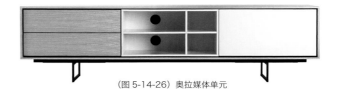

(图 5-14-26) 奥拉媒体单元

12) 奥拉媒体单元 (Aura Media Unit) - 由西班牙设计师安赫尔·马蒂与恩里克·德拉莫 (Angel Marti and Enrique Delamo) 于 2015 年设计。这是一款造型别致典雅的边柜,其线条纤细苗条,由饰面板柜体与金属柜腿组成。其设计灵感来自北欧家具,是传统与现代的完美结晶。奥拉储藏柜是一款多功能家具,适用于客厅或者餐厅空间 (图 5-14-26)。

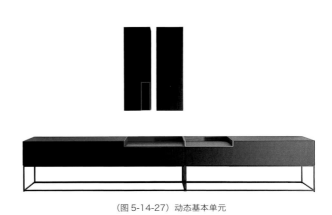

(图 5-14-27) 动态基本单元

13) 动态基本单元 (Inmotion Base Unit) - 由德国设计工作室新大陆 - 帕斯特与哥德马赫 (Neuland Paster & Geldmacher) 于 2015 年设计。这种新类型的储存单元代表了立体、审美和功能创新,将书籍、杂志或者电子设备分门别类区分处理。其材料和颜色均可根据客户需要来定制。它造型简洁,尺度适中,适用于办公与私人空间 (图 5-14-27)。

(图 5-14-28) 跨媒体柜

14) 跨媒体柜 (Cross Media Cabinet) - 由英国设计师马修·希尔顿 (Matthew Hilton) 于 2014 年设计。跨媒体柜的柜体框架饰以橡木或者胡桃木饰面板,由四根实木柜腿斜角支撑。它造型简洁大方,功能明确考虑周全,搁板和抽屉一应俱全。其高度适中,是人们从沙发观看电视的最佳高度 (图 5-14-28)。

(图 5-14-29) 跨边柜

15) 跨边柜（Cross Sideboard）- 由英国设计师马修·希尔顿设计。其斜腿支撑柜体的立面构图基本源自 20 世纪 60 年代的北欧边柜，但是更加简洁干净。其左边设置三个抽屉，其中上抽屉比中、下抽屉略窄；其右边是两扇柜门。这是一款多功能的家具，适用于起居与用餐空间 (图 5-14-29)。

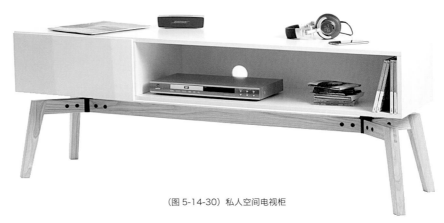

(图 5-14-30) 私人空间电视柜

16) 私人空间电视柜（Private Space TV Board）- 由德国设计师詹尼斯·艾伦伯格（Jannis Ellenberger）于 2015 年设计。这款电视柜的特征在于其刚劲有力的实木柜腿，呈 45 度向外伸张。其造型简练干净，白色柜体与木色柜腿给人感觉轻松愉快，适用于办公与私人空间 (图 5-14-30)。

(图 5-14-31) 梯度电视柜

17) 梯度电视柜（Gradient TV Stand）- 由美国家居品牌点与波（Dot & Bo）出品。梯度电视柜以经典的 20 世纪 60 年代边柜箱体左右抽屉与柜门平衡构图为特色，但是采用实木直立柜腿。其明亮的冷色调柜门，适用于喜欢冷静的都市家居空间 (图 5-14-31)。

(图 5-14-32) 班森娱乐单元

18) 班森娱乐单元（Benson Entertainment Unit）- 由美国家居品牌线上室内（Interiors Online）出品，具体设计者与年份不详。这款采用纯橡木与橡木饰面板制作的柜体与斜撑柜腿，证明它是向 20 世纪 60 年代设计致敬的作品。它做工精良，比例匀称，特别是其橙色与灰色构成的推拉柜门，配上镀铬圆形把手，让这件原本属于上个世纪的家具重新焕发青春 (图 5-14-32)。

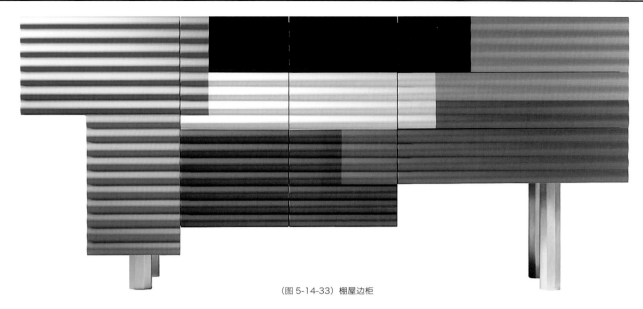

（图 5-14-33）棚屋边柜

19） 棚屋边柜（Shanty Sideboard）- 由英国设计师尼帕·多西（Nipa Doshi）与乔纳森·莱维恩（Jonathan Levien）于 2000 年创立的工作室多西 - 莱维恩（Doshi Levien）于 2014 年设计，是设计的棚屋系列之一。命名为棚屋是因为参考世界各地棚户区临时性建筑的特征：错落有致的立面和廉价波纹板的应用。棚屋边柜的特征还包括不同颜色的仿波纹板肌理，构成这款令人印象深刻的边柜 (图 5-14-33)。

（图 5-14-34）利姆复古电视柜

20） 利姆复古电视柜（Lim Retro TV Cabinet）- 由南非服饰与家居品牌多福顿先生（Mr Doveton）出品，具体设计者与年份不详。这是一款非常简洁而冷静的电视柜，就像其销售的男士服饰产品一样以最高标准来要求自己。这款电视柜采用冷淡的灰色柜体与高挑的胡桃木柜腿构成，显得高贵而冷酷 (图 5-14-34)。

21） 折射边柜（Reflect Sideboard）- 由美国设计师索伦·罗斯（Soren Rose）于 2009 年设计，其设计灵感来自观察北欧阳光在不同厚度和曲面的橡木板上的折射效果，是罗斯设计的折射系列之一。折射边柜具有鲜明的北欧风情，其底部由圆锥形柜腿架空，抽屉尺寸从右到左由小变大。罗斯的折射系列还包括了 3~4 个抽屉的抽屉柜，适用于任何现代家居空间 (图 5-14-35)。

（图 5-14-35）折射边柜

6-1 床具简史

在"床"这种专门用于睡眠的家具远未出现之前，人类的祖先只是睡在用树叶或者稻草铺就的地面上。古埃及人把棕榈树叶堆积起来作为床垫，只有法老才能睡在用纯金打造的平台之上（图6-1-1）。人类从未放弃过探索和研究更舒适的床具，古希腊人曾把床具描绘在其陶器之上（图6-1-2）。古罗马人发明了床垫，使得床变得更为舒适，而且更具装饰性（图6-1-3）。

我们今天所理解的卧室在 17 世纪之前并不存在于大多数家庭空间里面（图6-1-4）。在文艺复兴时期（大约在 15—17 世纪），每个房间都摆放了床，因为白天这些床可以作为沙发使用。文艺复兴时期的床垫内充满了用绳子绑扎成捆的干燥稻草（图6-1-5）。直至 18 世纪末才出现了柔软的棉花床垫（图6-1-6）。

到了 20 世纪，床垫种类已经多不胜数，包括泡沫床垫、水床垫和气床垫等。同时床与床垫的尺寸不仅仅更大，而且很多电动床垫还可以任意升降，调节角度或者柔软度等。

床在家具当中占据着极其重要的地位。早期的床具为了在冬季保暖，往往嵌入壁龛内，并且用厚重的床帘与床幔装饰，有的甚至安装门扇，这样在使用时可以完全将床封闭起来保温（图6-1-7），例如 17 世纪美国的荷兰箱形床（Box Bed），从上垂下的床帘既保暖又保护隐私（图6-1-8）。

四柱床最初是靠墙建造的，后来才离开墙壁成为独立床具。其高大的床架是为了支撑其厚重的木质和织物顶棚，或者是华盖。最著名的四柱床是现存于英国维多利亚与艾伯特博物馆的威尔镇大床（Great Bed of Ware），它建造于 1590 年左右，相传在 1700 年的时候，曾经有六对夫妻在上面同床而眠，英国剧作家莎士比亚也曾提及过它（图6-1-9）。

在现代弹簧和床垫出现之前，大多数床是由笨重的床架来支撑绷紧的绳子来形成床板。现代床垫比传统床架要轻便和简单得多，更重要的是，现代床的尺寸已经实现全球标准化。选择床具式样的一般原则为：空间面积越小越要简洁；反之，空间面积越大则越需要复杂。

（图 6-1-1）古埃及床具复制品

（图 6-1-2）古希腊时期酒宴睡椅

（图 6-1-3）古罗马时期酒宴睡椅

（图 6-1-4）17 世纪英国床具

（图 6-1-5）15 世纪文艺复兴时期四柱床

（图 6-1-6）18 世纪乔治三世时期四柱床

（图 6-1-7）17 世纪嵌入式箱形床

（图 6-1-8）17 世纪荷兰箱形床

（图 6-1-9）威尔镇大床

6-2 四柱床（Four Poster Bed）

　　四柱床源自奥地利，盛行于 15 世纪的英国。四柱床外观结实、牢固，古典四柱床通常采用橡木雕刻，同时运用华盖和床幔装饰。一件采用宝石和丝绸装饰，而且雕刻华丽的四柱床是贵族身份的象征。

　　四柱床见证了一个家族的兴盛衰亡，为睡眠提供了温暖、舒适、隐私和呵护。都铎王朝的家庭主妇们常常会在她们放着四柱床的卧室里举行聚会。当某位贵族去世之后，原属于他的四柱床会留给他的遗孀。

　　都铎王朝（1485—1603 年）的四柱床宽大而笨重 (图 6-2-1)，并且与墙体相连以保障其安全性 (图 6-2-2)。床帘从华盖倾泻而下，保护着主人免受蚊虫的侵扰，同时也保护了主人的隐私。在那个主人与仆人同处一室的年代，保护隐私显得尤为重要 (图 6-2-3)。伊丽莎白一世喜欢胡桃木的四柱床，在当时这是皇室与贵族的专利。都铎王朝的四柱床更喜欢用橡木制造，并且在立柱上雕刻和装饰家族的荣耀。

　　四柱床从床的四角伸出四根立柱，为了增强稳定性，有些四柱床有横梁将四柱连接起来。那种带横梁的四柱床往往用床帘和床幔装饰起来，是一种典雅而又高贵的古典床具。带横梁的四柱床常常在其顶部形成华盖，使其充满神秘和浪漫的气息，夏日里可以用蚊帐代替床帘，因此被称为华盖床（Tester Bed），(图 6-2-4)。

（图 6-2-2）16 世纪伊丽莎白一世时期四柱床

（图 6-2-3）19 世纪仿 17 世纪英国四柱床

（图 6-2-4）18 世纪乔治三世时期华盖床

（图 6-2-1）都铎时期四柱床

（图 6-2-5）四柱床

四柱床最初的目的在于升起的床帘可以遮挡冬天的寒风，不过在中世纪时期的床帘是从房屋顶棚倾泻而下，后来逐渐演变成了由四柱形成的框架来支撑床帘。随着住宅制冷与制热能力的提高，除了装饰性之外，床帘的实际功能消失了，最后只剩下了我们今天看到的四根孤立的床柱。四柱床发展到后来已经变得越来越轻便和简洁（图6-2-5）。

17世纪威廉与玛丽时期的立柱比较高大（图6-2-6），到了18世纪安妮女王时期的立柱则相对比较轻巧（图6-2-7）。直至19世纪晚期，四柱床都是一个家庭最重要和最昂贵的一件家具。19世纪初英国乔治与摄政时期的四柱床立柱变得更加修长精致（图6-2-8）。维多利亚时期的四柱床则常见车削如栏杆状的立柱，并且显得更为沉重；其床头板是装饰的重点，而其床尾立柱有时候比床头立柱雕刻得更加华丽（图6-2-9）。

四柱床适合于希望带点古典而又充满浪漫气息的卧室。古典四柱床的式样繁多，主要包括了早期美国、法国普罗旺斯、英国乡村田园和联邦绅士等式样（图6-2-10，图6-2-11，图6-2-12）。

今天的都市里并不是每一个居住空间都适用四柱床。虽然有不少人仍然喜欢它，但是市场上相关的现代四柱床式样不是很多。经典的现代四柱床包括但不限于：

（图 6-2-6）17 世纪威廉与玛丽式四柱床

（图 6-2-7）18 世纪安妮女王式四柱床

（图 6-2-8）19 世纪初英国摄政式四柱床

（图 6-2-9）维多利亚式四柱床

（图 6-2-10）早期美国四柱床

（图 6-2-11）法国田园式四柱床

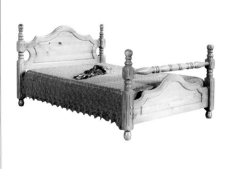

（图 6-2-12）英国乡村式四柱床

（图 6-2-13）锡兰四柱床

1）锡兰四柱床（Ceylon Four Poster Bed）- 由意大利家具品牌波尔赞·莱蒂（Bolzan Letti）设计与出品。锡兰四柱床简单而严谨，实用而舒适。其四周和顶棚均选用薄纱，具有东南亚风情。其特征在于它有一个软垫床头板，面料可以根据需要选择（图 6-2-13）。

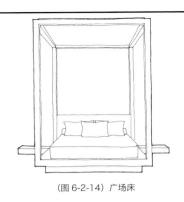

（图 6-2-14）广场床

2）广场床（Plaza Bed）- 由美国家具品牌安吉尔·诺拉（Angel Naula）设计。这是一张带有床头柜的四柱床，其床头板与华盖顶棚的软垫一致而具有完美的整体感。广场床具有高耸的华盖与粗壮的框架，散发出一种豪华而高贵的气质，使其能够成为任何卧室的视觉焦点（图 6-2-14）。

（图 6-2-15）PCH 华盖床

3）PCH 华盖床（PCH Canopy Bed）- 由美国家具公司马什工作室（Mash Studios）设计与出品。简洁的 PCH 华盖床为卧室提供了一个僻静的小空间，它采用纯实木精心制作，让人感受到一股大自然的气息（图 6-2-15）。

（图 6-2-16）阿塞曼华盖床

4）阿塞曼华盖床（Asseman Canopy Bed）- 由意大利设计师帕翠莎·卡利亚尼（Patrizia Cagliani）于 1984 年设计。它采用的铁管表面涂白色漆，与华盖的白色顶棚和白色薄纱一道，让阿塞曼华盖床的重量感消失。这是一张有着传统四柱床浪漫气质的现代四柱床（图 6-2-16）。

（图 6-2-17）爱德华二世双人华盖床

5）爱德华二世双人华盖床（Edward II Double Canopy Bed）- 由意大利设计师安东尼娅·阿斯托里（Antonia Astori）设计。其架构通过抛光不锈钢与实木杆件组合而成；其床头板采用编织绳覆盖不锈钢，透露出一丝东南亚的味道（图6-2-17）。

（图 6-2-18）格瑞 81 号床

6）格瑞 81 号床（Gray 81 Bed）- 由意大利设计师宝拉·纳沃内（Paola Navone）设计。这是一张采用斜柱支撑床架的四柱床，因此产生独特的方锥形造型。实木四柱床架通过刷白或者擦色处理，让人感受到一股北欧的气息（图 6-2-18）。

（图6-2-19）ACLE床

7）ACLE床（ACLE Bed）- 由意大利设计师安东尼奥·奇特里奥（Antonio Citterio）设计。由于ACLE床的四柱框架直接落地，造型如同一个简单的方框，所以同时采用厚弹簧垫与床垫。厚弹簧垫面料与软垫床头板面料一致，适用于现代感十足的简约卧室（图6-2-19）。

（图6-2-20）威尼斯床

8）威尼斯床（Venezia Bed）- 由印尼设计师乌格斯·雷韦尔塔（Hugues Revuelta）于2013年设计。威尼斯床的特色在于其实木车削立柱，并带有鲜明的伊斯兰艺术图案，这与其民族的宗教信仰不无关系。结合威尼斯当年可是联系东西方的重要纽带。这就是威尼斯床带给人们的所有古老联想，跨越了传统与现代的距离（图6-2-20）。

（图6-2-21）沃拉尔床

9）沃拉尔床（Volare Bed）- 由意大利设计师罗伯特·拉泽罗尼（Roberto Lazzeroni）于2015年设计。这张四柱床采用的钢管框架使其散发出浓郁的工业风，与木板、皮革和织物之间取得平衡关系。床头板通过皮带与软垫连接，软化了床架严肃的感觉，也给床具带来家的温馨（图6-2-21）。

现代四柱床常常漆成深色，线条简练、干净。最好搭配纯洁、简洁的床品，如纯白色的羽绒被和几只色彩经过仔细挑选的靠枕。古典四柱床显得高贵和复杂许多，尤其体现在细节的雕刻和整体的造型方面，最好搭配如缎子、蕾丝与天鹅绒之类的织物。

如果在四柱床的床头布置烛台，会使卧室的浪漫气息更浓郁。

女孩房的四柱床可以用褶裥花边和蕾丝从华盖垂下约20厘米，华盖的正中间可以与顶棚预留挂钩挂上形成一个耸起如城堡般的华盖，浅淡又轻柔布料让女孩感到自己像个小公主。

男孩房的四柱床可以用尼龙或者网眼织物模仿丛林帐篷的式样，三面不开口，仅留床尾一端开口，并且将两边后扎。

成人房的四柱床装饰织物应该注意与整体装饰效果保持一致；单色或者条纹布料比较适合于夫妻卧房。

6-3 绳床（Rope Bed）

古罗马时期，人们采用羽毛或者芦苇作为床垫的填充物。文艺复兴时期，人们用稻草或者豌豆壳来填充粗糙的被套面料作为床垫，并且用天鹅绒或者锦缎覆盖其上。16世纪之前的床垫则是由多层树叶堆叠而成，无论床垫是在地面上还是平板上。

绳床从16世纪至19世纪晚期一直是家庭卧室的唯一选择，当时大多数的四柱床和华盖床均属于绳床（图6-3-1），直至第一张弹簧垫的诞生才改变了这一状况。

（图6-3-1）19世纪绳床

大多数古典四柱床都是绳床，即由绳子或者皮条横穿床架上预留的小孔，编织成纵横交错的网格，工匠们通过拉紧并系牢绳子形成有弹性的平面来支撑床垫（图6-3-2，图6-3-3）。人们需要经常重新拉紧绳子或者皮条来保证支撑平面的牢固与弹性（图6-3-4）。

1865 年，第一张弹簧床垫问世，从而结束了绳床的历史使命。

英语日常口语中常用："Good night, sleep tight." 其典故即源自绳床的历史，因为要想睡得安稳，绳子必须拉紧。

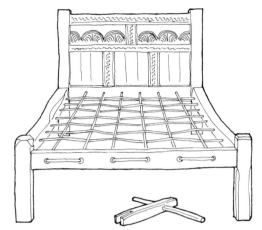

（图 6-3-2）18 世纪绳床与系紧工具

（图 6-3-3）19 世纪美国绳床

（图 6-3-4）19 世纪绳床

6-4 平板床（Platform Bed）/ 弹簧床（Boxspring Bed）/ 镶板床（Panel Bed）

平板床比传统弹簧床早好几个世纪就已经出现。弹簧床是由床垫、弹簧垫和床架组成（图6-4-1）。而平板床要简单得多，没有弹簧垫所需的栏板和支撑板条，只有采用木板条制作的支撑床垫的平台，因此它并不适合于所有的床垫（图6-4-2）。

弹簧垫的目的在于吸收床床垫的震动，不过这并非十分必要，因为床垫本身也具有减震的作用。增加弹簧垫的结果之一就是使床具离地更高，所以传统弹簧床常常需要借助踏凳来帮助上、下床。弹簧床常常用床裙铺在弹簧垫与床垫之间来装饰和掩盖弹簧垫。

古埃及人发现了在离开地面的平台上睡觉的好处。直到 18 世纪晚期，那些采用铸铁制造的床具才被称之为传统床，不过平板床与弹簧床在材料与制作方面并无多大的区别。

平板床可以提供床下的储物空间，它比弹簧床在狭窄的楼梯间更容易搬动，有时候更具现代感，同时价格也更贵，离地距离相对弹簧床更短（图6-4-3）。

床垫

弹簧垫

床架

（图 6-4-1）弹簧床构造

（图 6-4-2）平板床构造

（图 6-4-3）带储物空间的平板床

平板床的平台尺寸一般比放在上面的床垫要大些，因此它占地面积比较多，而且离地距离比较短。平板床具有一个平整和升离地面的平台，平台的底下可能是架空的支架，也有可能是形成的箱形储物空间（图6-4-4，图6-4-5）。床垫直接放在平台之上，下面并无弹簧垫。有的平板床根据需要会有床头板。

平板床通常线条简洁，既适合现代和当代风格，也适合于东方和中式风格的家庭装饰（图6-4-6，图6-4-7）。但是它明显与古典或者田园和乡村风格不相称。平板床的式样主要有东方、现代、禅意与金属加木材加皮革组合等四大类。平板床也经常模仿四柱床的造型，成为华盖平板床（图6-4-8）。

因为简单明了并且顺应时代，现代平板床早已成为家庭卧室的主流，而且款式繁多，常常让人选择时犹豫不决。经典的现代平板床包括但不限于：

（图 6-4-6）东方与中式平板床

（图 6-4-7）东方与中式平板床

（图 6-4-4）架空平板床

（图 6-4-5）落地平板床

（图 6-4-8）华盖平板床

（图 6-4-9）阿斯特丽德床

1） 阿斯特丽德床（Astrid Bed）- 由美国家具品牌科普兰家具（Copeland Furniture）出品，具体设计者和年份不详。这是阿斯特丽德卧室系列之一，其造型舒展，结构简洁明快，充满动感。叉开的四只床腿产生戏剧性的悬臂，散发出 20 世纪中叶的复古气质 (图6-4-9)。简洁的床头板分为单块板和两块板两个版本；有的阿斯特丽德床还附带有悬挑的床头桌板。无论哪个版本都能够给卧室带来轻松愉悦的现代感。

（图 6-4-11）角落床

3） 角落床（Nook Bed）- 由美国设计公司蓝点（Blu Dot）于 2006 年设计。角落床的重点在于其带侧翼的床头板，使人感受到温暖与呵护，设计简洁而使用舒适。其名称似乎暗示它适用于较小空间的某个角落，面料花色可以根据主人喜好来自由选择 (图6-4-11)。

（图 6-4-13）伍德罗床

5） 伍德罗床（Woodrow Bed）- 由美国蓝点公司于 2011 年设计的又一款床具。其制作特征在于将实木与木皮完美结合，而其设计特点则在于向外微斜的床腿与床头板的一致造型 (图6-4-13)。

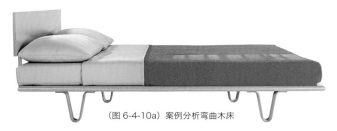

（图 6-4-10a）案例分析弯曲木床

2） 案例分析弯曲木床（Case Study Bentwood Bed）- 由美国家具品牌摩德尼卡（Modernica）设计并出品。其特征在于结构创新：采用镀锌穿孔钢平台代替一般的弹簧床垫，从而保证床垫能够自然呼吸；此外，六根弯曲木床腿保证了整张床的强度和稳定性 (图6-4-10a)。它还有另外一款弯曲钢管床腿的版本 (图 6-4-10b)。

（图 6-4-10b）案例分析弯曲木床

（图 6-4-12）安静床

4） 安静床（Hush Bed）- 由美国蓝点公司于 2011 年设计的另一款床具。深蓝色的面料给人一种安静的心理暗示，其实还有橘色、烟色和灰色可供选择。架空的床板适合较小的空间；微倾的软垫床头板是一种舒适的标志 (图6-4-12)。

（图 6-4-14）赫伯恩床 351a 号

6） 赫伯恩床 351a 号（Hepburn Bed 351a）- 由英国设计师马修·希尔顿（Matthew Hilton）设计。它造型简洁、轻巧，表现出一种与众不同的优雅气质。其特征包括叉骨形床腿架空的床板和两侧搁板形的边桌 (图6-4-14)。

（图 6-4-15）布雷顿床

7） 布雷顿床（Bretton Bed）- 由马修·希尔顿设计的另一款床具。秉承希尔顿一如既往的设计理念，这是一款结构简单而造型优雅的现代床具。其特征包括轻微的斜线贯穿始终，以及平台与床腿的斜接缝。这是一件将不同材质完美混合的杰作（图 6-4-15）。

（图 6-4-17）联合床 282 号

9） 联合床 282 号（Union Bed 282）- 由土耳其设计师塞伊汗·奥兹德米尔和西佛·卡戈勒设计的另一款床具。这是一张采用天然材料通过现代技术而制作的床具。由于简洁而圆润的造型选择厚实柔软的面料，舒适是它给人的第一印象（图 6-4-17）。

（图 6-4-19a）瑟曼床

11） 瑟曼床（Thurman Bed）- 由意大利设计师安德里亚·帕里西奥于 2005 年设计的另一款床具。特曼床的特征在于其带有轻微挡风椅侧翼的钉扣软垫床头板；因为特别高耸的床头板而显得高贵而典雅（图 6-4-19a）。特曼床另有一款软垫床头板造型相同但是低矮许多的版本（Thurman Low Bed）（图 6-4-19b）。

（图 6-4-19b）矮版瑟曼床

（图 6-4-16）白吉尔床 216 号

8） 白吉尔床 216 号（Bergere Bed 216）- 由土耳其设计师塞伊汗·奥兹德米尔和西佛·卡戈勒（Seyhan Ozdemir & Sefer Caglar）设计。其造型源自他们的另一个挡风椅作品，具有同样的木质侧翼。正是这挡风椅特征的床头板让白吉尔床 216 号在现代平板床当中脱颖而出（图 6-4-16）。

（图 6-4-18）德里克床

10） 德里克床（Derek Bed）- 由意大利设计师安德里亚·帕里西奥（Andrea Parisio）于 1996 年设计。德里克床的特征主要表现在床头板，不过其床头板只是一条与床等宽的圆筒靠枕，与整体软垫的床基构整体。尽管德里克床显得比较低矮，但是丝毫不会影响到其骨子里散发出的尊贵与典雅，是意大利现代家具当中的一件精品（图 6-4-18）。

（图 6-4-20）昂达床

12） 昂达床（Onda Bed）- 由意大利建筑师保罗·皮瓦（Paolo Piva）设计，意大利家具品牌波利弗姆（Poliform）出品。这是一款与众不同的现代床具，床头板的精致皮革与床板皮革连成一体，利用镀铬钢管床腿将皮革软垫整个托起，构成独特的卧室主角（图 6-4-20）。

（图 6-4-21）阿尔卡床

13） 阿尔卡床（Arca Bed）- 由意大利建筑师保罗·皮瓦设计的另一款经典床具。这是一件标志性的现代床具，由方形钉扣软垫床头板与软垫床板呈 90 度连接而成。其极简的造型适用于任何现代卧室（图6-4-21）。

（图 6-4-23）牛津平板床

15） 牛津平板床（Oxford Platform Bed）- 由美国家具品牌 TOV 出品。其特点在于钉扣软垫床头板优雅的曲线来自切斯特菲尔德扶手椅背，加上带维多利亚风情的实木车削床腿。这是一件将传统与现代完美融为一体的现代床具，能够轻松成为任何卧室的视觉焦点（图6-4-23）。

（图 6-4-25）沃思床

17） 沃思床（Worth Bed）- 由美国家具品牌玛德拉夫特（Modloft）出品，具体设计者与年份不详。这是一张带有日式风格的低矮平板床，全部采用实木制作并设计有配套的床头柜。沃思床造型以直线型为主，平坦坚实，整洁舒适，平易近人，特别适合于宽敞明亮的现代卧室（图6-4-25）。

19） 爱丽丝床（Elise Bed）- 由英国设计师贾斯帕·莫里森（Jasper Morrison）设计。这是一张文静可爱如其名的平板床，造型简洁大方，充满女性的温柔气质。其主体采用钢架与木材制作，并以多密度聚氨酯泡沫填充软垫（图6-4-27）。

（图 6-4-22）布鲁姆床

14） 布鲁姆床（Broome Bed）- 由家具品牌摩登阁楼（Modloft）出品。其特征在于充满男子气概的坚硬直线条，特别是其镀铬钢架 U 形床腿，以及柔软的中分皮革软垫床头板，使得布鲁姆床成为现代平板床当中不可或缺的代表（图6-4-22）。

（图 6-4-24）塔夫蒂床

16） 塔夫蒂床（Tufty Bed）- 由西班牙设计师帕翠莎·乌古拉（Patricia Urquiola）于 2007 年设计。这是一件从视觉和使用上均十分柔软舒适的现代床具，其特征在于省略了传统床腿，同时将钉扣软垫床板与床头板连贯成一体，使传统床板与床垫融为一体。塔夫蒂床面料有布料和皮革两种选择，无论哪一种面料都散发出一样的迷人魅力（图6-4-24）。

（图 6-4-26）王子床

18） 王子床（Prince Bed）- 由美国家具品牌玛德拉夫特出品，具体设计者与年份不详。王子床造型同样以直线型为主，简洁干练。其特点在于高耸的软垫床头板，这使得它天生具有高贵的气质，也使得它在任何卧室里都能自然成为视觉焦点（图6-4-26）。

（图 6-4-27）爱丽丝床

（图 6-4-28）月神床

20）月神床（Luna Bed）- 由意大利设计师小马尔科·扎努索（Marco Zanuso Jr.）设计。月神床采用饰面木材制作，其结构清晰明了，造型冷静刚毅，是一件充满男性理性特质的平板床（图 6-4-28）。

（图 6-4-30）杰基床

22）杰基床（Jackie Bed）- 由法国设计师让·马里·马索德设计的另一款平板床。其特征在于带钉扣的软垫床头板，采用聚氨酯泡沫填充和黑色或者白色皮革包裹。杰基床宽大、舒适，适用于较大的卧室（图 6-4-30）。

（图 6-4-32）梅洛床

24）梅洛床（Mellow Bed）- 由丹麦设计公司弗门斯特尔（Formstelle）于 2010 年设计。梅洛床几乎囊括了现代平板床的所有优点：轻巧、舒适、优雅、自然和精致。合理的结构构思是实现以上优点的保障（图 6-4-32）。

（图 6-4-34）懒夜床

（图 6-4-29）利普拉床

21）利普拉床（Lipla Bed）- 由法国设计师让·马里·马索德（Jean Marie Massaud）设计。这是一张第一眼就能留下深刻印象的平板床，特别是其床垫支撑与床头板的斜切连接，打破一般直角连接的习惯，能给任何卧室带来非凡的视觉冲击（图 6-4-29）。

（图 6-4-31）里特褶裥床

23）里特褶裥床（Lit Ruche Bed）- 由法国设计师茵嘉·桑蓓（Inga Sempe）于 2010 年设计。这是桑蓓的"褶裥"系列之一，其"褶裥"系列包括沙发、躺椅和条凳等。里特褶裥床的特色在于柔软、亮丽的厚"褶裥"被子，厚"褶裥"被子运用特殊的缝合竖状与波状羽绒来制造温馨、舒适的睡眠体验（图 6-4-31）。

（图 6-4-33）西耶纳床

25）西耶纳床（Siena Bed）- 由日本设计师深泽直人（Naoto Fukasawa）于 2007 年设计。这是一张造型简洁而轻盈的平板床，同时它也是一张优雅而舒适的平板床。其床头板斜插入支撑床垫的底板，产生舒适的斜靠；其向后弯折的顶部可以让头部得到休息（图 6-4-33）。

26）懒夜床（Lazy-Night Bed）- 由西班牙裔意大利建筑师帕齐西娅·奥奇拉（Patricia Urquiola）设计的懒夜床有单人和双人两个版本，其独立分开的床头板强化了这个特征。其床头板的曲线使得靠坐床头板成为享受（图 6-4-34）。

(图 6-4-35) 奥托力托床

27）奥托力托床（Altoletto Bed）- 由意大利建筑师与设计师朱利奥·卡贝里尼（Giulio Cappellini）于 2012 年设计。极简的线条和精致的做工，造就这款大概是最薄和最酷的现代平板床。它仅有白色与黑色可选，特别适合一丝不苟的主人的卧室（图6-4-35）。

(图 6-4-37) 情人床

29）情人床（Valentine Bed）- 由英国设计师马修·希尔顿（Matthew Hilton）设计。具有 20 世纪中叶复古风的外斜锥形床腿是其主要特征。情人床采用实心橡木制作，造型简洁大方，是一件集美学与功能于一体的平板床杰作（图6-4-37）。

(图 6-4-39) 斯宾塞床

31）斯宾塞床（Spencer Bed）- 由意大利设计师鲁道夫·多多尼（Rodolfo Dordoni）于 2013 年设计。斯宾塞床集合了复杂与曲折，柔美与优雅，是家具人体工程学的优秀代表。其柔软的床头板与床架让人无法抗拒愉悦睡眠的诱惑；其床头板的形状与倾斜度提供最佳的阅读姿势；其锡有色铸铝鸭掌形床腿充满时尚感而且体现人性化；最后，斯宾塞床能够与任何家居环境和睦相处（图6-4-39）。

(图 6-4-36) 伊莱床

28）伊莱床（Ile Bed）- 由意大利设计师皮埃尔·里梭尼（Piero Lissoni）设计。伊莱床的造型以直线条方框架为主，基座采用不锈钢制作，与软垫床垫支撑和床头板的皮革或者织物形成对比。伊莱床比较低矮，视觉低调但不失优雅（图6-4-36）。

(图 6-4-38) 诺克床

30）诺克床（Nook Bed）- 由德国设计师菲利克斯·斯塔克（Felix Stark）设计，其名与（3）同名。诺克床是少见的考虑到储物功能的现代平板床，其床头板为书籍、闹钟和床头灯等提供了足够的空间（图6-4-38）。

(图 6-4-40a) 欧文床

32）欧文床（Irving Bed）- 由美国设计师索伦·罗斯（Soren Rose）设计。这是一张简单纯木结构的牢固床具，同时也是一张视觉效果十分轻巧的床具。其特色为其木框架结构栏杆形状的床头板（图6-4-40a），它也可以改换成相同形状的软垫床头板（图6-4-40b）。

(图 6-4-40b) 欧文床

（图6-4-41）佩格床

33） 佩格床（Peg Bed）- 由日本设计师佐藤大（Oki Sato）指导下的设计组"土"（Nendo）于2014年设计，是其设计的佩格系列之一。其特色在于类似挡风椅背的软垫床头板，轻微的曲线简洁而优雅。其软垫面料提供织物和皮革可供选择，适用于任何现代卧室（图6-4-41）。

（图6-4-42）霍华德床

34） 霍华德床（Howard Bed）- 由哥伦比亚裔美国设计师吉列尔莫·冈萨雷斯（Guillermo Gonzalez）设计。霍华德床采用钢框架结构与黑色或者白色皮革面料软垫制作，其无需弹簧垫的低矮姿态，从骨子里透出一股优雅的气质。尽管它造型低调，但是却能够带给人们强烈的视觉冲击力与出众的睡眠质量（图6-4-42）。

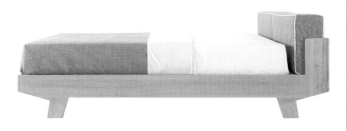

（图6-4-43）柔夜床

35） 柔夜床（Smooth Night Bed）- 由葡萄牙家具品牌维伍德设计中心（Wewood Design Center）设计。柔夜床采用纯橡木制作床架，与厚实柔软的床垫与靠垫形成对比，展现出维伍德精湛的实木家具制作技艺。其独树一帜的朴实厚重的造型，令它散发出一种与众不同的个性与气质（图6-4-43）。

镶板床是由床头板和床尾板与两条栏板所连接而成，因此它占地面积比较少，并且离地距离比较长（图6-4-44）。床头板与床尾板模仿传统镶板墙裙的做法通过凹槽或者立柱与镶板组合而成（图6-4-45）。床垫与弹簧垫则依次放入其中的空格当中。镶板床的式样比较丰富，包括从随意的乡村风格到正式的古典风格（图6-4-46）；有些线条简洁的镶板床适合于现代和当代风格的家庭装饰。

（图6-4-44）镶板床

（图6-4-45）镶板床构造

（图6-4-46）法式镶板床

6-5 多功能床（Chest Bed / Captain's Bed）

多功能床与远洋航行帆船同时诞生。因为必须在狭小的船舱内尽量节省空间，还要把船长的衣物和财物妥善保管好，多功能床就是最好的选择，因此多功能床也被称之为船长床（图6-5-1）。多功能床通常饰以简单的雕刻与图案，特别适合于那些憧憬远洋生活的人们。

现代多功能床的造型更加紧凑和时尚，紧跟现代生活方式，比如时尚的黑白色调和桃红色调等。还有一种乡村农舍风格的多功能床，随意而质朴，浑身散发着自然的气息（图6-5-2）。今天的多功能床同样适合于那种无法放置抽屉柜的狭小卧室里。多功能床通常在床垫下面设置抽屉和储物隔间，有的甚至在床头板的位置设计隐藏式抽屉。

无论年龄大小，无人会拒绝更多的储物空间。大多数多功能床均带有 6 个单面或者 12 个双面的抽屉，还有其丰富的尺寸、式样、色彩和储物方式等，这些都是多功能床经久不衰的主因。

多功能床具有卧眠与储藏双重功能，上半部与一般床具无异，下半部被利用作为储藏物品的隐蔽空间（图6-5-3）。它通常采用松木、橡木和桦木制造。多功能床不用弹簧床垫，它只有一个带底板的床垫。对于儿童卧室来说，多功能床是个不错的选择（图6-5-4）。对于那些希望把祖传宝贝收藏起来的成年人来说，多功能床也是一个理想的藏宝之地（图6-5-5）。

多功能床有点像平板床，它可能无床头板，离地较近，但是它与平板床最大的区别在于多功能床的床底带储物空间而非实心基座。这使得多功能床十分适合于儿童房。有些多功能床的底部可能带有抽屉，因此它也非常适合于小公寓，它可以代替抽屉柜，因此是一件具有双重功能的实用家具。有一种多功能床的底部是一张可以拖出的脚轮矮床，专门对付临时之用（图6-5-6）。

人们根据需要来挑选多功能床，包括其储物方式和数量等。多功能床造型简洁、朴实，它能够与几乎任何装饰风格协调，包括与同室的衣橱或者床头柜。然而多功能床的表面处理方式决定了它与什么空间为伍。例如朴素的浅黄色适合于儿童房，深色做旧的法式家具处理方式或者亮光漆处理则更适合于主人卧室。

（图 6-5-1）多功能床

（图 6-5-2）乡村多功能床

（图 6-5-3）多功能床

（图 6-5-4）儿童多功能床

（图 6-5-5）多功能床

（图 6-5-6）带脚轮的多功能床

6-6 子母床（Trundle Bed）

自从 16 世纪以来，带脚轮的子母床曾经在欧美大陆普遍应用，最初的设计目的在于方便就近在同一房间仆人在夜间服侍主人。人们后来发现子母床对于夜间情况变化非常实用而有效。比如孩子发生生病、不安，或者做噩梦等情况的时候，紧靠父母旁边睡觉就近方便照顾，父母一方也可以陪孩子睡在子母床上（图 6-6-1）。

带脚轮的子母床是一种在不用时可以推入大床底部收藏的小床，安装脚轮和滑动装置可以轻松移动。今天的子母床已经演变成为节约空间并提供额外床具的选择之一，此外子母床的坐卧两用床也是常见的一种补充床具。

由于需要保证床底空间，所以子母床一般不能使用弹簧床垫。带脚轮的子床既可以单靠脚轮独立，也可以通过滑动装置与主床联系在一起（图 6-6-2）。

子母床特别适合于经常有客人造访而房间有限的家庭，因为它是一种不用时只是一张普通床具，而在需要时只需轻轻一拉就能变出两张舒适床的特殊床具（图 6-6-3）。很多子母床的外观看起来就像是在床底带大抽屉，让人误以为是一张多功能床（图 6-6-4）。不过如果拿掉床垫，床底确实可以用作储物空间。有一种子母床仅仅是一个带脚轮的金属框架，可以用床裙遮掩和装饰它。

兼具沙发和床具双重功能的坐卧两用子母床常用于儿童房、客人房和办公室，也适合于客厅、地下室或者阳光房。儿童子母床为男孩和女孩提供了丰富多彩的式样，这样可以邀请孩子们的朋友在家过夜（图 6-6-5）。

（图 6-6-2）子母床

（图 6-6-3）子母床

（图 6-6-4）子母床

（图 6-6-1）子母床

（图 6-6-5）子母床

6-7 坐卧两用床（Daybed）

最早的坐卧两用床出现于古埃及，由棕榈枝条或者棕榈叶通过绳子或者生皮编织而成。公元前 1 世纪，古希腊时期的坐卧两用床出现于雕像上，有贵族斜倚在一张无靠背，但是在其两端具有弯曲扶手的长形坐具上。

17 世纪法国的坐卧两用床是躺椅 / 贵妃椅的前身。17—18 世纪法国路易十四时期的坐卧两用床曾经盛极一时，当时的坐卧两用床貌似沙发，但是比普通沙发略宽；其扶手和靠背起到栏杆的作用。路易十五时期的坐卧两用床不仅更加流行，而且更为华丽 (图 6-7-1, 图 6-7-2, 图 6-7-3)。19 世纪维多利亚时期的坐卧两用床通常意指贵妃躺椅。

坐卧两用床是一种外观貌似沙发的床具，因此也被称之为"沙发床"，不过它主要为日常休息和休闲睡觉而设计 (图 6-7-4)。大多数的坐卧两用床拥有装饰性的等高双扶手和靠背，其双扶手就是事实上的"床头板"和"床尾板"，它是一种可坐可依可躺的床具 (图 6-7-5)。

现代生活当中，坐卧两用床仍然发挥着积极的作用，许多人喜欢这种随意放松又多功能的家具。经典的现代坐卧两用床包括但不限于：

（图 6-7-3）19 世纪法国坐卧两用床

（图 6-7-4）坐卧两用床

（图 6-7-1）17-18 世纪法国坐卧两用床

（图 6-7-5）坐卧两用床

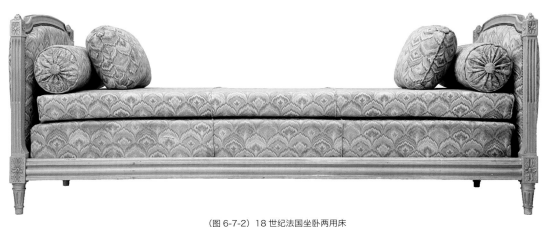

（图 6-7-2）18 世纪法国坐卧两用床

（图 6-7-6）殖民坐卧两用床

1） 殖民坐卧两用床（Colonial Daybed）- 由丹麦建筑师与设计师奥勒·旺丘尔（Ole Wanscher）于 1950 年设计。它采用纯橡木制作床架，用皮革或者织物面料作为软床垫的面料。其结构清晰明了，造型典雅大方，是一张拥有永恒魅力的坐卧两用床（图 6-7-6）。

（图 6-7-7）埃及艳后坐卧两用床

2） 埃及艳后坐卧两用床（Cleopatra Daybed）- 由荷兰设计师迪克·科尔德梅耶尔（Dick Cordemeijer）于 1953 年设计，其设计灵感来自古埃及托勒密王朝末代女王克娄巴特拉曾使用过的坐卧两用床，科尔德梅耶尔赋予其新的生命。这款造型小巧玲珑的坐卧两用床的软床垫与金属床架可以分开，自 1954 年推出市场以来便长盛不衰（图 6-7-7）。

（图 6-7-8）红木坐卧两用床

3） 红木坐卧两用床（Rosewood Daybed）- 由丹麦设计师黑尔格·韦斯特·詹森（Helge Vestergaard Jensen）于 1955 年设计。它采用产自哥斯达黎加的红木制作框架，软床垫则为黑色皮革面料。其造型简洁优雅、舒展大方，是现代坐卧两用床当中的经典之作（图 6-7-8）。

（图 6-7-9）工作室沙发床

4） 工作室沙发床（Studio Couch/Daybed）- 由意大利裔英国设计师卢西恩·埃尔科拉尼（Lucian Ercolani）于 20 世纪 50 年代设计。其特色在于类似温莎椅背的蒸汽曲木的扶手，其木床架源自传统实木家具，而软垫面料提供了丰富多彩的织物选择。这款优美的沙发床既是沙发也是床，在半个多世纪前就在英国流行，最近重新推出依然受到热捧（图 6-7-9）。

（图 6-7-10）118 型

5） 118 型（Model 118）- 由法国设计师皮埃尔·波林（Pierre Paulin）于 1953 年设计，其设计灵感来自北欧和日本的设计。这张造型简洁典雅的坐卧两用床的木结构非常简单，但是拥有近乎完美的比例。它巧妙地利用了本来覆盖座面三分之一的坐垫来作为沙发靠背，可谓一物两用（图 6-7-10）。

（图 6-7-11）轮廓坐卧两用床

6） 轮廓坐卧两用床（Profile Daybed）- 由土耳其设计师德林·萨勒耶尔（Derin Sariyer）于 1999 年设计，这是其轮廓系列家具之一，此系列包括了沙发、坐卧两用床和条凳。轮廓系列如同雕塑般均充满着饱满的力量感，其厚实的软垫扶手与床腿融为一体；沙发则由附加靠背软垫形成。其线条简洁，坐感舒适，是现代家居的理想伴侣（图 6-7-11）。

（图 6-7-12）温和坐卧两用床

7） 温和坐卧两用床（Mild Daybed）- 由土耳其设计师德林·萨勒耶尔于 2002 年设计的另一款两用床，是其温和系列家具之一，此系列包括了平板床、坐卧两用床和沙发。这是一张造型舒展典雅的两用床，两端扶手向外微倾，沙发靠背与扶手等高。除了镀铬钢管床腿之外，上部主体全部采用软垫包裹，是现代家居的理想选择（图 6-7-12）。

（图 6-7-13）翅膀坐卧两用床

8） 翅膀坐卧两用床（Pinion Daybed）- 由丹麦设计师法利德·萨纳伊（Farid Sanai）设计，因此床板呈飞翅那样的造型而得名。这款两用床两侧无扶手，反而让人感觉更加轻松自由。其框架采用实木制作，床垫面料可以选择皮革或者织物，适用于现代家庭空间（图 6-7-13）。

（图 6-7-14）冈坐卧两用床

9） 冈坐卧两用床（Gong Daybed）- 由意大利设计师罗密欧·索齐（Romeo Sozzi）于 2000 年设计。这也是一款两侧无扶手的两用床，但带有一个圆筒形的枕头。其直线型的床架采用青铜制作，床垫面料可选用皮革或者织物。它造型简洁大方，适用于现代感强烈的家居空间（图 6-7-14）。

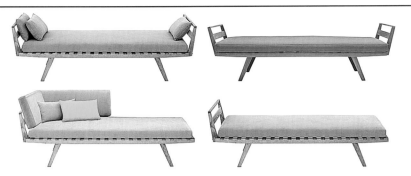

（图 6-7-15）坐卧两用床

（图 6-7-16）卷曲坐卧两用床

10） 坐卧两用床（Day Bed）- 由意大利设计师马里奥·珀兰迪纳（Mario Prandina）设计。这是一张外观轻巧灵活，简单实用并且坐感舒适的两用床。它放上靠背软垫之后就轻松变成沙发，也可以根据需要取消一侧或者两侧扶手。这张多功能的两用床将床与沙发的概念合二为一 **（图 6-7-15）**。

11） 卷曲坐卧两用床（Curl Daybed）- 由土耳其设计师阿齐兹·萨勒耶尔（Aziz Sariyer）于 2003 年设计。其巧妙构思在于等厚软垫经过卷曲后形成扶手、床腿和座面，给它添加靠背软垫之后即刻变成沙发，是一件非常方便实用的家具 **（图 6-7-16）**。

（图 6-7-17）喀桑坐卧两用床

12） 喀桑坐卧两用床（Kashan Daybed）- 由德国设计师菲利普·迈因策尔（Philipp Mainzer）于 2006 年设计。这张宽大的两用床采用实木板制作床架以及扶手，厚实的床垫面料可根据需要选择。其实木靠背也可以充当搁板，是一张将床与沙发合为一体的实用型家具 **（图 6-7-17）**。

（图 6-7-18）坚持坐卧两用床

13） 坚持坐卧两用床（Hold On Daybed）- 由意大利设计师尼古拉·伽利萨（Nicola Gallizia）于 2014 年设计，是其坚持系列之一。其特征在于其牢固的实木框架，精心打磨并擦色后与灰色面料的软垫和圆筒形靠枕完美搭配，形成完美的视觉效果与舒适度。其优雅的形态给任何家居空间都能带来亲切感 **（图 6-7-18）**。

（图 6-7-19）坐卧两用床

（图 6-7-20）坐卧两用床

（图 6-7-21）坐卧两用床

（图 6-7-22）坐卧两用脚轮矮床

坐卧两用床只需床垫而无需弹簧垫，它比普通床具更高，因此人们常常利用其底部空间作为储物之用。其连杆弹簧与侧挡板连接形成牢固的网格结构，以此代替弹簧垫。由于它使用普通床垫，这使它睡上去比沙发床或者日式沙发床感觉更舒适 **（图 6-7-19）**。

坐卧两用床通常采用实木或者铁艺制作 **（图 6-7-20）**。当白天作为沙发使用时，人们常常用很多靠枕围绕在靠背和扶手的周围，建议靠枕占据其宽度的一半，这样斜倚在其上才会感到更舒适；当夜晚作为床具使用时，则要把所有的靠枕都拿开。之所以被称之为床具，主要是因为坐卧两用床使用床垫而不像沙发那样应用软垫坐面。很多坐卧两用床的床底具备储物功能，当白天作为沙发使用时，可以同时坐 2~4 个人 **（图 6-7-21）**。

增添一张坐卧两用床能够使一间原本作为办公室或者游戏室的房间变成备用客房。当人们寻找更多功能的家具时，坐卧两用床因其双重功能而倍受欢迎。对于预备客人留宿的家庭来说，坐卧两用脚轮矮床是更有效的节约空间的方式之一 **（图 6-7-22）**。

坐卧两用床的常见式样包括：

（图 6-7-23）铁艺坐卧两用床

（图 6-7-24）雪橇坐卧两用床

1） 铁艺坐卧两用床（Wrought Iron Daybed）- 一张曲线优美的铁艺坐卧两用床足以令人陶醉，其表面处理不是保留自然铁黑色就是被漆成白色。手工拼缝被、蕾丝或者褶裥花边都是铁艺坐卧两用床的最佳搭档，非常适合于女儿房或者田园风格的客人房。另一种缺乏装饰细节的直线型铁艺坐卧两用床则变现出阳刚与严谨（图 6-7-23）。

2） 雪橇坐卧两用床（Sleigh Daybed）- 因其模仿雪橇两端呈弧形朝外弯曲而得名，其古朴而典雅的外形十分适合于传统装饰风格。那种被漆成白色的雪橇坐卧两用床非常可爱（图 6-7-24）。

3） 维多利亚式坐卧两用床（Victorian Daybed）- 它是另一种令人着迷的坐卧两用床式样，表现出维多利亚时期特有的繁复装饰，常常饰以蕾丝、花卉及其他极富女人味的图案床品，因此也特别适用于女人房间（图 6-7-25）。

（图 6-7-25）维多利亚式坐卧两用床

（图 6-7-26）藤编坐卧两用床

（图 6-7-27）当代坐卧两用床

4） 藤编坐卧两用床（Wicker or Rattan Daybed）- 传统的藤编坐卧两用床常常被漆成白色。现代藤编坐卧两用床则模仿帐篷或者迷你宫殿，因此它往往带有华盖。有些藤编坐卧两用床专用于室外，也可以用于迷人公主的主题房间，常见圆形造型（图 6-7-26）。

5） 当代坐卧两用床（Contemporary Daybed）- 其表面光洁、亮丽、色彩鲜艳、活泼，造型简洁、大方，往往应用大尺度花卉图案的被子与条纹图案的枕套，打造出一种可爱的形象（图 6-7-27）。

6-8 婴儿床（Crib）

很多人来到这个世界睡的第一张小床叫做摇篮（Cradle）(图 6-8-1)，现在已经被婴儿床所取代。摇篮曾经是许多新家庭在考虑床、柜子和桌子等家具之前就需要准备好的家具。

摇篮有着悠久的历史，其设计原型来自摇椅，最初它是将半截原木掏空后形成婴儿床，然后在其底部安装弧形支架形成摇篮，后来设计的摇篮均源自此原型 (图6-8-2, 图6-8-3)。当婴儿逐渐长大不再能够睡在摇篮之后，有一种类似于脚轮矮床的床具，也称学步床，它可以塞入父母床的底下。19 世纪之后，婴儿床才开始打给 2 岁之前的婴幼儿使用 (图6-8-4, 图6-8-5)。

自 1973 年开始，美国联邦政府颁发了一系列关于婴儿床的安全标准，其安全标准涵盖了床垫填充物、板条间距与栏杆高度等方面。之后的修改案中又包括了角柱、结构和五金等。安全标准的目的在于减少和消除与婴儿床有关的婴幼儿安全事故。

因此，无论是选择新的婴儿床，还是旧的婴儿床，父母都应该确定其各部件的牢固与可靠。同时，对于五颜六色的表面油漆装饰要格外注意其含铅量是否超标，为了孩子的健康，尽量选择经过简单清漆处理的纯实木婴儿床。

由于事故频发，美国自 2011 年 6 月起全面禁止销售具有翻板栏杆的婴儿床。常见的婴儿床式样包括：

（图 6-8-2）18-19 世纪谢克尔式摇篮

（图 6-8-3）19 世纪美国摇篮

（图 6-8-4）婴儿床

（图 6-8-1）摇篮

（图 6-8-5）婴儿床

（图 6-8-6）托斯卡纳婴儿床

1）托斯卡纳婴儿床（The Tuscany Crib） - 它是一种四合一的可调式婴儿床，其特征表现为车削床角柱及拱形床头板，喜欢采用美洲山核桃木制作。其床垫可随婴儿年龄的增长而调整四种高度。它包括学步栏杆，并且可以转换为沙发床或者标准床（图6-8-6）。

（图 6-8-7）爱丽丝婴儿床

2）爱丽丝婴儿床(The Ellis Crib) - 它类似于托斯卡纳婴儿床，也是一种四合一的可调式婴儿床，也可以调整为婴儿床、坐卧两用床和普通单人床，并且也有四种可调高度。其特点为双面翻板栏杆（图6-8-7）。

（图 6-8-8）阿斯彭婴儿床

3）阿斯彭婴儿床（The Aspen Crib） - 同样是一种四合一可调式婴儿床，也可以调整四种高度，有些阿斯彭婴儿床还带脚轮可移动，另一些在其床底还有一个带脚轮的储物抽屉。它可以转变为幼儿床、坐卧两用床和普通单人床。其特点为单面翻板栏杆（图6-8-8）。

（图 6-8-9）雪橇婴儿床

4）雪橇婴儿床（Sleigh Crib） - 它是一种古朴、典雅的传统婴儿床，当孩子长大不再需要婴儿床的时候，它可以转变成一张普通单人床（图6-8-9）。

（图 6-8-10）标准婴儿床

5）标准婴儿床（Standard Crib） - 作为最基本的婴儿床，它尺寸标准，没有多余的装饰，不可调整，也无换尿片桌面，它只是一张单纯的婴儿床（图6-8-10）。

（图 6-8-11）圆形婴儿床

6）圆形婴儿床（Round Crib） - 其独特的圆形平面自然会比其他类型的婴儿床占据更多的空间。其特征表现为立柱支撑的华盖典雅又可爱，但是其所有的配饰包括床品皆需要单独购买更贵的特殊床垫及床品（图6-8-11）。

6-9 雪橇床（Sleigh Bed）

曾经在古罗马遗址上发现过雪橇床的残片。拿破仑对于雪橇床的式样情有独钟，并且使它在法兰西第一帝国期间（1795—1820 年）广为流传（图 6-9-1）。1815 年雪橇床传至美国并流行开来，那正是深受法国帝国风格影响的美国帝国风格盛行的时期（图 6-9-2）。

早期的雪橇床只为一人使用而设计，并且很可能是作为沙发床使用。维多利亚时期为雪橇床做了大量繁复的装饰工作，曾经只有上流社会才可能拥有和享受（图 6-9-3）。

雪橇床的材料可以是木材或者金属，式样有古典也有现代。

其木材主要采用樱桃木、橡木或者松木（图 6-9-4）。金属包括铁、钢或者铝。一般价格较高（图 6-9-5）。

雪橇床的床头板通常高于床尾板，二者均呈弧形朝外弯曲。其设计灵感产生于还没有汽车的 19 世纪，当时马拉雪橇作为冬季最普通的交通工具，与今天的雪橇床外形相仿，雪橇床因此而得名（图 6-9-6）。

雪橇床的外形古朴而又典雅，它非常适合于那些希望睡前头枕着床头板看一会儿书的人们，同时雪橇床本身也非常具有装饰感。为了使其看起来更具温馨感，人们常常用床罩或者拼缝被覆盖其上。

雪橇床的传统式样包括以下四种：

（图 6-9-1）法国帝国风格雪橇床

（图 6-9-4）实木雪橇床

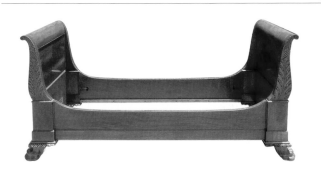

（图 6-9-2）美国帝国风格雪橇床

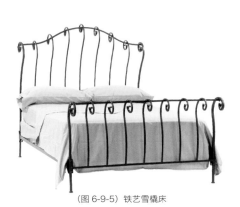

（图 6-9-5）铁艺雪橇床

（图 6-9-3）维多利亚式雪橇床

（图 6-9-6）传统雪橇

（图 6-9-7）足尺雪橇床

（图 6-9-8）儿童雪橇床

1） 足尺雪橇床（Full Size Bed）- 它是一种简单而又优雅的雪橇床，适用于双人床 （图 6-9-7）。

2） 儿童雪橇床（Kid's Sleigh Bed）- 它是一种舒适而又小巧的雪橇床，为了安全，会在其两边安装保护栏杆 （图 6-9-8）。

（图 6-9-9）古典雪橇床

3） 古典雪橇床（Antique Style Bed）- 历史上有很多种古典雪橇床的式样，包括纯桃花心木雪橇床和古典法国装饰艺术雪橇床等 （图 6-9-9）。

（图 6-9-10）过渡风格雪橇床

（图 6-9-11）过渡风格雪橇床

4） 过渡风格雪橇床（Transitional Bed）- 它是一种融合了传统与现代风格特征的雪橇床 （图 6-9-10，图 6-9-11）。

6-10 双层床（Bunk Bed）/ 阁楼床（Loft Bed）/ 楼梯床（Stair Bed）

考古证明是古埃及人首先发明了双层床的概念。双层床是一种专为人多空间小的卧室解决睡觉问题的床具。双层床，顾名思义，它是指两张一高一低叠放在一起的床具，通过梯子或者楼梯方便睡上床的人上下（图6-10-1）。它的制作材料既有实木也有金属。大多数的双层床并不需要弹簧垫，而只需要两张普通床垫。

双层床主要为孩子们准备，也深受孩子们的喜爱（图6-10-2）。不过使用双层床必须要特别注意安全，上层床应该只能让6岁以上的儿童使用，并且只能作为睡觉时用，不得在上层床嬉戏玩耍。安装好的双层床应该定期检查其梯子和栏杆的牢固度。

双层床可以轻易成为卧室的视觉焦点。由于减少了水平面积的占据，因此比两张单独的单人床更节约空间，节省出来的空间可以布置更多其他的家具与饰品，孩子也有更大的活动空间。

（图 6-10-1）双层床

（图 6-10-2）儿童双层床

六种主要的双层床式样包括：

（图 6-10-3）标准双层床

1）标准双层床（Standard Bunk Bed）- 它是由两张单人床上下叠放，通过一侧的梯子连接上、下层（图6-10-3）。

（图 6-10-4）叠式双层床

2）叠式双层床（Stackable Bunk Bed）- 它是由两张单独的单人床重叠组成，也可分开来单独使用（图6-10-4）。

（图 6-10-5）阁楼床

3）阁楼床（Loft Bed）- 它是由支柱支撑的单独床，无底层床的架空空间可以放置沙发、书桌、书架、抽屉柜或者用来储物。因此它非常适合于狭小的空间，比如儿童房或者宿舍等（图6-10-5）。

（图 6-10-6）L 形双层床

（图 6-10-7）单人床与加大单人床

（图 6-10-8）三层床

4）L 形 双 层 床（L-Shaped Bunk Bed） - 它是由一张阁楼床和另一张与之呈 90 度摆放的底床组成，底层空间可以被利用来布置搁板、书桌或者橱柜等（图 6-10-6）。

5）单人床与加大单人床（Twin Over Full） - 它是由上层的单人床与下层的加大单人床组成，适用于客房招待小家庭，或者多个不同年龄的孩子，它也可以给一个孩子在不同的年龄段使用（图 6-10-7）。

6）三层床（Triple Bunk Bed） - 顾名思义，三层床是由三层单人床重叠而成，但每层之间距离会比较窄（图 6-10-8）。

　　每一种双层床都有其长、短处，应该根据自己的需要、条件、房间大小、孩子年龄和人数等因素来做出正确的选择，同时也要考虑双层床的式样与家庭整体装饰风格的一致性，其中白色双层床是一种百搭床具式样（图 6-10-9）。

　　有一种双层床的底层是一张日式沙发床，这样，房间里的活动空间会更大些。至于金属材质的日式沙发床则充满现代感，视觉上更轻巧、简洁与干净（图 6-10-10）。

　　大一点的孩子会更喜欢阁楼床，因为其开敞的底层空间意味着更多的活动空间、储物空间和学习空间。双人阁楼床实际上是指顶层有两张呈 90 度布置的单人床（图 6-10-11）。事实上，很多阁楼床就是一张架空的床具，其底层空间可以根据自己的需要来安排。

　　有一种双层床叫作楼梯床（图 6-10-12），其特点为在双层床的一端设计了一个小楼梯供上、下床使用。楼梯本身不仅仅可以作为储物之用，而且提供了一个比梯子更安全可靠的上下床方式，同时也使双层床看起来更成熟、稳重。

（图 6-10-10）带日式沙发床的双层床

（图 6-10-11）双人阁楼床

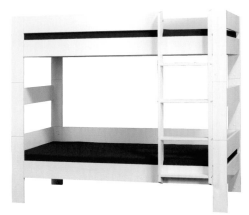

（图 6-10-9）白色双层床

（图 6-10-12）楼梯床

6-11 折叠床（Murphy Bed）

折叠床反映了美国人在家具设计方面的聪明才智与创新能力。19世纪的晚期，美国人威廉·L·墨菲（William L. Murphy）与妻子住在只有一间房的公寓里，仅有的一张床却占据了大部分的空间。于是墨菲开始动手改造，折叠床(也称"墨菲床"，后又称"图书室床"）就此诞生。

折叠床是一种运用铰链将床垫垂直折叠嵌入壁龛并与墙面平齐后用碰锁锁上的床具（图6-11-1）。墨菲于1916年为他的发明申请了专利，并且在同年成立了自己的墨菲床公司，专门从事生产与销售折叠床。

折叠床曾经在20世纪八九十年代风靡一时。由于城市人口的增长与居住面积的减少，折叠床受到越来越多人的喜爱。折叠床只需要轻松地将床尾提起并向上折叠，床垫仍然保持在床架上，折叠并锁上之后可以将壁龛柜门关闭，一张床就从视野里消失，从而腾出空间作为他用。

折叠床主要有如下四大类型：

（图6-11-2）时尚型折叠床

1）时尚型折叠床（Styleline）- 于1970年推出，至今仍然十分畅销。它采用高强度钢材制造框架，通过在滚子轴销与铁铸件上移动而折叠床垫。床垫由防滑面料包裹的聚氨酯泡沫与木板条框架组成。时尚型折叠床的支撑腿可以随床自动收缩，它的升降由弹簧支撑平衡系统控制（图6-11-2）。

（图6-11-3）豪华型折叠床

2）豪华型折叠床（Deluxe）- 它比时尚型折叠床更轻更薄，同时对平衡系统进行了改良（图6-11-3）。

（图6-11-1）折叠床

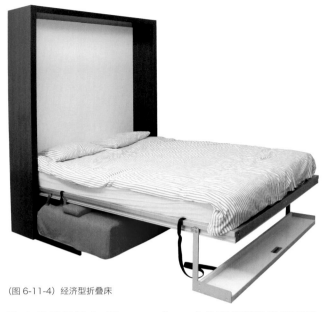

（图 6-11-4）经济型折叠床

（图 6-11-5）侧翻型折叠床

3）经济型折叠床（Economy）- 它比豪华型折叠床更薄，它的支撑钢带与盘簧和床架联系在一起。这一独特的支撑系统免除了像其他型号那样具有分离的床垫基础（图 6-11-4）。

4）侧翻型折叠床（Side Bed）- 它基本上是豪华型折叠床的侧翻版本。其他三种折叠床均以床头 - 床尾方向垂直翻转，而侧翻型折叠床是以水平方向翻转并安装在壁龛内（图 6-11-5）。

除了墨菲床之外，还有一些节约空间或者多功能的折叠床具相继问世。1899 年美国人莱昂纳多·C·贝利（Leonard C. Bailey）为"折叠床"（Folding Bed）（图 6-11-6）申请了专利。他利用了可折叠的金属框架，同时床垫也根据需要而折叠. 这一发明后来被称作"藏床"（Hide-a-Bed）（图 6-11-7）。

1931 年，美国人伯纳德·卡斯特罗（Bernard Castro）花了 400 美金在纽约开了一家专营"卡斯特罗折叠床"的专卖店。这是一种专门针对经济大萧条时期挤在狭小公寓内的普罗大众而设计的折叠床，大多数今天的沙发床即由此发展而来（图 6-11-8）。

（图 6-11-6）折叠床

（图 6-11-7）藏床

（图 6-11-8）卡斯特罗折叠床

6-12 吊床（Hammock）

由于过去中、南美洲的昆虫肆虐和野兽横行，当地土著原住民发明了吊床（图6-12-1）。最早到达美洲大陆的西班牙人首先发现西部的土著美国人普遍使用一种挂在树上的床具。Hammock（吊床）一词源自加勒比地区原住民的泰诺文化中阿拉瓦克语（Arawakan）中的"渔网"。早期的吊床采用哈马克树（Hamack Tree）的树皮编织而成，后来改用剑麻纤维。据说哥伦布将吊床带回到西班牙，从此让欧洲人认识到这种新奇的床具（图6-12-2）。

诞生于中、南美洲土著原住民的吊床后被水手们广泛应用于帆船上。因其可以最大限度地利用空间，便于携带等优点而在全世界范围内广受欢迎，无论是居家还是野外宿营，常被视为夏天和休闲的象征。今日的吊床是采用布料、绳索或者网制作而成的一种简易床具（图6-12-3）。

（图6-12-3）现代吊床

吊床发展到今天，其种类和式样数不胜数，每一种吊床式样各有其优缺点。目前比较流行的吊床式样包括以下七种：

（图6-12-1）美洲土著的吊床

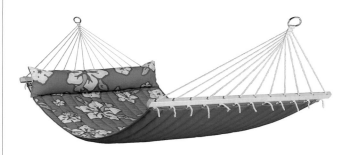

（图6-12-4）展杆式吊床

1）展杆式（Spreader-bar） - 展杆式由二根木质或者金属杆件将床伸展开来，便于使用，但也易于侧翻且不太舒适；改进版则取消了一根杆件（图6-12-4）。

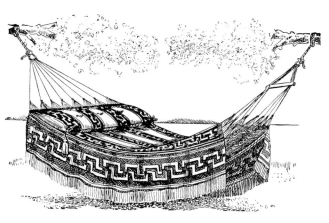

（图6-12-2）美洲土著的吊床

（图6-12-5）玛雅式吊床

2）玛雅式（Mayan） - 玛雅式和尼加拉瓜式吊床采用棉或者尼龙绳编织制成；玛雅式比尼加拉瓜式吊床编织更松散（图6-12-5）。

（图 6-12-6）巴西式吊床

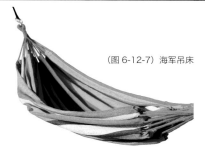

（图 6-12-7）海军吊床

（图 6-12-8）尼加拉瓜式吊床

3）巴西式（Brazilian）- 巴西式吊床由棉织品制作，比用绳索制作的吊床更经久耐用。但它被认为没有玛雅式和尼加拉瓜式吊床舒适（图 6-12-6）。

4）海军式（Naval）- 海军吊床采用帆布或者厚棉布制作，其结实的材料和简单的构造适合船上使用（图 6-12-7）。

5）尼加拉瓜式（Nicaraguan）- 与玛雅式相似，但编织得比玛雅式更紧密些（图 6-12-8）。

（图 6-12-9）委内瑞拉式吊床

（图 6-12-10）旅行吊床

6）委内瑞拉式（Venezuelan）- 委内瑞拉式也被称为丛林式（Jungle）吊床，采用透气的尼龙或者涤纶制作，配合透气底部、滴带、白蛉网、和选项外账。它被认为是最安全的一款吊床（图 6-12-9）。

7）旅行吊床（Travel Hammock）- 旅行吊床也被称为野营吊床（Camping）均采用质轻的尼龙制作，特点为方便安装、改造和拆除，有些旅行吊床还包括了蚊帐（图 6-12-10）。

海军吊床（Naval Hammock）大约诞生于 1590 年，当时此类吊床在帆船上广泛使用。海军使用吊床的历史一直持续到 20 世纪的二战期间，甚至在阿波罗登月舱内也配备了吊床供宇航员休息之用。

吊床椅（Hammock Chair）不像其他传统吊床那样需要固定在树干或者柱子上，是一款可以悬吊也可以独立站立和使用的吊床（图 6-12-11，图 6-12-12）。吊床椅造型优雅，可以应用于客厅作为躺椅使用。此外还有一种专为吊床使用而设计的吊床支架（Hammock Stand），免除固定吊床之烦恼，这样在任何家居空间内均可享受吊床的舒适与乐趣；吊床支架的材料包括金属和实木，其中实木吊床支架更为稳固结实（图 6-12-13，图 6-12-14）。

按照用途来划分，吊床可以分为五大类：吊床椅、野营吊床、沙滩吊床、花园吊床和悬挂吊床。无论是吊在室内还是室外，吊床都能够让你忘却挫折和压力。除此之外，使用吊床据说还能够提高免疫力，促进新陈代谢，增强记忆力等，是现代人休闲生活的最佳搭档。

（图 6-12-11）吊床椅

（图 6-12-12）吊床椅

（图 6-12-13）金属吊床支架

（图 6-12-14）实木吊床支架

6-13 原木床（Log Bed）

　　最早的原木床出现于美国殖民早期，在向西部开拓的过程中，长途旅程不容许携带很多大件的家具，开拓者们只有利用当地盛产的树枝与原木来制作家具，原木床由此而诞生（图6-13-1）。其产生的背景决定了它与小木屋、农舍或者传统乡村家庭的渊源，原木床也因此成为乡村家具的标志之一，它是真实与诚实的象征。

　　原木床的原材料来自美国黑松、山杨、山胡桃树、雪松、桦树和西黄松。原木床常常会刻意保留树木原有的色泽、烧痕、节疤、带刺的果实和昆虫痕迹等自然痕迹。正因为如此，每一款原木床都是独一无二的手工艺术品。有些原木床去除了树皮后经过简单保护处理，还有些原木床甚至保留了树皮使其看起来更自然（图6-13-2）。原木床通常不带弹簧床垫。

　　常见的原木床式样包括：

（图6-13-1）原木床

（图6-13-3）坐卧两用原木床

1）坐卧两用原木床（Log Daybed） - 它模仿传统坐卧两用床，也带有两端和靠背板，采用单人床垫，常用于客人房、公寓甚至是办公室（图6-13-3）。

（图6-13-2）带树皮的原木床

（图6-13-4）双层原木床

2）双层原木床（Log Bunk Bed）- 其基本构造类似于传统双层床，除了应用原木家具特有的结构形式，双层原木床比传统双层床更结实耐用，其余部分与传统双层床无异 **(图6-13-4)**。

（图6-13-5）四柱原木床

3）四柱原木床（Log Canopy Bed）- 其华盖是由四根原木立柱支撑的下垂或者悬吊织品组成，其尺寸通常为大号床或者是加大双人床 **(图6-13-5)**。

（图6-13-6）日式沙发原木床

4）日式沙发原木床（Log Futon Bed）- 这是一种可折叠床垫的坐卧两用床，除了原木框架结构之外，日式沙发原木床与传统日式沙发床并无二致。大多数日式沙发原木床的尺寸为双人床，与此同类的家具还包括日式原木椅或者日式原木双人沙发 **(图6-13-6)**。

（图6-13-7）原木床头板

5）原木床头板（Log Headboard）- 对于那些喜爱原木床的人们来说，他们还可以只购买原木床头板和配套的床尾板来装饰他们已有的床具。这种独特的原木床头板经常会在原木之间保留原有的树枝 **(图6-13-7)**。也有的原木床头板在床头板处设计嵌入式的书架。

　　原木床以其特有的纯自然美感，带给全家人和亲朋好友温馨亲切、贴近大自然的居家环境。睡在原木床上让人有睡在树林里的亲切感和新鲜感，它也是将大自然引入家庭的最佳选择。

6-14 铁艺床（Iron Bed）/ 工业床（Industrial Bed）/ 铜艺床（Brass Bed）

最早的铸铁铁艺床可以追溯到公元前 550 年的中国，欧洲的锻铁铁艺床于 17 世纪出现于意大利，当时的铁艺床采用全手工制作。铁艺床于 19 世纪 50 年代曾经盛极一时，直至第一次世界大战之前，铁艺床的产量达到了顶峰，但随着战争对于钢铁的需求量大增而使得铁艺床的产量大幅下降（图6-14-1，图6-14-2）。

今天的铁艺床大多采用冷轧重型钢管与钢条构筑而成，因此非常结实耐用。铁艺床的历史比铜艺床的历史稍长，铁艺床的产生目的在于装卸简便，特别是在战争期间。而且铁艺床还能避免小虫子的骚扰，这点在木质床中普遍存在。

随着铜艺床的兴起，铁艺床成为铜艺床的替代品。今天的铁艺床仍然比铜艺床便宜。生产于维多利亚、新艺术运动和工艺美术运动时期的铁艺床自然深受其影响，无不留下深深的烙印（图6-14-3）。

铁艺床的美观使它能够与任何家庭装饰风格融合，以及与任何色调或者木质家具协调。铁艺床很轻易就能成为卧室里的视觉焦点，营造出亲切与舒适的居家氛围。其式样从复杂的四柱床和雪橇床到简单的平板床，从维多利亚、传统到现代、当代艺术风格，不一而足。

铁艺床总能唤起人们对欧洲旧时代的美好回忆。那些喜爱铁艺床的国家包括意大利、法国、希腊和西班牙，因此这些国家特有的装饰图案也会反映在铁艺床上，比如意大利的葡萄和法国的浪漫涡卷形等（图6-14-4，图6-14-5）。

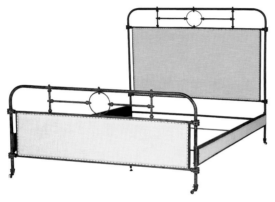

（图 6-14-1）18 世纪法国铁艺床

（图 6-14-2）19 世纪法国铁艺床

（图 6-14-3）19 世纪维多利亚式铜 - 铁床

（图 6-14-4）意大利铁艺床

（图 6-14-5）法国铁艺床

那种带有锈迹斑斑和磨损痕迹的铁艺床更是深受欢迎。铁艺床的床头板与床尾板通常采用铁制造，而床架则为钢材。几乎所有的铁艺床均由钢床架上安装的山毛榉木板条来支撑床垫。很多铁艺床在床柱顶端饰以尖顶饰——帽形或者球形金属装饰，床头与床尾则饰以涡卷形装饰。

铁艺床的经典式样包括：

（图 6-14-6）铁艺单人床

1）铁艺单人床（Twin Bed）- 其充满艺术感的造型几乎能够与任何装饰风格融洽，适合于儿童房与客人房，也适用于公寓和小型住宅（图 6-14-6）。

（图 6-14-7）铁艺四柱床

2）铁艺四柱床（Canopy Bed）- 它既可以独立，也适合用布艺去装扮它，将卧室变得无比温馨和浪漫。无论是古典复杂的细节还是现代精致的做工，你都无法忽视它的魅力（图 6-14-7）。

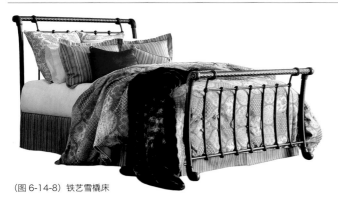

（图 6-14-8）铁艺雪橇床

3）铁艺雪橇床（Sleigh Bed）- 其床头与床尾变化无穷的曲线使得它拥有与众不同的优雅气质。多功能的铁艺雪橇床使它几乎适用于任何房间，同时也带来优雅的品位（图 6-14-8）。

（图 6-14-9）铁艺坐卧两用床

4）铁艺坐卧两用床（Daybed）- 它无需像沙发床那样使用时要费力地拉出或者推进，它本身兼具坐具与床具的双重功能，外形别有一番浪漫的情调。它适用于儿童房、书房或者客人房，也顺应了日益缩小的居住空间（图 6-14-9）。

因为床具并非 19—20 世纪工厂车间或者绘图室所使用的家具，因此工业床与其他工业风格家具并非同时诞生，而是后来家具厂家为了满足工业风格爱好者的需要而专门设计并制造的（图 6-14-10）。工业床常用黑色防锈处理的铸铁管制造，与清水砖墙和水泥地面形成完美而和谐的搭配。

（图 6-14-10）工业床

19世纪期间，拥有一张铜艺床是财富与身份的象征。19—20世纪，铜艺床逐渐普及开来，并且甚至一度超过了木质床（图6-14-11）。虽然铜艺床常常被认为属于维多利亚时期的家具，但是铜艺床的式样包括了从维多利亚风格到工艺美术风格、装饰艺术风格，再到现代与当代风格等，从复杂的涡卷形到简单的直线型，总能够找到最适合你的那款。铜艺床的床头板与床尾板通常采用黄铜制造，而床架则用钢材。

铜艺床的经典式样包括：

（图6-14-11）19世纪意大利铜艺四柱床

（图6-14-12）维多利亚式铜艺床

1）维多利亚式铜艺床（Victorian Brass Bed）- 流行于19世纪末至20世纪初的维多利亚式铜艺床包括带四柱华盖和半华盖两种，其华盖给卧室增添了温暖的感觉。维多利亚式铜艺床装饰华丽、繁复，运用金、银丝细工饰品、尖顶饰、球形与车削形，其浪漫的式样来自复杂的曲线细节、哥特式拱形与手工绘制的瓷质尖顶饰（图6-14-12）。

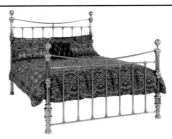

（图6-14-13）牛津式铜艺床

2）牛津式铜艺床（Oxford Brass Bed）- 诞生于1861—1865年美国南北战争期间，其特征表现为一致的床头板与床尾板，其外观简洁，无装饰线条，适应于现代与传统装饰风格，也是最流行的铜艺床之一（图6-14-13）。

（图6-14-14）新艺术铜艺床

3）新艺术铜艺床（Art Nouveau Brass Bed）- 流行于19世纪晚期至20世纪早期的新艺术运动期间，其特征为奇特的曲线与卷形花卉图案。很多新艺术铜艺床包含了瓷质装饰、铜质玫瑰花结和白色表面处理，并结合锻铁艺术，充满艺术家的气质（图6-14-14）。

（图6-14-15）装饰艺术铜艺床

4）装饰艺术铜艺床（Art Deco Brass Bed）- 盛行于20世纪三四十年代的装饰艺术深深影响了铜艺床的造型，其特征表现为直线与三角的结合，通常采用Z字形与几何形设计图案，外观造型瘦高，其竖板条式设计曾经风靡一时（图6-14-15）。

（图6-14-16）现代铜艺床

5）现代铜艺床（Modern Brass Bed）- 它其实是吸取了传统铜艺床的众多元素而重新组合而成的新式样。它通常采用简单的金属管材制造床头板与床尾板，也有一些现代铜艺床运用藤蔓植物、花卉图案和涡卷形装饰，或者只是简单的垂直杆、球尖顶饰（图6-14-16）。

6-15 水床（Water Bed）/ 气床（Air Bed）

3600 年前的古波斯人就利用水充实山羊皮囊，然后放在太阳底下烤晒，这样晚上就可以睡在这个温热的皮囊上面。

1873 年，英国医生詹姆士·佩吉特爵士（Sir James Paget）找到一种解决因长期受床垫挤压而产生的肌肉疼痛的方法。水床能够使患者的体重均匀分布从而减轻其疼痛，当时唯一的缺陷是无法给水床内的水加温。

另一位医生威廉·胡珀（William Hooper）继续将水床应用在治疗他的关节炎患者身上，但同样无法解决冷水带来的不适。

直至 1967 年，一位名叫查尔斯·P·霍尔（Charles P. Hall）的加州大学学生在设计一把椅子的时候，偶然放弃了椅子的研究，转而发明了一种充水床垫，没想到竟然深受当年嬉皮士与地铁文化的青睐。

发展到 20 世纪 80 年代晚期，水床才正式成为主要床具之一，特别是在增加了加热系统之后（图 6-15-1）。

今天水床的材料采用乙烯基制造。其内部结构各具特色，从简单的空皮囊，到复杂的充满小水管，不一而足。有的水床对腰部加强支撑，并且可以通过水泵调节水量来达到最佳舒适度（图 6-15-2）。

水床分两大类型：传统的硬边水床（Hard Side Water Bed）（图 6-15-3）与新型的软边水床（Soft Side Water Bed）（图 6-15-4）。硬边水床采用防水面料制作，底部带有木基座和框架，内装加热垫，以唯一的乙烯基水囊充水。软边水床带有泡沫边框用于稳定水床，其表面材料通常采用胶乳、泡沫、棉布或者记忆棉；其基层不用传统弹簧垫，因为基层必须坚实才能够承受水床的压力。

水囊是水床的主要部件，它可能由多个分隔组成或者呈管状，目的在于减少波动和调节硬度。每个水床品牌的水囊排列方式各有千秋，人们可以根据自己的习惯和喜好来进行选择。

（图 6-15-3）硬边水床

（图 6-15-1）传统水床

（图 6-15-2）现代水床

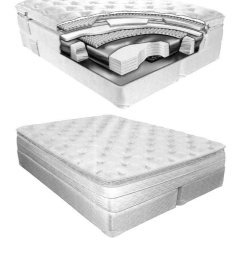

（图 6-15-4）软边水床

气床是一种可充气的床垫，由于其产生的浮力，人们常常把它当作水上玩具或者漂浮器使用，因此气床也称气垫 (图6-15-5)。气床的主要材料为聚氯乙烯塑料，现在发展出织物加强型的聚氨酯塑料或者橡胶。

未充气的气床可以轻松地卷曲或者折叠起来便于储藏或者携带，这使得气床特别适合露营或者作为客人房的临时床使用，它也适合作为卧室的普通床垫 (图6-15-6)。不同的厂家针对不同的需求而生产出不同特点的气床。

气床的充气方式可以采用嘴对阀门吹气，或者采用脚踏式充气器，或者更多地采用电动充气器。有些气床甚至带有自动充气装置。

质轻、小巧而又轻薄的气垫专用于露营，被称之为"睡垫" (图6-15-7)。采用硫化橡胶制造的气垫适合于家庭使用，其表面饰以帆布或者聚亚安酯。除了气垫带有软管之外，气垫的外表看上去与普通床垫区别不大。双气囊使每个人可以通过电动按钮来调节气垫的硬度。为了安全考量，注意避免给婴幼儿使用气垫。

大号气垫通常作为气床用于客人房或者其他卧室。研究表明气床对于身体的均衡支撑有助于改善有些患有背疾的病人。那些专用于游泳池或者沙滩边的气垫不应当作卧室床垫使用。

(图6-15-5) 气床结构

(图6-15-6) 气床

(图6-15-7) 气垫

6-16 床头板（Headboard）

卧室里面最能够吸引人眼球的部分莫过于床头板了，床头板的基本作用是为了防止枕头掉落，阻挡冷风吹到头部，其装饰效果同样不可忽视。虽然早在公元前 3100 年就在古埃及出现了床架，但是直至中世纪，床头板才在欧洲富裕的家庭里出现。

最早的床头板是古埃及法老的寝具，它是由金、银和乌木制作。古希腊人已经使用升离地面的床具，其床头板也是斜倚与进食的平台。古罗马人使用的长榻带有装饰华丽的床头板，是财富与身份的象征。中世纪时期的床具将床架、床头板与寝具分开出售。当时的床头板变得异常稀奇古怪，因为只有贵族才有资格拥有别具一格的床头板 (图 6-16-1)。新大陆移民潮时期，那些豪华、奢侈的床头板来自世界各地 (图 6-16-2)。华盖床头板象征着品位与高雅，是传统床头板当中最为引人注目的式样。

常见的传统床头板材料不是实木就是金属，不像今天的床头板那么丰富多彩。现代旅馆和公寓喜欢采用软织物或者皮革来装饰床头板。应用格子或者花卉图案的面料饰以钉扣的软垫床头板散发出浓浓的乡村情调，使人们舒适地靠着它阅读或者看电视；皮革面料的挡风椅式床头板则赋予床具更高贵与优雅的气质。

常见的床头板类型包括：

（图 6-16-3）木质床头板

1） 木质床头板（Wooden Headboard）- 传统木质床头板常常包含了丰富的雕刻与色彩，弯曲的轮廓与圆齿饰边等。喜欢简单设计的人可以考虑传教士风格床头板，因为它线条简洁，基本呈长方形。最初的四柱床只有硬质床头板，常常在其两端雕刻弹头造型的球体 (图 6-16-3)。现代硬质床头板通常做成书架形，兼具储物功能。

（图 6-16-1）中世纪哥特时期半华盖床

（图 6-16-2）18 世纪意大利文艺复兴式床头板

（图 6-16-4）金属床头板

2） 金属床头板（Metal Headboard）- 铁艺与铜艺是传统床头板中最常用的金属材料，它们运用大量装饰性曲线与图案，两端立柱通常饰以尖顶饰。它们既能够适应当代风格，也能够适应传统式样。那种带涡卷形铸件与杆件的铁艺床头板具有浪漫与古色古香的气质 (图 6-16-4)。

（图 6-16-5）挡风床头板

（图 6-16-6）现代软垫床头板

（图 6-16-7）软垫床头板

3）软垫床头板（Padded Headboard）- 软垫床头板给卧室带来温馨，其舒适的软垫非常方便头靠床头板阅读或者看电视。软垫床头板的式样丰富多彩，其中以挡风床头板最具特色。挡风床头板模仿挡风椅的侧翼特征，完全被软垫包裹，并饰以用布艺包裹的呈菱形布置的钉扣 (图 6-16-5)。现代版的挡风床头板大多取消了钉扣装饰。挡风床头板带来持久与风度，十分适合大面积的卧室。

　　中性色彩的低矮长方形软垫床头板表现出现代主义的风范 (图 6-16-6)。维多利亚风格扇贝形软垫床头板温馨而又浪漫。软垫床头板的钉扣浅钉传达出现代气息，深钉则凸显维多利亚风格 (图 6-16-7)。

（图 6-16-8）书架式床头板

4）书架式床头板（Bookshelf Headboard）- 它能够很好地利用床头空间作为储存书架，是喜欢睡前阅读人士的最爱。除了书籍之外，书架上也可以放闹钟、台灯和小饰品等 (图 6-16-8)。

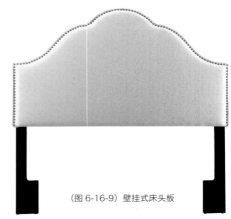

（图 6-16-9）壁挂式床头板

5）壁挂式床头板（Wall-Mounted Headboard）- 它是一种与床架脱离的床头板，直接悬挂在墙壁上，可以节省床具的占地面积。壁挂式床头板可以满足任何卧室装饰的需要，与任何床架式样都能搭配 (图 6-16-9)。

（图 6-16-10）儿童床头板

6）儿童床头板（Kids' Headboard）- 它不仅仅能满足靠背与储物功能的需要，它还能够成为儿童卧室的视觉焦点。儿童床头板专门为儿童装饰了各式各样的汽车、卡通、动物或者花卉图案，以此鼓励孩子睡在自己的床上 (图 6-16-10)。

6-17 床垫（Mattress）

床垫诞生于史前新石器时代；那时的床垫可能是一堆树叶、干草或者稻草，然后在其上覆盖兽皮。古波斯人的床垫用缝制的山羊皮灌满水；古埃及人睡在堆放在角落里的棕榈树树枝上；古罗马人的床垫则是布袋里塞满了芦苇、干草或者羊毛，富人用羽毛填充；文艺复兴时期，床垫用豌豆壳、稻草或者羽毛塞入粗褥套内，表面覆盖天鹅绒和锦缎；16 至 17 世纪，床垫内塞满了稻草和羽绒 (图6-17-1)；18 世纪初，床垫塞入了棉花和羊毛；18 世纪中期，成型的床垫采用优质的亚麻布或者棉花制成，里面填充椰子纤维、棉花、羊毛和马毛；19 世纪末，人们发明了箱形床垫，床垫就像一个减震器将负重分散 (图6-17-2)。

床垫是一个支撑躺下的身体并搁在床架上的大软垫，它可以采用棉花、毛发、稻草和发泡橡胶等材料制作，同时配有金属弹簧或者充气。Mattress（床垫）一词源自阿拉伯语"materas"，意指"坐垫"。11 至 13 世纪十字军东征时，欧洲人采用阿拉伯人在地上铺坐垫的休息方式，从此床垫被欧洲人接受并流行。

床垫通常搁放在牢固的床架之上，如平板床或者弹簧垫。早期的床垫内含有很多奇怪的东西，如稻草、羽毛或者马毛等。20 世纪上半叶，北美出现一种内置弹簧和棉絮或者填充纤维的床垫。现代床垫通常包含有内弹簧或者乳胶和软质泡沫塑料之类的材料，也有充气或者充水的床垫，以及各种天然纤维等。越来越多的人喜欢一种全泡沫床和一种所谓的混合床，它们包含内弹簧和外表的高端泡沫如粘弹海绵或者乳胶；而欧洲则流行采用聚氨酯泡沫芯材和乳胶芯。

（图6-17-1）16 世纪稻草床垫

普通的床垫由三部分组成：弹簧芯、基层和软垫层；弹簧芯的线圈直径大小决定了床垫的软硬度，越细越软，越粗越硬（图6-17-3）。

弹簧芯有四种类型：

1） 邦内尔线圈（Bonnell Coil）- 最古老和最常见的线圈，源自 19 世纪的马车座垫弹簧；

2） 抵消线圈（Offset Coil）- 沙漏形线圈，其顶部和底部圈的部分已经被平坦化；

3） 连续线圈（Continuous Coil）- 其中线圈的行由单片金属丝形成；

4） 马歇尔线圈（Marshall Coil）- 也被称为包裹线圈（Wrapped Coil）或者包围线圈（Encased Coil）或者袋装线圈（Pocket Spring），由很多组桶形细线圈独立构成，因此每组线圈受压时互不干扰（图6-17-4）。为了增加舒适度，甚至还有一种双层线圈的床垫（图6-17-5）。

（图 6-17-2）19 世纪法国床垫

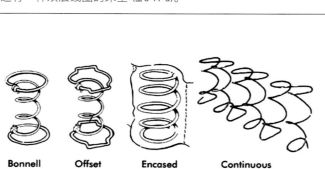

（图 6-17-4）床垫线圈四种类型

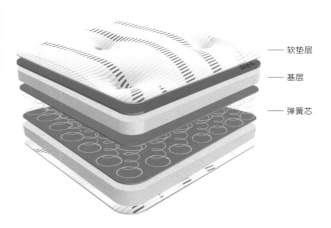

软垫层
基层
弹簧芯

（图 6-17-3）床垫结构

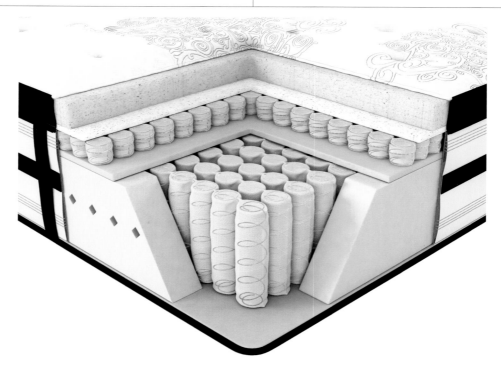

（图 6-17-5）双层线圈的床垫

床垫基垫有三种类型：

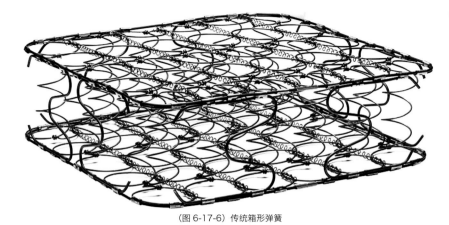

1）传统箱形弹簧（Traditional Box Spring） - 由超重弹簧构成的刚性框架，常常与内置弹簧床垫搭配使用，从而延长床垫芯弹簧单元的使用寿命，全泡沫床垫通常与平台式基垫搭配 (图6-17-6)；

（图6-17-6）传统箱形弹簧

2）全木基垫（All-wood Foundation） - 在纸板或者纤维板下面布置 7~8 条支撑板条，提供类似平台的基垫 (图6-17-7)；

（图6-17-7）全木基垫

3）格子顶基垫（Grid-top Foundation） - 是钢材和木材的组合，其软垫层提供最外表层的缓冲和舒适，因此也被称为"舒适层"；软垫层由绝缘层、中间层和最外层所组成，绝缘层隔离弹簧芯与中间层，中间层提供柔软的舒适度，最外层提供柔软舒服的表面质感 (图6-17-8)。

（图6-17-8）格子顶基垫

床垫表面布套是覆盖整个床垫和基垫的最外层面料，其质量和花色选择范围广泛，材质通常为涤纶丝或者更为昂贵的纱线混纺。直到 21 世纪初，床垫外层纤维常用单一面料；今日的外层面料则多达 6 种选择。泡沫床垫包括：粘弹性泡沫、记忆泡沫或者乳胶橡胶泡沫，记忆泡沫床垫通常为橡胶树乳胶与合成乳胶的混合物。

CHAPTER 7　杂项

　　杂项，顾名思义，是指一些无法归类于以上任何一类的家具，但是它们在欧美传统家居生活当中占据着非常重要的地位。比如壁炉架就是一件十分普遍的家具，无论是过去还是现在都一直存在。尽管有人认为那些石材壁炉架好像不属于家具类别，但是我仍然没有将其剔除，因为它们都属于壁炉架家族。

　　还有一些不常见的杂项家具会在某些家具卖场现身，但是人们并不清楚其名称和用途，比如马桶柜。虽然马桶柜的历史并不是很长，不过国外很多家庭喜欢马桶柜的实用性和空间利用的好处。另有一些杂项家具既常见于家居空间，又常见于宾馆酒店客房，比如衣帽架。那是因为宾馆酒店与家居的空间性质相近，都是居住空间。

7-1 屏风（Folding Screen）

　　源自古老中国的屏风是一件应用得非常广泛的功能性饰品，其历史可以追溯到两千多年前的西周。中国屏风大约在公元 8 世纪传入日本和朝鲜，直至中世纪晚期才传入欧洲。17—18 世纪，大量装饰精美的中国屏风销往欧洲，特别受到法国人的青睐 (图 7-1-1，图 7-1-2)。法国著名时装设计师可可·香奈儿（Coco Chanel）曾经说："我在 18 岁的时候，在一家中国店铺里第一次见到一件用乌木制作的中国屏风，我被它深深迷住并毫不犹豫买下了它，那是我第一次购物。"

　　古代屏风的材料、式样和应用方法远远超过现代屏风。现代屏风一般为曲屏风，是一种可折叠的双数屏风，折板数目从两块到六块不等 (图 7-1-3，图 7-1-4)；也有部分现代屏风使用单数折板 (图 7-1-5，图 7-1-6)。随着人类社会的时尚观念的变化，很多古老的饰品又重新出现在人们的视线，屏风就是家庭装饰的新宠。屏风虽然属于家具类别，因其装饰性大于一般以功能性为主的家具，而且具有独特的东方文化特点，因此单独列项。

　　那些居住在单间公寓或者是阁楼的人们常常需要用屏风来分隔不同的活动区域，例如将卧室与厨房分隔。有人把屏风当作遮蔽视线的屏障，或者用来阻挡阳光；还有人把屏风放在沙发的后面，将起居空间与壁炉分隔开来，由此产生更私密的氛围。屏风还可以用来制造门厅，或者是整个房间。屏风可以遮蔽那些不想让人看见的杂物，或者用来隔出一个不被注意的储

（图 7-1-1）中国传统屏风

（图 7-1-2）中国传统屏风

（图 7-1-3）双数折板屏风

（图 7-1-4）双数折板屏风

（图 7-1-5）单数折板屏风

（图 7-1-6）单数折板屏风

藏间。屏风的作用真可谓永无止境。创造性地运用屏风能够产生令人意想不到的效果，并且它永远都会吸引每个人的眼球。由于屏风的灵活性，人们可以根据空间的使用目的而随意地摆放它，或者收藏起来。

人们购买屏风往往是被其美丽的外表所吸引。屏风的式样和花色千变万化，几乎可以适应任何装饰风格。东方风格的屏风通常带有龙和花卉的图案，此外还有蝴蝶或者是平静的山峰等。也有人喜欢单色的屏风，这样的屏风甚至可以自己动手制作，并且可以按照自己的意愿随意地更改颜色。事实上，关于屏风内页的图画设计可以发挥你的无限创意；有人利用屏风作为家庭照片的展示架，给人耳目一新的感觉。

屏风给任何房间都可以带来温暖和魅力，它主要被用来分隔空间，作为临时性的隔断使用。屏风本身也极具装饰性，尤其是那些做工精良、图案美丽的屏风，摆放在任何的房间里都会增添无尽的光彩，比如摆放在一个暗淡乏味的角落里，角落立刻蓬荜生辉。屏风还可以作为任何背景使用，其效果好过一幅简单的油画。屏风给任何房间都会带来惊喜，引发客人的赞赏和羡慕。现在很多屏风会设计得非常简洁，也有些屏风仍然保持其古老的式样，价格也因此上涨。有些产自于 18 世纪的屏风不仅体现了其尊贵与高雅，而且展示了其历史价值。

屏风基本上是由两页以上的框架通过铰链连接起来，覆盖框架的内页材料有布料、木材和纸张等，其上常常描绘有精美的图画。屏风的材料包括脆弱的宣纸，或者坚硬的硬木，如樱桃木、橡木、桃花心木和栗木等。有些屏风用帆布制作，使站在后面的人在屏风上产生有趣的剪影。

现代屏风可以充当多种角色，它们是处理大面积空间或者墙面以及无趣角落的利器，因此深受世界各地室内设计师的青睐。经典的现代屏风包括但不限于：

（图 7-1-7）屏风 100 号

1）屏风 100 号（Screen 100）- 由芬兰建筑师阿尔瓦·阿尔托（Alvar Aalto）于 1936 年设计。这张屏风采用松木制作，简洁的造型好像自然形成的曲线。它是一件完美的保护隐私的屏风，可以作为空间的隔断或者仅仅作为点缀（图 7-1-7）。

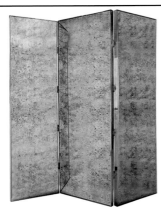

（图 7-1-8）妖妇屏风

2） 妖妇屏风（Jezebel Folding Screen）- 由美国家居品牌寇科特（Koket）出品，具体设计者与年份不详。这件像艺术品一样的屏风采用抛光黄铜作为框架，其主要特色是在老式镜子上描绘细致的花纹图案，使其浑身散发出一股正如其名所寓的诱人魅力（图 7-1-8）。

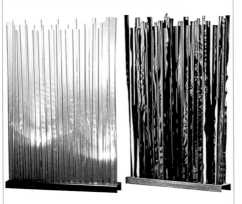

（图 7-1-9）看透屏风

3） 看透屏风（SEE THRU）- 由意大利设计师毛里奇奥·帕加利（Maurizio Peregalli）设计。看透屏风采用钢板制作基座，表面经过环氧涂层处理。其主体采用镀锌管茎，表面覆盖挤压片状橡胶，呈现黑色或者透明，透明版本还提供两个灵活的背光灯。它是一件现代屏风，但更像是一件现代雕塑并具有实用价值的艺术品（图 7-1-9）。

（图 7-1-10）流星阿里尔屏风

4） 流星阿里尔屏风（Meteore Ariel）- 由意大利玻璃制作公司诗意（Poesia）于 2008 年出品。这件屏风展现出诗意公司超凡脱俗的玻璃工艺，利用光线在玻璃片上所产生的变幻反射，具有强烈的视觉冲击力，能够让一个平凡的空间蓬荜生辉（图 7-1-10）。诗意公司于 2008 年还出品了另一件效果相同、玻璃片形状不同的屏风，叫流星西里奥（Meteore Sirio）。

（图 7-1-11）友希屏风

5） 友希屏风（Yuki Screen）- 由日本设计师佐藤大（Oki Sato）指导下的设计组"土"（Nendo）于 2006 年设计。屏风由 36 个雪花形塑料片组成，每个基本模块的相互连接可以形成不同尺寸的构成。它采用无烟煤色塑料制作，像一件硬纸板的拼装玩具，适用于现代居住空间（图 7-1-11）。

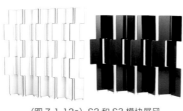

（图 7-1-12a）S2 和 S3 模块屏风

（图 7-1-12b）砖屏风

6） S2/S3 模块屏风（S3 Modular Screen）- 由英国设计师安德鲁·泰伊（Andrew Tye）于 2002 年设计，其名称 S3 与 S2 是根据大、小两种尺寸来区分。这件简洁如拼图游戏一般的屏风采用胶合板制作，利用板块折叠之后产生的相互重叠部分来站立。它提供黑、白两种面板色彩，是一件极具现代气息的最佳空间分隔选择（图 7-1-12a）。另一款由爱尔兰设计师艾琳·格瑞（Eileen Gray）于 1992 年设计的砖屏风（Brick Screen）被纽约现代艺术博物馆永久收藏，它呈现出比 S2/S3 屏风更为自由灵活的构成结果（图 7-1-12b）。

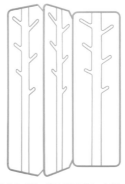

（图 7-1-13）祖母 10 屏风 - 衣架

7） 祖母 10 屏风 - 衣架 - 由瑞士设计师法比奥·比昂卡尼艾罗（Fabio Biancaniello）设计。这件屏风巧妙地将屏风与挂衣架结合起来，是一件少见的二合一屏风。其全通透的屏风框架采用粉末涂层钢管制作，每块屏风中间漆成绿色的树形枝桠成为挂衣架，让人联想起自然界的树木（图 7-1-13）。

（图 7-1-14）软墙屏风

8） 软墙屏风（Soft Wall Screen）- 由德国设计师卡斯滕·格哈德（Carsten Gerhards）和安德烈亚斯·格拉克（Andreas Glucker）设计。尽管屏风的式样层出不穷，但是多功能的屏风并不多见。软墙屏风集界定、划分与存储于一体，其框架采用镀镍或者青铜的钢材制作，而屏风内扇页则采用柔软的发泡聚苯乙烯和黑色涂漆钢板制作。其软墙面可以存放一些会占据桌子、柜子或者搁板的小物品，适用于家居和办公空间（图 7-1-14）。

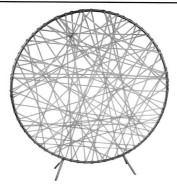

（图 7-1-15）交错线屏风

9） 交错线屏风（Zig Zag Paravento）- 由巴西设计师坎帕纳兄弟（Campana Brothers）设计。这是一件与普通屏风完全不同的屏风作品，其圆形框架采用表面经过打磨和涂装处理的金属制作，底部由一对支架支撑。圆形内扇页采用透明或者有色的特殊中空塑料管纵横交错编织而成，是一件活泼有趣的现代屏风（图 7-1-15）。

（图 7-1-16）菲奥雷隔墙

10） 菲奥雷隔墙（Fiore Partition Wall）- 由意大利设计师法布里奇奥·伯特罗、安德烈·庞托和 S. 马佐里（Fabrizio Bertero, Andrea Panto and S. Marzoli）于 2006 年设计。其通透屏风框内丰富的植物图案由钢板经激光切割而成，其表面饰以亮光白色漆，看似放大的传统手工钩针编织的蕾丝（图 7-1-16）。

（图 7-1-17）其他屏风

11） 其他屏风（Le Paravent De l'Autre）- 由法国设计师菲利普·斯塔克（Philippe Starck）设计。斯塔克的屏风将相片融入进去，更好地表达出屏风与主人之间的关系。其实木框架内镶嵌着带照明的相框，而屏风腿则采用抛光铸铝制作，是一件充满时代感的屏风，因为相片正在述说着岁月的故事（图 7-1-17）。

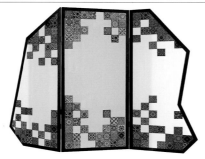

（图 7-1-18）茶花屏风

12） 茶花屏风（Camelia Folding Screen）- 由葡萄牙家居品牌马拉巴尔（Malabar）出品，具体设计者与年份不详。这件屏风的设计灵感来自古老的伊斯兰艺术，其镜面饰以带有 17 世纪风格茶花图案的瓷砖，将古典与现代融为一体。茶花屏风采取非对称造型，能够给任何室内空间带来不可忽视的惊奇（图 7-1-18）。

（图 7-1-19）三位一体屏风

13） 三位一体屏风（Trinity Folding Screen）- 由英国建筑师诺曼·福斯特（Norman Foster）设计。这件屏风的表面镶嵌半透明的玻璃，烟熏玻璃和镜子的组合，呈现出富有节奏的韵律感。其框架采用抛光黄铜，展现出福斯特所偏好的斜切和几何线条的交叉结构。不仅是一件现代屏风，它也是一件非同凡响的屏风艺术品（图 7-1-19）。

（图 7-1-20）阿兹特克屏风

14） 阿兹特克屏风（Aztec Screen）- 由澳大利亚家居品牌生态时代（Eco Chic）出品，具体设计者与年份不详。以注重绿色环保著称的生态时代应用回收的木材和可持续发展的森林木材来制作这件屏风。它借用伊斯兰艺术的几何图形形成通透的视觉效果，不仅能够与任何风格的家具融为一体，也给现代家居空间带来一丝海岛风情与异国情调（图 7-1-20）。

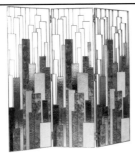

（图 7-1-21）德尔斐屏风

15） 德尔斐屏风（Delphi Folding Screen）- 由美国设计品牌巴拉布设计力量（BRABBU Design Forces）设计，其设计灵感来自古希腊的圣地：德尔斐，让人们仿佛回到那弥漫着魔法与奇迹的古老世界。这件高贵的屏风采用黄铜制作框架，其间镶嵌鸟眼木皮、榆树根木皮和做旧黄铜片。就算是一个普通的室内空间，德尔斐屏风也能够让它蓬荜生辉 (图 7-1-21)。

（图 7-1-22）峡谷屏风

16） 峡谷屏风(Canyon Folding Screen) - 由美国设计品牌巴拉布设计力量设计的另一款屏风，其设计灵感来自美国大峡谷千年形成的自然景观。峡谷屏风通过应用做旧黄铜来模仿大峡谷独一无二的美色，并且在棕色铜绿和红色铜绿上饰以做旧铜钉，是现代起居空间里一件理想的屏风 (图 7-1-22)。

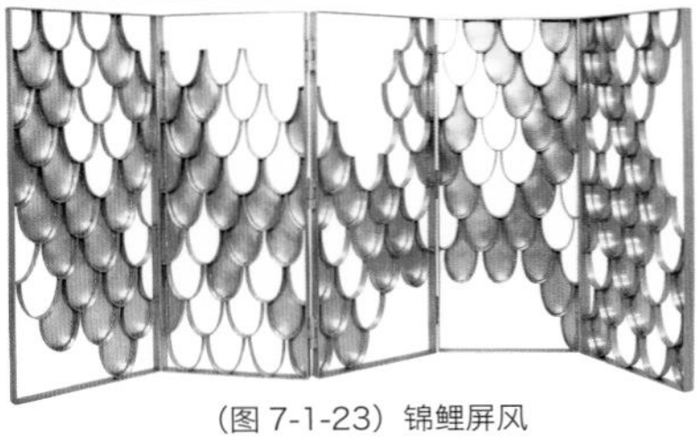

（图 7-1-23）锦鲤屏风

17） 锦鲤屏风（Koi Folding Screen）- 由美国设计品牌巴拉布设计力量设计的又一款屏风，其设计灵感来自日本锦鲤文化。它采用闪耀的黄铜片来模仿锦鲤的鳞片，带有强烈的东方色彩 (图 7-1-23)。

（图 7-1-24）茶花屏风 3 号

18） 茶花屏风 3 号（Ecran de Camelia 3）- 由美国家居品牌克里斯托弗·盖伊（Christopher Guy）出品。这件屏风采用实木精心雕刻云纹和茶花图案，通透的屏风扇面散发出一股浓浓的东方气质 (图 7-1-24)。

（图 7-1-25）芒通 3 屏风

19） 芒通 3 屏风（Menton 3 Folding Screen）- 由美国家居品牌克里斯托弗·盖伊出品的另一款屏风，其设计灵感来自中国古典门窗格。它采用实木制作框架，表面饰以黑色或者白色亮光漆。其优雅而独特的图形犹如永恒的几何迷宫路线图，周而复始，能够适应于任何居住空间 (图 7-1-25)。

（图 7-1-26）黄金屏风

20） 黄金屏风（Gold Folding Screen）- 由葡萄牙家具品牌博卡铎路宝（Boca Do Lobo）出品，其设计灵感来自金矿石。这件三扇屏风采用玻璃纤维制作，表面饰以金箔。其造型犹如一块块金灿灿的矿石堆叠而成，它将屏风扇页之间的连接铰链巧妙地隐藏于两片"金矿石"之间。它不仅给室内空间带来了绝对惊艳的视觉效果，也将屏风概念推向了一个新的高度 (图 7-1-26)。

（图 7-1-27）王朝屏风

21） 王朝屏风（Dynasty Screen）- 由美国家具品牌贝纳尔家具公司（Bernhardt Furniture）出品，其设计灵感来自英国传统木门。其特色在于涂漆工艺的屏风表现出精美的建筑细节，予人一种亦古亦今的视觉效果，在今天争奇斗艳的现代屏风世界里独树一帜 (图 7-1-27)。

（图 7-1-28）丁香花屏风

22） 丁香花屏风（Lilac Screen）- 由美国家居品牌 Y 生活公司（Yliving）旗下的格林尼顿（Greenington）出品。丁香花屏风利用精密排布的层压竹片让人感觉到一丝清凉的禅意，散发出与生俱来的东方韵味，特别是当它与一幅照片或者绘画搭配在一起的时候 (图 7-1-28)。

（图 7-1-29）泽纳铁屋屏风

23） 泽纳铁屋屏风（Zena Iron Room Screen）- 由美国家居品牌阿特里斯公司（Arteriors）出品。它采用铁制作框架，表面饰以金箔。其做旧的金叶装饰和几何图案突出了怀旧情结，其通透的设计使其装饰性大于功能性，适用于主人浴室（图 7-1-29）。

（图 7-1-30）伊芙屏风

24） 伊芙屏风（Eve Screen）- 由加拿大家居品牌米切尔·戈尔德和鲍勃·威廉姆斯（Mitchell Gold + Bob Williams）出品。与大多数采用硬质材料的屏风相比，这是一件视觉效果比较柔和的现代屏风。其弯曲的顶部透出一股路易十五式的优雅，其软垫饰面和钉扣饰边使得它特别适用于卧室和书房（图 7-1-30）。

（图 7-1-31）彩绘屏风 3049 号

25） 彩绘屏风 3049 号（Painted Folding Screen 3049）- 由美国家居品牌装饰手艺（Decorative Crafts）出品。这是另一款极具东方色彩的现代屏风，其银箔表面采用手工绘制的像壁纸一样的东方花鸟图案，给任何空间能够带来传统元素（图 7-1-31）。

（图 7-1-32）风化橡木屏风

26） 风化橡木屏风（Weathered Oak Screen）- 由美国家居品牌复兴五金公司（Restoration Hardware）出品，其设计灵感来自 19 世纪英国摄政风格家具。风化橡木屏风造型简洁而优雅，其反射镜面让人产生某种幻觉。由做旧橡木框架与反向画镜面构成，因此能使一个黯淡无光的角落立刻明亮起来（图 7-1-32）。

（图 7-1-33）网屏

27） 网屏（Net Screens）- 由瑞典设计师阿特利尔·里伯格（Atelier Ryberg）设计，其设计灵感来自悬挂的渔网。这是一件半透明的房间隔断，其数以百计的彩色纱线经过精心定位后由手工编织而成。网屏的纱线呈简单的对角线构图形成抽象的几何图案，达到阿特利尔所期望的那种既分隔又连通的视觉效果，让人联想起大海与渔船（图 7-1-33）。

（图 7-1-34）斑点屏风

28） 斑点屏风（Spotted Folding Screen）- 由瑞典设计师丹尼尔·奥斯特曼（Daniel Ostman）设计。这是一件提倡绿色环保概念的家具，它采用锯屑作为主体材料，表面饰以硬纸板。其特色表现在其表面黑白两色圆斑点交错的平面构图，为室内空间制造了强烈的视觉效果（图 7-1-34）。

（图 7-1-35）触摸印度屏风

29） 触摸印度屏风（Indian Touch Screen）- 由德国家居品牌安比亚家居（Ambia Home）出品，其设计灵感来自印度传统民居的门窗格栅。这件采用实木制作的屏风具有浓郁的东方色彩，它造型简洁，图案丰富，适用于任何现代家居空间（图 7-1-35）。

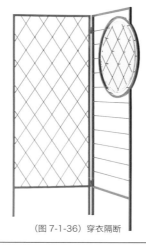

（图 7-1-36）穿衣隔断

30） 穿衣隔断（Apparel）- 由挪威设计工作室薇拉与凯特（Vera & Kyte）于 2015 年设计。这件多功能的屏风既是挂衣架又是隔断还是镜架，其通透的网格式设计让空间既隔又通。它采用金属制作框架，表面饰以红漆或者黑漆，并在其中配置一块圆形镜面，适用于现代都市小型居住空间或者酒店休息室（图 7-1-36）。

7-2 壁炉架（Mantelpiece/Fireplace Mantel/Chimneypiece）

壁炉架（Mantel）一词来源于 1834 年由世界上第一个恐龙学者，英国人吉迪恩·阿尔杰农·曼特尔（Gideon Algernon Mantell, 1790—1852）所给出的一块含有禽龙骨骼化石的砂岩块，它被称为"Mantell-Piece"。

直到 12 世纪，壁炉的原型还只是房子中间的热坑、火盆或者炉床，不过当时并无烟囱，烟从屋顶的预留孔洞排出。随着时间的推移，它们被移至靠墙，结合排烟的烟囱，壁炉由此诞生（图7-2-1，图7-2-2）。再随着壁炉的不断加宽加大，其炉膛顶部的拱门饰逐渐代替之前的平拱和平圆拱。14 世纪时期，为了让家人围坐在壁炉旁，人们加大了壁炉架的尺寸，因此必须用一根木梁来承接扩大的炉罩，从此展现西方雕刻艺术的壁炉架成为西方艺术史中的组成部分（图7-2-3）。中世纪的壁炉架是伸出炉栅承接烟雾的炉罩，这是与壁炉周围整体设计的装饰木作（图7-2-4）。

法国文艺复兴早期的艺术杰作完美地体现在其壁炉架之上（图7-2-5）；17 世纪的英国壁炉架设计与室内整体木作融为一体（图7-2-6）；18 世纪以英国亚当兄弟为代表的新古典主义壁炉架两侧常见优美的人体雕像来支撑其搁板（图7-2-7）。历史上，壁炉架本身决定了室内装饰的整体风格。

早期美国开拓者们的家庭生活主要是围绕着壁炉来展开，早期的壁炉肩负着烹饪、取暖和照明的功能。人们对于壁炉的依赖一直延续到 19 世纪，烧木和煤的炉灶逐渐普及之后才得以改变。在殖民时期，粗糙的木质壁炉架，特别是加长的硬木炉壁横梁，常用来放置烛台和其他的随手工具。然而，大约在 1750 年之前，美国壁炉并没有壁炉架这一室内构件的存在。

早期的美国移民大多数来自英国，因此，壁炉的设计与款式也与英国的相差无几（图7-2-8）。富裕家庭大多使用意大利进口的大理石壁炉架。随着 18 世纪中叶住房建造高峰期的到来，人们发现意大利的大理石壁炉架已经很难满足市场的需求了，

希腊和罗马式样的木质壁炉架很快被制造出来，早期的美国木质壁炉架的材料以橡木为主（图7-2-9）。

到了 19 世纪中叶，工业革命对于美国人的日常生活方式产生了巨大的影响，特别是对于城市居民而言。壁炉的应用也开始产生变化，由过去烧木材，煤开始成为壁炉的燃料。这个变化的结果就是减少了壁炉的尺寸，壁炉开始变得窄而浅。工业革命给壁炉带来的另一个变化是，铸铁开始大量应用于制造炉脸、炉门、柴架、壁炉工具等等。与此同时，铸铁炉灶已经开始更有效和方便地解决烹饪和取暖，其结果是，壁炉逐步地失去了其原始的功能作用（图7-2-10）。最后，壁炉成为了财富与家庭的象征。不断壮大的中产阶层一方面享受着物质生活带来的便利与舒适，另一方面，借用装饰元素来显示其成功与品位，壁炉架便是最好的道具。

传统壁炉架的材料包括大理石、石灰石、花岗岩、砂岩，或者珍贵的木材，其中以大理石最为高贵豪华，适合宏伟庄重的空间；木材（包括橡木、枫木和樱桃木）比较随意亲切，适合任何空间。壁炉架的价值体现在其设计与做工之上；壁炉架为雕刻家或者工匠提供了一个展现其技艺的舞台，所有精美的装饰元素如柱头、饰条、支撑、人物、动物、水果和植物等均被用于装饰壁炉架的外表。

今天在西方，壁炉架被视为家庭的价值符号、家庭的活动中心与家庭的象征，象征着温暖与亲情。在节日的季节里，人们围坐在圣诞树下迎接圣诞的到来，如果身边没有温暖的壁炉是不可想象的，因为孩子们相信，圣诞老人要从壁炉的烟囱里爬下来呢。今日的壁炉架通常包含了侧板、搁板和壁炉外部附件（图7-2-11）。许多世纪以来，壁炉架是空间内最具观赏性和艺术性的固定家具。尽管后来的壁炉变得越来越小，并且最终被现代取暖设备所代替，但是壁炉架的装饰价值以及其所蕴含的文化意义远大于其实际功能需要。

（图 7-2-1）12 世纪壁炉

（图 7-2-2）13 世纪壁炉

（图 7-2-3）15 世纪壁炉架

（图 7-2-4）中世纪壁炉架

（图 7-2-5）文艺复兴时期法国壁炉

（图 7-2-6）17-18 世纪英国壁炉架

（图 7-2-7）18 世纪亚当式壁炉架

（图 7-2-8）18 世纪美国联邦式壁炉架

（图 7-2-9）19 世纪美国橡木壁炉架

（图 7-2-10）19 世纪维多利亚式铸铁炉灶

（图 7-2-11）今日壁炉架

世界十大最著名的壁炉架式样包括：

（图 7-2-12a）橡木梁壁炉架

（图 7-2-12b）橡木梁壁炉架

1）橡木梁壁炉架（Oak Beam Mantel）- 给壁炉带来自然的优雅，是一个最佳的展示平台（图 7-2-12a，图 7-2-12b）。

（图 7-2-15a）松木壁炉架

（图 7-2-15b）松木壁炉架

4）松木壁炉架（Pine Fireplace Mantel）- 大多造型简洁，表面处理时有时无，或者擦色或者油漆，细节有繁有简（图 7-2-15a，图 7-2-15b）。

（图 7-2-13）维多利亚大理石壁炉架

2）维多利亚大理石壁炉架（Victorian Marble Mantel）- 大多为手工打造，大理石色泽包括法式焦糖色或者白色（图 7-2-13）。

（图 7-2-14a）石灰岩壁炉架

（图 7-2-14b）石灰岩壁炉架

3）石灰岩壁炉架（Limestone Fireplace Mantel）- 带有自然的浅绿色或者棕褐色，具有旧英式的感觉（图 7-2-14a，图 7-2-14b）。

（图 7-2-17）翁布里亚石壁炉架

6）翁布里亚石壁炉架（Umbrian Stone Fireplace Mantel）- 充分表现出石材的天然纹理，就像细腻的象牙（图 7-2-17）。

（图 7-2-16a）漂浮壁炉搁板

5）漂浮壁炉搁板（Floating Mantel Shelf）- 它是一块悬挂在壁炉上方的展示搁板，表面处理或者擦色或者油漆（图 7-2-16a，图 7-2-16b）。

（图 7-2-16b）漂浮壁炉搁板

（图 7-2-18a）乡村橡木梁壁炉搁板

（图 7-2-18b）乡村橡木梁壁炉搁板

7）乡村橡木梁壁炉搁板（Rustic Oak Fireplace Beam Mantel Shelf） - 适合于原木屋的室内空间，其表面可以处理或者保持原貌，其截面包括半圆形和方形（**图 7-2-18a, 图 7-2-18b**）。

（图 7-2-20a）法式古董壁炉架

9）法式古董壁炉架（French Antique Fireplace Mantel） - 给空间带来法式优雅与地中海的魅力，其材质包括木材、铸铁和大理石（**图 7-2-20a, 图 7-2-20b**）。

（图 7-2-20b）法式古董壁炉架

（图 7-2-19a）再生木壁炉架

（图 7-2-19b）再生木壁炉架

8）再生木壁炉架（Reclaimed Wood Fireplace Mantel） - 式样从繁到简，其材质包括橡木、樱桃木和铸铁等（**图 7-2-19a, 图 7-2-19b**）。

（图 7-2-21a）铸铁壁炉架

（图 7-2-21b）铸铁壁炉架

10）铸铁壁炉架（Cast Iron Fireplace Mantel） - 独具怀旧魅力，通常为灰色或者黑色，式样为旧英式和维多利亚式（**图 7-2-21a, 图 7-2-21b**）。

7-3 衣帽架（Coat Rack）/ 雨伞架（Umbrella Rack）

这是一种专用于悬挂外套、夹克、雨伞和帽子等的独立家具，有时候它也指那种用于挂大衣和夹克的一组挂钩，或者是用于厨房和浴室环境的衣帽架或者毛巾架（图7-3-1）。没人知道是谁第一个发明了衣帽架，但是外界普遍认为是美国第三任总统及宪法的作者托马斯·杰斐逊（Thomas Jefferson）发明了第一个衣架——衣帽架的前身。1903 年，由美国人艾伯特·J·帕克豪斯（Albert J. Parkhouse）为其雇员设计了一种金属衣架，作为一种灵活、方便而廉价的储衣方式。

衣帽架非常适用于小空间，虽然独立式（Freestanding Coat Rack）（图7-3-2）比墙衣架（Wall Coat Rack）（图7-3-3）占用更多的空间，但是你不需用任何工具来安装它。只要有足够的墙面可以利用，固定在墙面的墙衣架是一项不错的选择，而且它不需要占用地面空间。另外一种更好利用有限空间的选择则是专用于门后的挂衣架（图7-3-4a，图7-3-4b）。以材料来分类，衣帽架包括金属和木质两大类（图7-3-5，图7-3-6）。

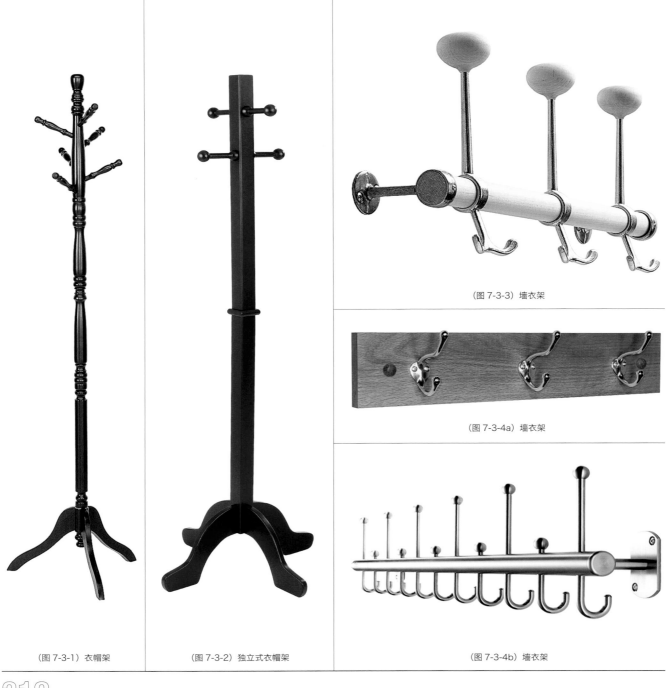

（图 7-3-3）墙衣架

（图 7-3-4a）墙衣架

（图 7-3-1）衣帽架　　　（图 7-3-2）独立式衣帽架　　　（图 7-3-4b）墙衣架

　　一般被置于角落的衣帽架经常被人忽略其存在，但是它常年让我们保存大衣、帽子和皮包等随手携带的物品，帮助我们保持室内的整洁。人们相信自从挂衣架发明之后，衣帽架便应运而生，使我们不再依赖于华丽的衣橱或者衣帽间。衣帽架的大小、材质和式样丰富多样，无论房间大小均有其用武之地。

　　雨伞架是一种专用于存放雨伞的支架，式样从圆柱形到方柱形再到立杆形不一而足（图 7-3-7a，图 7-3-7b，图 7-3-7c）。雨伞架常常与衣帽架融为一体，成为十分方便的雨伞衣帽架，它特别适合于门厅位置，有效避免雨伞上的雨水弄脏其他地面（图 7-3-8）。

　　对于比较大的门厅还有一种结合长凳与衣帽架的家具，它

让人们在这里穿鞋或者换鞋的同时直接取衣或者挂衣。由此人们开发出更复杂也更实用的衣帽架，例如结合搁板或者小方盒的衣帽架；还有的衣帽架底部带有储藏箱（图 7-3-9，图 7-3-10）。

（图 7-3-7a）雨伞架　　　　（图 7-3-7b）雨伞架　　　（图 7-3-7c）雨伞架

（图 7-3-5）金属衣帽架

（图 7-3-6）木质衣帽架

（图 7-3-10）长凳衣帽架

（图 7-3-8）雨伞 - 衣帽架　　　　（图 7-3-9）长凳衣帽架

7-4 杂志架（Magazine Rack）

尽管纸质杂志早在 1663 年就在德国诞生，但是直至 20 世纪杂志架才出现在千家万户，为休闲阅读提供方便。20 世纪早期的杂志架材质以木质和锻铁为主，工艺美术运动（Arts and Crafts Movement）带来简洁而粗壮的式样主导了当时的家具设计潮流（图7-4-1）；另一类杂志架式样则偏向于装饰艺术风格（Art Deco）光洁的流线型设计（图7-4-2）。20 世纪 40 年代，杂志架多用黄铜和柚木制造；另外也流行好莱坞摄政风格（Hollywood Regency）镀铬、黄铜和镜面的外表（图7-4-3）；而普通家庭仍然热衷于传统的车削木质杂志架（图7-4-4）。

20 世纪五六十年代，杂志架式样深受北欧丹麦现代设计、原子设计和伊姆斯现代（Eames Modern）风格的影响；这时采用金属线制造的杂志架普遍盛行（图7-4-5, 图7-4-6, 图7-4-7）。20 世纪七八十年代，70 年代的迪斯科文化与 80 年代的哑色和反射面成为当时杂志架的新特征。进入 21 世纪之后，锻铁的托斯卡纳风格、赤陶与锡铜的美国西南风格和做旧木质的法式田园风格等杂志架的式样百花齐放。

杂志架对于家庭来说是一件用于装杂志、报纸和其他期刊的小件储存类家具，其制作材料从木材、塑料到金属，通常为独立式，尺寸比标准杂志略大些（图7-4-8, 图7-4-9, 图7-4-10）。木质杂志架常与另一件家具合并，比如沙发或者边几。为了方便报刊和书籍的脊背放入，杂志架一般呈 V 形，但也有各式各样的杂志架供选择。除了家用杂志架之外，在需要等候服务的公共场所如大堂、诊所或者发廊也常提供杂志架帮客户打发时间。不过公共杂志架常用壁挂式或者旋转式，而且尺寸也比家用杂志架大得多。

家用杂志架更像是一个潜在的小型替代书架，摆放在阅读沙发或者扶手椅旁边让人倍感随意与轻松（图7-4-11）。选择杂志架需要考虑与空间内整体风格协调一致，比如怀旧风格的空间内适合于古董黄铜杂志架，而凉风习习的海滨别墅则非藤编杂志架莫属。除此之外，多少杂志和杂志大小、材料的耐用性和防水性、是否有老人和儿童的安全隐患等等都是选择杂志架需要考虑的因素。

（图 7-4-1）工艺美术式杂志架

（图 7-4-2）ART DECO 式杂志架

（图 7-4-3）好莱坞摄政式杂志架

（图 7-4-4）传统杂志架

（图 7-4-5）20 世纪五六十年代丹麦杂志架

（图 7-4-6）20 世纪五六十年代德国杂志架

（图 7-4-7）20 世纪五六十年代美国杂志架

（图 7-4-8）木质杂志架

（图 7-4-9）塑料杂志架

（图 7-4-10）金属与皮革杂志架

（图 7-4-11）家用杂志架

7-5 鞋架（Shoe Rack）/ 鞋柜（Shoe Cabinet）

鞋架是一种专用于储存鞋子的柜子，它可以独立于壁橱内，或者与储藏系统融为一体。鞋架的种类和式样数不胜数，从搁板式、挂钩式到支架式、盒式等，从简到繁，从大到小，从木材到金属，不一而足。

鞋架可以替代鞋盒，后者往往会占用更多的空间。鞋架还可以储存除鞋子以外的几乎任何物品，让家里保持井然有序。鞋架通常置于入户门厅，方便家人和客人换鞋；因此有些鞋架结合了储存盒与软垫座面。常见的鞋架包括：

（图 7-5-2）衣橱鞋架

1）悬挂式鞋架（Hanging Shoe Rack）- 适用于步入式衣柜，挂鞋架可以从挂衣杆上悬垂下来；它也适用于卧室门或者衣帽间门的门背板（图7-5-1）。

（图 7-5-1）悬挂式鞋架

2）衣橱鞋架（Closet Shoe Rack）- 适用于放置在地板上的一种鞋架（图7-5-2）。

4）独立式鞋架（Free-Standing Shoe Rack）- 适用于收藏较多的鞋子，它通常只占用卧室或者壁橱的角落（图7-5-4）。

（图 7-5-3）床底鞋架

3）床底鞋架（Under-the-Bed Shoe Rack）- 能够最大限度地利用卧室的储存空间，它可以藏在床下，滑动轻便，保持鞋子干净整洁（图7-5-3）。

（图 7-5-4）独立式鞋架

　　自从人类有了超过一双鞋子的时候，如何储存另一双鞋子便成了人们思考的问题之一；鞋柜，这件专用于储存鞋子的储藏柜因此应运而生。虽然鞋柜的大小、材质和式样丰富多样，但是每个人都能找到最适合自己实际需要的鞋柜。木质鞋柜常用橡木、松木或者夹板来制作。市场上的鞋柜类型大致上可以分为五大类：

（图 7-5-6）旋转式鞋柜

2） 旋转式鞋柜（Revolving Shoe Storage Cabinet）- 它是适用于墙角的木质鞋柜，可以最大限度地利用空间 **（图 7-5-6）**。

（图 7-5-8）松木鞋柜

4） 松木鞋柜（Pine Shoe Storage Cabinet）- 它具有经典而质朴的外观，基本结构由多层搁板和柜门或者多个翻斗式抽屉所组成 **（图 7-5-8）**。

（图 7-5-5）五层平鞋柜

1） 五层平鞋柜（5 Tiered Plain Shoe Storage Cabinet）- 它通常配有折叠式的抽屉，鞋子斜插入抽屉后关闭；其每层抽屉一般可以储存 5 双鞋子 **（图 7-5-5）**。

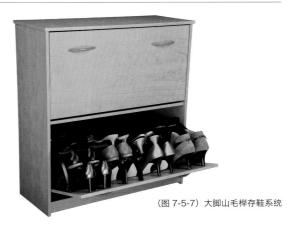

（图 7-5-7）大脚山毛榉存鞋系统

3） 大脚山毛榉存鞋系统（Big Foot Beech Shoe Storage Solution）- 它是一种很特别的鞋柜，结构由一个抽屉和四个储鞋箱组成，可以容纳大约 24 双鞋子 **（图 7-5-7）**。

（图 7-5-9）抽屉式鞋柜

5） 抽屉式鞋柜（Drawer Shoe Cabinet）- 它通常有 3~4 个翻斗抽屉，其翻斗抽屉数量视鞋柜大小而定，每个抽屉可以存放约 3 双鞋子。其外观光滑简洁，有时候可以用几个柜子来组合造型，是现代居室的最佳选择 **（图 7-5-9）**。

7-6 酒架（Wine Rack）

　　无论你是葡萄酒爱好者还是偶尔享受一杯，都需要了解一点酒架的类型和式样。酒架的设计从保存一瓶至一百多瓶不等；材质从木质到金属，造型千姿百态，适应任何房间。酒架的基本功能在于保证软木塞完全被酒覆盖，因为软木塞一旦干燥之后会影响葡萄酒的老化过程，并且可能破坏葡萄酒中的氧平衡，所以需要酒瓶保持适当的角度来确定软木塞的稳定和饱和，这成为酒架设计的基本原理。

（图 7-6-3）古董酒架

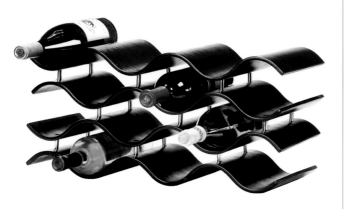

（图 7-6-1）现代酒架

　　就式样来说，酒架共分为现代、传统、古董和新奇四大类：
1） 现代酒架（Modern Wine Rack）的造型最为新颖大胆，色泽鲜艳，材料丰富，能够轻松展示主人品位并成为房间的焦点 (图 7-6-1)

3） 古董酒架（Antique Wine Rack）集艺术与工艺于一身，细节复杂，外观华丽，造型令人印象深刻，更像是一件精致的家具而非普通的储藏工具 (图 7-6-3)

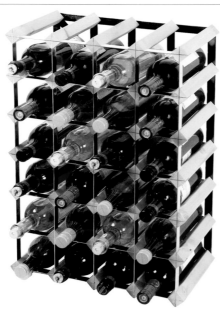

（图 7-6-2）传统酒架

（图 7-6-4）新奇酒架

2） 传统酒架（Traditional Wine Rack）造型自然、简洁，模仿古典风格的外形，优雅精致，注重与空间整体融为一体 (图 7-6-2)

4） 新奇酒架（Novelty Wine Rack）看起来有点像现代酒架，但是其特征在于异想天开的储存方式，常见于单瓶酒架的设计，强调表达个人趣味并增添装饰元素 (图 7-6-4)。

常见的酒架种类包括：

（图 7-6-5）单瓶酒架

1） 单瓶酒架（Single Bottle）- 可能在技术上不被认为是酒架，但是它们以新奇独特的设计和特定的服务目的而赢得多数人的喜爱 (图 7-6-5)。

（图 7-6-6a）桌面和台面酒架

（图 7-6-6b）桌面和台面酒架

2） 桌面和台面酒架（Table Top & Counter Wine Rack）- 能装 3~5 瓶葡萄酒，其中桌面酒架装饰更为华丽，适用于餐桌作为中心饰物；台面酒架更愿意与环境融合，更注重功能多过形式 (图 7-6-6a，图 7-6-6b)。

（图 7-6-7）多层酒架

（图 7-6-8）模块酒架

（图 7-6-9）酒车

3） 多层和模块酒架（Stacking & Modular Wine Rack）- 适合那些希望酒架随着其收藏数量的增加而扩展的消费者，多层酒架能不断向上叠加单位 (图 7-6-7)，而模块酒架则呈水平和垂直双向发展 (图 7-6-8)。

4） 酒车（Wine Cart）- 非常灵活机动的一种储酒方式，特别适合于社交聚会的公众场合，同时也适合于家居空间，具有别具一格的装饰效果 (图 7-6-9)。

（图 7-6-10）壁挂酒架

（图 7-6-11）面包师酒架

（图 7-6-12）开敞柜式酒架

（图 7-6-13）封闭柜式酒架

5） 壁挂酒架（Wall Mount Wine Rack）- 是节约空间的首选，通常呈水平或者垂直方向布置并储存 5~10 瓶酒 (图 7-6-10)。

6） 面包师酒架（Bakers Rack Wine Rack）- 是一种类似于碗柜的多层酒架，大多为锻铁制造，其上层搁板放酒杯等，而下层搁板则储存酒瓶 (图 7-6-11)。

7） 柜式酒架（Cabinet Style Wine Rack）- 其规模大小不一，因为能够很好地保护葡萄酒而成为最受欢迎的一种酒架形式；柜式酒架既有开敞式设计，也有封闭式设计 (图 7-6-12，图 7-6-13)。

7-7 镜架（Freestanding Dressing Mirror）

人类在公元前六千年就已经学会了研磨岩石来制作抛光石镜；公元前四千年出现了抛光铜镜；据说在公元一世纪人类发明了金属镀膜玻璃镜。中国早在公元 500 年开始制作银汞合金镜子；16 世纪的威尼斯专门为权贵阶层生产银汞合金镀膜玻璃，当时是一件十分昂贵的奢侈品，成为宫廷室内装饰的显耀物品；路易十四的凡尔赛宫就以其金碧辉煌的镜厅而闻名于世。拿破仑一世称帝时期的帝国风格独立镜架（落地式和桌台式）尤为引人注目（图 7-7-1，图 7-7-2）。镀银玻璃镜于 1835 年由德国化学家尤斯图斯·冯·李比希（Justus von Liebig）发明，这种镀银镜大大降低了镜子的制作成本，从此镜子被大规模生产。

自从镜子诞生以来，镜子就成为人类家居生活当中不可缺少的组成部分。镜架分有框和无框，连接和独立，单镜和多镜等六种。传统镜架的顶部拱起而两侧边垂直，通常与梳妆台连接。与梳妆台连接的镜架常见正中立一块大镜子或者一大二小共三面镜子，木质镜框常用橡木或者樱桃木制作，镜框之间则用铰链连接。现代梳妆台镜架大多采用镀铬或者镀镍拉丝处理。

镜架边框的材质和式样反映出其所诞生时代的装饰风格；简洁的金属或者松木镜架适用于当代风格家居（图 7-7-3）；橡木或者软木镜架适用于田园风格家居（图 7-7-4）；油漆并且做旧处理的镜架则适用于怀旧或者新怀旧风格家居（图 7-7-5）；装饰繁复华丽的镀金镜架当属巴洛克或者洛可可风格家居（图 7-7-6）；而 ART DECO 风格的镜架则常见梯形锐角或者几何形状的造型（图 7-7-7），诸如此类。

镜架常用于浴室、卧室或者衣帽间等空间，因为这是几个人们审视和整理自己容貌和衣着的私密空间。桌台式镜架用于美容化妆，而落地式镜架则用于穿衣打扮。常见的镜架式样包括：

（图 7-7-1）帝国风格桌台式镜架

（图 7-7-3）当代式镜架

（图 7-7-4）田园式镜架

（图 7-7-5）新怀旧式镜架

（图 7-7-2）帝国风格落地式镜架

（图 7-7-6）古典式镜架

（图 7-7-7）ART DECO 式镜架

（图 7-7-8）穿衣镜架

（图 7-7-9）化妆镜架

1）穿衣镜架（Full Length Freestanding Mirror）- 它通常带有可移动支架，便于储存，其式样包括椭圆形和长方形便于审视全身 (图 7-7-8)。

2）化妆镜架（Cosmetic Mirror）- 它通常与基座连接一起安装在台面之上，以圆形和方形为主，适用于化妆和剃须 (图 7-7-9)。

（图 7-7-10）木质穿衣镜

（图 7-7-11）金属穿衣镜

3）穿衣镜（Cheval Glass）- 它由两根支柱与一根横杆和一块镜子所组成，其底部由两对长足支撑。穿衣镜首先出现于 18 世纪末，镜面可以围绕横杆翻转并且停留在任意角度；其高度甚至可以通过平衡锤和脚架或者皮带轮来调节 (图 7-7-10，图 7-7-11)。

7-8 壁架（Ledge）/门厅搁板（Entryway Shelf）

壁架是指一种浮式木质搁板，其侧面轮廓往往呈锥形；其边沿逐步往后退缩变小。人们给壁架添加一些装饰线条，使其看起来有一点古典的味道，也使其比一般的搁板更具装饰性（图7-8-1）。现代壁架通常呈直线型，并且带直角边沿，看起来线条流畅、简洁。壁架通常带有内置隐藏的安装系统，支撑点的数量依据壁架的长短而定，目的是让壁架像是悬浮在墙壁之上（图7-8-2）。

壁架是展示照片、装饰画和饰品的绝佳平台，它适用于门厅、客厅、卧室和书房等空间。常见壁架被安装在门厅的旁边，或者是两个独立家具之间。今天很多设计师喜欢用壁架来装饰沙发墙、电视墙或者餐边墙，其好处在于不用担心照片、装饰画或者饰品之间的距离，它们可以随意地松散或者聚集地摆放，而且也使墙面看上去更整洁。

壁架的主要特征在于其灵活性和装饰性，常见的壁架用法包括：

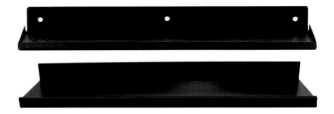

（图7-8-4）现代书架

2）现代书架（Modern Bookshelf）- 可以选择颜色比较深的壁架当作书架来使用，建议安装三组6块搁板，每组间距保持约3厘米；注意书籍与相框或者饰品等混合搭配（图7-8-4）。

（图7-8-5）带黑板壁架

3）黑板（Blackboard）- 背部带有黑板的壁架适用于厨房，方便家人相互留言；同时为了方便搁置粉笔和粉笔擦，黑板的最下端应该带一块小搁板（图7-8-5）。

（图7-8-6）简易壁炉架

4）简易壁炉架（Makeshift Fireplace Mantel）- 这是今天一种比较流行的壁炉架形式，它可以代替传统的壁炉架，但是更加简洁实用。人们利用其台面作为展示烛台或者照片等的平台。注意壁架尺寸与壁炉尺寸的协调关系（图7-8-6）。

（图7-8-1）古典壁架	（图7-8-2）现代壁架

（图7-8-3）墙雕塑壁架

1）墙雕塑（Wall Sculpture）- 壁架丰富的造型使其本身也可以成为视觉焦点，甚至可以选择多个壁架的组合来制造有机造型（图7-8-3）。

（图 7-8-7）强化沙发壁架

（图 7-8-8）多层安装壁架

5） 强化沙发（Sofa Enhancement）- 壁架常用于强化沙发的外观，同时也充分利用沙发背景的空白墙面。木质的壁架可以直接固定在沙发背后的墙面，用于展示照片和画框等（图 7-8-7）。

6） 多层安装（Multi-level Installation）- 可以选择一些不同风格和尺寸的壁架混合错开安装，如此展示照片或者画框的方式适合于混搭风格的空间（图 7-8-8）。

（图 7-8-9）角落搁板

（图 7-8-10）布置房间壁架

8） 布置房间（Frame a Room）- 在房间的某一面墙或者几面墙上安装壁架的做法适合于展示主人比较多的收藏品，比如布娃娃、皮球、小火车或者茶壶等（图 7-8-10）。

　　门厅搁板是一种比壁架功能性更强一些的壁挂式搁板。除了搁板之外，它还包括有小储物柜和衣帽架的功能，通常采用木材制作。它被安装在入户门厅空间，往往与换鞋凳搭配应用（图7-8-11，图7-8-12）。

7） 角落搁板（Corner Shelve）- 这是一种充分利用墙角无用空间的解决方案（图 7-8-9）。

（图 7-8-11）门厅搁板

（图 7-8-12）门厅搁板

7-9 马桶柜（Toilet Cabinet）

马桶柜是一种并非常见的小件实用家具。卫生间的储物需求十分重要，马桶柜正好利用马桶背后上部空间来解决这一问题。马桶柜是一种带支架的架空储物柜，也可以做成固定在墙面上的吊柜。马桶柜除了具备为卫生间提供储物功能之外，也给卫生间增添了一份美感，使卫生间看起来更加整洁干净。

市场上有多种马桶柜式样可供选择，常见的马桶柜式样包括：

（图 7-9-1）直立式马桶柜　　　　（图 7-9-2）直立式马桶柜

1） 直立式马桶柜（Standing Cabinet）- 这是一种最常见的马桶柜式样，它多半采用木材或者金属制造，通过支撑架站立在马桶的两侧，并且保证其底部超过马桶水箱一定距离；其柜体通常带有平开双门或者是开敞式搁板，总体高度并无限制 (图 7-9-1, 图 7-9-2)。

2） 多功能马桶柜（Multi-purpose Cabinet）- 这是一种比较复杂的马桶柜式样，它通常带有抽屉和搁板，并且被划分为多个储物区域；其顶部为带门的闭合空间，下一层为搁板，再往下面是 2~4 个抽屉和搁板。它常用木材来制作 (图 7-9-3)。

（图 7-9-3）多功能马桶柜

（图 7-9-4）开敞式搁板

（图 7-9-5）开敞式搁板

3） 开敞式搁板（Open Shelves）- 这是一种基本上像搁板或者吊柜的马桶柜，其特点为易于整理，方便拿取，视觉上比柜体更加随意开放 (图 7-9-4, 图 7-9-5)。

（图 7-9-6）嵌入式马桶柜

（图 7-9-7）嵌入式马桶柜

4） 嵌入式马桶柜（Recessed Cabinet）- 这是一种埋入墙体内的储藏柜，因此只有柜门暴露在外。其简洁的柜门经常被做成一面镜子，有时候连柜门也被省略掉，直接敞开柜体和搁板，十分简单明了 (图 7-9-6, 图 7-9-7)。

7-10 室外家具（Outdoor Furniture/Patio Furniture）

在轻松愉快的露台之上和壁炉旁边，人们忘情地享受着阳光带来的温暖和花草带来的清香，室外生活是最好的放松和恢复精神的生活方式。在一个空白的露台 / 平台或者阳台上随意地放上几把室外椅子，它会立刻变得富有吸引力，也能够马上成为室外活动的焦点（图7-9-1）。作为家庭花园的主角，一件合格的室外家具必须首先满足实用和舒适，其次任凭日晒、风吹和雨淋，依然历久弥新；同时要求维护简单，最后还要容易与周围环境融为一体（图7-10-2）。

一个完美的家庭花园离不开室外家具，无论是几把熟铁座椅，还是一张木质躺椅。室外家具通常包括桌子、茶几、靠椅、躺椅、摇椅、沙发和遮阳伞等。在选择任何一种材料的室外家具之前，需要考虑的因素还包括预算、空间大小和位置、当地的气候条件和维护条件等。由于高品质的室外家具一般很贵，不可折叠的室外家具太占用空间，木质和藤编家具又怕阳光和雨水，还有木质室外家具需要定期油漆等。

室外家具当中以法国随处可见的酒馆式家具（Bistro Furniture）闻名天下，它们不仅常现于饭店、酒馆，也散见于露台、花园，是一件极具法国民间风情的家具。它们采用锻铁、铸铁、木材和大理石制作，有些家具的表面被油漆成五颜六色，散发出一股轻松愉快的休闲气氛（图7-10-3，图7-10-4）。

19—20世纪的维多利亚时期盛行一种铸铁室外家具，是当时英、美两国淑女们的最爱。它们通常被布置在淑女们最常去的玫瑰花园里或者屋后露台上，在树影婆娑、鸟语花香的玫瑰花园背景的衬托之下，淑女坐在漆成白色的铸铁椅子上捧书静读，与宽大蓬松的裙子形成一幅温馨的画面（图7-10-5，图7-10-6）。

说到室外家具，有一件室外家具估计无人不晓或者没有人没用过，它叫做单椅（Monobloc）（图7-10-7）。据信是乔·科伦波（Joe Colombo）于1965年制作了原型，后来意大利设计师维科·马吉斯特提（Vico Magistretti）于1967年设计了第一把单椅，最终在20世纪70年代末被量产。它采用约3公斤的聚丙烯制作（当然有不少地方是采用回收塑料制作），重量轻巧，可以堆叠。尽管有不少人认为它很丑，不过它可以全天候使用，并且价格低廉。它可能是世界上知名度最高而且产量无人匹敌的椅子，现在它在全世界无处不在。

以下是一些常见的室外家具种类可供选择：

（图 7-10-1）花园与室外家具

（图 7-10-2）花园与室外家具

（图 7-10-3）法国酒馆式家具

（图 7-10-4）法国酒馆式家具　　（图 7-10-5）维多利亚式铸铁家具

（图 7-10-6）维多利亚式铸铁家具　　（图 7-10-7）单椅

（图 7-10-8）塑料室外家具　　　　　　　　（图 7-10-9）塑料室外家具

1）塑料室外家具 - 塑料室外家具款式多样，价格低廉，档次较低，清理和维护均十分简便（图 7-10-8，图 7-10-9）。

（图 7-10-10）熟铁室外家具

2）熟铁室外家具 - 熟铁作为家具材料的历史悠久，是由铁匠用手工锻造而成。熟铁室外家具因其恒久经典的式样和经久耐用的品质而一直深受广大消费者的喜爱；它可以独成一景，也可以组成一套，还可以围成一圈。熟铁家具需要简单的维护防锈（图 7-10-10，图 7-10-11）。

（图 7-10-11）熟铁室外家具

（图 7-10-13）铝质室外家具

（图 7-10-12）铝质室外家具

3）铝质室外家具 - 铝是当今最流行的新兴室外家具材质，它几乎无需保养，也不怕任何日晒雨淋和自然生锈。它造型简洁、应用广泛、款式丰富、造价低廉、经济实惠、可塑性强、舒适美观。铝质家具质轻耐用，但美感有限（图 7-10-12，图 7-10-13）。

（图 7-10-14）藤编室外家具

（图 7-10-15）藤编室外家具

4）藤编室外家具 - 藤编室外家具现在大多由人造藤条编织而成，能够适应任何室外自然环境。它款式多样、高贵典雅、浑然大气、使用舒适、应用广泛。藤编家具需要定期维护，不太适合干燥的地区。人们更多的时候喜欢把它放在诸如阳光房这样的半室内空间里，添加几块软靠垫，把那里当成家庭第二客厅（**图 7-10-14，图 7-10-15**）。

（图 7-10-16）木质室外家具

5）木质室外家具 - 木质室外家具历史悠久、应用广泛、样式丰富、亲切自然、结实耐用，深受大众的喜爱。它几乎能与任何花园风格、装饰材料、主题色调相匹配。松木是木质室外家具中间最为流行和最朴实的木种，易于染色、上漆。柚木是木质室外家具中的佼佼者，它品质优良、高贵大气、经久耐用、木质稳定、天然防腐、耐温耐寒。木质家具需要简单的维护。原产于北美的雪松木质紧密、安全可靠，适合制作质朴的乡村风格室外家具；其他适合室外家具的木材还有红杉和柳木等。室外家具要求经受住常年日晒雨淋的侵蚀，雪松和柚木成为首选（**图 7-10-16，图 7-10-17**）。

（图 7-10-17）木质室外家具

欧美古典家具在发展的历史长河中，千姿百态的造型和目不暇接的技术从未中断过，特别是自15世纪文艺复兴时期开始走上高速发展的轨道，直至19世纪末20世纪初才逐渐将舞台让位于新兴的ART DECO式家具，但是此时的家具仍然喜欢一些简化的装饰线条或者镶嵌技术。然后现代主义运动成为主流，更多的现代材料和技术层出不穷，设计师将精力主要用于家具的外观设计和人体工程学的应用。从此设计师对于最新材料和技术的探索和应用就从未停止。

不过无论如何发展，今日家具设计师和室内设计师们仍然需要了解一些古典家具身上的常用名称和相关常识。尽管现代家具制造大多早已抛弃了传统手工制作的工艺，但是这些传统技术仍然会被应用于高端仿古家具。就算我们不需要成为家具专家，了解一些古典家具知识依然有助于从事有关的工作，因为它们都是经过时间考验而留下的人类智慧的结晶。

8-1 椅背（Chair Backs）

椅背是坐具类家具设计首要考虑的要素之一，因为一件坐具的舒适度在很大程度上来自椅背的设计。在人体工程学远未出现之前，古典坐具的椅背主要考虑的是其形状、图案、材质与做工。因此各式各样的椅背造型便成为古典坐具价值的重要指标之一。

1）花束椅背（Anthemion）- 出现于18世纪晚期，应用于赫伯怀特式样中的希腊图形（图8-1-1）。

（图8-1-1）花束椅背

（图8-1-2）气球形椅背

2）气球形椅背（Balloon）- 出现于19世纪中期，应用于维多利亚和新艺术式样（图8-1-2）。

（图8-1-3）栏杆椅背

3）栏杆椅背（Banister）- 出现于17—19世纪，类似于杆状椅背，只是杆件均为车削，应用于早期美国、威廉与玛丽和谢拉顿式样（图8-1-3）。

（图 8-1-4）弯曲木椅背

4） 弯曲木椅背（Bentwood）- 出现于 19 世纪晚期，应用于新艺术式样 (图8-1-4)。

（图 8-1-5）弓形椅背

5） 弓形椅背（Bow）- 出现于 17—19 世纪，应用于温莎椅 (图8-1-5)。

（图 8-1-6）交叉椅背

6） 交叉椅背（Crossbar）- 出现于 19 世纪早期，应用于谢拉顿和邓肯·法伊夫式样 (图8-1-6)。

（图 8-1-7）横杆椅背

7） 横杆椅背（Crosspiece）- 出现于 18—19 世纪，应用于谢拉顿、邓肯·法伊夫和美国帝国式样 (图8-1-7)。

（图 8-1-8）提琴椅背

8） 提琴椅背（Fiddle）- 出现于 18 世纪，有时也呈花瓶形，应用于安妮女王、殖民时期、联邦和美国帝国式样 (图8-1-8)。

（图 8-1-9）梯形椅背

9） 梯形椅背（Ladder）- 出现于 15—20 世纪，其水平等距条板呈直线或者曲线形，应用于早期美国、殖民时期、齐朋德尔、谢克尔和工匠风格 (图8-1-9)。

（图 8-1-10）板条椅背

10） 板条椅背（Lath）- 出现于 19—20 世纪，呈弯曲状垂直向上，非常坚固（图 8-1-10）。

（图 8-1-11）格栅椅背

11） 格栅椅背（Lattice）- 出现于 18 世纪晚期，应用于齐朋德尔和谢拉顿式样（图 8-1-11）。

（图 8-1-12）里拉琴椅背

12） 里拉琴椅背（Lyre）- 出现于 19 世纪早期，应用于邓肯·法伊夫式样（图 8-1-12）。

（图 8-1-13）椭圆形椅背

13） 椭圆形椅背（Oval）- 出现于 18 世纪，应用于亚当和赫伯怀特式样（图 8-1-13）。

（图 8-1-14）镂空板椅背

14） 镂空板椅背（Pierced Splat）- 出现于 18 世纪晚期，应用于乔治和齐朋德尔式样（图 8-1-14）。

（图 8-1-15）枕顶椅背

15） 枕顶椅背（Pillow Top）- 出现于 19 世纪，其狭长的顶部称作"枕顶"（图 8-1-15）。

（图 8-1-16）长方形或者方形椅背

16） 长方形或者方形椅背（Rectangular or Square）- 出现于 18 世纪晚期，应用于联邦和谢拉顿式样（图 8-1-16）。

（图 8-1-17）圆形椅背

17） 圆形椅背（Round）- 出现于 19 世纪中期，通常是一个无软垫的空框架（图 8-1-17）。

（图 8-1-18）卷形椅背

18） 卷形椅背（Scroll）- 出现于 19 世纪，应用于邓肯·法伊夫式样（图 8-1-18）。

（图 8-1-19）捆扎椅背

19）捆扎椅背（Sheaf）- 出现于 18世纪晚期，它也经常在长木板上镂空成同样的形状（图 8-1-19）。

（图 8-1-20）盾形椅背

20）盾形椅背（Shield）- 出现于 18世纪晚期，应用于亚当和赫伯怀特式样（图 8-1-20）。

（图 8-1-21）实心椅背

21）实心椅背（Solid）- 出现于17—20 世纪，应用于詹姆士一世、早期美国、殖民时期、美国帝国和工匠风格（图 8-1-21）。

（图 8-1-22）杆状椅背

22）杆状椅背（Stick/Spindle）- 出现于 17—19 世纪，常见于乡村家具，应用于早期美国、殖民时期、谢克尔和工匠风格式样（图 8-1-22）。

（图 8-1-23）门梃与面板椅背

23）门梃与面板椅背（Stile and Panel）- 出现于 18 世纪，应用于早期美国和威廉与玛丽式样（图 8-1-23）。

（图 8-1-26）壶形椅背

26）壶形椅背（Urn）- 出现于 19 世纪早期，应用于谢拉顿式样（图 8-1-26）。

（图 8-1-24）上横梁椅背

24）上横梁椅背（Top Rail）- 出现于20 世纪，应用于新艺术和北欧现代式样（图 8-1-24）。

（图 8-1-25）车削椅背

25）车削椅背（Turned）- 出现于17—18 世纪，应用于早期美国式样（图 8-1-25）。

8-2 椅扶手（Chair Arms）

　　除了椅背，欧美古典坐具价值的另一个重要指标则是扶手。扶手的出现不仅代表着某种身份与地位，而且也标志着工匠们关注如何提高舒适度的开始。一付造型优美，手感舒适的扶手也是椅子美感的重要组成部分。

（图 8-2-1）波形扶手

1）波形扶手（Contoured）- 应用于：威廉与玛丽式样 (图 8-2-2)。

（图 8-2-2）弧形扶手

2）弧形扶手（Curved）- 应用于：赫伯怀特、维多利亚和新艺术式样 (图 8-2-2)。

（图 8-2-3）外张扶手

3）外张扶手（Outward Flare）- 应用于：安妮女王、殖民时期、乔治、齐朋德尔和新艺术式样 (图 8-2-3)。

（图 8-2-4）简单车削或者平直扶手

4）简单车削或者平直扶手（Simple Turning or Flat）- 应用于：早期美国、齐朋德尔、谢克尔和工匠风格式样 (图 8-2-4)。

（图 8-2-5）弯曲扶手

5）弯曲扶手（Slight Curved）- 应用于：亚当和美国帝国式样 (图 8-2-5)。

（图 8-2-6）斜扶手

6）斜扶手（Slopes to Front Posts）- 应用于：詹姆士一世、联邦、谢拉顿和邓肯·法伊夫式样 (图 8-2-6)。

（图 8-2-7）直线扶手

7）直线扶手（Straight）- 应用于：早期美国、威廉与玛丽和工匠风格式样 (图 8-2-7)。

8-3 桌 / 椅腿（Table/Chair Legs）

　　欧美古典家具的腿部也是非常重要的构成部分，它们是让家具离开地面的支撑部件，也是使家具显得更加高贵典雅的重要手段之一。每个时期都有其流行的桌 / 椅腿式样，与时代背景和审美趋势有着十分紧密的关联。

（图 8-3-1）卡布里弯腿

1） 卡布里弯腿（Cabriole）- 源自中国和希腊，流行于 18 世纪早期，应用于威廉与玛丽、安妮女王、殖民时期、乔治和齐朋德尔式样（图 8-3-1）。

（图 8-3-2）雕刻腿

2） 雕刻腿（Carved）- 应用于：邓肯·法伊夫式样（图 8-3-2）。

（图 8-3-3）贵人腿

3） 贵人腿（Curule）- 弯曲 X 形交叉状，应用于亚当、谢拉顿和邓肯·法伊夫式样（图 8-3-3）。

（图 8-3-4）装饰卡布里弯腿

4） 装饰卡布里弯腿（Decorated Cabriole）- 通常在转弯处进行雕刻修饰，常应用于：安妮女王、殖民时期、乔治和齐朋德尔式样（图 8-3-4）。

（图 8-3-5）复杂车削腿

5） 复杂车削腿（Elaborate Turning）- 车削式样复杂，应用于威廉与玛丽、殖民时期和维多利亚式样（图 8-3-5）。

（图 8-3-6）外展腿

6） 外展腿（Flared）- 与八字腿相同也类似于军刀腿，应用于谢拉顿、邓肯·法伊夫、美国帝国和谢克尔式样（图 8-3-6）。

（图 8-3-7）弗兰德卷形腿

7） 弗兰德卷形腿（Flemish Scroll）- 发展于 17 世纪后半叶，应用于巴洛克晚期和威廉与玛丽式样（图 8-3-7）。

8）凹槽腿（Fluted）- 源自古希腊柱式，近似于凸脊腿（Reeded Legs），区别在于圆柱或圆锥表面雕刻凹槽。盛行于18世纪下半叶，应用于赫伯怀特和维多利亚式样（图8-3-8）。

（图8-3-8）凹槽腿

（图8-3-9）肘形腿

9）肘形腿（Hock）- 属于卡布里弯腿的变种（图8-3-9）。

（图8-3-10）里拉琴腿

10）里拉琴腿（Lyre-Shaped）- 流行于19世纪早中期，应用于帝国式样（图8-3-10）。

（图8-3-11）马尔堡腿

11）马尔堡腿（Marlborough）- 出现于18世纪中期，其表面经常呈凹槽方块脚特征，应用于齐朋德尔式样（图8-3-11）。

（图8-3-12）帕森斯腿

12）帕森斯腿（Parsons）- 通常与帕森斯椅一起出现（图8-3-12）。

（图8-3-13）凸脊腿

13）凸脊腿（Reeded）- 源自古希腊和罗马，近似于凹槽腿（Fluted Legs），区别在于：圆柱或圆锥表面雕刻凸圆脊。发展于18—19世纪，应用于亚当、赫伯怀特、联邦、谢拉顿、邓肯·法伊夫、摄政和帝国式样（图8-3-13）。

（图8-3-14）小卡布里弯腿

14）小卡布里弯腿（Restrained Cabriole）- 直线型的卡布里弯腿，属于弧度比较缓的弯曲线，应用于美国帝国和维多利亚式样（图8-3-14）。

（图8-3-15）圆柱形腿

15）圆柱形腿（Round）- 基本呈圆柱形但是包含简单的车削，应用于詹姆士一世、早期美国、威廉与玛丽、殖民时期、齐朋德尔、亚当、赫伯怀特、联邦、谢拉顿、邓肯·法伊夫、美国帝国、谢克尔、维多利亚、工匠风格和新艺术式样（图8-3-15）。

（图8-3-16）军刀腿

16）军刀腿（Saber/Sabre）- 起源于古希腊的克里莫斯椅（Klismos Chair），也称作八字腿（Splayed Legs），应用于谢拉顿、邓肯·法伊夫、摄政和帝国式样（图8-3-16）。

（图 8-3-17）简单车削腿

17） 简单车削腿（Simple Turning）- 车削式样虽然比较简单但是比圆柱形腿又更加复杂些，应用于詹姆士一世、早期美国、殖民时期、谢拉顿、亚当、联邦、邓肯·法伊夫、美国帝国和谢克尔式样（**图 8-3-17**）。

（图 8-3-18）纺锤腿

18） 纺锤腿（Spindle）- 常见于乡村家具式样，也称作车削腿（Turned Legs）（**图 8-3-18**）。

（图 8-3-19）螺旋腿

19） 螺旋腿（Spiral）- 流行于 17 世纪，源自葡萄牙和印度地区，后传至荷兰和英国，应用于威廉与玛丽、帝国晚期和联邦式样（**图 8-3-19**）。

（图 8-3-20）八字腿

20） 八字腿（Splayed）- 向外弯曲，应用于谢拉顿、邓肯·法伊夫、美国帝国和谢克尔式样（**图 8-3-20**）。

（图 8-3-23）锥形腿

23） 锥形腿（Tapered）- 出现于 18 世纪，应用于亚当、赫伯怀特、联邦、谢拉顿、邓肯·法伊夫、美国帝国、谢克尔、工匠风格和新艺术式样（**图 8-3-23**）。

（图 8-3-21）方形腿

21） 方形腿（Square）- 通常用于桌腿，应用于早期美国、谢拉顿、亚当、赫伯怀特、联邦、邓肯·法伊夫、谢克尔、工匠风格和新艺术式样（**图 8-3-21**）。

（图 8-3-24）锥形车削腿

24） 锥形车削腿（Tapered Turning）- 结合锥形腿与车削腿的特点，应用于谢拉顿、亚当和邓肯·法伊夫式样（**图 8-3-24**）。

（图 8-3-22）直腿

22） 直腿（Straight）- 与椅子坐面垂直，应用于詹姆士一世、早期美国、威廉与玛丽、殖民时期、齐朋德尔、亚当、赫伯怀特、联邦、谢拉顿、邓肯·法伊夫、美国帝国、谢克尔、工匠风格和新艺术式样（**图 8-3-22**）。

（图 8-3-25）喇叭腿

25） 喇叭腿（Trumpet）- 一种表现多曲线的车削腿，常见于桌子、高脚柜和底脚柜中，以球形脚（Ball Feet）或者蹄形脚（Bun Feet）结束，应用于巴洛克和威廉与玛丽式样（**图 8-3-25**）。

8-4 桌 / 椅脚（Table/Chair Feet）

桌 / 椅脚指的是桌 / 椅腿的结束部分，它们与腿部的式样保持高度的和谐一致，同时也是一件古典坐具的要素当中，除了椅背之外，另一个非常重要的部位。因此工匠们往往会倾注大量的精力来设计并制作它们。

（图 8-4-1）箭脚

1）箭脚（Arrow） - 圆锥形脚与其腿之间由圆环连接，好像拉长的钝箭脚（Blunt Arrow Foot），盛行于 18 世纪中期，应用于赫伯怀特、谢拉顿和温莎椅式样（图 8-4-1）。

（图 8-4-2）球形脚

2）球形脚（Ball） - 最早的家具脚部式样之一，出现于 17 世纪早期，是更圆的扁球脚（Bun Foot），近似于洋葱脚（Onion Foot），常用于柜脚，应用于威廉与玛丽和联邦式样（图 8-4-2）。

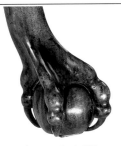

（图 8-4-3）球爪脚

3）球爪脚（Ball and Claw） - 也称作爪球脚（Claw and Ball），模仿兽爪抓球动作的雕刻，常见金属爪抓玻璃球，应用于安妮女王、乔治、齐朋德尔和维多利亚式样（图 8-4-3）。

（图 8-4-4）方块脚

4）方块脚（Block） - 因其常见于马尔堡椅腿而称作马尔堡脚（Marlborough Foot），表面平坦的立方块形脚，应用于詹姆士一世、安妮女王、殖民时期、乔治、齐朋德尔晚期和亚当式样（图 8-4-4）。

（图 8-4-5）钝箭脚

5）钝箭脚（Blunt Arrow） - 是箭脚（Arrow Foot）的缩短版，用于餐边柜或者沙发，应用于谢拉顿式样（图 8-4-5）。

（图 8-4-6）托架脚

6）托架脚（Bracket） - 也称作小桌腿（Console Leg），通常用于柜子，式样有简有繁，应用于早期美国、殖民时期、齐朋德尔、赫伯怀特和谢拉顿式样（图 8-4-6）。

（图 8-4-7）黄铜爪脚

7）黄铜爪脚（Brass Paw/Claw） - 应用于：邓肯·法伊夫和美国帝国式样（图 8-4-7）。

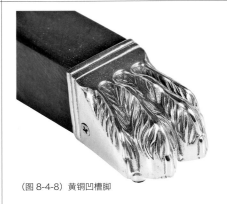

（图 8-4-8）黄铜凹槽脚

8）黄铜凹槽脚（Brass Reeded） - 像一只黄铜鞋套套在木脚端，与脚轮连接，应用于摄政式样（图 8-4-8）。

（图 8-4-9）扁球脚

9）扁球脚（Bun） - 最早的家具脚部式样之一，出现于 17 世纪早期，像一只稍微压扁的球形，而且下部比上部更扁一点，应用于詹姆士一世、威廉与玛丽、安妮女王、殖民时期和乔治式样（图 8-4-9）。

（图 8-4-10）延续脚

10） 延续脚（Continuation of Leg）
- 椅腿一直落地成为椅脚，应用于詹姆士一世、殖民时期、齐朋德尔、亚当、赫伯怀特、联邦、谢拉顿、邓肯·法伊夫、美国帝国、谢克尔、维多利亚、工匠风格和新艺术式样 **(图 8-4-10)**。

（图 8-4-11）铐脚

11） 铐脚（Cuffed）- 出现于殖民复兴式样 **(图 8-4-11)**。

（图 8-4-12）圆柱脚

12） 圆柱脚（Cylindrical）- 又称作长泡形脚（Elongated Bulb Foot），微圆锥形脚与腿之间由圆环连接，其腿表面往往饰以凹槽，应用于乔治和谢拉顿式样 **(图 8-4-12)**。

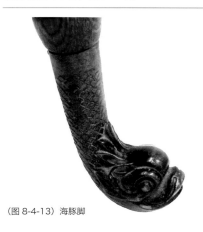

（图 8-4-13）海豚脚

13） 海豚脚（Dolphin）- 出现于 18 世纪中期，应用于摄政、帝国和彼德麦式样 **(图 8-4-13)**。

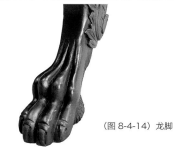

（图 8-4-14）龙脚

14） 龙脚（Drake）- 模仿动物脚爪的雕刻，应用于安妮女王和殖民时期式样 **(图 8-4-14)**。

（图 8-4-15）猛禽脚

15） 猛禽脚（Feral）- 出现于 19 世纪，应用于文艺复兴复兴式样 **(图 8-4-15)**

（图 8-4-16）法国脚

16） 法国脚（French）- 又称作法国托架脚（French Bracket Foot），细长直线或者微曲线型的托架脚（Bracket），常见于柜脚，发展于 18 世纪，应用于谢拉顿、赫伯怀特和联邦式样 **(图 8-4-16)**。

（图 8-4-17）蹄形脚

17） 蹄形脚（Hoof）- 类似于西班牙脚，通常模仿鹿蹄，应用于摄政、威廉与玛丽、路易十五和安妮女王式样 **(图 8-4-17)**。

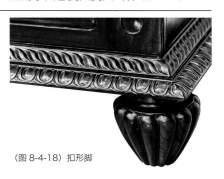

（图 8-4-18）扣形脚

18） 扣形脚（Knob）- 应用于：邓肯·法伊夫式样 **(图 8-4-18)**。

（图 8-4-19）狮爪脚

19）狮爪脚（Lion Paw）- 应用于美国帝国式样（图8-4-19）。

（图 8-4-20）单轴脚

20）单轴脚（Monopodium）- 由兽脚通常为狮脚与呈翅膀或者丰饶角形状的延长体组成，源自古希腊、罗马和埃及，应用于帝国、摄政和希腊复兴式样（图8-4-20）。

（图 8-4-21）S形托架脚

21）S 形 托 架 脚（Ogee Bracket）- 托架正面边缘呈S形，属于托架脚（Bracket Foot）的变种，应用于齐朋德尔、赫伯怀特和早期谢拉顿式样（图8-4-21）。

（图 8-4-22）洋葱脚

22）洋葱脚（Onion）- 出现于文艺复兴早期，但自威廉与玛丽之后少用，应用于威廉与玛丽式样（图8-4-22）。

（图 8-4-23）垫脚

23）垫脚（Pad）- 以其底部的圆盘为特征，又称荷兰脚（Dutch Foot）或者畸形脚（Club Foot），发展于18世纪早期，应用于威廉与玛丽、安妮女王、齐朋德尔、殖民时期和乔治式样（图8-4-23）。

（图 8-4-24）兽爪脚

24）兽爪脚（Paw/Claw）- 模仿兽爪常常是狮爪的雕刻，应用于乔治、齐朋德尔、谢拉顿、邓肯·法伊夫和美国帝国式样（图8-4-24）。

（图 8-4-25）卷形脚

25）卷形脚（Scroll）- 又称法国卷形脚（French Scroll Foot），向内弯曲卷成圈，属于涡旋脚（Whorl Foot）的变种，出现于17世纪晚期，应用于路易十五、齐朋德尔、洛可可复兴、美国帝国式样（图8-4-25）。

（图 8-4-26）蛇形脚

26）蛇形脚（Snake）- 脚部弯曲如蛇身，端头隆起如蛇首，出现于18世纪，应用于安妮女王、齐朋德尔和联邦式样（图8-4-26）。

（图 8-4-27）铲形脚

27）铲形脚（Spade）- 脚呈锥状略宽于腿，出现于18世纪中期，应用于齐朋德尔、亚当、赫伯怀特和谢拉顿式样（图8-4-27）。

（图 8-4-28）西班牙脚

28） 西班牙脚（Spanish）- 模仿马蹄，源自葡萄牙，出现于 17 世纪中期，应用于巴洛克、威廉与玛丽和安妮女王早期式样（图 8-4-28）。

（图 8-4-29）蜘蛛脚

29） 蜘蛛脚（Spider）- 常见于 18 世纪晚期至 19 世纪早期的烛台架和茶桌等轻便家具，应用于谢拉顿和联邦式样（图 8-4-29）。

（图 8-4-30）陀螺脚

30） 陀螺脚（Toupie）- 由圆形和碟形车削而成，出现于 18 世纪后半期，应用于路易十四式样（图 8-4-30）。

（图 8-4-31）支架脚

31） 支架脚（Trestle）- 最古老的桌脚之一，出现于中世纪，应用于乡村或者实用型桌子或者架子（图 8-4-31）。

（图 8-4-33）萝卜脚

33） 萝卜脚（Turnip）- 属于蹄形脚（Bun Foot）的变种，也称作郁金香脚（Tulip Foot），顾名思义状如萝卜车削而成。出现于 17 世纪，应用于詹姆士一世晚期、威廉与玛丽和文艺复兴复兴（Renaissance Revival）式样（图 8-4-33）。

（图 8-4-32）三裂脚

32） 三裂脚（Trifid）- 龙脚（Drake Foot）的另一名称，常用作椅脚和脚凳脚，出现于 18 世纪，应用于安妮女王和齐朋德尔早期式样（图 8-4-32）。

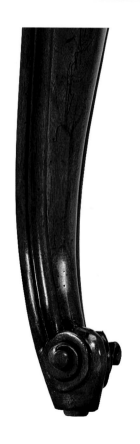

（图 8-4-34）涡旋脚

34） 涡旋脚（Whorl）- 卷成圆圈形的小脚，出现于 17 世纪晚期，应用于洛可可、维多利亚和新艺术式样（图 8-4-34）。

8-5 柜顶饰（Cabinet Top）

　　无论是古典展示柜还是橱柜，其顶部通常都会装饰一个精美的造型，这些造型能够帮助我们鉴定此柜子的制作年份。常见的柜顶造型包括以下六种：

（图 8-5-1）双圆顶

1）双圆顶（Double Dome Top） - 出现于 1690—1720 年，应用于安妮女王和齐朋德尔式样 **(图 8-5-1)**。

（图 8-5-2）断山形墙

2）断山形墙（Broken Pediment） - 出现于 1730—1800 年，应用于齐朋德尔和赫伯怀特式样 **(图 8-5-2)**。

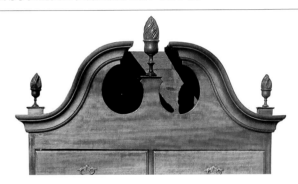

（图 8-5-3）美国软帽顶

3）美国软帽顶（American Bonnet Top） - 出现于 1730—1760 年，应用于安妮女王式样 **(图 8-5-3)**。

（图 8-5-4）鹅颈山形墙

4）鹅颈山形墙（Swan Neck Pediment） - 出现于 1760—1810 年，应用于维多利亚与爱德华式样 **(图 8-5-4)**。

（图 8-5-5）摄政顶

5）摄政顶（Regency Top） - 出现于 1800—1830 年，应用于英国摄政式样 **(图 8-5-5)**。

（图 8-5-6）模板齿形饰

6）模板齿形饰（Moulded Dentil） - 出现于 1780—1810 年，应用于乔治晚期式样 **(图 8-5-6)**。

8-6 抽屉拉手 / 把手（Drawer Pulls/Knobs）

精美的装饰五金所蕴含的高贵质感就如同一位贵妇人每天佩戴的首饰一样重要，所以不要忽略装饰五金在美化家居中所起的作用。一件手工打造的装饰五金（包括装饰把手和装饰拉手）如传世珍宝一样与房屋永远相伴。它们是橱柜、家具和嵌入式定制家具的最佳伴侣。并没有一定的法则规定柜门和抽屉应该用把手还是拉手，通常人们会选择柜门用把手，抽屉用拉手。如果拉手用于柜门，最好将其竖装。虽然你可以任意混合使用不同款式的把手和拉手，但是建议最好与房间的整体装饰风格保持一致。也许选择木质把手和拉手是最保险的用法，其实装饰五金就是橱柜或者家具的首饰，改变装饰五金会直接影响到橱柜和家具的外观。

装饰五金就像是首饰，其品质的好坏决定了橱柜或者家具的品质和价值，所以应该尽量选择高品质的装饰五金。装饰五金有成千上万种不同的式样、尺寸和材质可供选择。在选购之前应该牢记心目中所期望的装饰风格：典雅、乡村、古典还是现代等。装饰五金的表面处理效果应该与房间内其他的金属装饰元素一致，同时也包括墙漆、设备、瓷砖和台板等，装饰五金和装饰线条能够将一件平凡无奇的橱柜转变成不同凡响的家具。

人们似乎很难确定到底需要给橱柜配上把手还是拉手，好像任挑一种均可，因为它们看上去作用相同。事实上，拉手的作用要大得多，而且拉手的装饰效果也明显得多，它能够让一件普通的橱柜或者家具蓬荜生辉。大多数人会选择混合使用把手和拉手，但是它们的图案应该一致。就算是选择不同图案的把手和拉手，它们的材质和表面处理也应该一致。

在选择柜门把手时不一定非得要从头到尾都选择某一种风格的把手，尝试使用两种风格的搭配，比方说现代加维多利亚、工艺美术加现代，或者装饰艺术加工艺美术等，最后的效果往往会出人意料。

古典装饰把手包括以下：

（图 8-6-1）鸢尾花形把手

（图 8-6-2）萨德尔沃思把手和拉手

（图 8-6-3）凯尔特把手

1） 鸢尾花形把手（The Fleur-de-lis Knobs）是一个蕴藏着众多含义的漂亮把手，鸢尾花形象征百合或者睡莲，曾经是法国王室的专用花卉图案，因为法兰克国王克洛维的喜爱而受宠（图8-6-1）。

2） 萨德尔沃思把手和拉手（The Saddleworth Knobs & Pulls）的特征是有着许多漩涡状细节，表面有着很浅的浮雕，所以看上去不会很抢眼（图8-6-2）。

3） 凯尔特把手（The Celtic Isles Knobs）属于浅浮雕，但是并不会因此影响其出众的美观。凯尔特把手以其最早于6世纪出现于英国的福音书上的插图而流传至今的凯尔特结而闻名，从此凯尔特结图案也大量出现于艺术品、文身、珠宝，甚至是剪贴画上面（图8-6-3）。

（图 8-6-4）王冠把手

4） 王冠把手（The Regal Crest Knob）自然有一个硕大的细节图案，它有着优雅的卷形花纹和珠状图案，曾经被用于家族族徽，广泛用于家具、珠宝和藏书票等物品之上（图8-6-4）。

6） 古典编织把手（The Classic Weave Knob）的特点是鲜明的肌理图案，它的应用非常广泛，适合于几乎任何一个房间。编织和结象征着团结，是相对保守设计的最佳选择（图8-6-6）。

（图 8-6-6）古典编织把手

（图 8-6-5）法国庄园把手

5） 法国庄园把手（The Chateau Knob）有着错综复杂的深刻纹，它是法国贵族豪宅的象征。法国庄园把手的外观如此粗壮有力，然而并不失精致和优雅（图8-6-5）。

7） 花纹把手（Floral Knobs）是带有花卉和卷叶装饰的把手，华丽卷曲的花卉使空间更显精致柔美，其中以卷丹状植物装饰最为著名。花纹把手给家具或者橱柜注入生命，仿佛能够闻到它的芬芳（图8-6-7）。

（图 8-6-7）花纹把手

古典美式把手包括：

（图 8-6-8a）鹅颈把手

1）早期美式把手（Early American）受英国把手的影响，强调功能，外观设计简单，其中以鹅颈把手（Swan Neck Pull）（图 8-6-8a）最为有名。东湖把手有着更为精致的设计，是工业革命后大批量生产的把手代表，成为美国把手的经典（图 8-6-8b）。

（图 8-6-8b）东湖把手

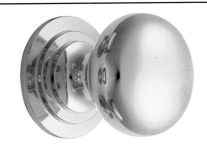

（图 8-6-9a）维多利亚把手

2）维多利亚把手（Victorian）是由东湖把手（Eastlake）演化而来，虽然基本保持了东湖把手的设计特点，但是通过简化设计更加强调了家庭的社会地位（图 8-6-9a，图 8-6-9b）。

（图 8-6-9b）维多利亚把手

（图 8-6-10a）工艺美术把手

3）工艺美术把手（Arts and Crafts）属于一种新怀旧风潮影响下的产物，造型简洁，内容直白，体现了工艺美术的精神（图 8-6-10a，图 8-6-10b）。

（图 8-6-10b）工艺美术把手

（图 8-6-11a）复古把手

4）复古把手（Retro）带有古典的设计特点，装饰性大于功能性，其设计元素来自古典装饰艺术风格（图 8-6-11a，图 8-6-11b）。

（图 8-6-11b）复古把手

（图 8-6-12a）装饰艺术把手

5）装饰艺术把手（Art Deco）大约出现于经济大萧条之后，缘于人们期待更新更美好的生活，强调光滑、纤细的外观，对于后来的现代风格影响深远（图 8-6-12a，图 8-6-12b）。

（图 8-6-12b）装饰艺术把手

常见的古典拉手 / 把手包括：

（图 8-6-13）蝙蝠翼背板吊环拉手

1）蝙蝠翼背板吊环拉手（Bat Wing Plate with Bail）- 通常为黄铜材质，应用于安妮女王、殖民时期、乔治和齐朋德尔式样（图 8-6-13）

（图 8-6-14）黄铜把手

2）黄铜把手（Brass Knob）- 蘑菇形黄铜把手，应用于詹姆士一世、齐朋德尔、联邦、邓肯·法伊夫和美国帝国式样（图 8-6-14）

（图 8-6-15）木雕把手

3） 木雕把手（Carved Wood）- 蘑菇形实木雕刻把手，应用于早期美国、殖民时期和维多利亚式样（图8-6-15）。

（图 8-6-16）玻璃把手

4） 玻璃把手（Glass Knob）- 呈蘑菇状或者球形透明或者彩虹色，应用于邓肯·法伊夫、美国帝国和维多利亚式样（图8-6-16）。

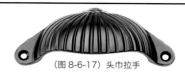

（图 8-6-17）头巾拉手

5） 头巾拉手（Hooded Drawer Pull）- 形状类似于扎在头上的头巾，正面圆弧形凸起，常见于维多利亚时期的橱柜抽屉（图8-6-17）。

（图 8-6-18）狮子拉环拉手

6） 狮头拉环拉手（Lion Head Ring Pull）- 拉环穿过狮嘴，应用于谢拉顿和邓肯·法伊夫式样（图8-6-18）。

（图 8-6-19）圈把手

7） 圈把手（Loop Handle）- 类似于无背板的吊环拉手，应用于早期美国、殖民时期、赫伯怀特、联邦和美国帝国式样（图8-6-19）。

（图 8-6-20）黄铜椭圆形刻纹背板吊环拉手

8） 黄铜椭圆形刻纹背板吊环拉手（Oval Stamped Brass Back Plate with Bail）- 应用于亚当、赫伯怀特、联邦、谢拉顿、邓肯·法伊夫和美国帝国式样（图8-6-20）。

（图 8-6-21）瓷把手

9） 瓷把手（Porcelain Knob）- 呈蘑菇状或者球形白色瓷，应用于维多利亚式样（图8-6-21）。

（图 8-6-22）长方形背板吊环拉手

10） 长方形背板吊环拉手（Rectangular Plate with Bail）- 长方形金属刻纹背板往往带斜角，应用于联邦、谢拉顿、美国帝国、工匠风格和新艺术式样（图8-6-22）。

（图 8-6-23）吊环拉手

11） 吊环拉手（Ring）- 无背板的圆环形拉手，应用于工匠风格（图8-6-23）。

（图 8-6-24）圆形背板拉环拉手

12） 圆形背板拉环拉手（Ring Pull with Round Back Plate）- 背板也呈圆形，应用于威廉与玛丽和安妮女王式样（图8-6-24）。

（图 8-6-25）花结把手

13） 花结把手（Rosette）- 通常为黄铜或者玻璃材质，应用于谢拉顿、美国帝国和维多利亚式样（图8-6-25）。

（图 8-6-26）泪珠拉手

14） 泪珠拉手（Tear Drop）- 泪珠形拉手的背板通常为圆形、椭圆形或者菱形，应用于詹姆士一世、早期美国和威廉与玛丽式样（图8-6-26）。

（图 8-6-27）车木把手

15） 车木把手（Turned Wooden Knob）- 成长圆形，应用于早期美国、威廉与玛丽和殖民时期式样（图8-6-27）。

（图 8-6-28）蘑菇形木把手

16） 蘑菇形木把手（Wooden Mushroom-Shaped Knob）- 因形状似蘑菇而得名，应用于早期美国、美国帝国、谢克尔、维多利亚和工匠风格（图8-6-28）。

8-7 接合方式（Joint）

　　木材的连接或者拼接方式基本上世界通用，历经千百年的演化革新后，基本固定下来这么三大类：燕尾榫、暴露接合和阴阳榫，至今世界上不少坚持手工制作的实木家具工匠们仍然在广泛应用它们。

（图 8-7-2）暴露接合

2） 暴露接合（Exposed Joinery）- 明显的接合杆件，应用于谢克尔和工匠风格 (图8-7-2)。

（图 8-7-1）燕尾榫

1） 燕尾榫（Dovetail）- 主要应用于板块的接合，应用于威廉与玛丽、安妮女王、殖民时期、乔治、齐朋德尔、亚当、赫伯怀特、联邦、谢拉顿、邓肯·法伊夫、美国帝国、谢克尔、维多利亚、工匠风格和新艺术式样 (图8-7-1)。

（图 8-7-3）阴阳榫

3） 阴阳榫（Mortise and Tenon）- 主要应用于杆件的接合，应用于詹姆士一世、早期美国、殖民时期和工匠风格 (图8-7-3)。

8-8 图形（Motif）

建筑装饰构件和浮雕装饰工程的历史可以追溯到古希腊和古罗马时期，它们包括各种装饰线条、百叶窗、装饰木雕、阳台栏杆、山形墙、壁柱、室外壁架、门套、圆屋顶、徽章浮雕、线条与护角、壁炉架、壁龛、墙饰、墙裙、中柱与栏杆柱、木雕线条、装饰梁托、楼梯饰板和柱式等。其装饰图案的主角一直以花卉和树叶为主题——带月桂树叶的花环、桉树、叶蓟属植物、棕榈叶和葡萄藤等。深浮雕在光线的照射下能产生如画一般的阴影，效果壮观。

在以花卉和树叶为主题之前，装饰图案以几何图形为主。它突出了协调和清晰的建筑形体，同时，严谨的几何装饰展现出更宏大的建筑空间。建筑装饰制品是由错综复杂，而又紧凑连接的精致细节所组成，如同次主题的各种自然形状——扭曲的茎梗、树叶、花卉和新芽。大多数著名的建筑装饰的目的在于将海浪、贝壳、鱼类、海豚、花环饰带、丰饶之角、徽章、锥形体和花蕾格式化。每一种主题都对应着特定的含义，例如水果和花卉象征着富饶，棕榈叶和月桂树叶代表着荣誉，词语和蛇则体现了智慧。

历经古典主义、文艺复兴、巴洛克风格、洛可可式样和帝政风格，建筑装饰一直都是平衡、协调和欢庆的动力。直至现代主义的出现，才彻底地改变了建筑装饰的使命，取而代之的是优雅和多变的动态以及奢侈的非对称。在所有的建筑装饰图案当中，最让人感兴趣和最有活力的形状就是螺旋。它不仅仅是经典的设计元素和象征符号，还具有人类现代科学的重要形状——DNA。螺旋形可以从自然界许多地方发现其原型，比如贝壳。那种形如捻卷绳子般的螺旋形在古典家具当中的应用非常广泛，因为它也象征着拧成一股绳般的团结精神。我们能够从世界不同地域的古文明当中发现其踪影。

螺旋形的叶蓟属植物、橡树树叶和花卉等都是来自大自然。其中的叶蓟属植物在地中海文化中象征着永生，橡树则代表了爱和敬神。在爱尔兰传统里，橡树还被用于预言雨季。所以螺旋形的树叶均蕴含着某种重要的信息。通过灵活地运用装饰图案，专业设计师能够将一块单调乏味的墙面按照古典美学的原则进行合乎比例的划分，整个空间因此融为一体。

家具上的装饰图形随着时间推移而千变万化，每个时代都有其特殊象征意义的图形被广泛应用，直至今日很多图形已经固定并常见。

常见的装饰图形包括：

（图 8-8-1）莨苕叶

1）莨苕叶（Acanthus Leaf）- 传统定型化的装饰图形，应用于詹姆士一世、威廉与玛丽、安妮女王、殖民时期、乔治、齐朋德尔、联邦、谢拉顿、邓肯·法伊夫和美国帝国式样 **(图 8-8-1)**。

（图 8-8-2）橡子

2）橡子（Acorns）- 作为椅柱和床柱的尖顶饰，应用于詹姆士一世式样 **(图 8-8-2)**。

（图 8-8-3）箭头

3）箭头（Arrows）- 应用于邓肯·法伊夫式样 **(图 8-8-3)**。

(图 8-8-4) 雕刻头像

4）雕刻头像（Carved Head）- 雕刻人物头像的正面，应用于詹姆士一世样（图 8-8-4）。

(图 8-8-5) 环形

5）环形（Circle）- 应用于谢拉顿和邓肯·法伊夫式样（图 8-8-5）

(图 8-8-6) 海螺壳

6）海螺壳（Conch Shell）- 螺旋形的贝壳，应用于赫伯怀特和联邦式样（图 8-8-6）。

(图 8-8-7) 丰饶角

7）丰饶角（Cornucopia）- 盛满水果或者花卉的犄角，应用于美国帝国式样（图 8-8-7）。

(图 8-8-10) 老鹰

10）老鹰（Eagle）- 美国的国家象征，应用于乔治、联邦和美国帝国式样（图 8-8-10）。

(图 8-8-13) 花形

13）花形（Floral）- 应用于威廉与玛丽、殖民时期、谢拉顿和新艺术式样（图 8-8-13）。

(图 8-8-8) 菱形

8）菱形（Diamond）- 应用于詹姆士一世式样（图 8-8-8）。

(图 8-8-11) 卵锚饰

11）卵锚饰（Egg-and-dart）- 椭圆与箭头交替排列，源自古希腊时期（图 8-8-11）。

(图 8-8-14) 叶形

14）叶形（Foliage）- 通常为树叶或者葡萄藤，应用于谢拉顿、维多利亚和新艺术式样（图 8-8-14）。

(图 8-8-9) 垂花饰

9）垂花饰（Drapery Swag）- 模仿折叠织物下垂的状态，应用于亚当、赫伯怀特、谢拉顿和邓肯·法伊夫式样（图 8-8-9）。

(图 8-8-12) 鱼形

12）鱼形（Fish）- 鱼形出现的机会不多，有一种好莱坞摄政风格的边几桌腿的造型就采用了雕刻的锦鲤图形（图 8-8-12）。

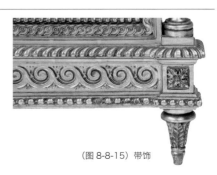

(图 8-8-15) 带饰

15）带饰（Frieze）- 带状的装饰线条，表面饰以重复的图案浮雕，比如莨苕叶、浪花纹和回形纹等（图 8-8-15）。

（图 8-8-16）缘饰

16） 缘饰（Fringe）- 也称作饰边或者流苏 (图 8-8-16)。

（图 8-8-17）几何形

17） 几何形（Geometric）- 图案由方形、圆形和三角形组成，应用于詹姆士一世式样 (图 8-8-17)。

（图 8-8-18）金银花

18） 金银花（Honeysuckle）- 应用于亚当、赫伯怀特和谢拉顿式样 (图 8-8-18)。

（图 8-8-19）格子

19） 格子（Lattice）- 类似交织网状或者交叉带，应用于齐朋德尔和谢拉顿式样 (图 8-8-19)。

（图 8-8-20）狮头

20） 狮头（Lion Head）- 狮头的正面雕刻，应用于乔治式样 (图 8-8-20)。

（图 8-8-21）里拉琴

21） 里拉琴（Lyre）- 应用于亚当、谢拉顿和邓肯·法伊夫式样 (图 8-8-21)。

（图 8-8-22）面具

22） 面具（Mask）- 通常为人物、动物或者神话动物面部的雕刻，应用于乔治式样 (图 8-8-22)。

（图 8-8-23）奖章

23） 奖章（Medallion）- 模仿圆形或者椭圆形的勋章，应用于亚当式样 (图 8-8-23)。

（图 8-8-24）东方图案

24） 东方图案（Oriental Patterns）- 通常彩绘或者涂漆，应用于威廉与玛丽、殖民时期、乔治和齐朋德尔式样 (图 8-8-24)。

（图 8-8-25）蒲葵

25） 蒲葵（Palmetto）- 扇形的棕榈树叶，应用于赫伯怀特式样 (图 8-8-25)。

（图 8-8-26）菠萝

26） 菠萝（Pineapple）- 应用于联邦和美国帝国式样 (图 8-8-26)。

（图 8-8-27）松树形

27） 松树形（Pine Tree）- 常青树，应用于早期美国式样 (图 8-8-27)。

（图 8-8-28）羽毛

28） 羽毛（Plume）- 应用于赫伯怀特、谢拉顿和邓肯·法伊夫式样 **(图 8-8-28)**。

（图 8-8-29）公羊头

29） 公羊头（Ram Head）- 公羊头的侧面，应用于亚当式样 **(图 8-8-29)**。

（图 8-8-30）丝带

30） 丝带（Ribbon）- 应用于齐朋德尔和赫伯怀特式样 **(图 8-8-30)**。

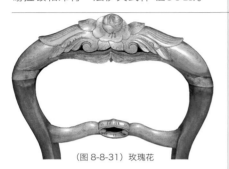

（图 8-8-31）玫瑰花

31） 玫瑰花（Rose）- 玫瑰花或者相似花卉，应用于早期美国式样 **(图 8-8-31)**

（图 8-8-32）卷形

32） 卷形（Scroll）- 模仿一卷羊皮纸的形状，应用于早期美国、威廉与玛丽、乔治、齐朋德尔、谢拉顿、美国帝国和维多利亚式样 **(图 8-8-32)**。

（图 8-8-33）海草

33） 海草（Seaweed）- 表现海生植物，应用于威廉与玛丽、殖民时期式样 **(图 8-8-33)**。

（图 8-8-34）扇贝

34） 扇贝（Shell）- 应用于威廉与玛丽、安妮女王、殖民时期、乔治、齐朋德尔、联邦和谢拉顿式样 **(图 8-8-34)**。

（图 8-8-35）星形

35） 星形（Star）- 应用于联邦、谢拉顿和美国帝国式样 **(图 8-8-35)**。

（图 8-8-36）向日葵

36） 向日葵（Sunflower）- 雏菊形花卉，应用于早期美国式样 **(图 8-8-36)**。

（图 8-8-37）天鹅

37）天鹅（Swan）- 因法兰西第一帝国第一任皇后的喜好而成为法国和美国帝国式样的代表图形 **(图 8-8-37)**。

（图 8-8-38）郁金香

38）郁金香（Tulip）- 杯形花卉，应用于早期美国和新艺术式样 **(图 8-8-38)**。

（图 8-8-40）麦穗

40）麦穗（Wheat Ear）- 应用于亚当和赫伯怀特式样 **(图 8-8-40)**。

（图 8-8-41）带翼人形

41）带翼人形（Winged Human Figure）- 有时候也出现带翼狮首，应用于法国和美国帝国式样 **(图 8-8-41)**。

用于家具上的装饰线条（Trim Molding）**(图 8-8-43)** 源自建筑表面的装饰手段，它们经常应用于家具、橱柜和壁炉架之上。装饰线条包括角线、盖线、绳线、四分之一线和点缀线等等，也有一些应用于室内装饰上如顶角线和踢脚线等。

常见的装饰线条包括：

（图 8-8-43）装饰线条

（图 8-8-39）壶形

39）壶形（Urn）- 类似于花瓶的图形，应用于齐朋德尔、赫伯怀特、谢拉顿和美国帝国式样 **(图 8-8-39)**。

（图 8-8-42）花环

42）花环（Wreath）- 源自古希腊，应用于路易十六式样 **(图 8-8-42)**。

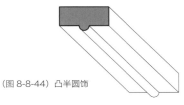

（图 8-8-44）凸半圆饰

1）凸半圆饰（Astragal）- 半圆形装饰线条，由一个半圆形加两个扁方形组成 **(图 8-8-44)**。

（图 8-8-45）小圆凸线

2）小圆凸线（Baguette）- 比凸半圆饰更小的半圆形线条，有时候饰以叶形、珍珠、丝带或者桂冠等图形，这时称作念珠饰（Chapelet）**(图 8-8-45)**。

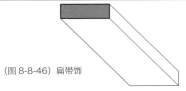

（图 8-8-46）扁带饰

3）扁带饰（Bandelet）- 任何扁长的装饰线条 **(图 8-8-46)**。

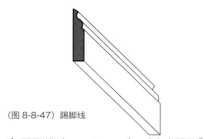

（图 8-8-47）踢脚线

4）踢脚线（Baseboard）-"底座线脚"或者"裙板"，用于装饰和遮挡家具底部（图 8-8-47）。

（图 8-8-50）珠饰

8）珠饰（Beading/Bead）-一串半球形珠线条，比珍珠大（图 8-8-50）

（图 8-8-53）凸嵌线

11）凸嵌线（Bolection）-伸出面框的凸起线条，用于木门或者木板框架与嵌入面板之间的不同表面水平的交叉点（图 8-8-53）。

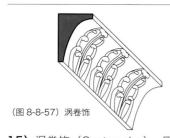

（图 8-8-56）框饰

14）框饰（Casing）-门或者窗洞开口边框线条（图 8-8-56）。

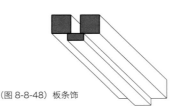

（图 8-8-57）涡卷饰

15）涡卷饰（Cartouche）-围绕内轴心的卷轴，或者由花卉图案的复合线条所包围（图 8-8-57）。

5）（Baton）-见 Torus；

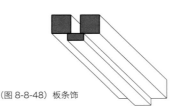

（图 8-8-48）板条饰

6）板条饰（Batten/Board and Batten）-匀称线条，用于横过两块板的连接处（图 8-8-48）。

（图 8-8-51）鸟嘴饰

9）鸟嘴饰（Beak）-小圆角线条，用于飞檐边缘形成沟槽并造成下垂体（图 8-8-51）。

（图 8-8-54）扭绳饰

12）扭绳饰（Cable Molding/Ropework）-模仿扭绳的凸起线条，盛行于 10—12 世纪英国、法国和西班牙的罗马风格装饰线条，后于 18 世纪应用于家具和银饰设计（图 8-8-54）。

（图 8-8-58）凹弧饰

16）凹弧饰（Cavetto）-向内凹 1/4 圆弧线条，有时用于檐口的拱顶花边（图 8-8-58）。

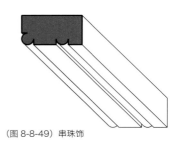

（图 8-8-49）串珠饰

7）串珠饰（Bead Molding）-狭长凸半圆线条，重复形成小凸嵌线（Reeding）（图 8-8-49）。

（图 8-8-52）线脚饰

10）线脚饰（Bed Molding）-狭长线条，用于装饰墙与顶交接处（图 8-8-52）。

（图 8-8-55）凹槽饰

13）凹槽饰（Cabled Fluting/Cable）-圆柱体表面等距刻入凹槽，源自古典柱式（图 8-8-55）。

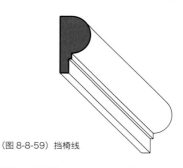

（图 8-8-59）挡椅线

17）挡椅线（Chair Rail）-向外凸半圆形线条，主要应用于墙面，起保护和装饰作用，高度在座椅靠背顶部的位置，也会出现在有些柜子中间（图 8-8-59）。

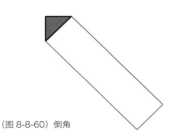

（图 8-8-60）倒角

18）倒角（Chamfer） - 对临近两块面相交线的斜切（图 8-8-60）。

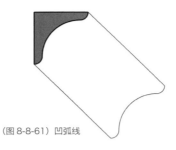

（图 8-8-61）凹弧线

19）凹弧线（Chin-Beak） - 向内凹 1/4 圆弧线条（图 8-8-61）。

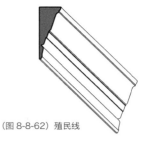

（图 8-8-62）殖民线

20）殖民线（Colonial） - 一种比较复杂的装饰线条，被长期广泛应用于厨房、壁炉、家具、门窗楣和柱子等处的线条（图 8-8-62）。

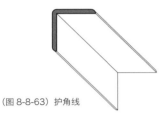

（图 8-8-63）护角线

21）护角线（Corner Guard） - 用于保护墙壁转角的装饰线条（图 8-8-63）。

（图 8-8-64）凹圆线

22）凹圆线（Cove Molding/ Coving） - 凹圆线脚，边缘呈凹圆状，主要用于墙面与顶棚交接处，形成凹形轮廓（图 8-8-64）。

（图 8-8-65）天花线

23）天花线（Crown Molding） - 也称顶冠饰条，通常指墙面与顶棚交接处装饰线条的统称（图 8-8-65）。

（图 8-8-66a）正波纹线

24）反曲线（Cyma） - 双曲装饰线，是凸曲面与凹曲面的组合线条；上凹下凸时称为正波纹线（Cyma Recta）（图 8-8-66a），上凸下凹时称为反波纹线（Cyma Reversa）（图 8-8-66b）；当反曲线用于柱顶檐口时称为波纹花边（Cymatium）。

（图 8-8-67）齿形饰

25）齿形饰（Dentils） - 沿着檐口底边缘均匀排列的小方块，因看起来像一排整齐的牙齿而得名（图 8-8-67）。

（图 8-8-68）滴水挑檐

26）滴水挑檐（Drip Cap） - 专用于门窗开口上部防止雨水流入（图 8-8-68）。

（图 8-8-69）钟形圆饰

27）钟形圆饰（Echinus） - 类似于凸圆线（Ovolo），用于多利克柱头（Doric Capital）顶板下面，或者在爱奥尼柱头（Ionic Capital）下面与卵锚饰（Egg-and-dart）一同装饰（图 8-8-69）。

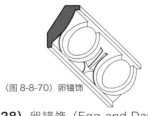

（图 8-8-70）卵锚饰

28）卵锚饰（Egg-and-Dart） - 一种最广泛应用的经典线脚，它由蛋形与 V 形交替排列组合而成，源自古希腊神庙（图 8-8-70）。

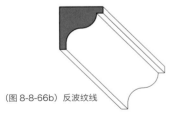

（图 8-8-66b）反波纹线

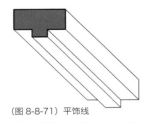

（图 8-8-71）平饰线

29）平饰线（Fillet） - 一个直角条分离两个表面，或者在开槽之间（图 8-8-71）。

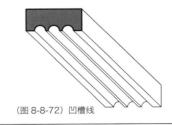

（图 8-8-72）凹槽线

30）凹槽线（Fluting） - 一块扁平木板，表面按一定间距开半圆槽，通常垂直应用于柜体两侧（图 8-8-72）。

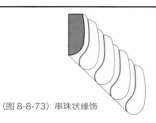

（图 8-8-73）串珠状缘饰

31）串珠状缘饰（Godroon/Gadroon）- 表面饰以串珠或者刻槽的装饰带，常用于桌面边缘处（图 8-8-73）。

（图 8-8-74）扭索饰

32）扭索饰（Guilloche）- 重复的连锁弯曲带图案，常常形成弧形装饰带（图 8-8-74）。

（图 8-8-75）龙骨线

33）龙骨线（Keel Molding）- 一种模仿船龙骨横截面的古老装饰线条（图 8-8-75）。

（图 8-8-76）凸圆线

34）凸圆线（Ovolo）- 一个稍小凹入到一个较大的直角角落里的 1/4 圆（图 8-8-76）。

（图 8-8-77）挂镜线

35）挂镜线（Picture Rail）- 为了保护墙面不被画框挂钩损坏而统一将钉子钉在挂镜线条上，常用于传统室内装饰（图 8-8-77）。

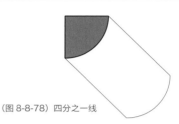

（图 8-8-78）四分之一线

36）四分之一线（Quad）- 1/4 圆装饰线条（图 8-8-78）。

（图 8-8-79）小凸圆线

37）小凸圆线（Quirk）- 稍微后退的装饰线条（图 8-8-79），像凸圆线（Ovolo）。

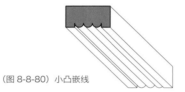

（图 8-8-80）小凸嵌线

38）小凸嵌线（Reeding）- 一块木板表面并排一行小凸线条，通常垂直应用于柜体两侧（图 8-8-80）。

（图 8-8-81）圆花饰

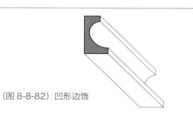

（图 8-8-82）凹形边饰

40）凹形边饰（Scotia）- 在凹弧饰（Cavetto）的基础上继续圆弧线的延长，用于连接两个不同直径座盘饰的过渡（图 8-8-82）。

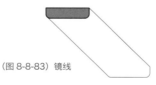

（图 8-8-83）镜线

41）镜线（Screen Molding）- 专用于隐藏镜面与边框之间缝隙的小线脚（图 8-8-83）。

39）圆花饰（Rosette）- 圆形花卉图形浮雕饰片，源自古希腊时期的石碑（图 8-8-81）。

（图 8-8-84）脚线

42）脚线（Shoe Molding/Toe Molding/Quarter-round）- 专用于隐藏踢脚线（Baseboard）与地板之间缝隙的小线脚（图 8-8-84）。

（图 8-8-85）带状饰

43）带状饰（Strapwork）- 传统上用于顶棚的扁长装饰线条，材质包括石膏与木材，构成连续相交的圆环、方形、涡卷和菱形等图形；也用于柜体表面装饰（图 8-8-85）。

（图 8-8-86）座盘饰

44）座盘饰（Torus）- 凸出半圆形装饰线脚，尺寸比凸半圆饰（Astragal）大，常用于柱基（图 8-8-86）。

8-9 装饰工艺（Ornamentation）

装饰工艺是指对家具的表面进行美化修饰的最后一道工艺，因此它对于一件家具的价值举足轻重。特别是对于古典家具而言，装饰工艺还代表着工匠们的制作水平和行业地位。

（图 8-9-1）嵌花

1）嵌花（Appliqué）- 一种对家具、橱柜和壁炉架表面粘贴硬木雕贴花的装饰方法，完工后的贴花看上去与家具如同一块木头上雕刻而成 (图 8-9-1)。

（图 8-9-2）封边

2）封边（Banding）- 运用对比色薄木片细条装饰家具边缘，应用于詹姆士一世、赫伯怀特、联邦和谢拉顿式样 (图 8-9-2)。

（图 8-9-3）雕刻

3）雕刻（Carving）- 盛行于 18 世纪的齐朋德尔风格（Chippendale）和联邦风格（Federal），以其精美的雕刻，穿透的椅背而闻名于世 (图8-9-3)。雕刻的图案经常是漩涡形花纹、菱形、垂花饰、花边和老鹰等；经典的图案还包括竖琴形、七弦琴形、海豚形、女像柱和狮爪等。最奢华的雕刻产生于洛可可（Rococo）时期，其过度的雕饰有循环的漩涡形花纹、丰富的水果和华丽的树叶。在木材表面运用切削与修琢技术造型，应用于詹姆士一世、早期美国、威廉与玛丽、安妮女王、殖民时期、乔治、齐朋德尔、亚当、赫伯怀特、联邦、谢拉顿、邓肯·法伊夫、美国帝国、维多利亚和新艺术式样。

（图 8-9-4）彩绘玻璃

4）彩绘玻璃（Eglomise）- 彩绘玻璃技术大量应用于联邦时期，因其在玻璃的反面彩绘图案和涂金色，从而达到精美的装饰效果。彩绘玻璃通常用于镜子、座钟等。在纽约、巴尔的摩和波士顿地区的家具上面，玻璃上绘制的场景经常是花卉、乡村图案、风景、或者海景 (图 8-9-4)。

（图 8-9-5）珐琅

5）珐琅（Enameled）- 珐琅俗称搪瓷，是一种玻璃状的非透明物质，经过熔合施加到金属或者陶瓷表面，起到古董家具的装饰或者保护作用。珐琅的优点包括耐磨、美观和容易维护，它能够让一件旧家具焕然一新 (图 8-9-5)。

（图 8-9-6）尖顶饰

6）尖顶饰（Finial）- 车削装饰物置于椅柱和床柱的顶端，应用于早期美国、安妮女王、殖民时期、齐朋德尔和谢克尔式样 (图 8-9-6)。

（图 8-9-7）刻凹槽

7）刻凹槽（Fluting）- 木材表面雕刻垂直凹槽，应用于亚当、赫伯怀特、联邦、谢拉顿、邓肯·法伊夫和美国帝国式样（图 8-9-7）。

（图 8-9-10）镶嵌

10）镶嵌（Inlay）- 镶嵌在 18 世纪晚期成为主要的装饰技术，与饰面技术属于同一时期的技术（图 8-9-10）。镶嵌的图案通常为贝壳、花卉、扇形和老鹰；除此之外，条状和链状的几何图案也经常用到。自联邦时期以来，用不同的木材镶嵌的技术就一直很流行。将对比色材料嵌入木材表面，应用于威廉与玛丽、安妮女王、殖民时期、亚当、赫伯怀特、联邦、谢拉顿、邓肯·法伊夫、维多利亚和新艺术式样。

（图 8-9-13）镶嵌细工

13）镶嵌细工（Marquetry）- 组合薄木皮制作画面或者图案，应用于威廉与玛丽、安妮女王、殖民时期、赫伯怀特、联邦、谢拉顿和新艺术式样（图 8-9-13）。

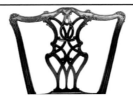

（图 8-9-8）浮雕细工

8）浮雕细工（Fretwork）- 装饰性雕刻或者交错线透雕，应用于齐朋德尔、邓肯·法伊夫和维多利亚式样（图 8-9-8）。

（图 8-9-11）涂漆

11）涂漆（Japanning）- 涂漆技术常见于 18 世纪的纽约和波士顿的家具，是东方漆的廉价代用品。具体做法是：先在普通木材表面施一层类石膏粉物质作为基层，油彩和灯烟混合物作为颜料，最后表面上漆（图 8-9-11）。

（图 8-9-14）金属饰片

14）金属饰片（Metal Mounts）- 金属饰片采用黄铜铸造而成，主要应用于路易十六风格和拿破仑帝国风格的家具表面（图 8-9-14）。

（图 8-9-15）装饰线条

15）装饰线条（Molding/Moulding）- 一种条状线条，表面饰以重复图案浮雕，过去常用于建筑外表、室内装饰或者雕塑身上，不过那是采用石材或者石膏制成。后来此装饰手法被广泛应用于家具，只是材料变为实木或者再生木材，主要应用于以直线为主的柜子类家具身上（图 8-9-15）。

（图 8-9-9）贴金箔

9）贴金箔（Gilding）- 贴金箔技术是一项复杂的工艺，分为水箔和油箔两大类。由于它的高抛光度，水箔技术一般用于高档家具；油箔的抛光度低，抗氧化性能好，造价较低，制作相对简易。贴金箔技术自 1750 年以来就大受欢迎，盛行于 18 世纪，应用于巴洛克、洛可可和帝国式样（图 8-9-9）。

（图 8-9-12）涂漆

12）涂漆（Lacquering/Japanning）- 东方漆器的廉价替代品，流行于 18 世纪（图 8-9-12）。

（图 8-9-16）东方漆器

16）东方漆器（Oriental Lacquerwork）- 源自中国，在金色或者其他色描绘的图形内涂漆，应用于威廉与玛丽、安妮女王、乔治和齐朋德尔式样（图 8-9-16）。

（图 8-9-17）彩绘

17） 彩绘（Painting）- 彩绘的目的在于使普通木材制作的家具表面更为丰富多彩，从而提升其价值。彩绘技术自17世纪从英国引进之后，便广为流行。由于其廉价和简便，与同时期的擦色和油彩技术并存（图 8-9-17）。彩绘技术是保护家具的重要方法之一；最常用的颜色为黑色和红色，同时，铅白彩绘也非常流行。常见的彩绘图案为几何形、花卉和人造木纹。随着安妮女皇风格（Queen Anne）和齐朋德尔风格（Chippendale）崇尚雕刻，彩绘技术的应用曾经一度减少；直到联邦风格（Federal）的兴起，彩绘才又随着贴金箔、镂花涂装和彩绘玻璃技术的兴旺而重获新生。

（图 8-9-20）木饰板

20） 饰板（Plaque）- 饰板包括金属和实木两类，金属饰板常用于标明家具制作人或者品牌标贴；实木饰板类似于嵌花，又分镂空雕刻与表面浮雕两种（图 8-9-20）。

（图 8-9-23）纺锤饰

23） 纺锤饰（Spindle）- 垂直分成两半的车削装饰物置于家具的正面，应用于早期美国、维多利亚式样（图 8-9-23）。

（图 8-9-18）镶板细工

18） 镶板细工（Paneling）- 进行凸起、嵌入和加框处理的镶板，应用于詹姆士一世和早期美国式样（图 8-9-18）。

（图 8-9-21）刻槽

21） 刻槽（Reeding）- 圆角成型的平行线，应用于联邦、谢拉顿和美国帝国式样（图 8-9-21）。

（图 8-9-24）镂花涂装

24） 镂花涂装（Stenciling）- 镂花涂装是19世纪古典家具装饰技术的一项新发明，它费工费时，造价昂贵，美国帝国风格（American Empire）的家具几乎无一例外地用到了镂花涂装技术（图 8-9-24）。镂花涂装技术也常常被用来在普通木材上模仿高档木材的纹理；它也曾经因为比壁纸的造价低而被应用于墙面，应用模板描绘在下面的木材表面。应用于殖民时期、联邦、谢拉顿和美国帝国式样。

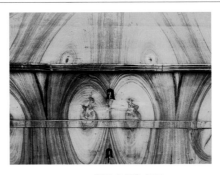

（图 8-9-26）饰面

（图 8-9-19）镶木细工

19） 镶木细工（Parquetry）- 组合薄木皮制作几何图案，应用于威廉与玛丽式样（图 8-9-19）。

（图 8-9-22）浮雕

22） 浮雕（Relief）- 在家具表面进行浮雕，应用于詹姆士一世和威廉与玛丽式样（图 8-9-22）。

（图 8-9-25）支撑柱

25） 支撑柱（Supporting Column）- 带凹槽或者雕刻的装饰柱置于立面转角，通常用于五斗柜，应用于美国帝国式样（图 8-9-25）。

26） 饰面（Veneering）- 在18世纪之前的古典家具中很少见到饰面技术，因为之前的家具以雕刻装饰技术为主；直至联邦时期，饰面和镶嵌技术才开始大放异彩（图 8-9-26）。饰面技术是在有限的珍稀木种日趋减少的情况下，为了满足市场需要而兴起的一项装饰技术。常见的饰面木材有：球纹桃花芯、花梨木和胡桃木等。运用木材薄片贴于柜体表面，出现于18世纪。

图书在版编目（CIP）数据

欧美经典家具大全 / 吴天篪　著 . 武汉：华中科技大学出版社，2017.6

ISBN 978-7-5680-2454-9

Ⅰ . ①欧 ... Ⅱ . ①吴 ... Ⅲ . ①欧美家具 – 图集 Ⅳ . ① TS666.8–64

中国版本图书馆CIP数据核字（2016）第303595号

欧美经典家具大全
Oumei Jingdian Jiaju Daquan

吴天篪　著

出版发行：华中科技大学出版社（中国·武汉）　　　电话：（027）81321913

武汉市东湖新技术开发区华工科技园　　　邮编：430223

责任编辑：吴丽程　　　　　　　　　　　　　　　责任监印：张贵君

责任校对：熊　纯　　　　　　　　　　　　　　　装帧设计：筑美文化

印　　刷：中华商务联合印刷（广东）有限公司

开　　本：889mm×1194mm　1/16

印　　张：22.25

字　　数：178千字

版　　次：2017 年 6 月第 1 版 第 1 次印刷

定　　价：368.00元

投稿热线：13710226636　　　duanyy@hustp.com

本书若有印装质量问题，请向出版社营销中心调换

全国免费服务热线：400-6679-118 竭诚为您服务